L'ordre du chaos

L'ordre du chaos

Préface de Pierre-Gilles de Gennes
Prix Nobel de physique 1991

POUR LA SCIENCE
DIFFUSION BELIN

8, rue Férou 75006 Paris

ISBN 2-9029-**1878**-X   ISSN 0224-5159

Table des matières

Préface

On parle souvent de l'arbre des connaissances. Pour ma part, je préfère l'image du feu d'artifice. Une fusée éclate et toute une cascade d'étincelles envahit la nuit. Dans la physique de ce siècle, les grands embrasements ont été la relativité, puis la mécanique quantique. Mais il y a des explosions plus récentes, et ce livre nous en montre quelques-unes.

Chacun a, bien sûr, sa façon de regarder un feu d'artifice : l'un va suivre de bout en bout une petite flamme bleue, comme Swann écoute la sonate de Vinteuil. L'autre regarde plutôt les grandes taches de lumière... Nous, ouvriers quotidiens de la science, nous sommes souvent des photographes pressés, anxieux de capter une certaine étincelle – et nous perdons un peu de vue l'image d'ensemble qui est en train de se construire autour de nous. Ce livre nous donne l'occasion de nous arrêter.

Quelles idées, quelles attitudes nouvelles des physiciens trouvons-nous dans ce livre, dans ces articles récents ? D'abord un changement, un retour à l'univers concret qui nous entoure : de l'eau chauffe dans une casserole ; un tas de sable s'écoule ; des tourbillons se forment dans le sillage d'une barque. Toutes choses qui sont à la fois familières et mystérieuses. Un des mouvements importants de la physique actuelle est certainement ce retour aux phénomènes macroscopiques – après les incursions que l'on sait dans l'infiniment petit.

Quand nous photographions un objet, est-il intéressant de l'agrandir ? Très souvent, on n'apprend rien de plus. Mais parfois, chaque nouvel agrandissement va révéler de nombreux détails. Un grès de Fontainebleau est fait de grains de sable d'environ un millimètre. Si nous faisons des photos sur une coupe du grès, il semble à première vue suffisant de prévoir que toute l'image corresponde donc à quelques millimètres. Mais en fait, si nous isolons une toute petite plage (1/100e de millimètre) sur la roche, il peut arriver que cette plage, agrandie, nous révèle encore des structures étonnantes, avec de nouveaux grains beaucoup plus petits : il y a dans la nature beaucoup de systèmes multiéchelles comme cela. Et, en plus, ils ont souvent une propriété admirable : on ne peut pas distinguer à son aspect la photo de la petite plage et la photo d'ensemble : on dit que la roche est alors *self similaire* ou (pour utiliser un beau mot de B. Mandelbrot) fractale. Le présent livre donne des exemples très variés de systèmes self similaires : les microgouttes d'eau dans un mélange critique eau/vapeur, les agrégats obtenus en floculant un colloïde, les couches de polymères absorbés sur un solide... La compréhension (encore partielle) des propriétés des fractals est un des progrès notables de la dernière décennie.

Un autre secteur en révolution est celui de la mécanique classique, celle où un système évolue selon des trajectoires bien définies. On savait depuis le XIXe siècle que malgré cet aspect déterministe, il peut exister en mécanique classique des écoulements *turbulents,* chaotiques. Le grand physicien soviétique Landau avait proposé une vision simple de l'établissement de la turbulence, par une cascade d'instabilités successives, mais cette vision s'est avérée inexacte. On a répertorié maintenant toute une série de « scénarios » plus complexes qui conduisent à l'état chaotique : c'est un des grands succès de la physique théorique récente.

Une autre notion profonde a émergé depuis peu : celle de *frustration*. Elle décrit certains systèmes soumis à des contraintes antagonistes et qui, de ce fait, parviennent difficilement à optimiser leur énergie. Les systèmes frustrés sont abondamment illustrés dans ce livre. On commence à percevoir certaines classifications géométriques de leurs états, et ceci a des retombées extrêmement variées : sur l'organisation des verres, sur le fonctionnement des systèmes nerveux, sur certains problèmes d'optimisation.

C'est un réel plaisir de voir comment trois ou quatre idées-force peuvent modeler toute une compréhension nouvelle. Je crois que les textes assemblés ici peuvent permettre à un esprit curieux de bien percevoir ces quelques idées : toute la lumière du feu d'artifice est là. Je pense qu'il y aura de nombreux spectateurs.

Pierre Gilles de GENNES
Directeur de l'École Supérieure
de Physique et Chimie
Professeur au Collège de France

Le mouvement brownien

L'observation du mouvement aléatoire d'une particule en suspension dans un fluide a permis la première mesure précise de la masse de l'atome. Aujourd'hui le mouvement brownien sert de modèle mathématique pour les processus aléatoires.

Bernard Lavenda

Il arrive parfois qu'une goutte d'eau soit emprisonnée dans un morceau de lave lors du refroidissement de celle-ci. Au début du XIXᵉ siècle, le botaniste écossais Robert Brown découvrit une telle goutte dans un morceau de quartz ; cette goutte d'eau était restée intacte pendant des millions d'années et aucune spore ni aucun pollen portés par le vent et la pluie n'avaient pu la contaminer. Il examina la goutte d'eau à l'aide d'un microscope : suspendues dans l'eau, un grand nombre de particules minuscules étaient animées d'un mouvement irrégulier et incessant. Le mouvement était familier à Brown : il l'avait déjà observé pour des grains de pollen en suspension dans l'eau. Cette nouvelle expérience rendait caduque son explication antérieure du phénomène, à savoir que « la vitalité est conservée [par les « molécules » d'une plante] longtemps après la mort de la plante et que ces molécules « vivaient » puisqu'elles bougeaient ». Brown conclut alors, à juste titre, que l'agitation des particules emprisonnées à l'intérieur du quartz devait être un phénomène plus physique que biologique, mais il n'alla pas plus loin dans son raisonnement.

L'explication correcte du mouvement brownien est maintenant bien connue : un grain de pollen ou de poussière suspendu dans un fluide est soumis à un bombardement incessant par les molécules qui constituent le fluide. La quantité de mouvement d'une molécule isolée n'est jamais suffisamment importante pour que son effet sur la particule suspendue soit visible au microscope.

Cependant, si un plus grand nombre de molécules frappent en même temps la particule d'un côté, elles peuvent déplacer celle-ci de façon notable.

Par conséquent, le mouvement brownien est un double phénomène aléatoire : le trajet de la particule suspendue est rendu aléatoire par les fluctuations aléatoires des vitesses des molécules voisines. De plus, comme le microscope constitue un filtre qui ne visualise que les effets des fluctuations relativement importantes de l'environnement moléculaire local, le mouvement observé ne permet que d'entrevoir la complexité du vrai trajet. Si le pouvoir de résolution du microscope pouvait être augmenté d'un facteur dix, cent ou mille, les effets, dus aux bombardements par des groupes de molécules de plus en plus petites, seraient détectés. À chaque agrandissement, les parties de la trajectoire de la particule qui

1. MOUVEMENT BROWNIEN d'une particule microscopique en suspension dans l'eau *(figure du haut).* Ce mouvement d'une particule a été dessiné d'après observation par le physicien Jean Perrin, en 1912 : les points anguleux de la ligne brisée représentent les positions de la particule toutes les 30 secondes ; J. Perrin a noté que de tels graphiques « ne donnent qu'un faible aperçu de l'extraordinaire discontinuité de la trajectoire réelle ». Si l'on agrandit une petite partie de la trajectoire et que la position de la particule est repérée 100 fois plus souvent, on retrouve, à une autre échelle, la complexité de la trajectoire originale *(figure du bas).* Le diagramme du bas est une simulation sur ordinateur faite par l'auteur.

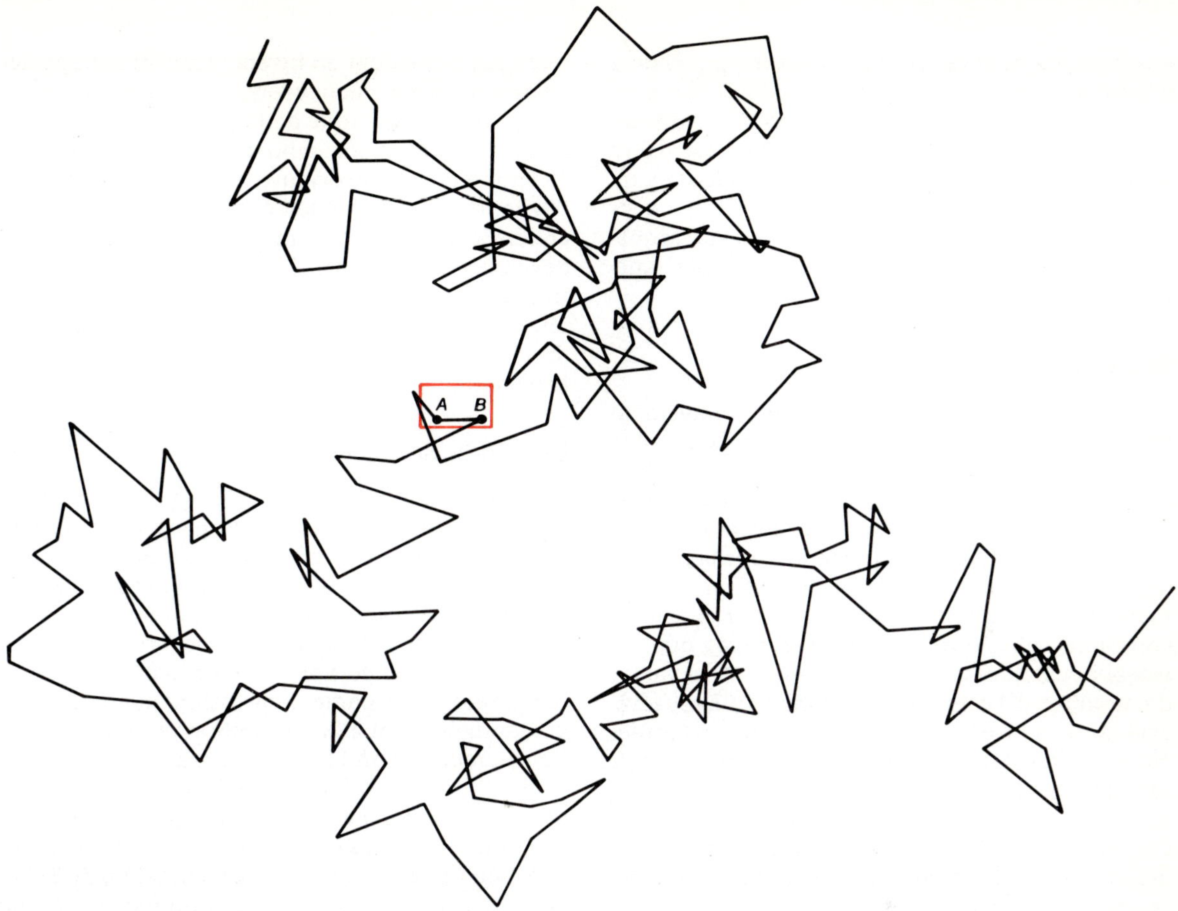

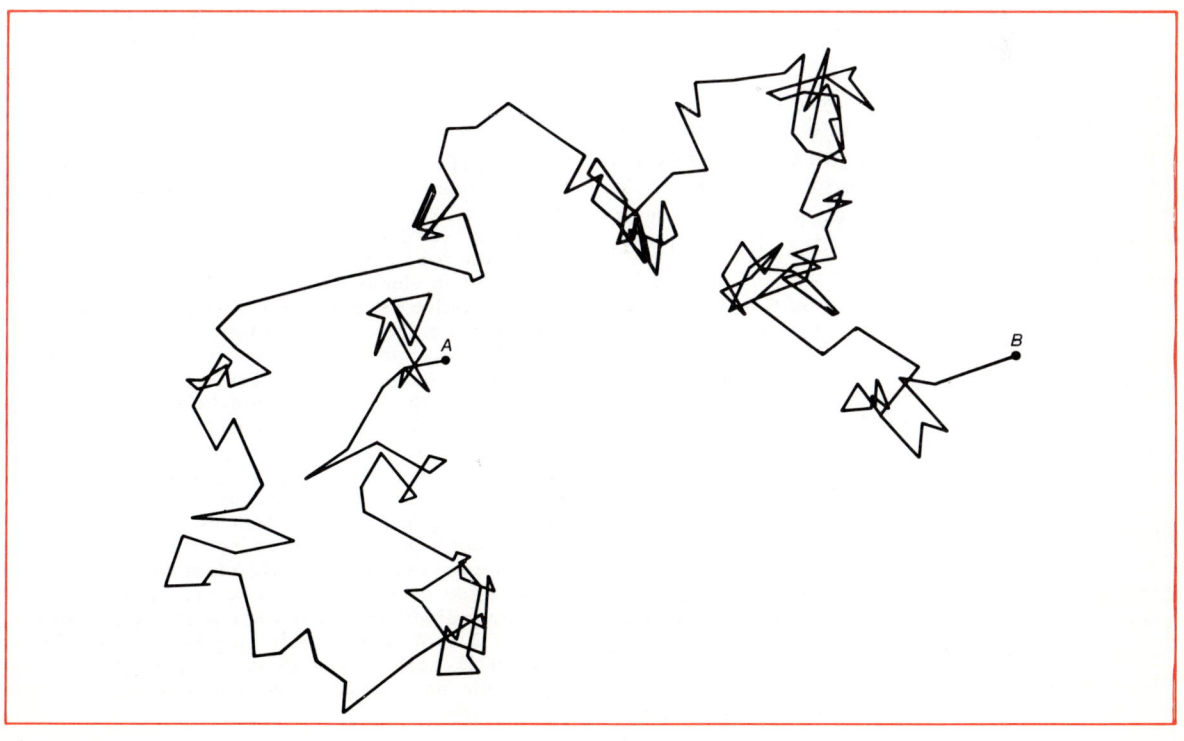

semblent rectilignes apparaîtraient irrégulières et erratiques. Le trajet d'une particule animée d'un mouvement brownien est l'un des premiers phénomènes naturels dont la caractéristique est d'être semblable à lui-même à chaque agrandissement. Benoît Mandelbrot a qualifié de « fractals » les objets géométriques dont la propriété remarquable est qu'une partie, magnifiée, est géométriquement semblable au tout.

Phénomènes probabilistes

Dès le début du siècle, l'étude du mouvement brownien a des prolongements féconds en physique, en chimie et en mathématiques. Albert Einstein l'utilise comme méthode d'observation pour confirmer l'existence des atomes et des molécules. De plus, Einstein montre que la mesure de certaines propriétés de particules en mouvement brownien permet de déterminer plusieurs constantes physiques importantes telles que les masses des atomes et des molécules et la valeur du nombre d'Avogadro. Le nombre d'Avogadro, égal à 6×10^{23}, est le nombre de molécules élémentaires dans une mole d'un corps (la mole est une unité chimique standard pour toute substance). L'étude du mouvement brownien a également affiné notre compréhension théorique des principes de la thermodynamique, principes qui avaient été formulés sur la base de généralisations empiriques trop sommaires.

Plus récemment, l'étude du mouvement brownien a donné naissance à des techniques mathématiques importantes pour l'étude générale des processus aléatoires. Ces techniques ont été appliquées au contrôle du « bruit » électromagnétique ; elles ont amélioré notre compréhension de la dynamique des amas stellaires, de l'évolution de systèmes écologiques et des fluctuations boursières.

Paradoxalement, le mouvement brownien ne suscita, au XIXᵉ siècle, qu'un intérêt médiocre. Les scientifiques de l'époque pensaient que ce phénomène était dû à des courants thermiques locaux induits par des petites différences de température dans le fluide. Or, si tel était le cas, des particules voisines seraient entraînées par le même courant local et elles se déplaceraient toutes dans la même direction ; cette supposition était en complet désaccord avec l'observation sous microscope. Au contraire les mouvements des particules en suspension sont indépendants les uns des autres, même quand les particules sont séparées par une distance inférieure à leur propre diamètre.

Au début du siècle, plusieurs résultats expéri-

mentaux pointaient en faveur d'une origine moléculaire du mouvement brownien. Par exemple, on savait que plus la taille de la particule était petite, plus rapide était son mouvement brownien. Une élévation de la température du liquide augmentait l'agitation « brownienne » des particules. Les effets étaient conformes à la théorie cinétique des gaz, développée par James Clerk Mawxell et Ludwig Boltzmann vers 1870. Cependant, ce n'est qu'en 1905 qu'Einstein formula de façon quantitative et précise la théorie cinétique du mouvement brownien.

La théorie cinétique

La théorie cinétique des gaz permit, pour la première fois, d'expliquer les propriétés macroscopiques d'un gaz sur la base du mouvement des atomes ; depuis le XVIIᵉ siècle, à la suite des travaux de Boyle et Mariotte, on sait que la pression dans un gaz est inversement proportionnelle à son volume : quand le volume d'un gaz diminue, à température constante, la pression augmente proportionnellement à la diminution de son volume ; inversement, quand le volume augmente, la pression diminue. Selon la théorie cinétique, la pression sur les parois d'un récipient contenant un volume de gaz résulte du bombardement constant des particules sur ces parois. La pression augmente lorsque le volume diminue parce que le taux de bombardement des particules est plus important pour un petit volume que pour un grand.

2. LA DIFFUSION DE PARTICULES BROWNIENNES (en couleur) à travers un liquide ou un gaz transparent est représentée à différents temps. Les particules commencent à diffuser à partir d'une membrane perméable insérée au milieu du récipient. La courbe en cloche dans chaque boîte représente la densité relative des particules le long de l'axe horizontal de la boîte. L'écart quadratique moyen, ou déplacement le plus probable, d'une particule après un intervalle de temps donné, est proportionnel à la racine carrée du temps écoulé. La courbe en cloche en bas de la figure montre comment l'écart quadratique moyen est relié à la probabilité pour qu'une particule occupe une région donnée de la boîte après un certain temps. Si l'écart quadratique moyen après trois secondes est égal à $\sqrt{3}$ centimètres, la probabilité de trouver une particule à moins de $\sqrt{3}$ centimètres de la membrane centrale est égale à la surface normalisée de la région colorée sous la courbe, environ 68 pour cent. La probabilité de trouver une particule plus loin que $2\sqrt{3}$ centimètres de la membrane centrale est égale à la surface des deux régions en gris, qui représente moins de cinq pour cent de la surface totale de la courbe.

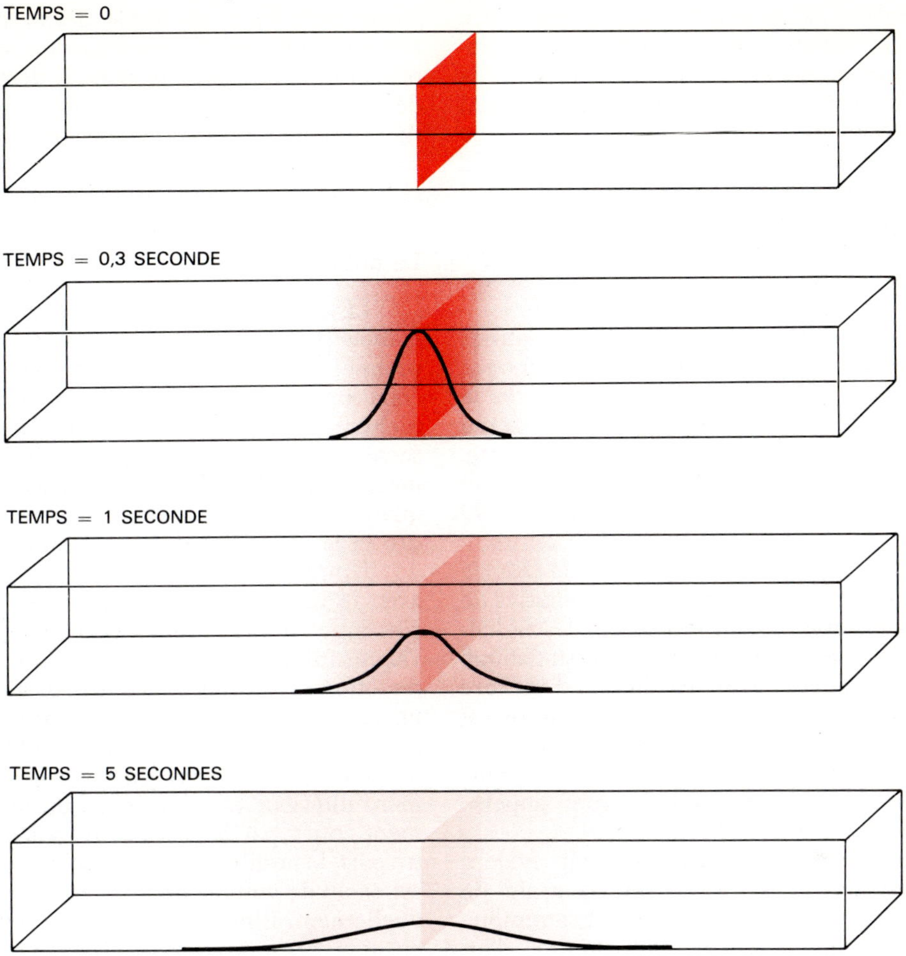

TEMPS = 0
TEMPS = 0,3 SECONDE
TEMPS = 1 SECONDE
TEMPS = 5 SECONDES

TEMPS = 3 SECONDES
$-3\sqrt{3}$
$-2\sqrt{3}$
$-\sqrt{3}$
0
$\sqrt{3}$
$2\sqrt{3}$
$3\sqrt{3}$

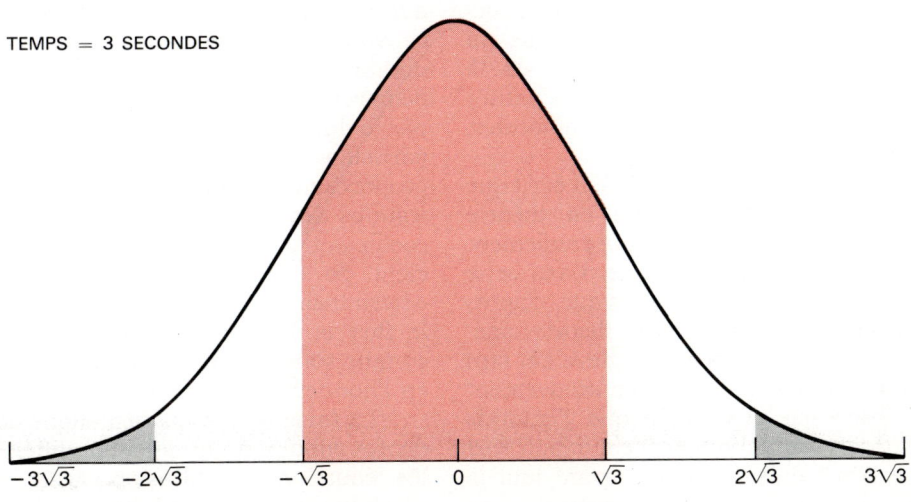

De même, il existe une relation directe entre la pression et la température. Quand la température d'un gaz augmente à volume constant, la pression augmente proportionnellement ; quand la température diminue, la pression diminue également. La température correspond, dans la théorie cinétique, à la valeur de l'énergie cinétique moyenne des particules. Toute élévation de température augmente l'énergie moyenne de bombardement et, par conséquent, la pression du gaz sur les parois.

Pour un gaz dit « parfait », ces deux relations sont résumées en une loi simple. Cette loi énonce que, pour une mole de gaz, le produit de la pression par le volume du gaz divisé par sa température absolue est égal à une constante. Cette constante, appelée constante universelle du gaz et désignée par la lettre R, est égale à 1,99 calorie par mole et par degré Celsius.

La percée conceptuelle majeure de la théorie cinétique consista à abandonner toute tentative de description du mouvement des particules individuelles et à y substituer une approche statistique du mouvement qui tire avantage du grand nombre de particules en présence : plus ce nombre est grand, plus les écarts relatifs par rapport à la configuration moyenne sont faibles. C'est pourquoi la théorie cinétique est souvent appelée mécanique statistique.

Avec le recul du temps, il paraît évident qu'une particule de poussière ou un grain de pollen, inséré dans l'environnement atomique d'un gaz ou d'un liquide, doit être animé d'un mouvement brownien, mais, pour apprécier la contribution d'Einstein, il faut se rappeler que l'on n'accordait, il y a 80 ans, qu'un statut provisoire à la réalité physique des atomes et des molécules. Le physicien allemand Wilhelm Ostwald considérait l'atome comme un « concept hypothétique qui permet une description très pratique » de la matière. Ernst Mach affirmait que toutes entités théoriques, comme les atomes et les molécules, n'étaient que des fictions commodes.

Einstein est plus réaliste. En 1905, il écrit que le but primordial des recherches en théorie atomique est de découvrir des faits qui confirment l'existence d'atomes de taille définie. Dans cette optique, écrit Einstein, « Je découvris que, d'après la théorie atomique (c'est-à-dire la théorie cinétique), des particules en suspension devaient être animées d'un mouvement et que ce mouvement devait être observable. À cette époque, j'ignorais qu'on avait observé un tel mouvement depuis fort longtemps ». Ainsi Einstein prédit, avant tout le monde, que le mouvement de particules en suspension dans un fluide devait révéler l'existence des atomes. Einstein ne connaissait pas les observations de Brown, mais il démontra que la détection de telles particules confirmerait la théorie cinétique : la conclusion surprenante de son travail fut une équation qui permettait de mesurer précisément la masse de l'atome.

La diffusion

La théorie atomique du mouvement brownien établie par Einstein comporte deux parties. La première, de nature mathématique, établit une équation de la diffusion d'une particule brownienne en suspension dans un milieu fluide. La seconde partie, plus physique, relie la vitesse mesurable de la diffusion de la particule à d'autres quantités physiques, telles que le nombre d'Avogadro et la constante des gaz parfaits.

Pour exprimer la diffusion d'une particule avec le langage mathématique de la mécanique classique, il faut connaître deux quantités : la vitesse initiale de la particule, la grandeur et la direction des impulsions que la particule reçoit en un temps donné. La particule brownienne subit environ 10^{21} collisions par seconde et toute influence de sa vitesse initiale sur son comportement ultérieur est effacée, en un temps extrêmement court, par les collisions moléculaires. D'autre part, le nombre immense de particules fait qu'il est exclu de vouloir décrire les impulsions individuellement. Einstein abandonna l'idée d'une description mécanique de la diffusion d'une particule brownienne et choisit une approche probabiliste.

Pour obtenir le résultat d'Einstein, il est utile d'imaginer un petit volume, de forme arbitraire, entourant un espace où les particules peuvent diffuser. Le nombre de particules à l'intérieur de ce volume change en fonction du temps : ce nombre est augmenté par le flux de particules qui pénètrent dans l'élément de volume, et diminué par le flux de particules qui en sortent. Le flux de particules entre deux points d'un fluide varie proportionnellement à la différence des concentrations des particules entre ces deux points. Le coefficient de proportionnalité est appelé coefficient de diffusion D, et sa valeur doit être déterminée expérimentalement. La relation entre le flux et la variation de la concentration est connue sous le nom de loi de Fick, baptisée ainsi en l'honneur du physicien Adolphe Fick.

La formulation mathématique de cet état des choses conduit à une équation différentielle appelée équation de diffusion. Cette équation est résoluble si la position initiale de la substance qui diffuse est spécifiée, ainsi que les limites de l'espace accessible à la substance. La solution est une expression mathématique qui donne la concentration de la substance diffusante en chaque point de l'espace et à chaque instant. Si la substance diffusante est initialement concentrée sur la surface d'une membrane perméable qui sépare un récipient en deux moitiés, la solution de l'équation de diffusion est une famille de courbes en cloche. Le centre de chaque courbe en cloche coïncide avec la membrane et, au cours du temps, la courbe s'élargit et s'aplatit *(voir la figure 2).*

Le déplacement des particules

Il existe une autre façon d'interpréter chaque courbe en cloche, où tout point de la courbe est considéré comme la densité de probabilité de diffusion d'une particule brownienne à partir de la membrane. Le choix du terme « densité de probabilité » est approprié car, de même que la densité d'une substance ordinaire multipliée par

son volume représente la masse de cette substance, la densité de probabilité multipliée par une grandeur appropriée représente une probabilité. Pour la courbe en cloche, la grandeur appropriée (correspondant au « volume ») est une longueur : c'est la distance entre deux points de l'axe horizontal du graphique. Le produit de cette distance, par la hauteur moyenne de la courbe en cloche entre ces deux points, est une probabilité.

La probabilité de trouver la particule brownienne dans une région donnée du récipient à un instant donné est proportionnelle à la surface, à l'intérieur de la courbe en cloche correspondant à cet instant, comprise entre deux droites verticales. Chaque ligne verticale passe par l'un des points de l'axe horizontal, qui correspond à une limite de la région considérée. Selon cette interprétation, la solution de l'équation différentielle n'est pas une expression qui donne la distribution de la concentration des particules, mais plutôt une distribution de probabilité.

Une façon de mesurer la probabilité de

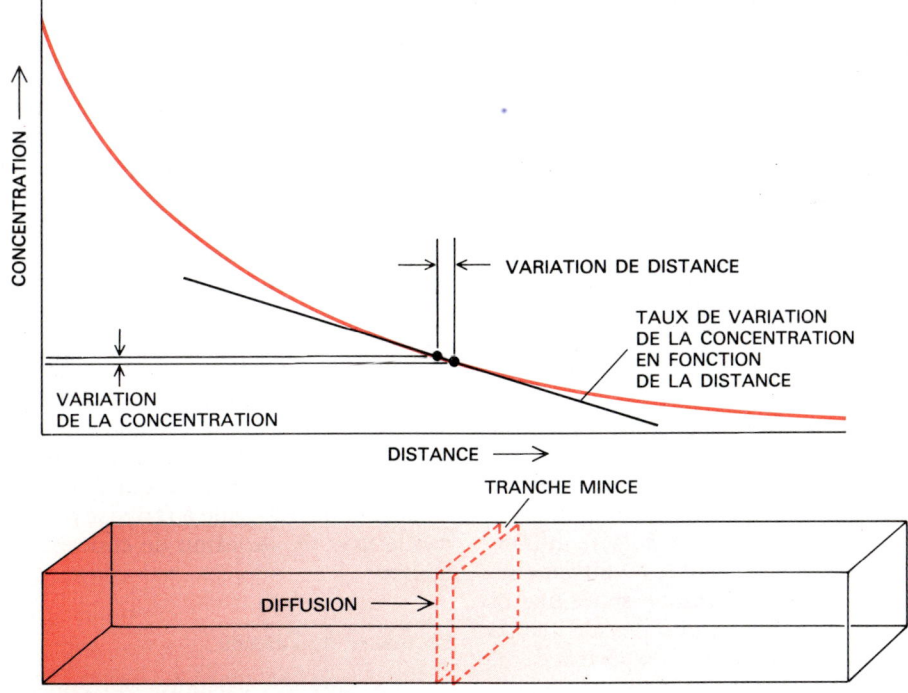

3. UNE CONCENTRATION NON UNIFORME de particules browniennes dans une boîte *(en couleur)* donne naissance à une force de diffusion qui pousse les particules dans la direction de plus faible concentration. Dans la partie supérieure de la figure, la concentration des particules à un instant donné est portée en fonction de la distance. La variation de la concentration des particules en fonction de la distance le long de l'axe horizontal de la boîte est déterminée par la pente de la droite reliant deux points de la courbe correspondant aux deux points dans la boîte. Le flux moyen de particules à travers une mince tranche de la boîte est proportionnel au taux de variation de la concentration des particules avec la distance. Donc le flux est proportionnel à la pente qui relie les deux points de la courbe correspondant aux limites de la tranche mince. Le flux est aussi égal à la concentration moyenne des particules dans le volume de la tranche mince, multipliée par la vitesse moyenne des particules.

déplacement d'une particule brownienne est de mesurer l'écart quadratique moyen du déplacement. La façon la plus facile de comprendre ce que signifie l'écart quadratique moyen du déplacement est de considérer la diffusion d'un grand nombre de particules browniennes. Les déplacements de toutes les particules sont mesurés à un instant t donné et élevés au carré ; la racine carrée de la moyenne de tous les carrés du déplacement est l'écart quadratique moyen au temps t. La probabilité qu'une particule brownienne qui diffuse se trouve à une distance de la membrane centrale du récipient égale à l'écart quadratique moyen, est de 68 pour cent ; la probabilité qu'une particule diffuse sur une distance deux fois plus grande est inférieure à cinq pour cent.

L'écart quadratique moyen d'une particule brownienne qui diffuse à partir de la membrane est égal à $\sqrt{2Dt}$, où D représente le coefficient de diffusion et t le temps. Ainsi, si une particule diffuse en moyenne d'un centimètre en une seconde, il faudra quatre secondes pour qu'elle ait diffusé de deux centimètres et neuf secondes pour qu'elle ait diffusé de trois centimètres. D'autres conditions initiales de l'équation différentielle de diffusion donnent des solutions semblables ; en fait, Einstein montra que le déplacement radial d'une particule diffusant dans toutes les directions à partir d'un point central « n'est pas proportionnel au temps, mais proportionnel à la racine carrée du temps » ; ce résultat découle du « fait que les trajets parcourus en deux intervalles de temps successifs ne doivent pas être toujours additionnés, mais doivent être souvent soustraits ».

La mesure de la diffusion

Cette prédiction permit la première vérification sérieuse de la formule d'Einstein : cette formule est la distribution de probabilité pour les déplacements d'une particule animée d'un mouvement brownien. Le physicien français Jean-Baptiste Perrin et ses élèves suivirent les mouvements d'une particule brownienne presque sphérique et notèrent sa position à des intervalles de temps égaux. Après avoir répété cette expérience un grand nombre de fois, ils représentèrent le déplacement quadratique moyen en fonction du temps. Le graphique qu'ils obtinrent était une droite ; la pente de cette droite était égale au coefficient de diffusion D.

La valeur de D ainsi obtenue expérimentalement permet de mesurer, d'après la théorie d'Einstein, la dimension de l'atome. Imaginons que des particules microscopiques soient mises en suspen-

sion dans une colonne verticale d'air immobile *(voir la figure 4)*. La pesanteur tend à les faire tomber au fond de la colonne, mais à mesure que leur concentration augmente au voisinage du fond de la colonne, le gradient vertical de concentration tend à pousser les particules vers le haut, où leur concentration est plus faible. En régime stationnaire, la distribution des particules reflète un équilibre entre la force vers le bas due à la gravitation et la poussée vers le haut due à la diffusion.

La viscosité de l'air empêche que les particules ne soient continûment accélérées vers le bas par la force de gravitation : elles atteignent une certaine vitesse limite et dérivent ensuite vers le bas à vitesse constante. Cette vitesse limite est égale à la force de gravitation divisée par la viscosité. Puisque la viscosité change lorsque la densité de l'air augmente, la vitesse de sédimentation varie avec la hauteur, mais on élimine cette complication en ne considérant que les vitesses des particules à une certaine hauteur de la colonne. En régime stationnaire, c'est-à-dire à l'équilibre statistique, le nombre de particules migrant vers le bas est compensé par le nombre de particules migrant en sens inverse. Par conséquent, à une hauteur donnée, la vitesse moyenne d'une particule qui monte le long de la colonne est égale à la vitesse d'une particule qui descend.

Le flux des particules diffusantes est égal à leur vitesse moyenne divisée par le volume du petit nuage de particules qui franchit une hauteur considérée en un court intervalle de temps. Le flux s'exprime donc comme le produit de la vitesse des particules diffusantes par leur concentration C à la hauteur considérée. Comme le flux est, par ailleurs, égal au produit du coefficient de diffusion D par le taux de variation de concentration des particules en fonction de la hauteur, la vitesse moyenne d'une particule qui diffuse vers le haut de la colonne est égale à D divisé par C et multiplié par le taux de variation de concentration avec la hauteur.

La masse de l'atome

Le taux de variation de concentration est proportionnel au taux de variation de pression des particules avec la hauteur ; la constante de proportionnalité est donnée par la loi des gaz parfaits : elle est égale à N_0/RT, où N_0 est le nombre d'Avogadro, R est la constante des gaz parfaits, et T est la température absolue du gaz. L'introduction du nombre d'Avogadro découle de la loi des gaz parfaits, mais ce nombre était mal connu à l'époque où Einstein émit sa théorie. Son utilisation dans le contexte reliait deux propriétés des fluides qui paraissaient étrangères l'une à l'autre : le mouvement d'une particule à travers un milieu visqueux et la pression osmotique exercée sur une substance dissoute, elle-même confinée par une force extérieure, dans une petite région du fluide.

Le taux de variation de la pression avec la hauteur, à une hauteur déterminée, est égal au produit de la concentration de particules dans une tranche mince à la hauteur considérée, par la force de gravitation agissant sur chaque particule. En égalant la vitesse de la particule qui diffuse et la vitesse qu'atteint cette particule sous l'influence de la gravitation, on obtient, après un peu d'algèbre, l'expression du coefficient de diffusion d'Einstein $D = RT/fN_0$, où f est la viscosité de l'air. De cette équation on tire le nombre d'Avogadro $N_0 = RT/fD$, soit le produit de la constante de gaz universelle par la température absolue, divisé par la viscosité et le coefficient de diffusion.

Donc, de la détermination numérique du nombre d'Avogadro, on déduit les dimensions atomiques. J. Perrin exploita le résultat d'Einstein dans ce but et fut le premier à « peser » l'atome. Il y a plusieurs façons de mesurer la viscosité, par exemple en mesurant la vitesse moyenne d'une particule qui tombe à travers un fluide. La constante universelle R se détermine en mesurant la pression et la température d'une quantité connue de gaz, confinée dans un volume connu. Puisque Perrin avait déjà mesuré D et que T est mesuré à l'aide d'un thermomètre, il put calculer la valeur du nombre d'Avogadro. Il est égal à environ 6×10^{23}.

Au vu du grand nombre de suppositions introduites par Einstein, il est remarquable que la valeur du nombre d'Avogadro déterminée par J. Perrin ne s'écarte que de 19 pour cent de la valeur acceptée aujourd'hui ; ce nombre d'Avogadro donne la masse de l'atome et de la molécule. Par définition, la masse d'une particule élémentaire est le poids d'une mole de la substance formée de ces particules, divisé par le nombre

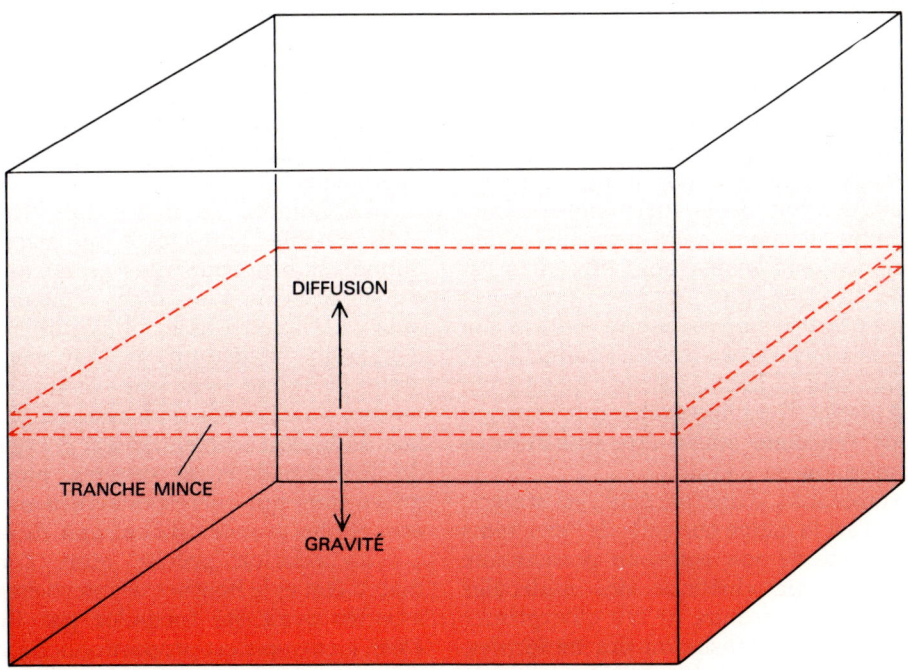

4. LA DISTRIBUTION D'ÉQUILIBRE de particules browniennes dans un champ de gravitation résulte d'un équilibre dynamique entre la gravité et la force de diffusion qui pousse les particules de la région où la concentration est forte (au fond de la colonne) vers la région de moindre concentration (en haut de la colonne). À travers chaque section horizontale de la colonne, la vitesse moyenne des particules qui descendent par gravitation est égale à la vitesse moyenne des particules ascendantes. La vitesse ascendante est proportionnelle au taux de variation de la concentration de particules avec la hauteur *(voir la figure 3)*. Si l'on admet que les particules constituent un gaz idéal, une expression mathématique simple donne le poids de l'atome ou de la molécule en termes de quantités mesurables expérimentalement.

d'Avogadro. Par exemple, une mole de gaz d'oxygène pèse 16 grammes. Le poids d'une seule molécule d'oxygène est par conséquent égal à $16/(6 \times 10^{23})$, soit $2,7 \times 10^{-23}$ gramme. Ce travail minutieux et convaincant porta le coup de grâce aux adversaires de la théorie atomique. Pour ces travaux J. Perrin eut le prix Nobel de physique en 1926.

Cette manière d'exposer la théorie d'Einstein du mouvement brownien ne donne qu'un point de vue limité. Cette théorie du mouvement brownien montra l'existence des atomes, mais établit aussi la mécanique statistique comme le fondement de toutes les lois de la thermodynamique.

La thermodynamique phénoménologique

Le nombre d'Avogadro est si grand et l'atome si petit que l'on comprend pourquoi les physiciens trouvèrent, avant le développement de la mécanique statistique, des lois phénoménologiques (ou macroscopiques) de la thermodynamique approximativement correctes. D'après la loi des grands nombres, dans un système macroscopique comprenant 10^{23} particules, les grandes fluctuations, ou déviations, du comportement moyen doivent être rares. Les fluctuations plus petites et plus fréquentes étaient trop petites pour être mesurées par les instruments peu sensibles du XIXe siècle. Il n'empêche que la vision statistique de la thermodynamique imposait une révision fondamentale des lois de la thermodynamique.

Par exemple, le mouvement perpétuel d'une particule animée d'un mouvement brownien est incompatible avec la première version de la seconde loi de la thermodynamique. Selon cette seconde loi, la température, en tout point d'une enceinte, tend vers la même valeur ; lorsque cet équilibre est atteint, il est impossible que l'énergie thermique de l'enceinte puisse être transformée en énergie utile, ou en travail.

Or la température d'une particule en suspension dans l'eau est la même que celle de l'eau, mais l'énergie cinétique de son agitation permanente provient de l'énergie cinétique des molécules d'eau. Comme la température ne fait qu'exprimer l'énergie cinétique de translation des molécules, le bref apport d'énergie cinétique à la particule brownienne ne peut s'accomplir que par un refroidissement local de l'eau : ainsi le mouvement brownien montre que l'uniformité absolue de la température à l'équilibre, conséquence de la seconde loi de la thermodynamique, n'est jamais atteinte dans la réalité. La définition de l'équilibre thermodynamique doit, au contraire, prendre en compte les petites fluctuations, aléatoires et continuelles, de la température du système.

L'importance de ces fluctuations dans les systèmes physiques en équilibre a été reconnue en premier par Einstein, en 1910. Il établit une théorie des fluctuations et introduisit des concepts statistiques en thermodynamique. La thermodynamique « phénoménologique » n'avait fait que codifier, à partir d'observations expérimentales répétées, le fait que l'énergie se dégrade toujours, en ce sens qu'il devient de plus en plus difficile d'extraire de l'énergie pour la transformer en travail. En thermodynamique phénoménologique, on appelait entropie (du mot grec signifiant « changement interne ») une mesure de la dégradation de l'énergie. D'après la seconde loi phénoménologique, l'entropie de tout système augmente continûment en fonction du temps.

La thermodynamique statistique modifia la définition de l'entropie de façon subtile. Selon la théorie atomique, tout macro-état, ou encore état macroscopique observable d'un système, y compris l'état d'équilibre, peut résulter d'arrangements très différents des atomes et des molécules. On appelle micro-états ces arrangements. Dans un système isolé, tous les micro-états compatibles avec un macro-état donné sont également probables. Il est raisonnable d'admettre que l'état d'équilibre identifié par la seconde loi correspond au macro-état possédant le plus grand nombre de micro-états.

Le nombre de micro-états, essentiellement indiscernables, associés à un macro-état désordonné est beaucoup plus grand que le nombre d'états associés à un macro-état ordonné. Donc pour continuer à associer l'équilibre en thermodynamique statistique à l'état d'entropie maximale, il fallait redéfinir l'entropie comme la mesure du désordre d'un système physique plutôt que de la dégradation de son énergie. Plus il y a de désordre dans un système, plus il existe de micro-états qui correspondent à un seul macro-état, et plus grande est l'entropie de ce macro-état.

La relation précise entre l'entropie d'un macro-état et le nombre de micro-états qui lui sont associés avait été formulée par Boltzmann en 1896. L'entropie est proportionnelle au logarithme du nombre de micro-états ; la constante de proportionnalité, qui est appelée constante de Boltzmann, est la constante des gaz parfaits R par atome ; elle est égale à $3,3 \times 10^{24}$ calories par degré Celsius.

La conséquence est que, en thermodynamique statistique, la seconde loi n'est pas une vérité absolue. Comme tous les micro-états d'un système sont également probables, il existe une probabilité faible, mais non nulle, que des fluctuations des micro-états fassent apparaître un macro-état hautement ordonné. Plus précisément, la probabilité qu'une fluctuation spontanée conduise à une diminution de l'entropie est proportionnelle à *e,* la base des logarithmes naturels, élevée à la puissance négative du changement d'entropie, divisée par la constante de Boltzmann. Par exemple, la probabilité d'une diminution spontanée de l'entropie d'une mole d'hélium à zéro degré Celsius est d'environ $1/10^{19}$: il est donc possible en principe, bien que cela soit hautement improbable, que toutes les molécules d'air d'une pièce se concentrent dans un coin, laissant le vide dans le reste de la pièce.

En fait la validité de la thermodynamique phénoménologique reflète l'extrême petitesse de la constante de Boltzmann. Serait-il possible de survivre dans un Univers où la constante de Boltzmann serait beaucoup plus grande ? Probablement non ; dans un tel univers l'augmentation de l'énergie cinétique de chaque atome, pour une augmentation de température donnée, serait beaucoup plus importante que dans notre Univers. La probabilité que des fluctuations entraînent une réduction de l'entropie serait plus importante, de sorte que l'apparition spontanée de systèmes physiques ordonnés serait beaucoup plus fréquente à l'échelle macroscopique.

Un tel univers serait semblable à celui que nous observerions si nous étions réduits aux dimensions d'une particule brownienne. À cette échelle, la pression, la température et le volume de la matière avoisinante fluctuent sans cesse. En plus, au voisinage du point critique d'une transition de phase où un gaz se transforme par exemple en un liquide, les fluctuations aléatoires deviennent de plus en plus importantes.

La thermodynamique hors équilibre

Les conséquences du fait que le mouvement brownien est une manifestation des fluctuations statistiques dans les micro-états d'un système thermodynamique sont encore plus importantes pour des systèmes hors d'équilibre que pour des systèmes en équilibre. À l'équilibre, l'ordre des événements microscopiques n'importe pas, car les fluctuations parmi les micro-états ne donnent pour ainsi dire jamais naissance à un macro-état distinguable. En revanche, dans les systèmes hors

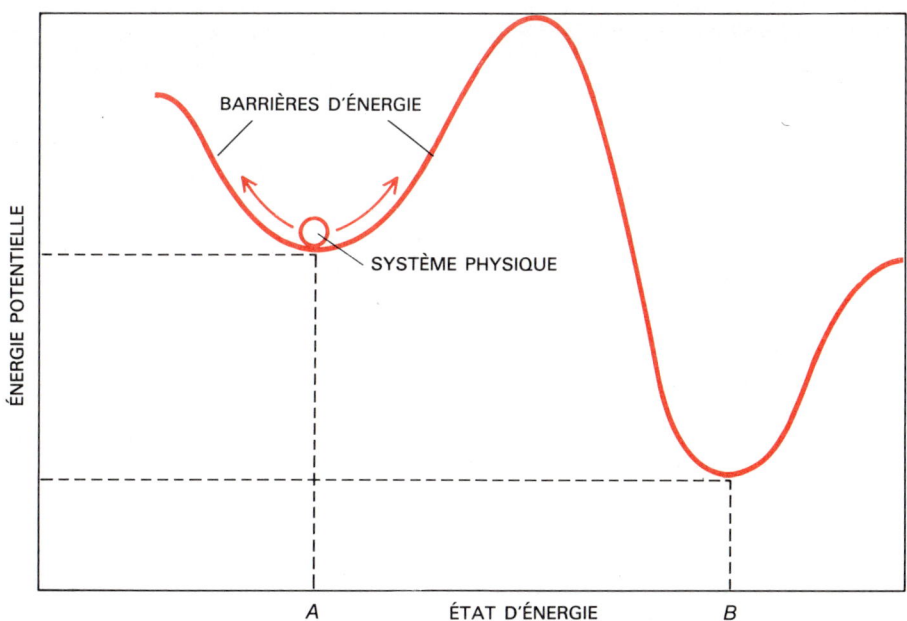

5. DIAGRAMME D'ÉNERGIE d'un système physique ayant deux états *A* et *B,* où l'énergie potentielle est un minimum local. En l'absence de fluctuations thermiques, si le système occupe l'un des deux états *A* ou *B,* il y reste indéfiniment. Cependant, si chacun des états physiques est soumis à des fluctuations aléatoires, il existe une probabilité finie pour que le système ne reste pas dans un état de minimum local. Par exemple, un système dans l'état *A* peut franchir la barrière d'énergie et atteindre l'état *B* et vice versa. En comparant les probabilités de ces deux transitions, on détermine la stabilité relative des deux états.

d'équilibre, la chronologie des événements devient importante.

Nous avons déjà laissé entendre qu'une version de la seconde loi phénoménologique de la thermodynamique doit expliquer comment des systèmes hors équilibre évoluent vers un état d'équilibre. En d'autres termes, la seconde loi doit expliquer en détail comment des macro-états ordonnés évoluent spontanément vers des macro-états désordonnés. Des procédures telles que casser un œuf sont irréversibles dans le temps et définissent donc une direction du temps. En thermodynamique phénoménologique, un ensemble de lois empiriques fondées sur l'observation décrivent l'évolution de différents processus irréversibles à partir de certains états hors d'équilibre.

Par exemple, si une barre de métal est chauffée à une extrémité, et si la différence de température entre les deux extrémités de la barre n'est pas trop grande, la vitesse de transfert de l'énergie thermique de la partie chaude à la partie froide est directement proportionnelle à la différence des températures. Ainsi, au fur et à mesure que la barre évolue vers l'équilibre thermique, « la force » provenant de la différence de température diminue, et « l'écoulement » (ou la vitesse de transfert de chaleur) ralentit. De même, comme nous l'avons déjà mentionné, la loi de Fick énonce que la vitesse d'écoulement d'un gaz d'une région de forte concentration à une région de plus faible concentration, est directement proportionnelle à la force qui naît de la différence de concentration entre les deux régions. Ces deux lois sont des relations linéaires, car l'écoulement est toujours proportionnel à la force, même si la force et l'écoulement changent continûment.

En principe, la thermodynamique hors équilibre ne se limite pas aux relations linéaires entre les forces et les écoulements, car plus un système s'écarte de l'équilibre, plus les effets non linéaires deviennent importants. Il n'existe pas de règles générales, autres que des règles par tâtonnements, pour formuler les lois qui décrivent de tels effets. Cependant un examen statistique des systèmes hors équilibre qui obéissent à des lois phénoménologiques linéaires nous aide à comprendre les effets non linéaires. Le premier traitement mathématique de la thermodynamique hors équilibre est dû à Paul Langevin. Langevin écrivit une équation qui décrit le mouvement d'une particule dans un fluide visqueux.

Imaginons qu'une petite particule sphérique, de la taille d'une bille, soit soumise, dans le fluide, à une force extérieure ; cette bille atteindra finalement une vitesse limite qui dépend de la viscosité du fluide. La viscosité engendre une force de résistance à l'écoulement proportionnelle à la vitesse de la particule, qui agit en sens inverse du mouvement de la bille et tend à la freiner. L'énergie du mouvement vers l'avant est dissipée en chaleur, ce qui engendre des fluctuations thermiques dans le fluide.

L'équation de Langevin

Imaginons maintenant que l'on fasse varier la taille de la particule et qu'elle soit réduite à une dimension microscopique. Une telle particule macroscopique n'est « sensible » qu'à la force de résistance à l'écoulement, et son mouvement n'est guère affecté par le bombardement moléculaire. Au fur et à mesure que la taille de la particule diminue, les fluctuations se font de plus en plus sentir, jusqu'à ce que finalement la particule ne soit plus affectée par la force macroscopique de résistance à l'écoulement, mais soit animée d'un mouvement brownien. L'équation de Langevin combine les deux effets et s'applique à une particule de taille intermédiaire.

L'équation de Langevin a donc des racines dans deux mondes différents ; le monde macroscopique est représenté, dans cette équation, par la résistance à l'écoulement et le monde microscopique, par la force due aux fluctuations browniennes. Selon cette équation, la force totale agissant sur la particule est égale à la somme des deux forces. On peut interpréter ces deux forces comme les composantes de la force totale agissant sur deux échelles de temps distinctes. Sur une courte période, la force dominante est la force fluctuante aux variations rapides. Sur une longue période de temps les effets de viscosité prédominent. La force totale est égale à la masse de la particule, multipliée par l'accélération engendrée par les deux composantes, laquelle est égale au taux de variation, en fonction du temps, de la vitesse de la particule.

Le physicien norvégien Lars Onsager observa que, par un simple changement de notations, on pouvait décrire statistiquement un processus irréversible à l'aide de l'équation de Langevin. Il suggéra de remplacer la vitesse de la particule dans l'équation de Langevin par la différence entre la valeur instantanée d'une quantité thermodynamique et sa valeur d'équilibre. Par exemple, si une barre est chauffée à l'une de ses extrémités, son écart par rapport à l'équilibre thermique est associé à la vitesse d'une particule. De plus, L. Onsager proposa que la force d'entraînement agissant sur la particule fût remplacée par la tendance d'un système thermodynamique à retourner vers son état d'équilibre. Ainsi la « force » thermodynamique qui tend à rétablir l'équilibre thermique de la barre chauffée est comparée à la force de résistance à l'écoulement de la particule dans le milieu visqueux. L'équation qui en résulte peut être utilisée pour étudier l'influence des fluctuations thermiques sur les processus irréversibles.

L'astuce mathématique de L. Onsager illustre

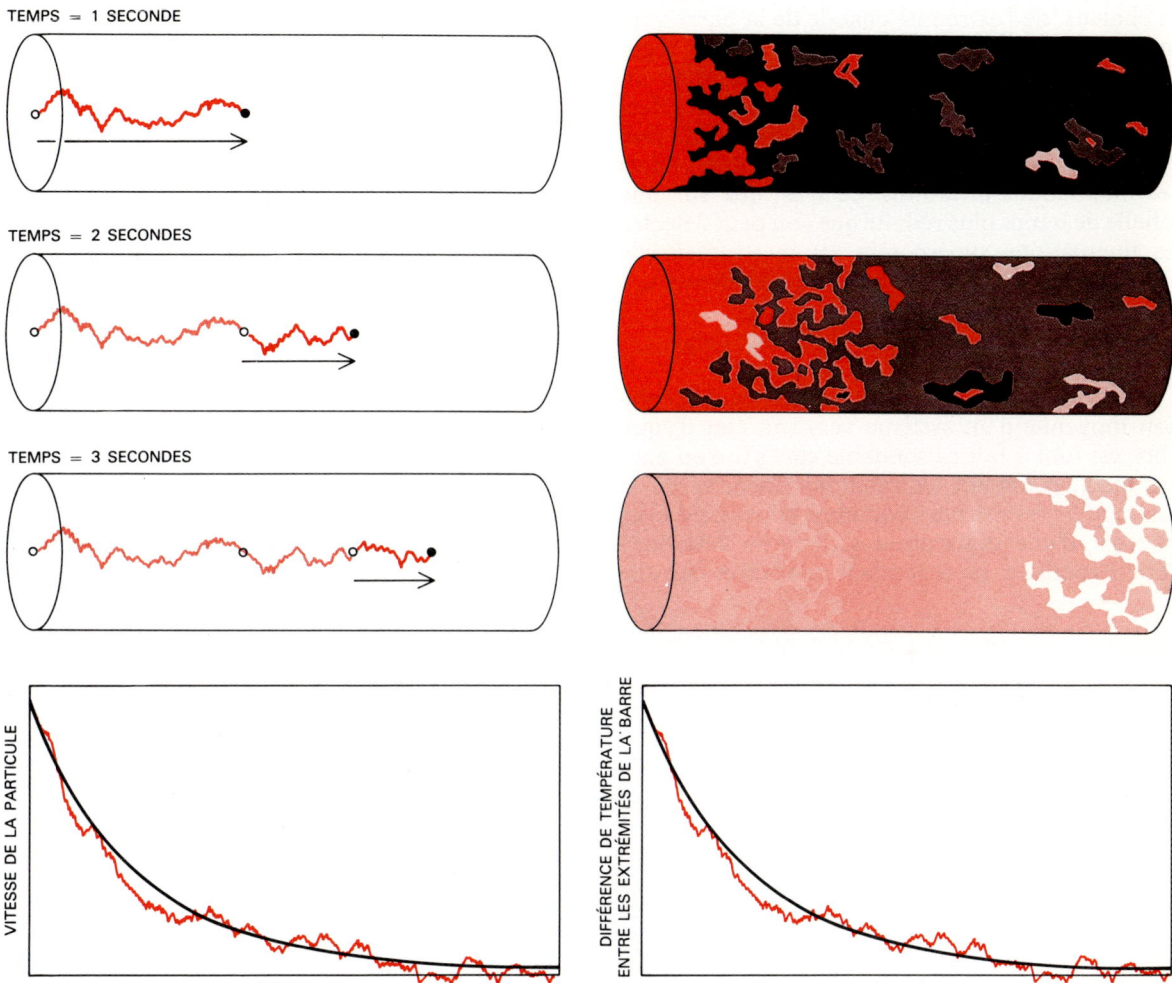

6. L'ÉVOLUTION VERS L'ÉTAT D'ÉQUILIBRE de la température d'un barreau chauffé à l'une de ses extrémités *(à droite)* est l'analogue mathématique du mouvement d'une particule, un grain de sable par exemple, à travers un liquide *(à gauche)*. La force de résistance à l'écoulement résultant de la viscosité du liquide est analogue à la « force » qui tend à rétablir une température uniforme dans tout le barreau. La force liée à la viscosité est proportionnelle à la vitesse du grain : elle diminue à mesure que le grain ralentit. De même, la force qui tend à restaurer l'équilibre du barreau chauffé est proportionnelle à la différence de température entre les deux extrémités. À mesure que cet écart de température diminue, la force tendant à faire évoluer le système vers l'équilibre est également réduite. Les deux processus sont représentés graphiquement par des courbes continues en noir *(bas de la figure)*. Superposée à chaque processus, il existe une force fluctuante due à l'agitation moléculaire aléatoire. Sous l'action de cette force fluctuante, le grain décrit un mouvement brownien le long de son parcours à travers le liquide. Dans le barreau, la force fluctuante correspond aux fluctuations thermiques dans de petites régions du barreau. Les régions plus chaudes sont en couleur foncée, les régions plus froides sont en couleur plus claire et passent par des teintes de gris de plus en plus foncées. Les fluctuations sont également représentées par des lignes irrégulières colorées qui oscillent autour de la courbe continue en noir.

une analogie profonde entre le mouvement d'une particule et l'évolution d'un état hors équilibre. Onsager émit l'hypothèse que le parcours moyen de la particule, considéré sur une échelle de temps longue par rapport aux fluctuations, était décrit par les lois phénoménologiques de la thermodynamique hors équilibre. L'écoulement régulier de chaleur, de l'extrémité chaude de la barre vers l'extrémité froide, est similaire à la dérive régulière d'une particule relativement grande dans un liquide. Dans chaque cas, l'observation est effectuée pendant un intervalle de temps petit mais fini, qui est malgré tout suffisant pour annuler les effets des fluctuations aléatoires. Ce n'est que sur une échelle de temps plus réduite que l'on peut détecter les fluctuations superposées au mouvement de dérive régulier que l'on observe généralement.

La réversibilité temporelle

L'hypothèse de L. Onsager concernant l'évolution moyenne d'un système vers son état d'équilibre est tout à fait raisonnable car, s'il n'en était pas ainsi, comment les relations linéaires de la thermodynamique hors équilibre pourraient-elles émerger d'une description statistique détaillée ? Cette hypothèse est cependant restrictive car elle limite la théorie à l'étude de systèmes dont les fluctuations sont distribuées selon une courbe en cloche. En d'autres termes, les petites fluctuations de température du barreau autour de la valeur moyenne, décrites par la loi phénoménologique du transfert de chaleur, doivent se répartir selon la même loi de distribution que les déplacements des particules browniennes autour d'un point donné, à un instant donné.

Qu'en est-il si la distribution des fluctuations n'a pas la forme d'une courbe en cloche ? On fait alors l'hypothèse raisonnable, bien que moins restrictive, que tout état hors équilibre d'un système physique doit évoluer vers un état d'équilibre caractérisé par la disparition de cette évolution. Selon cette définition, l'état d'équilibre n'est pas nécessairement stable, au sens statique usuel du terme. Cet état d'équilibre n'est rien d'autre qu'un état vers lequel tous les autres états ont tendance à évoluer. Si le système est soumis à une perturbation qui le place hors équilibre, il répond en diminuant la perturbation de façon que l'état initial d'équilibre soit restauré.

D'après cette définition de l'équilibre, des fluctuations thermiques, aussi petites soient-elles, peuvent modifier l'évolution d'un système thermodynamique, et il existe une probabilité non nulle

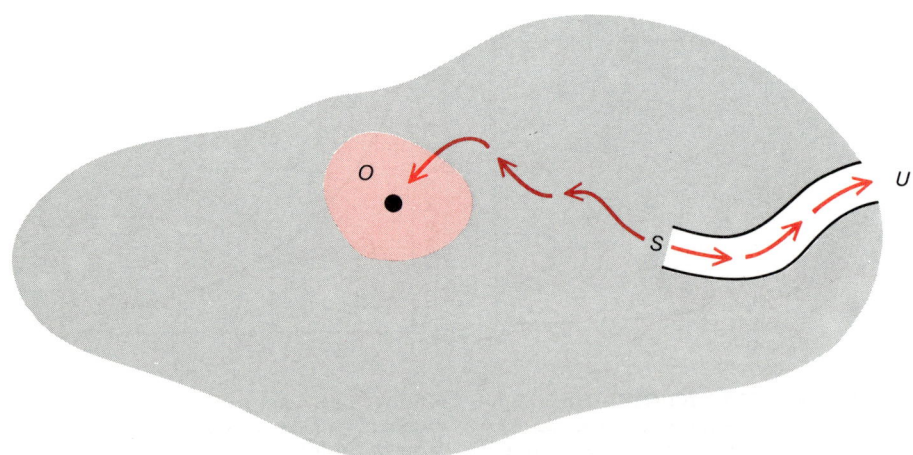

7. LA SYMÉTRIE entre le passé et le futur est illustrée par le trajet temporel d'un système physique à travers une série d'états physiques. Chaque point à l'intérieur de la région en gris représente un état du système, l'état d'équilibre étant situé en *O*. Si le système est déplacé vers un état hors équilibre *U* qui correspond à l'entropie maximale du système à la frontière, le système évolue presque certainement selon les lois macroscopiques de la thermodynamique. Ces lois prédisent qu'il va passer par un état hors équilibre *S*, pour lequel l'entropie n'est pas inférieure à celle en *U*, et qu'il va finalement atteindre une petite région autour de *O (en couleur)*. Parvenu au voisinage de *O*, le système va fluctuer presque indéfiniment autour de ce point. Cependant l'effet cumulatif des fluctuations, aussi petites soient-elles, amène certainement « un jour » le système à l'état hors équilibre *S*. Le système effectue alors un parcours jusqu'au point *U* situé à la surface. Si on laisse le système évoluer librement, le dernier parcours entre *S* et *U* sera presque toujours compris à l'intérieur d'un petit tube cylindrique entourant le parcours antécédent entre *U* et *S*.

que le système remonte à contre-courant de l'évolution naturelle. Quel que soit l'écart entre un état hors équilibre et l'état d'équilibre, et aussi petites que soient des fluctuations aléatoires, il existe une certaine probabilité pour que le système prenne tôt ou tard cet état hors équilibre.

Une analyse mathématique détaillée donne un résultat encore plus remarquable : l'approche du système vers un état hors équilibre hautement improbable se fait le long d'un parcours qui est l'inverse de celui suivi par le système si on le « plaçait » dans ce même état hors équilibre et qu'on le laissât évoluer librement vers son équilibre, à condition de ne pas agir sur le système de l'extérieur. Cette évolution antithermodynamique (ou inversée par rapport au temps) n'est pas lente et continue, mais procède par bonds et par sauts. Si l'on se donne un temps illimité, la croissance et le déclin des fluctuations thermiques donnent lieu à une symétrie entre le passé et le futur qui est contraire à l'asymétrie du temps que l'on associe d'ordinaire à la seconde loi de la thermodynamique.

Analogies mathématiques

L'outil mathématique mis au point pour traiter les fluctuations du mouvement brownien est utilisable dans toute discipline où l'on veut évaluer les effets d'une variable aléatoire. Les variables aléatoires apparaissent souvent dans la description des phénomènes naturels, principalement quand les valeurs de ces variables sont difficiles à connaître. Une des premières explications a été le filtrage du bruit électromagnétique statique, ou aléatoire dans un signal radar ou une émission radio. Par analogie, des techniques mathématiques similaires sont utilisées chaque fois qu'une sorte de « bruit » peut être identifiée dans un système dont l'évolution peut être déterminée en l'absence de bruit. Le problème est d'évaluer l'influence de la variable aléatoire sur le comportement final.

Par exemple, dans l'étude dynamique de la formation d'amas stellaires, le mouvement d'une étoile peut souvent être divisé en deux composantes. Une première composante résulte de l'influence gravitationnelle de l'amas dans son ensemble et l'autre, de l'influence gravitationnelle de l'environnement stellaire local. L'influence globale de l'amas varie continûment au cours du temps en fonction de la position de l'étoile considérée. Cet effet est explicité par une expression simple de l'énergie potentielle de gravitation, car le nombre d'étoiles qui contribuent à la force est très grand.

En revanche, l'influence de la matière dans l'environnement stellaire local soumet l'étoile à un potentiel de gravitation qui fluctue rapidement. De telles fluctuations font que la force instantanée agissant sur l'étoile diffère de celle qui résulterait de la seule énergie de gravitation moyenne. Subrahmanyan Chandrasekhar a calculé, dans les années 1940, la probabilité que la force de gravitation fût comprise entre deux valeurs, c'est-à-dire qu'il a calculé la fonction de répartition d'une telle force.

Quand les effets d'une fluctuation aléatoire sont évalués, on voudrait contrôler cette fluctuation. Là encore les techniques mathématiques élaborées pour une discipline ont pu être généralisées. Des contrôles statistiques semblables à ceux qui ont été utilisés pour améliorer la réception des signaux radar pendant la Seconde Guerre mondiale sont actuellement utilisés dans de nombreux systèmes qui récoltent un flot continu d'informations, comme les systèmes de radionavigation. Ils ont également été appliqués au contrôle de qualité de produits de grande série.

Bien que le mouvement brownien qui donna naissance à une théorie mathématique originale et fructueuse soit maintenant bien compris, ses retombées interdisciplinaires, c'est-à-dire ses applications, ne sont pas encore complètement étudiées. Tout laisse cependant croire que les fruits de cette théorie tiendront les promesses des fleurs et que la théorie du mouvement brownien continuera à être utilisée, sous une forme de plus en plus abstraite, pour éclairer des disciplines variées.

La mémoire des atomes

Des systèmes atomiques qui ont évolué à partir d'états ordonnés vers le désordre peuvent être ramenés à leur ordre initial. En évaluant dans quelle mesure l'ordre est rétabli, on étudie des interactions atomiques difficiles à observer.

Richard Brewer et Erwin Hahn

En 1872, Ludwig Boltzmann, l'un des fondateurs de la thermodynamique moderne, donne une conférence dans laquelle il énonce que l'entropie, ou le désordre, de tout système isolé croît avec le temps de façon irréversible. Un des membres de l'assistance, le physicien Joseph Loschmidt, se lève aussitôt pour protester et formuler le paradoxe qui allait porter son nom : si les équations qui gouvernent l'évolution des particules sont symétriques par rapport au temps, comment peut-on prétendre qu'elles conduisent à des lois irréversibles ? N'importe quel système qui a évolué de l'ordre vers le désordre doit pouvoir être réordonné, simplement en renversant la quantité de mouvement de chaque particule, sans rien changer à l'énergie cinétique totale du système. Boltzmann mit alors Loschmidt au défi de le faire : « Eh bien, essayez donc de renverser les quantités de mouvement ! »

Ce débat académique illustre la nature paradoxale de la seconde loi de la thermodynamique ; cette loi énonce que tout système isolé évolue vers son entropie maximale. Pourtant l'argument de Loschmidt reste pertinent. Si l'on pouvait filmer les mouvements d'un petit nombre de particules et que l'on montre ce film à un physicien, celui-ci serait en principe incapable de dire si le film est projeté à l'endroit ou à l'envers. Par conséquent, selon le paradoxe de Loschmidt, toute loi qui régit le comportement d'un grand nombre de particules est symétrique par rapport au temps et son évolution est difficilement discernable. La signification et les implications du second principe sont encore des sujets de recherche active... et de controverses brûlantes. Aujourd'hui plusieurs méthodes réalisent le rêve de Loschmidt : le renversement du temps. En d'autres termes, un système ordonné de particules qui a apparemment évolué à partir d'un état hautement désordonné peut être ramené à cet état par un renversement de la quantité de mouvement (ou d'un autre degré de liberté) de ses particules. En somme, un ensemble d'atomes peut conserver la mémoire de sa condition passée.

Pour qu'un système puisse manifester cette mémoire atomique, il faut le préparer de sorte qu'il possède un ordre caché, alors que son état est apparemment désordonné. Dans les systèmes atomiques que nous allons examiner, on rétablit cet ordre caché en irradiant des échantillons (sous une forme solide, liquide ou gazeuse) à l'aide d'un rayonnement électromagnétique cohérent ; ce rayonnement peut être de différents types tels que les ondes radio, les micro-ondes et la lumière laser ; les ondes sonores jouent aussi ce rôle. La résurgence d'un état ordonné dans de tels systèmes devient manifeste lorsque l'échantillon émet sa propre impulsion électromagnétique cohérente, en écho au rayonnement antérieur. Outre leur intérêt intrinsèque, ces échos, et les autres formes d'émission cohérente associées, constituent de nouveaux moyens d'étude des interactions atomiques.

Illustrons le concept d'ordre caché par une

1. L'ORDRE CACHÉ réapparaît : le dispositif est constitué de deux cylindres coaxiaux en plastique transparent. Le volume entre les cylindres est rempli d'un liquide transparent et visqueux. Un filet de colorant constituant l'état initialement ordonné est injecté dans le fluide *(1)*. Le cylindre externe est immobile et le cylindre interne tourne *(2)* jusqu'à ce que le colorant paraisse entièrement mélangé au liquide *(3)*. L'alignement initial est apparemment entièrement perdu mais si l'on tourne le cylindre interne en sens inverse *(4, 5)* les particules se réalignent et le filet réapparaît *(6)* : l'ordre est restauré.

analogie. Imaginons un groupe de coureurs, alignés sur la ligne de départ d'une piste circulaire. Au coup de feu du starter, les coureurs bondissent de leur starting-block et se dispersent sur la piste, chaque coureur ayant une vitesse constante mais différente. Après plusieurs tours de piste, certains coureurs en ont dépassé d'autres et il n'y a plus de corrélation très nette entre les positions relatives des coureurs et leurs vitesses. Quiconque n'a pas assisté au départ n'a aucune raison de penser qu'il existe un ordre particulier dans la disposition des coureurs : l'ensemble des coureurs constitue un système désordonné.

Supposons maintenant que les coureurs sont convenus de faire demi-tour à un instant ultérieur donné, par exemple après un second coup de feu, t minutes après le départ. Si tous les coureurs courent dans le sens contraire à vitesses constantes (mais différentes), ils vont se regrouper et franchir ensemble la ligne de départ, exactement $2t$ minutes après le départ : ils auront retrouvé alors leur ordre initial. (Cet ordre va à nouveau disparaître après que les coureurs auront franchi la ligne de départ.) Examinons l'exemple encore plus simple où tous les coureurs se déplacent ensemble à la même vitesse. Dans ce cas, l'ordre initial est conservé et il n'est pas nécessaire de renverser la direction des coureurs pour retrouver l'ordre « caché ».

Démontrons de façon plus concrète l'effet de mémoire par une expérience mécanique. Dans cette expérience un fluide visqueux est placé dans l'espace compris entre deux cylindres concentriques. Le cylindre externe est fixe, le cylindre interne est libre de tourner autour de son axe. On injecte dans le fluide un filet de colorant où toutes les particules sont alignées. Lorsque le cylindre interne tourne, le colorant se disperse au sein du liquide qui paraît être dans un état désordonné parce que le colorant est dispersé (l'entropie est maximale) : le mélange semble parfait et irréversible. En fait le liquide est dans un état d'ordre caché : le changement du sens de rotation du cylindre interne inverse le processus de mélange ; après un nombre de rotations en sens inverse égal au nombre de tour initial, le filet de colorant se reforme.

L'écho de spin

En 1950, l'un de nous (E. Hahn) découvrit un effet de mémoire semblable, dans son principe, aux cas des coureurs et du colorant, mais qui se manifestait à l'échelle atomique. Un échantillon de glycérine, placé dans un champ magnétique, est soumis à deux brèves impulsions de radio-fréquences *(rf)*, séparées par un intervalle de temps de quelques centièmes de seconde. L'échantillon conserve la mémoire de la séquence des impulsions et, à un temps $2t$ après la première impulsion *rf*, l'échantillon émet une troisième impulsion, un écho. Ce phénomène est connu sous le nom d'écho de spin nucléaire.

L'écho de spin nucléaire est une conséquence des propriétés gyromagnétiques des noyaux atomiques ; parmi ces noyaux, le plus simple est le proton qui constitue le noyau des atomes d'hydrogène. Comme le proton possède un spin et une charge électrique, il a un moment magnétique ; ce moment magnétique est semblable, à beaucoup d'égards, au moment angulaire d'un gyroscope. L'axe de spin d'un proton, désaligné par rapport à un champ magnétique uniforme, est animé d'un mouvement de précession autour de la direction du champ, comme l'axe d'un gyroscope placé dans un champ de gravitation uniforme : tout point de l'axe décrit un cercle autour d'une droite parallèle à la direction du champ de force *(voir la figure 3)*. La fréquence de précession, celle à laquelle tourne le spin du proton, dépend en partie de l'intensité du champ magnétique externe. Cette précession du spin du proton est à la base de l'effet d'écho de spin.

Dans une expérience d'écho de spin, les spins des protons sont initialement alignés parallèlement à un champ magnétique externe d'amplitude constante en tout point. Comme ils sont exactement parallèles au champ, les spins n'ont pas de mouvement de précession (de même qu'un gyroscope parfaitement vertical ne précesse pas). Une première impulsion *rf* est alors appliquée : une composante du champ électromagnétique de cette impulsion est polarisée circulairement, ce qui correspond à un petit champ magnétique tournant. La fréquence de rotation de ce champ tournant correspond à la fréquence de précession qu'auraient les spins des protons, s'ils étaient désalignés par rapport au champ magnétique constant, et que celui-ci fût le seul champ présent.

L'impulsion *rf* force l'ensemble des protons à effectuer un mouvement compliqué que l'on décompose en deux mouvements de précession plus simples. Le plus simple de ces deux mouvements est une précession autour du champ statique externe : l'impulsion radiofréquence a pour effet d'écarter les spins par rapport à la direction du champ constant (mais les spins restent essentiellement parallèles entre eux durant la brève durée de l'impulsion). Ces axes commen-

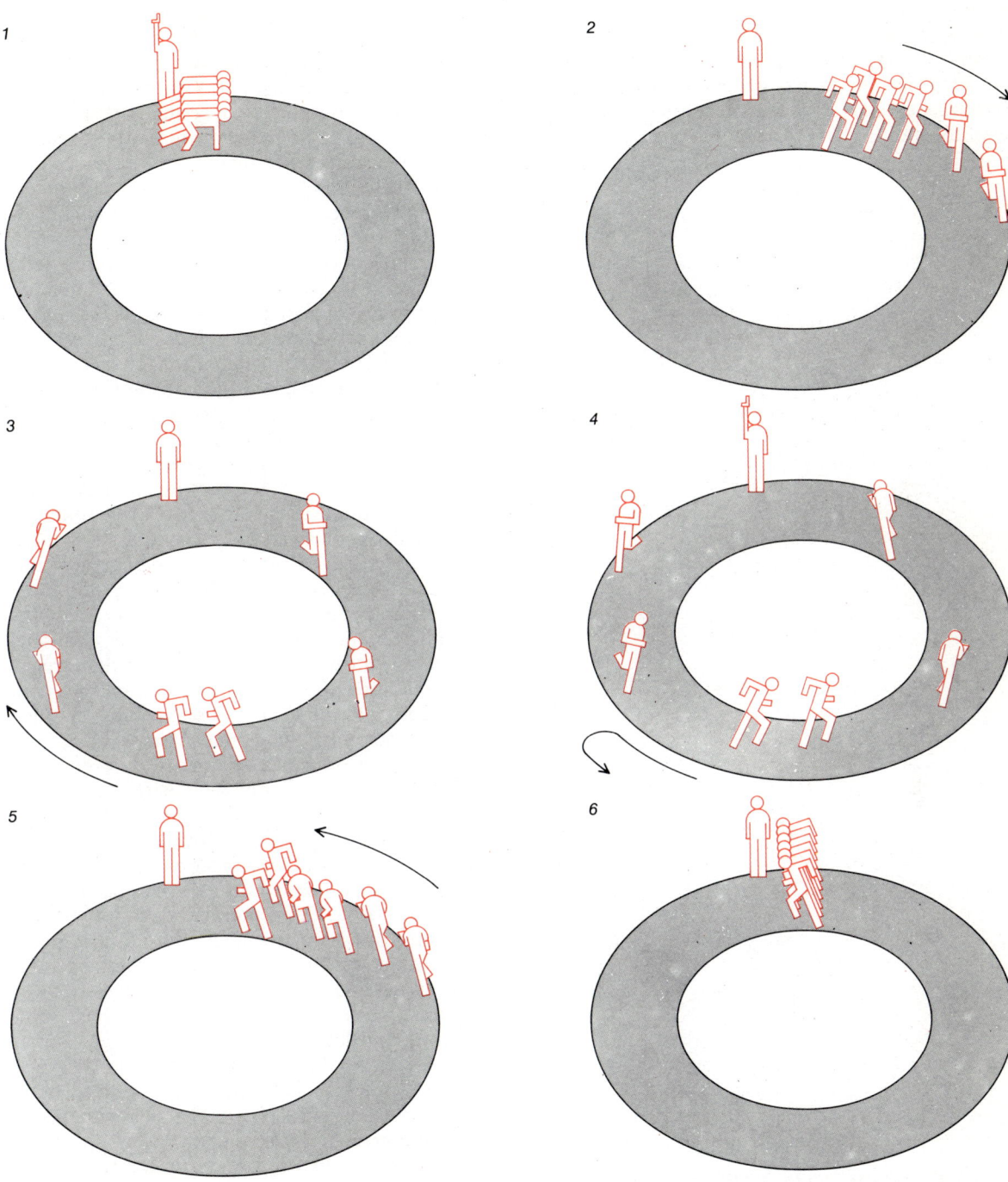

2. LES PHÉNOMÈNES D'ÉCHOS ÉLECTROMAGNÉ-TIQUES sont illustrés par le comportement des coureurs sur une piste. Initialement *(1)*, les coureurs sont dans un état hautement ordonné. Le starter donne alors le départ : le groupe des coureurs se déploie *(2)* et leurs positions mutuelles paraissent désordonnées *(3)*. (L'état du système de coureurs apparaît complète-ment désordonné quand certains ont fait un tour de plus.) Le starter tire à nouveau un coup de feu *(4)* : les coureurs font demi-tour et repartent instantané-ment en sens inverse avec la même vitesse indivi-duelle ; les premiers deviennent les derniers. En *(6)*, ces derniers, plus rapides, ont rattrapé leur retard et l'ordre original est rétabli.

cent à précesser autour des lignes de champ statique à leur fréquence normale de précession. Comme le champ magnétique de l'impulsion tourne à la même fréquence, l'angle entre le champ tournant *rf* et chacun des spins des protons reste constant pendant la précession. Du point de

CHAMP
GRAVITATIONNEL
UNIFORME

CHAMP
MAGNÉTIQUE
UNIFORME

3. LA PRÉCESSION GYROSCOPIQUE dans un champ gravitationnel est un modèle de la précession du spin d'un proton dans un champ magnétique. L'axe incliné d'un gyroscope en rotation *(en haut)* décrit un cercle horizontal, dans son mouvement de précession autour de l'axe de la force constante (dans le cas présent le champ gravitationnel uniforme). De la même façon, un proton *(en bas)*, qui est une particule chargée ayant un spin intrinsèque, précesse autour d'un champ magnétique uniforme.

vue des protons le champ magnétique de l'impulsion semble être de direction constante. Par conséquent, les spins des protons précessent à la fois autour du champ de l'impulsion et du champ constant. La combinaison de ces deux précessions se traduit par un mouvement du spin de chaque proton en spirale descendante.

L'angle d'inclinaison des protons est déterminé par l'intensité et la durée de l'impulsion *rf*. Dans une expérience typique d'écho de spin, cette première impulsion est d'une durée telle qu'elle incline les spins des protons exactement de 90 degrés par rapport à la verticale ; en d'autres termes, les spins sont amenés dans le plan perpendiculaire à leur orientation première.

Si le champ magnétique constant est maintenu, les spins des protons vont précesser à l'unisson dans ce nouveau plan ; en un sens, ils ressemblent à un aimant géant en rotation. Comme le ferait un tel aimant tournant, les protons émettent une impulsion électromagnétique oscillante, le signal de précession libre, ainsi nommé parce que le mouvement synchronisé des spins induit une impulsion électromagnétique. Ce signal correspond au départ de la course : les spins sont maintenant dans un état d'ordre dynamique.

Au cours du temps, cet ordre se désagrège ; la décroissance du signal de précession libre peut être due au fait que le champ magnétique statique n'a pas exactement la même intensité dans tout l'échantillon. Comme la fréquence de précession des protons dépend de l'intensité du champ externe, un proton situé dans une région où le champ magnétique est plus fort, précessera plus rapidement que d'autres protons, de même que certains coureurs sont plus rapides que d'autres. Les spins vont alors pointer dans différentes directions. Ils se dispersent en éventail, comme les coureurs sur la piste ; les spins des protons animés d'une précession rapide sont en avance sur ceux des plus lents. L'angle formé par deux spins pointant dans des directions différentes est appelé angle de phase ; la valeur de cet angle de phase mesure le degré de désynchronisation entre deux spins. Lorsque les protons se désynchronisent, l'intensité du champ électromagnétique oscillant, et donc du signal de précession libre, s'affaiblit ; l'échantillon est dans un état de désordre apparent.

Lorsque le signal de précession libre a disparu, l'échantillon est excité par une seconde impulsion *rf* qui correspond au second coup de feu. Cette impulsion est à la même fréquence que la première, mais dans une expérience typique, elle dure deux fois plus longtemps ; par conséquent, le plan qui contient les spins des protons tourne de 180 degrés, et se trouve ainsi de nouveau perpendiculaire au champ constant. C'est comme si le plan contenant les axes avait été retourné, ou réfléchi dans un miroir.

À la suite de la première impulsion *rf,* l'angle de phase entre les spins de précession rapide et les spins de précession plus lente a graduellement

augmenté. Immédiatement après la seconde impulsion, qui retourne le plan contenant les spins, les angles de phase entre les différents spins sont les mêmes qu'auparavant, mais les positions relatives des spins de précession plus rapide et plus lente sont inversées. En d'autres termes, avant la seconde impulsion *rf* les spins de précession plus rapide ont été amenés à pointer avant les plus

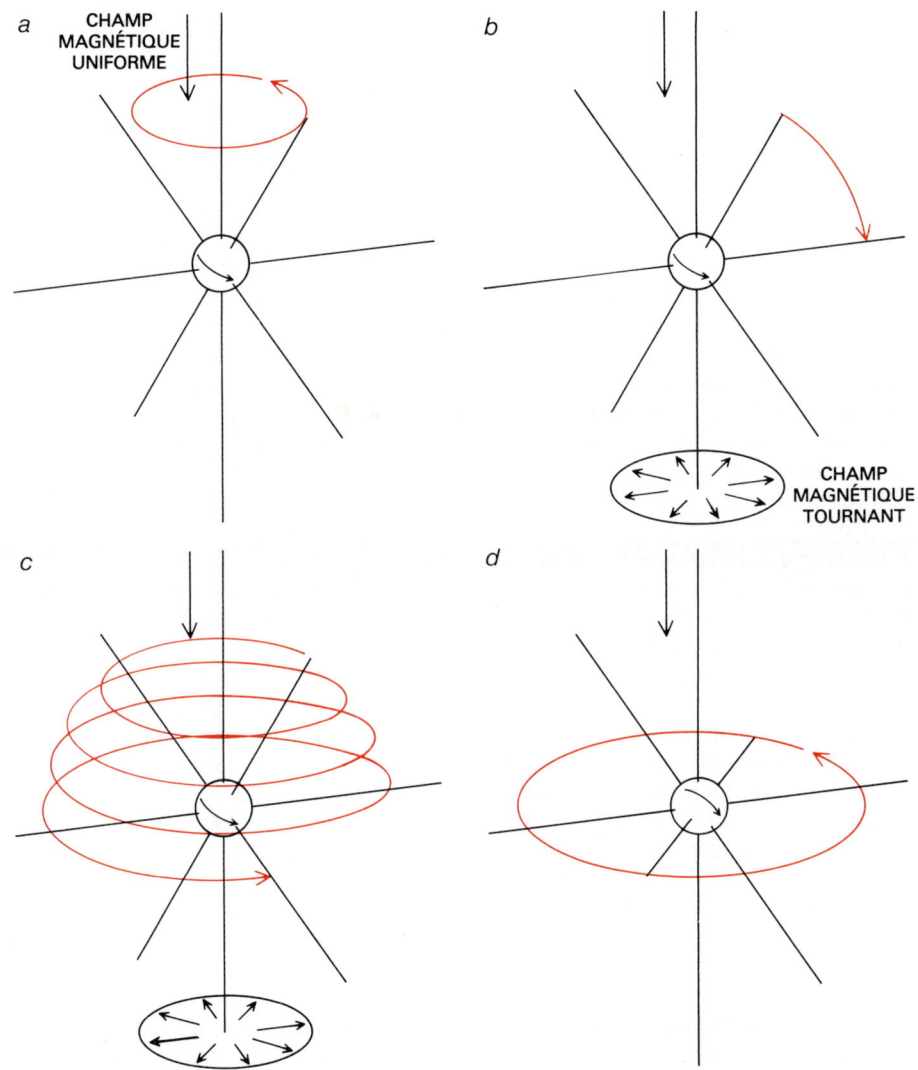

4. LA PRÉCESSION DU SPIN D'UN PROTON soumis à la fois à un champ magnétique uniforme et à un champ magnétique tournant (polarisé circulairement) se décompose en deux mouvements de précession plus simples. Le premier est une précession autour du champ magnétique uniforme *(a).* Si le second champ, le champ tournant, tourne précisément à la vitesse de précession de l'axe du spin du proton, alors l'angle entre cet axe et la direction du champ tournant reste constant ; du point de vue du proton en précession, le champ tournant semble constant, et le spin précesse vers le bas autour de ce champ horizontal *(b).* La combinaison de ces deux mouvements, vue par un observateur extérieur, est une spirale descendante *(c).* Le champ tournant est interrompu lorsque le spin est contenu dans le plan perpendiculaire au champ uniforme. Le spin continue ensuite à précesser autour du champ uniforme *(d)* tout en restant dans ce plan.

lents ; après la seconde impulsion, le plan contenant les spins a été retourné (ou a subi une réflexion à travers un miroir), si bien que les spins de précession plus lente sont alors en avance sur les spins de précession plus rapide.

Les spins des protons de précession plus rapide sont maintenant derrière les plus lents, de même que les coureurs plus rapides se trouvaient derrière les plus lents après le second coup de feu. Comme dans la course, les spins de précession rapide rattrapent les plus lents, et tous se réalignent. À ce moment-là, les atomes vont émettre une autre impulsion de rayonnement, l'impulsion d'écho, qui montre que l'ordre apparemment perdu a été restauré.

Dans le phénomène d'écho de spin, on dit que les impulsions *rf* appliquées sont en résonance avec les spins des protons : la fréquence des impulsions correspond exactement à la fréquence de précession naturelle des protons. Cette propriété de renversement de spin par un rayonnement résonnant est la pierre angulaire de la technique de résonance magnétique nucléaire (RMN) découverte indépendamment en 1946 par les physiciens Edward Purcell et Félix Bloch.

En spectroscopie RMN, le chercheur irradie un échantillon pour déterminer quelle est la fréquence de rayonnement qui induit un renversement de spin. Chaque fréquence de résonance correspond à un spin nucléaire unique dans un environnement nucléaire particulier ; or l'intensité du champ magnétique local varie dans différentes parties d'une molécule parce qu'un nuage électronique protège partiellement le noyau de l'atome du champ externe. Quand on a déterminé les fréquences de renversement de spin, on en déduit la structure chimique de l'échantillon. Les échos de spin sont parmi les techniques d'imagerie RMN les plus utiles. Dans toutes ces applications, on règle la fréquence du champ externe appliqué pour déterminer s'il existe une fréquence de précession égale à l'intérieur d'un échantillon de grande dimension, cette dimension pouvant être celle du corps humain.

Il existe une autre façon d'utiliser le phénomène d'écho de spin pour étudier les propriétés de différentes substances. Dans notre analogie avec la course à pied, les coureurs ne termineront pas la course tous ensemble si certains d'entre eux se sont fatigués et ont ralenti ; en un sens, tout changement de vitesse introduit un désordre dans l'ordre caché. Un désordre correspondant dans un échantillon atomique peut être dû à des collisions entre atomes, à des interactions magnétiques d'atomes voisins, ou au déplacement d'un atome

d'une région où le champ magnétique est élevé vers une région où il est plus faible, ce qui change sa vitesse de précession. Si l'on augmente l'intervalle de temps séparant les deux impulsions *rf*, le désordre aléatoire introduit entre les deux impulsions augmentera, et le signal écho sera plus faible. Le physicien ou le chimiste utilise ainsi l'intensité de l'écho, ou sa diminution, pour étudier des processus aléatoires dans la matière tels que l'agitation thermique, les mouvements internes, et les fluctuations du champ local.

L'écho de photon

Grâce au développement de sources de lumière laser cohérente, le concept d'écho a été étendu en 1964 au domaine des fréquences optiques par Norman Kurnit, Isaac Abella et Sven Hartmann, de l'Université Columbia. Les principes physiques à la base des échos de spin et de photon sont les mêmes : tous deux sont des exemples d'ordre caché ressuscité par un rayonnement cohérent. L'écho de spin met en jeu les noyaux atomiques alors que l'écho de photon est généralement dû aux électrons de l'atome. Richard Feynman, Frank Vernon et Robert Hellwarth ont montré que les deux phénomènes peuvent être décrits à l'aide du même formalisme mathématique, qui généralise les équations gyroscopiques de Bloch.

Les expériences montrent comment l'ordre caché d'un système apparemment désordonné peut être parfois rétabli : elles illustrent également comment certains phénomènes, tels que les collisions moléculaires, introduisent le désordre dans l'ordre caché et diminuent l'intensité de l'écho. Est-il possible d'imaginer des expériences d'écho qui effaceraient même ces effets aléatoires, apparemment irréversibles ?

Cette suggestion semble contraire à l'intuition : les conséquences à grande échelle d'événements aléatoires tels que les collisions entre molécules sont, en principe, irréversibles. Dans ce cas précis, l'intuition nous trompe, car il est parfois possible d'éliminer les effets générateurs de désordre dus aux collisions moléculaires élastiques. On observe ce résultat paradoxal en envoyant un grand nombre d'impulsions rapprochées dans le temps. Les premières expériences à impulsions multiples en RMN sont l'œuvre de Herman Carr, actuellement à l'Université Rutgers, et E. Purcell. Jan Schmidt, de l'Université de Leiden, Paul Berman, de l'Université de New York et l'un de nous (R. Brewer) ont ensuite étendu au domaine optique la technique à impulsions mul-

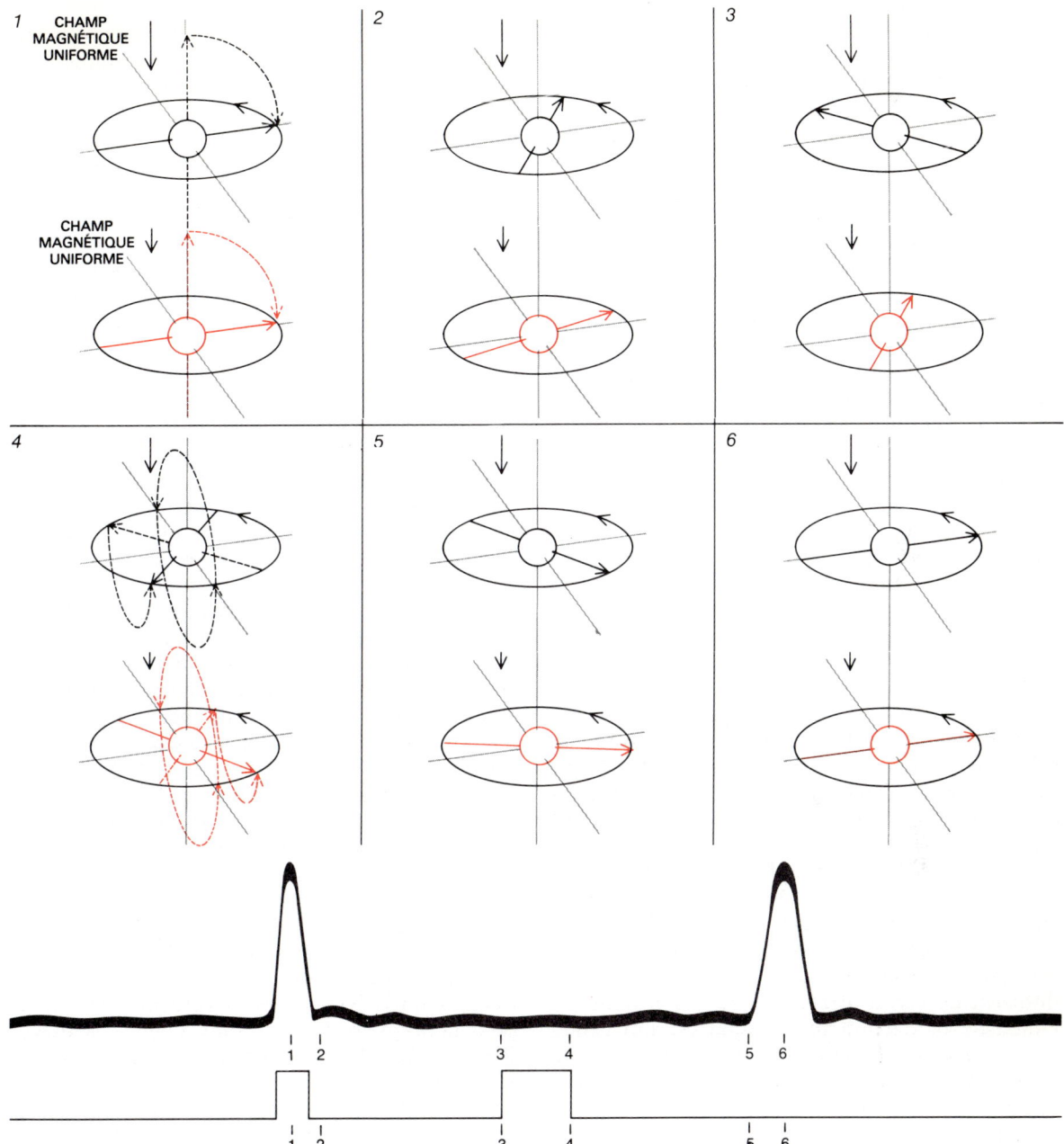

5. L'EFFET D'ÉCHO DE SPIN est induit par deux impulsions de radiofréquence *(rf)*, qui inclinent les spins des protons d'un échantillon de liquide dans un champ magnétique constant. On a représenté deux protons : le champ magnétique à l'endroit du proton noir est plus intense que le champ à l'endroit du proton coloré. En *1*, la première impulsion incline les spins jusqu'à ce qu'ils se situent dans un plan perpendiculaire au champ constant, où ils continuent à précesser. Comme le champ constant diffère d'une région à l'autre dans l'échantillon, certain spins précessent plus rapidement et pointent dans des directions différentes *(2, 3)*.

Une seconde impulsion *rf*, deux fois plus longue que la première, fait tourner de 180 degrés le plan contenant les spins en précession. Les spins se retrouvent dans le même plan que précédemment, mais alors les positions relatives des spins plus rapides et des spins plus lents sont inversées *(4)*. Les spins de précession plus rapide sont maintenant en retard sur les spins de précession plus lente *(5)* mais, comme les coureurs plus rapides, ils vont rattraper ceux-ci *(6)*. Les deux traces d'oscilloscope représentent la séquence d'impulsions *rf (haut)*, et les signaux émis par l'échantillon lorsque les protons sont alignés *(bas)*, y compris l'impulsion d'écho.

tiples. Nous allons décrire un exemple d'écho de photon dans un gaz.

L'écho de photon est dans son principe très semblable à l'écho de spin nucléaire. Dans l'écho de spin, une impulsion *rf* incidente aligne les spins des protons dans un état d'ordre dynamique ; cet ordre paraît se désintégrer mais il est restauré par une seconde impulsion *rf* résonnante, qui inverse les angles de phase relative des spins des protons, les amenant à se réaligner et à émettre un écho. L'écho de photon est analogue, sauf que le rayonnement incident est envoyé par un laser (dans le domaine optique), et que ce rayonnement entre en résonance avec le nuage électronique qui entoure chaque atome du gaz pour susciter une impulsion d'écho.

L'effet des collisions

Les atomes du gaz dans une expérience typique d'écho de photon sont dans un état d'agitation thermique chaotique ; ils se comportent comme des boules de billard subissant des collisions élastiques qui changent leurs vitesses, mais pas leurs états internes. Si les atomes diffusent élastiquement après avoir été excités par la première impulsion laser, leur trajectoire et leur vitesse sont légèrement modifiées. Par suite, la fréquence d'émission de chaque atome affecté (qui est analogue à la fréquence de précession du spin du proton) change à cause de l'effet Doppler. L'ensemble des atomes n'est plus dans un état d'ordre caché. Pour reprendre l'analogie avec les coureurs sur la piste, c'est comme si les collisions entre coureurs modifiaient la vitesse de chaque coureur. Dans le cas de la RMN, le même type de relaxation apparaît, car des molécules du liquide diffusent de façon aléatoire vers des régions où l'intensité du champ magnétique est différente.

Revenons à l'analogie des coureurs sur piste et imaginons que le starter tire rapidement plusieurs coups de feu successifs ; à chaque détonation la direction des coureurs s'inverse. Même si la vitesse d'un coureur a légèrement changé (par suite d'une collision) entre deux coups de feu, il est tout de même à peu près aligné avec les autres coureurs lorsqu'ils franchissent la ligne de départ, parce qu'il ne s'est pas beaucoup écarté de sa position « ordonnée » durant la brève durée séparant deux coups de feu.

Cette séquence de renversements multiples a un effet encore plus spectaculaire. Supposons que la vitesse d'un certain coureur ait légèrement augmenté à la suite d'une collision. Il va alors parcourir une distance plus grande par unité de temps que s'il n'avait pas subi de collision. Cependant, puisqu'il renverse constamment sa direction, il s'écarte de sa position « ordonnée », d'abord dans une direction, puis dans l'autre, d'une quantité égale. La distance moyenne dont il dévie par rapport à sa position ordonnée est donc nulle : il reste sensiblement aligné avec les autres coureurs. En un sens, c'est comme si la collision n'avait jamais eu lieu.

De même, si un échantillon de gaz est excité par une succession rapide d'impulsions laser, les décalages Doppler engendrés par les collisions élastiques se compensent. Un atome qui a changé de vitesse aura certes une fréquence d'émission différente de la moyenne. Cependant, comme chacune des multiples impulsions renverse la phase de l'atome (de même que chaque coup de feu renverse la direction des coureurs), la fréquence d'émission de cet atome sera alternativement plus grande et plus petite que la fréquence moyenne. En moyenne, les atomes sont excités à l'unisson ; comme les atomes restent synchronisés, l'effet des collisions élastiques est minimisé.

Entre chaque impulsion, les atomes se réalignent, comme les coureurs entre de nombreux coups de feu, et à chaque réalignement les atomes émettent une impulsion d'écho. La séquence d'impulsions engendre ainsi une séquence d'échos, un écho entre chaque paire d'impulsions.

L'expérience d'impulsions multiples de Carr-Purcell est une façon d'augmenter l'effet des échos ordinaires : l'expérimentateur applique un grand nombre d'impulsions incidentes afin d'engendrer beaucoup d'échos, ce qui prolonge l'état ordonné de l'échantillon.

Il existe un autre type d'expérience à impulsions multiples encore plus frappant. Dénommé « écho sandwich magique » il a été mis en évidence pour la première fois par John Waugh, Won-Kyu Rhim et Alex Pines à MIT. Il consiste à envoyer sur un échantillon une longue série d'impulsions synchronisées pour engendrer un écho unique. Ce qui est remarquable dans l'écho sandwich magique, c'est qu'il peut être engendré dans un échantillon qui n'émettrait, autrement, aucun écho. Seul ce train particulier d'impulsions peut restaurer l'état ordonné antérieur de l'échantillon.

Examinons une expérience typique d'écho sandwich magique : dans cette expérience un cristal de fluorure de calcium est placé dans un champ magnétique constant. Comme dans une expérience classique d'écho de spin, on envoie sur l'échantillon une impulsion *rf*, qui tourne de 90 degrés les spins des noyaux de fluor. Le cristal émet alors un signal de précession libre, semblable à celui émis par l'échantillon liquide dans une expérience d'écho de spin. Quand le signal a disparu, une autre impulsion de 90 degrés est envoyée, immédiatement suivie par une longue série d'impulsions de 180 degrés en succession rapide, puis par une nouvelle impulsion de 90 degrés. Vous voyez en quoi consiste le sandwich : les deux impulsions de 90 degrés représentent le pain et la série d'impulsions de 180 degrés, la garniture.

Aucun modèle imagé simple ne peut décrire ce qui se passe durant l'effet sandwich magique. On peut simplement dire (d'après la description mathématique généralement admise à l'heure actuelle) que le sandwich magique change le signe de l'équation décrivant le mouvement des noyaux de fluor : il accomplit précisément le renversement de la quantité de mouvement, objet du paradoxe de Loschmidt.

Même dans une expérience avec impulsions

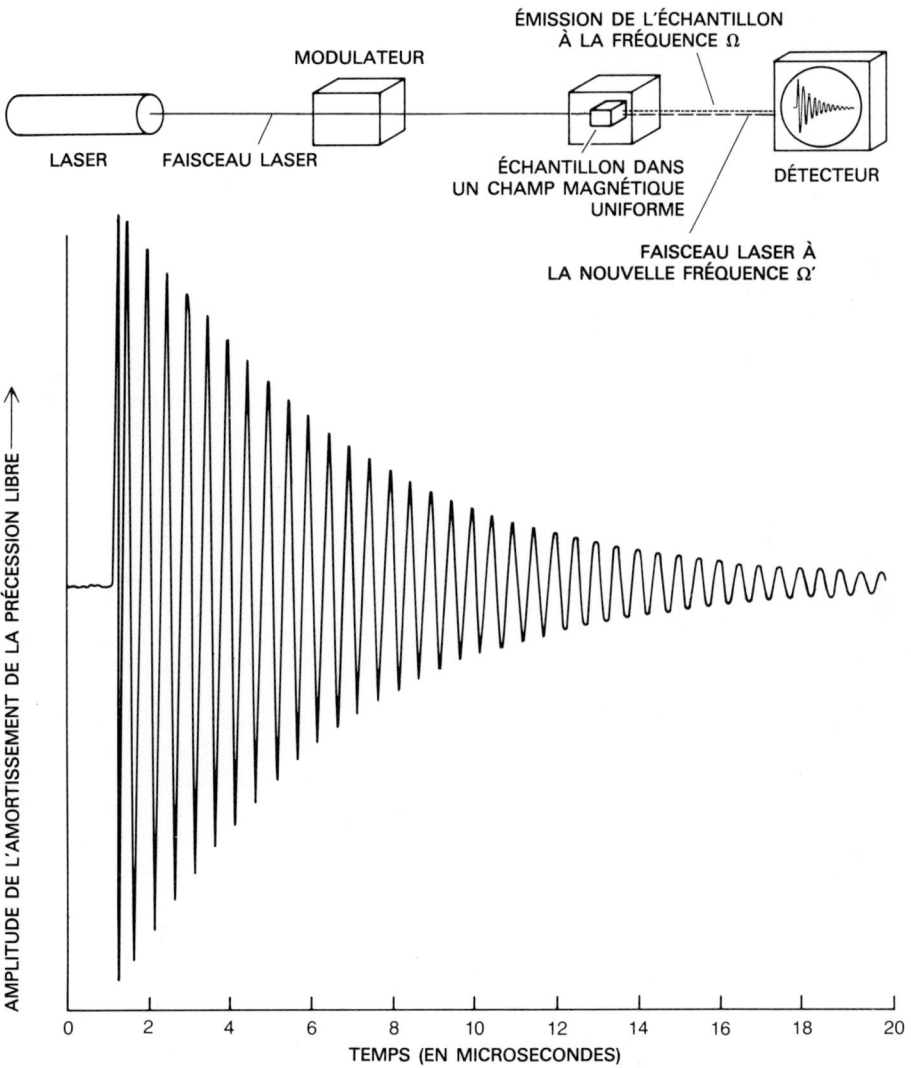

6. UN APPAREIL DE COMMUTATION de fréquence laser a été utilisé par l'un des auteurs (R. Brewer) et R. DeVoe pour observer une autre classe d'effets de mémoire atomique. Un faisceau laser de fréquence Ω est utilisé pour exciter un échantillon cristallin soumis à un champ magnétique constant *(au centre)*. Puis la fréquence laser est commutée à une autre valeur Ω' à l'aide d'un modulateur *(à gauche)*. L'échantillon lui-même, mis en résonance par le premier faisceau laser, émet un rayonnement cohérent, le signal de précession libre, à la fréquence originale Ω. L'émission de l'échantillon se combine avec le faisceau laser pour engendrer un signal d'interférence sur le détecteur *(à droite)*. La durée de ce signal indique à l'expérimentateur combien de temps les atomes de l'échantillon conservent la mémoire du faisceau laser initial.

multiples l'intensité des échos successifs diminue. Cette diminution est due principalement, dans les gaz, aux collisions inélastiques. Ce sont des collisions suffisamment violentes pour changer de façon irréversible les niveaux énergétiques des atomes. L'amortissement de l'écho, dans une expérience d'impulsions multiples, mesure ainsi le taux de collisions inélastiques et la diffusion dans un échantillon. Ceci veut dire que l'on peut utiliser une expérience d'impulsions multiples pour sélectionner et étudier des interactions dynamiques spécifiques, lesquelles ne sont pas perturbées par des processus dynamiques concurrents.

Uniformiser les vitesses des atomes

Examinons maintenant un moyen de créer une mémoire atomique sans renversement du temps. L'idée de base apparaît dans l'analogie de la course sur piste. Il est possible d'imposer à tous les coureurs la même vitesse : ainsi leur alignement initial est préservé. C'est le moyen le plus simple, mais comment le réaliser ?

Dans un échantillon de gaz, on peut sélectionner les atomes ayant une vitesse particulière donnée. Pour cela on excite l'échantillon avec un faisceau laser quasi-monochromatique (qui émet sur une seule fréquence d'émission) fonctionnant en régime continu et de fréquence appropriée. Par suite de l'effet Doppler, des atomes identiques se déplaçant à des vitesses différentes absorbent la lumière à des fréquences légèrement différentes. Si la fréquence du laser est spectralement pure, c'est-à-dire essentiellement monochromatique, alors seuls les atomes ayant une vitesse particulière sont sélectionnés et absorbent de façon cohérente. Pour reprendre l'analogie avec la course sur piste, c'est comme si seuls les coureurs ayant une certaine vitesse prenaient le départ.

L'alignement de ces atomes préparés de façon cohérente est démontré à l'aide d'un appareil qui commute la fréquence du laser : après une longue période d'excitation, la fréquence du laser passe soudainement à une nouvelle valeur, de sorte qu'elle n'est plus en résonance avec le groupe d'atomes préparés. Cette commutation termine le processus d'excitation ; les atomes préparés de façon cohérente agissent dès lors comme un ensemble de diapasons frappés simultanément : ayant tous la même fréquence de résonance, ils se renforcent l'un l'autre et émettent, à l'unisson, un faisceau intense et cohérent de lumière qui se propage vers l'avant. Le faisceau a toutes les propriétés de la lumière laser (cohérence, direc-

tionnalité et monochromaticité) car les atomes gardent la mémoire de leur état ordonné. C'est l'analogue optique de la précession libre, associée à la résonance magnétique.

L'effet de précession libre a été découvert pour la première fois en résonance magnétique nucléaire dans le domaine des radiofréquences par l'un d'entre nous (E. Hahn) et dans le domaine optique par R. Brewer et Richard Shoemaker. Comme l'effet d'écho, la précession libre permet au physicien ou au chimiste de mesurer, dans une grande variété de matériaux, des propriétés qui sont difficiles à observer autrement. En étudiant l'amortissement, pour différentes fréquences, de l'intensité d'émission dans différentes conditions, les physiciens améliorent leur compréhension des interactions, à l'intérieur d'une molécule, et entre les molécules, de l'échantillon considéré.

La commutation de fréquence laser a été introduite aux laboratoires de recherches IBM de San Jose par l'un de nous (R. Brewer) en collaboration avec Azriel Genack. Elle a été utilisée pour observer non seulement la précession libre, mais également toute une classe de phénomènes de mémoire atomique. En un sens, accorder l'émission laser en résonance et hors résonance avec un échantillon atomique équivaut à envoyer dans celui-ci une séquence d'impulsions de lumière laser ; ainsi, mettre la lumière laser en résonance avec un échantillon pendant deux courtes durées équivaut à appliquer deux brèves impulsions laser : on engendre ainsi le même phénomène d'écho. La technique de commutation de fréquence a un avantage : les processus de commutation peuvent être commandés de manière précise à l'aide d'éléments électro-optiques. De plus, l'interférence entre l'émission de l'échantillon et la lumière laser (à sa nouvelle fréquence) produit un signal de battement important (effet hétérodyne), qui permet de distinguer l'émission de l'échantillon du bruit ambiant.

La mesure du temps de relaxation

L'un de nous (R. Brewer) et Ralph DeVoe, à IBM, ont récemment utilisé les techniques de commutation de fréquence laser pour établir une confrontation avec les équations gyroscopiques fondamentales utilisées par Félix Bloch dans sa première description de la résonance magnétique nucléaire. D'après les équations de Bloch, le temps de relaxation de la mémoire nucléaire ne devrait pas dépendre de l'intensité du champ appliqué. En 1955, Alfred Redfield a montré, à l'aide d'arguments thermodynamiques, que ces équations devaient être modifiées car cette prédiction n'est pas satisfaisante. En observant la résonance magnétique nucléaire d'un métal pur il trouva qu'un champ radiofréquence intense augmentait effectivement la durée de vie de la mémoire (c'est-à-dire réduisait la vitesse de relaxation) ; ce phénomène résulte d'un effet de moyenne dans le temps qui ressemble, à certains égards, à une inversion du temps.

R. DeVoe et R. Brewer ont généralisé les arguments de A. Redfield au domaine optique. Pour cela, ils ont utilisé un des lasers accordables le plus stables existant à l'heure actuelle (une fois accordée la fréquence d'émission est stable à 5 pour 10^{13}). Avec ce laser, les physiciens ont réalisé une expérience de précession libre. L'échantillon étudié était un cristal de trifluorure de lanthane contenant des impuretés, des ions de praséodyme. L'interaction magnétique nucléaire des ions praséodyme avec les noyaux voisins de fluor était responsable de la disparition de la mémoire.

De la même façon qu'un proton, un noyau de fluor se comporte comme une charge dotée de spin, qui crée son propre champ magnétique. Les champs des noyaux de fluor sont suffisamment intenses pour retourner des noyaux de fluor voisins, de même qu'une impulsion *rf* peut retourner un proton. Lorsqu'un noyau de fluor est retourné, le changement local du champ magnétique qui en résulte est parfois suffisamment fort pour renverser à son tour un autre noyau de fluor voisin. De telles séquences aléatoires de renversement de spins ne sont pas rares dans un cristal de trifluorure de lanthane.

Lorsqu'un cristal de trifluorure de lanthane est exposé au rayonnement cohérent d'un laser ayant la bonne fréquence de résonance, les ions de praséodyme sont synchronisés et émettent alors leur propre rayonnement cohérent, c'est-à-dire un signal de précession libre. Les noyaux de fluor qui effectuent des renversements aléatoires de spin peuvent désynchroniser les ions de praséodyme voisins, diminuant ainsi l'intensité de l'émission optique cohérente.

R. DeVoe et R. Brewer ont mesuré le temps de relaxation en utilisant la technique de commutation de fréquence laser décrite ci-dessus. Ils ont excité un échantillon de trifluorure de lanthane à l'aide d'un laser à colorant accordable, puis ils ont modifié brusquement la fréquence laser pour qu'elle ne corresponde plus à la résonance avec les ions de praséodyme. Cette manipulation nécessite un laser extraordinairement stable en fréquence, car il faut, dans cette expérience, exciter un très petit domaine de fréquences : la largeur

de raie du praséodyme est seulement de dix kilohertz, soit environ dix millions de fois plus fine que les largeurs optiques mesurées auparavant dans les solides. Une fois la fréquence laser modifiée, les ions praséodyme émettaient un signal de précession libre qui disparaissait en 17 microsecondes environ.

On peut réduire l'interaction magnétique des atomes de fluor avec ceux de praséodyme en augmentant l'intensité du laser qui excite le cristal. Une augmentation de l'intensité du laser fait cascader plus rapidement les atomes de praséodyme entre les états quantiques de plus haute et de plus basse énergie lors de l'émission et de l'absorption des photons. Chaque fois qu'un ion de praséodyme parcourt un cycle d'absorption-émission, l'interaction magnétique nucléaire de cet ion avec les noyaux de fluor voisins change de signe ; en d'autres termes, l'interaction d'un ion praséodyme avec un noyau de fluor agit en sens inverse après que le praséodyme a absorbé et réémis un photon. Ainsi un noyau de fluor qui désynchronisait un ion de praséodyme par rapport aux autres, inverse son action sur cet ion et l'oblige à se resynchroniser. Ce phénomène est semblable au renversement de phase produit par le laser dans une expérience d'impulsions multiples de Carr-Purcell. Si l'intervalle de temps entre les renversements de phase est inférieur au temps séparant les désynchronisations (dans notre cas les renversements aléatoires des spins des fluors), alors les perturbations dues aux noyaux de fluor sont compensées parce que les interactions avec le praséodyme sont inversées. En collaboration avec Axel Schenzle, de l'Université d'Essen, en RFA, R. DeVoe et R. Brewer ont mis au point une théorie quantique microscopique générale de ce phénomène, qui étend pour la première fois les arguments thermodynamiques de A. Redfield au domaine optique.

Les techniques de rayonnement radiofréquence pulsé, dont les principes sont connus depuis presque 40 ans, constituent des outils importants en science et en médecine, principalement en imagerie RMN du corps humain et pour l'analyse de la structure des composés chimiques et des solides. Grâce au développement de lasers extrêmement précis et stables, ces méthodes commencent à être utilisées dans le domaine optique.

Ces phénomènes de mémoire atomique auraient sûrement ravi Loschmidt, car ils montrent que certains types de désorganisation, même ceux dus à des collisions aléatoires, peuvent être réduits.

Le chaos

Le chaos, en physique, n'est pas synonyme de désordre absolu : des structures géométriques élégantes décrivent le comportement des systèmes chaotiques. Le chaos limite la prévisibilité, mais fait apparaître des relations causales là où nous n'en imaginions pas.

James Crutchfield, Doyne Farmer, Norman Packard et Robert Shaw

La puissance de la science naît de sa faculté à relier les effets et les causes. À partir des lois de la gravitation, nous sommes capables de prévoir les éclipses, par exemple, plusieurs milliers d'années avant qu'elles se produisent. Tous les phénomènes naturels ne sont pourtant pas aussi prévisibles. Ainsi les mouvements de l'atmosphère, qui obéissent aux mêmes lois physiques que les mouvements des planètes, ne sont exprimés qu'en termes probabilistes. Il y a de l'imprévisible dans le temps qu'il fera, l'écoulement de l'eau ou le lancer des dés : pour tous les phénomènes de ce type, aucune relation n'apparaît immédiatement entre une cause et un effet, et l'on dit qu'ils sont aléatoires. Ce caractère aléatoire ne décourageait pourtant pas les physiciens, et l'on croyait encore récemment qu'il suffirait d'accumuler et de traiter une quantité plus importante d'informations pour prévoir le comportement de ces systèmes.

Une découverte étonnante a remis en cause cette hypothèse : des systèmes déterministes constitués de très peu d'éléments ont aussi des comportements aléatoires. De plus, ce caractère aléatoire est fondamental, et il ne disparaît pas, même quand on améliore le système de mesure. On qualifie aujourd'hui de chaotiques ces systèmes dont l'étude est en plein essor (voir *Déterminisme et chaos*, par Vincent Croquette, *chapitre 5, page 64*).

Soulignons un point paradoxal : le chaos découvert est déterministe, car il est régi par un ensemble de règles précises qui ne font elles-mêmes intervenir aucun élément aléatoire ; en principe, le futur d'un tel système est complètement déterminé par son passé, mais, en pratique, les incertitudes sur les conditions initiales sont amplifiées, de sorte que si le court terme est prévisible, l'évolution à long terme ne l'est plus. En outre, il existe de l'ordre dans le chaos : les comportements chaotiques sont régis par des structures géométriques élégantes qui engendrent de l'aléatoire, tout comme les joueurs quand ils

1. UN CHAOS APPARENT résulte d'opérations géométriques successives d'étirement et de repliement. On a pratiqué ce type d'opérations sur une peinture du mathématicien Henri Poincaré. On a d'abord numérisé l'image *(en haut à gauche)* afin de la traiter par ordinateur. Puis on a appliqué un « étirement-repliement » dont le résultat est analogue à celui que l'on aurait obtenu en plaçant l'image sur une bande de caoutchouc, en l'étirant, puis en coupant les parties de l'image qui débordent du cadre et en les réintroduisant sur le côté opposé ; le résultat de cette première opération est représenté sur l'image 1 *(le nombre au-dessus de chaque image indique le nombre d'opérations effectuées).* Quand on effectue cette transformation plusieurs fois, le visage se brouille *(images 2 à 4)*, les couleurs se mélangent et l'image tout entière prend une teinte homogène *(images 10 et 18)*. Certains points reviennent cependant, parfois, au voisinage de leur position originale, et l'on voit alors réapparaître brièvement l'image originale *(images 47 et 48, et 239 à 241)*. Dans cette transformation la fréquence de « récurrence de Poincaré », ou réapparition de l'image initiale ; est bien supérieure à ce qu'elle est en général ; dans les systèmes chaotiques, ce type de réapparition est très rare.

battent les cartes ou les robots électroménagers quand ils pétrissent de la pâte.

Avec le chaos sont apparus de nouveaux concepts de modélisation scientifique. D'un côté, nous voyons que la prévisibilité de ces systèmes est fondamentalement limitée, mais, de l'autre, la reconnaissance du déterminisme propre au chaos nous ouvre de nouvelles perspectives ; de nombreux phénomènes aléatoires ont une structure et sont en réalité plus prévisibles qu'on ne le supposait : ils sont simplement chaotiques. En conséquence, on sait aujourd'hui interpréter, avec des lois simples, d'innombrables données accumulées que l'on ne comptait plus analyser, faute d'un fil directeur. La structure du chaos confère un ordonnancement à des phénomènes extrêmement variés : la circulation atmosphérique, l'écoulement des gouttes d'un robinet qui fuit, le fonctionnement du cœur, etc. De ce fait, une révolution bouleverse de nombreuses branches de la science.

Le déterminisme

Pourquoi le comportement d'un système est-il aléatoire ? Étudions cette question sur un exemple classique de phénomène aléatoire, le mouvement brownien, qui apparaît par exemple quand on observe au microscope un grain de poussière en suspension dans l'eau : les mouvements incessants et en toutes directions du grain de poussière sont dus à l'agitation thermique des molécules d'eau ; comme les molécules d'eau sont invisibles et en nombre considérable dans tout système macroscopique, il est absolument impossible de prévoir la trajectoire précise du grain de poussière. Le caractère quasi aléatoire du phénomène résulte, dans cet exemple, des innombrables interactions de tous les constituants du système.

Au contraire, le chaos, auquel ce chapitre est consacré, apparaît même dans des systèmes constitués d'un nombre limité d'éléments tous observables ; que de tels systèmes présentent déjà un comportement aléatoire nous amène à réviser nos idées sur l'origine du comportement aléatoire des systèmes plus complexes, comme l'atmosphère par exemple.

Pourquoi les mouvements de l'atmosphère sont-ils plus difficiles à prévoir que les éclipses de Soleil ? L'atmosphère et le Système solaire sont tous deux constitués de nombreux éléments, dont la même loi simple – la relation fondamentale de la dynamique – décrit le comportement individuel. Comme toutes les lois, cette loi fondamentale de la dynamique est un outil de prévision : si l'on

désigne par F la force appliquée à un corps et par m la masse de ce corps, on détermine l'accélération a communiquée par la force par l'égalité $F = ma$. Un peu d'algèbre et quelques considérations élémentaires de dynamique indiquent alors que si l'on connaît (par une mesure) la position et la vitesse d'un objet à un instant donné, la loi permet de déterminer ces deux variables à n'importe quel autre instant. Cette idée joue en science un rôle fondamental et, au XVIIIe siècle, Pierre Simon de Laplace l'exprima sous sa forme la plus extrême : selon lui, il suffisait de connaître la position et la vitesse de toutes les particules de l'Univers à un instant donné, pour calculer l'intégralité de son évolution ultérieure. On conçoit facilement la difficulté d'un tel programme, mais, pendant plus de 100 ans, on a tenu l'idée de Laplace pour fondée, au moins dans son principe. L'application immédiate de l'idée de Laplace au comportement humain eut des conséquences philosophiques retentissantes : le comportement humain est prédéterminé et le libre arbitre n'est qu'une illusion.

Au XXe siècle, le déterminisme laplacien s'est effondré pour deux raisons différentes, l'une microscopique et l'autre macroscopique. La première est apparue au début du siècle avec la mécanique quantique : selon le principe d'incertitude d'Heisenberg – un dogme central de la théorie quantique –, il est impossible de déterminer simultanément, avec une précision absolue, la vitesse et la position d'une particule. Cette relation fondamentale permet d'interpréter correctement certains phénomènes aléatoires comme la désintégration radioactive, car les noyaux sont si petits que, selon le principe d'Heisenberg, il est impossible de déterminer précisément leurs mouvements ; de ce fait, il est également impossible de prévoir quand ils se désintégreront.

À l'échelle macroscopique, l'origine de l'imprévisibilité est autre. Certains phénomènes à grande échelle sont prévisibles, tandis que d'autres ne le sont pas, mais cette différence n'a aucun lien avec la mécanique quantique. La trajectoire d'un ballon de football, par exemple, est prévisible, et les gardiens de but savent exactement où ils doivent chercher le ballon quand un tir est effectué d'assez loin. En revanche, la trajectoire d'un ballon de baudruche qui se dégonfle est parfaitement imprévisible : le ballon tournoie et effectue des soubresauts imprévisibles. Pourtant les deux ballons obéissent à la relation fondamentale de la dynamique. Pourquoi la trajectoire du ballon de football est-elle prévisible, tandis que celle du ballon de baudruche ne l'est pas ?

Laplace, *Essai philosophique sur les probabilités* (1776)

« L'état présent du système de la Nature est évidemment une suite de ce qu'il était au moment précédent, et si nous concevons une intelligence qui, pour un instant donné, embrasse tous les rapports des êtres de cet Univers, elle pourra déterminer pour un temps quelconque pris dans le passé ou dans l'avenir la position respective, les mouvements et, généralement, les affections de tous ces êtres.

L'Astronomie physique, celle de toutes nos connaissances qui fait le plus honneur à l'esprit humain, nous offre une idée, quoique imparfaite, de ce que serait une semblable intelligence. La simplicité de la loi qui fait mouvoir les corps célestes, les rapports de leurs masses et de leurs distances permettent à l'Analyse de suivre, jusqu'à un certain point, leurs mouvements, et pour déterminer l'état du système de ces grands corps dans les siècles passés ou futurs, il suffit au géomètre que l'observation lui donne leur position et leur vitesse pour un instant quelconque : l'homme doit alors cet avantage à la puissance de l'instrument qu'il emploie et au petit nombre de rapports qu'il embrasse dans ses calculs, mais l'ignorance des différentes causes qui concourent à la production des événements, et leur complication jointe à l'imperfection de l'Analyse, l'empêchent de se prononcer avec la même certitude sur le plus grand nombre des phénomènes ; il y a donc pour lui des choses incertaines, il y en a de plus ou moins probables. Dans l'impossibilité de les connaître, il a cherché à s'en dédommager en déterminant leurs différents degrés de vraisemblance, en sorte que nous devons à la faiblesse de l'esprit humain une des théories les plus délicates et les plus ingénieuses des Mathématiques, à savoir la science des hasards ou des probabilités. »

Poincaré, *Science et méthode* (1903)

« Une cause très petite, qui nous échappe, détermine un effet considérable que nous ne pouvons pas ne pas voir, et alors nous disons que cet effet est dû au hasard. Si nous connaissions exactement les lois de la nature et la situation de l'Univers à l'instant initial, nous pourrions prédire exactement la situation de ce même Univers à un instant ultérieur. Mais, lors même que les lois naturelles n'auraient plus de secret pour nous, nous ne pourrions connaître la situation initiale qu'approximativement. Si cela nous permet de prévoir la situation ultérieure avec la même approximation, c'est tout ce qu'il nous faut, nous disons que le phénomène a été prévu, qu'il est régi par des lois ; mais il n'en est pas toujours ainsi, il peut arriver que de petites différences dans les conditions initiales en engendrent de très grandes dans les phénomènes finaux ; une petite erreur sur les premières produirait une erreur énorme sur les derniers. La prédiction devient impossible et nous avons le phénomène fortuit. »

2. LES IDÉES sur le hasard et les probabilités ont beaucoup évolué depuis les débuts de la physique moderne. Laplace (1749-1827) pensait que notre Univers était strictement déterministe, et donc complètement prévisible ; seule l'imperfection de nos méthodes expérimentales nous obligeait, pensait-il, à utiliser des théories probabilistes. Henri Poincaré (1854-1912), en revanche, avait une idée plus proche de celle des physiciens modernes : il reconnaissait que d'infimes incertitudes sur l'état initial des systèmes sont amplifiées au cours du temps, de sorte qu'il est impossible de prévoir l'évolution des systèmes à long terme.

La transition vers la turbulence

L'écoulement d'un fluide est, selon les conditions, prévisible ou imprévisible. Quand la vitesse du fluide est très lente, l'écoulement est « laminaire », c'est-à-dire calme, régulier, stationnaire, et l'on peut calculer le comportement du fluide à l'aide des équations de la mécanique des fluides. Dans d'autres circonstances, en revanche, l'écoulement est moins prévisible : il est irrégulier, agité et inégal ; c'est le régime turbulent. La sensation que procure l'entrée soudaine d'un avion dans un orage, au cours d'une traversée sans histoire, illustre bien la différence entre les régimes laminaires et les régimes turbulents. Quelle est la raison fondamentale de la différence entre ces deux régimes ?

Pour comprendre toute la portée de cette question, imaginons un instant que nous contemplions l'eau d'un torrent à partir de la rive : l'eau tourbillonne et jaillit, mais dans le lit du torrent, les rochers sont immobiles et les affluents du torrent s'y jettent assez régulièrement. Pourquoi le mouvement de l'eau est-il aléatoire ?

Le physicien soviétique Lev Landau a donné de ce phénomène une interprétation qui prévalut pendant de nombreuses années : le mouvement des fluides turbulents serait la résultante de très nombreuses oscillations, ou « modes » indépendants ; lorsque la vitesse du fluide augmente, l'écoulement devient turbulent, car ces modes apparaîtraient successivement. Chaque mode est simple, mais leur composition produirait un mouvement complexe, et la nature imprévisible de l'écoulement aurait résulté de l'incohérence des différents modes entre eux.

On sait aujourd'hui que la théorie de Landau est inexacte, et l'on connaît des systèmes très simples où n'interviennent ni combinaisons complexes ni incertitudes, mais dont le comportement est aléatoire. Ainsi, au début du siècle, le mathématicien français Henri Poincaré remarqua que des phénomènes imprévisibles, « fortuits », disait-il, se produisent dans des systèmes où de petites différences dans les conditions initiales engendrent des résultats très différents. Cette caractéristique apparaît nettement dans l'exemple d'un caillou lâché du sommet d'une colline : il roulera selon des trajectoires très différentes selon la direction de la poussée initiale, et des trajectoires différant au départ d'un angle infime peuvent entraîner, au bas de la colline, des positions finales distantes de plusieurs dizaines de kilomètres. Cet exemple ne décrit qu'imparfaitement le phénomène auquel Poincaré faisait référence, car le caillou n'est sensible aux très petites causes qu'au sommet de la colline ; en revanche, les systèmes chaotiques réagissent aux perturbations minimes en tout point de leur mouvement.

L'exemple suivant illustre à quel point certains systèmes physiques sont sensibles aux influences extérieures. Imaginons un billard américain « idéal » (avec 21 billes) où les billes rouleraient sans frottement et où aucune énergie ne serait dissipée lors des chocs. Avec une seule bille, le joueur peut provoquer de nombreuses collisions, mais quel en sera l'effet ? Pendant combien de temps les billes effectueront-elles des mouvements correspondant à ce que le joueur prévoyait ? Bien peu : il suffit de négliger, dans les calculs, des effets aussi minimes que l'attraction gravitationnelle exercée par un électron situé à l'extrême limite de notre galaxie pour que la durée de prévision soit limitée à une minute !

Dans un système comme le billard, la croissance très rapide des incertitudes tient au fait que les boules de billard ont une surface courbe et que chaque collision amplifie l'effet d'irrégularités minimes des surfaces qui entrent en collision. La croissance de ces incertitudes est exponentielle en fonction du nombre de collisions, c'est-à-dire que les incertitudes croissent de la même façon que le nombre de bactéries placées dans un milieu illimité renfermant des réserves de nourriture inépuisables. C'est ainsi l'une des caractéristiques fondamentales du chaos que tout effet, aussi petit soit-il, a rapidement des conséquences macroscopiques.

Ce processus d'amplification exponentielle des erreurs, caractéristique de la dynamique des systèmes chaotiques, est le second coup porté à l'affirmation de Laplace ; le coup est fatal, car (1) la mécanique quantique stipule que toute mesure est entachée d'erreurs et (2) la dynamique du chaos enseigne que ces erreurs croîtront si rapidement que toute prévision est impossible. Si le chaos n'avait pas existé, on aurait pu espérer que les erreurs resteraient limitées ou ne croîtraient que lentement, de sorte que l'on aurait pu faire des prévisions à moyen, voire à long terme. Or le chaos existe et toute prévision à court terme est vouée à l'échec.

Les systèmes dynamiques

Le chaos est apparu lors de l'étude de ce que l'on appelle les systèmes dynamiques. Un système dynamique comporte deux aspects : son état (les informations qui le caractérisent) et sa dynamique (la loi qui caractérise l'évolution de l'état du système en fonction du temps). On peut représenter l'état d'un système par un point dans un espace que l'on appelle l'espace des phases, un espace abstrait dont les coordonnées sont les composantes de l'état. La nature des coordonnées de l'espace des phases varie selon le contexte : pour un système mécanique, par exemple, ces coordonnées pourront être la position et la vitesse de certains éléments ; pour un système écologique, on pourrait choisir les populations de différentes espèces.

Le pendule simple *(voir la figure 3)* est un bon exemple de système dynamique dont l'état, à un instant donné, est complètement déterminé dès que l'on connaît deux paramètres seulement : la position et la vitesse. Pour ce système, l'espace des phases est un plan où l'état du système est représenté par un point : l'abscisse est la position du pendule et l'ordonnée, sa vitesse. L'état du système évolue conformément à la relation fondamentale de la dynamique, dont l'expression mathématique est une équation différentielle, et le mouvement de va-et-vient du pendule est décrit, dans l'espace des phases, par le déplacement du point sur une courbe appelée trajectoire. Dans le cas idéal d'un pendule qui oscille sans frottement, la trajectoire du pendule dans l'espace des phases

est une courbe fermée, mais pour un pendule réel dont le mouvement s'amortit progressivement, la trajectoire est une spirale dont le centre représente l'état du système au moment où le pendule s'immobilise.

L'évolution temporelle d'un système dynamique peut être décrite par une courbe continue ou discrète, selon la nature du système. Pour le pendule, par exemple, la trajectoire est continue : le pendule passe en effet d'une position à la suivante en continu. D'autres systèmes, en revanche, évoluent de façon discontinue au cours du temps, et l'on doit notamment utiliser une représentation discrète pour décrire l'écoulement goutte à goutte de l'eau d'un robinet qui fuit ou le nombre d'insectes qui naissent chaque année dans une région donnée.

Comment déterminer l'évolution d'un système à partir d'un état initial donné ? On peut utiliser les équations du mouvement et calculer les points successifs représentant l'état du système sur la trajectoire dans l'espace des phases ; la quantité de calculs nécessaires est alors directement proportionnelle à la durée pendant laquelle on désire suivre l'évolution du système. Certains systèmes simples, comme le pendule sans frottement, se prêtent cependant à un autre type de

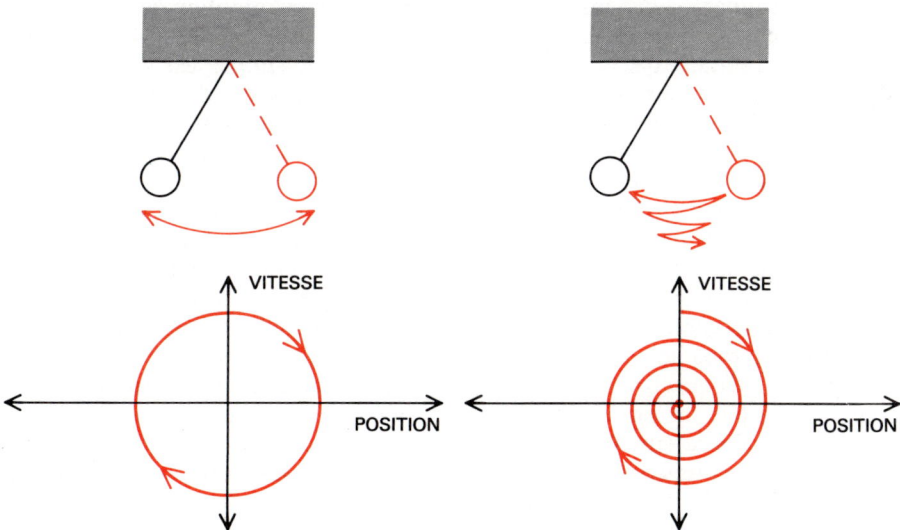

3. L'ESPACE DES PHASES sert à représenter l'évolution des systèmes dynamiques : les axes de coordonnées de cet espace correspondent aux différents degrés de liberté caractérisant les mouvements du système. Ainsi le mouvement d'un pendule *(en haut)* est défini par sa position et sa vitesse initiale, et l'on représente l'état du pendule par un point d'un plan ; les coordonnées de ce point sont la vitesse et la position du pendule *(en bas)*. Le mouvement de va-et-vient du pendule correspond, dans l'espace des phases, au déplacement du point représentatif de l'état, qui décrit une trajectoire dans cet espace. Pour un pendule idéal ne perdant aucune énergie sous forme de frottements, la trajectoire est une courbe fermée *(en bas à gauche)* ; pour un pendule réel, où les frottements diminuent l'amplitude des oscillations, la trajectoire est une spirale dont le point central représente la position finale du pendule *(en bas à droite)*.

description, bien plus rapide : les équations du mouvement de tels systèmes ont une solution analytique, c'est-à-dire que l'on peut exprimer directement, par une formule, l'état du système à n'importe quel instant, en fonction de l'état initial et du temps auquel on veut déterminer l'état. Avec une telle solution, le calcul nécessaire pour déterminer l'état à n'importe quel instant est toujours le même et c'est ainsi, par exemple, que l'on prévoit les éclipses : il suffit de connaître les équations du mouvement des planètes et de leurs satellites pour déterminer les positions de ces objets à un instant particulier.

C'est parce que l'on avait trouvé des solutions analytiques aux problèmes de physique classique que l'on espérait qu'il en existerait pour tous les systèmes mécaniques. On sait aujourd'hui que cet espoir est vain : il n'existe pas de solution analytique aux équations du mouvement des systèmes dynamiques chaotiques et, pour ces systèmes, il n'est pas possible de faire l'économie du calcul « itératif », c'est-à-dire pas à pas.

Les attracteurs

L'espace des phases est un outil très efficace pour prévoir le comportement des systèmes chaotiques, car cette représentation fait apparaître le comportement des systèmes sous une forme géométrique. En ce qui concerne, par exemple, un pendule qui oscille en perdant de l'énergie, le mouvement est représenté, dans l'espace des phases, par une spirale. Quelle que soit l'énergie initialement communiquée au pendule, celui-ci finira toujours par s'arrêter, et l'on appelle « point fixe » le point final de la trajectoire dans l'espace des phases ; comme, en outre, toutes les spirales décrivant les mouvements du pendule convergent vers ce point, on dit que ce point fixe est un attracteur. Le pendule est représentatif de toute une classe de systèmes ; tous les systèmes qui évoluent vers une position d'équilibre stationnaire peuvent être représentés par un point fixe dans l'espace des phases. Plus généralement, pour tous les systèmes réels où interviennent des frottements ou des phénomènes de viscosité, la trajectoire dans l'espace des phases tend vers une petite région de dimension inférieure à celle de l'espace des phases complet, un point dans un plan par exemple ; cette région de l'espace des phases est un attracteur. Autrement dit, un attracteur est ce vers quoi tend l'état d'un système.

Certains systèmes ne s'immobilisent jamais, et leur évolution est cyclique et périodique. Par exemple, le pendule d'une horloge dont les poids seraient régulièrement remontés effectue indéfiniment le même mouvement de va-et-vient ; dans l'espace des phases, la trajectoire de tels systèmes est un cycle, c'est-à-dire une courbe fermée que le point caractérisant l'état du système décrit de façon périodique. Ainsi, pourvu que l'énergie initialement communiquée à un balancier d'horloge soit suffisante, le balancier effectue toujours, à la longue, le même mouvement ; autrement dit, dans l'espace des phases, un ensemble de trajectoires qui ne débutent pas au centre de coordonnées (le point fixe) tendent vers le même cycle ; ce dernier est un type d'attracteur particulier, appelé cycle limite. Le fonctionnement du cœur humain tend également vers un cycle limite.

Certains systèmes ont plusieurs attracteurs différents et les trajectoires sont attirées par l'un ou l'autre de ces attracteurs selon les conditions initiales ; on appelle alors bassin d'attraction d'un attracteur l'ensemble des points de l'espace des phases qui donnent une trajectoire évoluant vers l'attracteur considéré. L'espace des phases de l'horloge à balancier comporte ainsi deux bassins d'attraction : si l'on n'imprime qu'une petite poussée au balancier, il revient rapidement au repos, mais si on le pousse assez fort, c'est-à-dire si on l'écarte assez de sa position d'équilibre, l'horloge se met en marche et le balancier adopte le mouvement régulier de va-et-vient.

Après le point fixe et le cycle limite, l'attracteur le plus simple est le tore, c'est-à-dire une surface en forme de chambre à air. Ce type d'attracteur représente les mouvements résultant de deux oscillations indépendantes, que l'on appelle parfois des mouvements quasi périodiques (on réalise, par exemple, des systèmes présentant ce type de comportement avec des oscillateurs électriques). Quand un système possède un attracteur torique, les trajectoires, dans l'espace des phases, s'enroulent en spirale autour du tore, et le rapport des fréquences d'oscillation détermine l'écartement des spires autour du tore. Dans les systèmes où le mouvement résulte de la combinaison de plus de deux oscillations, les attracteurs sont parfois des tores de dimension supérieure, dans des espaces de phase de dimension supérieure.

Les mouvements quasi périodiques, bien que fort complexes, sont prévisibles : bien qu'une trajectoire puisse ne jamais se recouper – si les fréquences des deux oscillations n'ont pas de diviseur commun – le mouvement est régulier ; de plus, les trajectoires qui commencent en des points proches l'un de l'autre, sur le tore, restent indéfiniment voisines. On sait prévoir l'évolution à long terme de ces systèmes.

Attracteurs et chaos

Encore récemment, les seuls attracteurs connus étaient les points fixes, les cycles limites et les tores, mais, en 1963, Edward Lorenz, de l'Institut de technologie du Massachusetts, découvrit un exemple concret d'un système à peu de dimensions présentant un comportement complexe. Cherchant à comprendre pourquoi il est si difficile de faire des prévisions météorologiques fiables, E. Lorenz avait entrepris l'analyse des équations du mouvement d'un fluide (en première approximation, l'atmosphère est un fluide) et, en simplifiant ces équations, il avait obtenu un système à trois degrés de liberté seulement. Malgré cette simplicité, le comportement du système était apparemment aléatoire et aucun des trois attracteurs connus à l'époque ne permettait de le décrire. E. Lorenz avait ainsi découvert le premier attracteur chaotique – on dit aussi attracteur étrange – auquel on a donné son nom.

En simulant l'évolution du système par ordi-

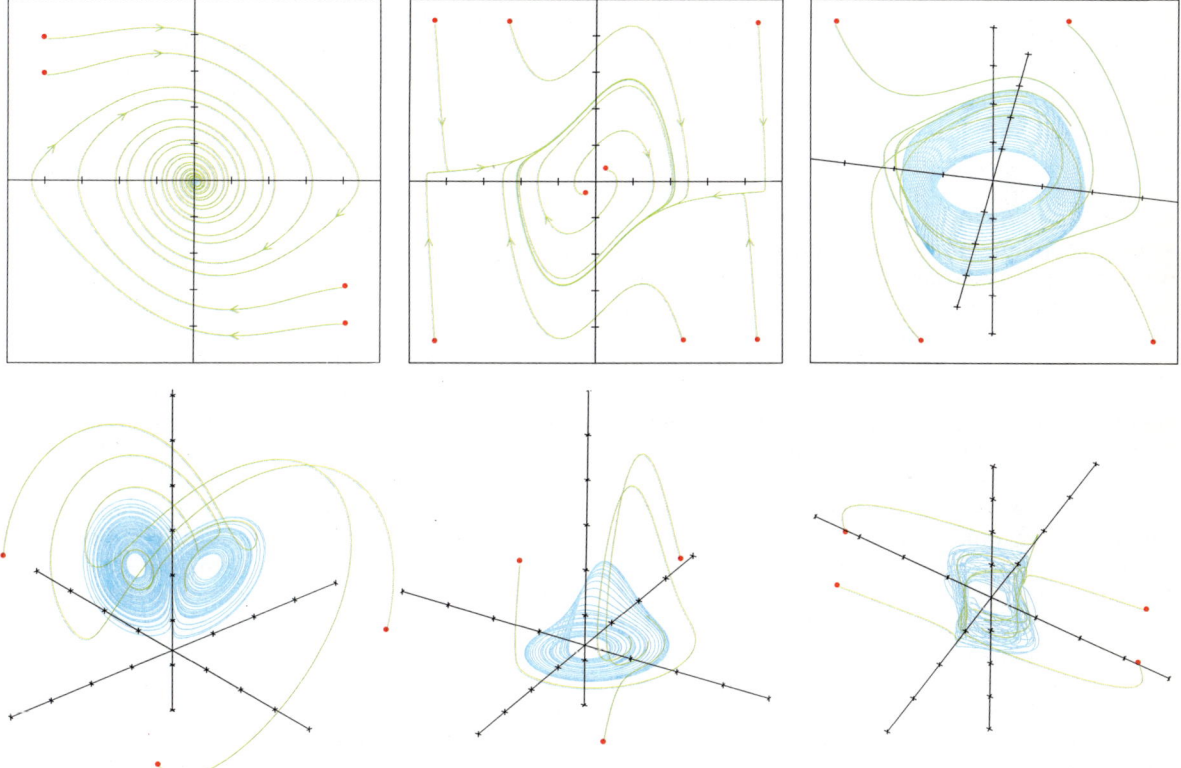

4. LES ATTRACTEURS sont des formes géométriques qui caractérisent l'évolution à long terme des systèmes, dans l'espace des phases : ils correspondent schématiquement à la trajectoire que décrit le système quand il est stabilisé ou à une trajectoire limite vers laquelle la trajectoire tend. Sur cette figure, l'état initial des systèmes est représenté en rouge ; leur trajectoire, en vert, tend vers l'attracteur, représenté en bleu. L'attracteur le plus simple est le point fixe *(en haut à gauche)* : il correspond, par exemple, à l'évolution des pendules réels, soumis à des forces de frottement. La position d'équilibre de ce type de pendule est toujours la même : elle est indépendante de sa position et de sa vitesse initiales *(voir la partie droite de la figure 3)*. Le cycle limite *(au milieu et en haut de la figure)*, l'attracteur le plus simple après le point fixe, est une boucle fermée dans l'espace des phases ; il intervient dans la description des systèmes caractérisés par un mouvement oscillatoire périodique, comme les horloges à balancier ou le cœur. Les systèmes quasi périodiques, où le mouvement résulte de la composition de deux oscillations indépendantes, sont représentés par des attracteurs toriques *(en haut à droite)*. Les trois attracteurs précédents correspondent aux systèmes parfaitement prévisibles : on peut en calculer l'état aussi précisément qu'on le désire. Les attracteurs étranges, en revanche, sont des objets géométriques bien plus complexes, associés à des systèmes dont l'évolution est imprévisible. Trois exemples d'attracteurs étranges apparaissent dans la partie inférieure de la figure ; ils ont été respectivement découverts par Edward Lorenz, Otto Rössler et R. Shaw. Ces représentations correspondent à des systèmes d'équations différentielles simples où l'espace des phases est à trois dimensions.

nateur, E. Lorenz détermina l'origine du comportement aléatoire : des perturbations microscopiques étaient amplifiées et produisaient rapidement des changements macroscopiques ; deux trajectoires issues de points voisins divergeaient de façon exponentielle et ne restaient proches l'une de l'autre que pendant très peu de temps. Cette caractéristique était nouvelle, car, autour des attracteurs non chaotiques, les trajectoires voisines restent, au contraire, proches l'une de l'autre, les erreurs de faible importance restent limitées et le comportement des systèmes est prévisible.

Une opération simple de repliement et d'étirement, dans l'espace de phases, permet de comprendre le principe du comportement chaotique. La divergence exponentielle des trajectoires est un phénomène local : comme les attracteurs ont des dimensions finies, il est impossible que deux trajectoires divergent indéfiniment de façon exponentielle ; par conséquent, l'attracteur doit se replier sur lui-même et des trajectoires divergentes finissent toujours par se rapprocher à un moment ou à un autre. Les trajectoires qui se dirigent vers un attracteur chaotique subissent ainsi une sorte de mélange, fort semblable à celui d'un jeu de cartes que l'on bat, et ce mélange est à l'origine du caractère aléatoire des trajectoires : le processus de repliement et d'étirement se répète à l'infini et fait apparaître un nombre infini de plis imbriqués les uns dans les autres. En d'autres termes, un attracteur étrange est un fractal, c'est-à-dire un objet dont la complexité apparaît à mesure qu'on l'observe avec un grossissement croissant *(voir la figure 7)*.

Le chaos mélange les trajectoires dans l'espace des phases exactement comme un boulanger pétrit sa pâte, et l'on peut se représenter le sort réservé à des trajectoires voisines, dans un attracteur étrange, en imaginant ce qui arrive à une goutte de colorant placée dans une boule de pâte que l'on pétrit : quand on aplatit la pâte pour la première fois, la goutte de colorant s'allonge ; puis, quand on replie la pâte sur elle-même, deux zones colorées se replient l'une sur l'autre. On imagine aisément le résultat final obtenu quand on répète de nombreuses fois les opérations d'étirement et de repliement : un feuilleté où alternent les couches colorées et les couches non colorées. On calcule, par exemple, qu'il suffit de répéter les deux opérations une vingtaine de fois pour que la goutte initiale s'allonge d'un facteur égal à un million et que son épaisseur soit réduite aux dimensions moléculaires ; à ce stade, on peut dire que le colorant est intimement mêlé à la pâte. Le chaos agit de façon analogue avec les trajectoires, en

« pétrissant » l'espace des phases. Inspiré par cette idée de mélange, Otto Rössler, de l'Université de Tübingen, a découvert l'exemple le plus simple d'attracteur étrange décrivant l'écoulement d'un fluide *(voir la figure 5)*.

Quand on étudie un système physique, on ne peut déterminer son état avec une précision absolue, car les instruments de mesure sont toujours imparfaits. De ce fait, l'état du système ne peut être représenté par un seul point de l'espace des phases, et l'on peut seulement supposer qu'il est compris dans une petite région ; certes les dimensions minimales théoriques de cette région sont fixées par les principes d'incertitude de la théorie quantique, mais, dans la réalité, l'imprécision des mesures est supérieure à l'incertitude d'origine quantique et les dimensions de la région sont supérieures au minimum quantique. Imaginons que cette petite région soit la goutte de colorant introduite dans la pâte...

Du microscopique au macroscopique

Quand un observateur effectue une mesure et localise l'état d'un système dans une petite région de l'espace des phases, il dispose d'une certaine quantité d'informations sur le système ; naturellement la connaissance de l'état du système est d'autant meilleure que la mesure est précise et que la région localisée dans l'espace des phases est petite. Or comme la proximité de deux points voisins est préservée lors de l'évolution d'un système non chaotique, l'information inhérente à une mesure expérimentale est préservée au cours du temps, dans ce type de système. C'est en ce sens que certains systèmes sont prévisibles : les mesures initiales effectuées sur ces systèmes renferment des informations que l'on peut utiliser pour prévoir leur évolution ou, autrement dit, les

5. LES ATTRACTEURS ÉTRANGES sont bien plus complexes que les attracteurs prévisibles comme les points fixes, les cycles limites ou les tores. À grande échelle, un attracteur étrange n'est pas une surface lisse, mais une surface repliée plusieurs fois sur elle-même. Cette figure illustre les différentes étapes de la construction de l'attracteur étrange le plus simple : l'attracteur de Rössler *(en bas)*. Dans un premier temps, les trajectoires voisines divergent de façon exponentielle, ce qui correspond à un étirement latéral *(en haut)* ; ici cette opération double presque la distance entre les trajectoires. Dans un second temps, l'objet est « replié » sur lui-même, de sorte qu'il reste limité à long terme *(au milieu)* ; ici la surface se replie sur elle-même de telle sorte que les deux extrémités coïncident. L'attracteur de Rössler représente l'évolution de systèmes très variés.

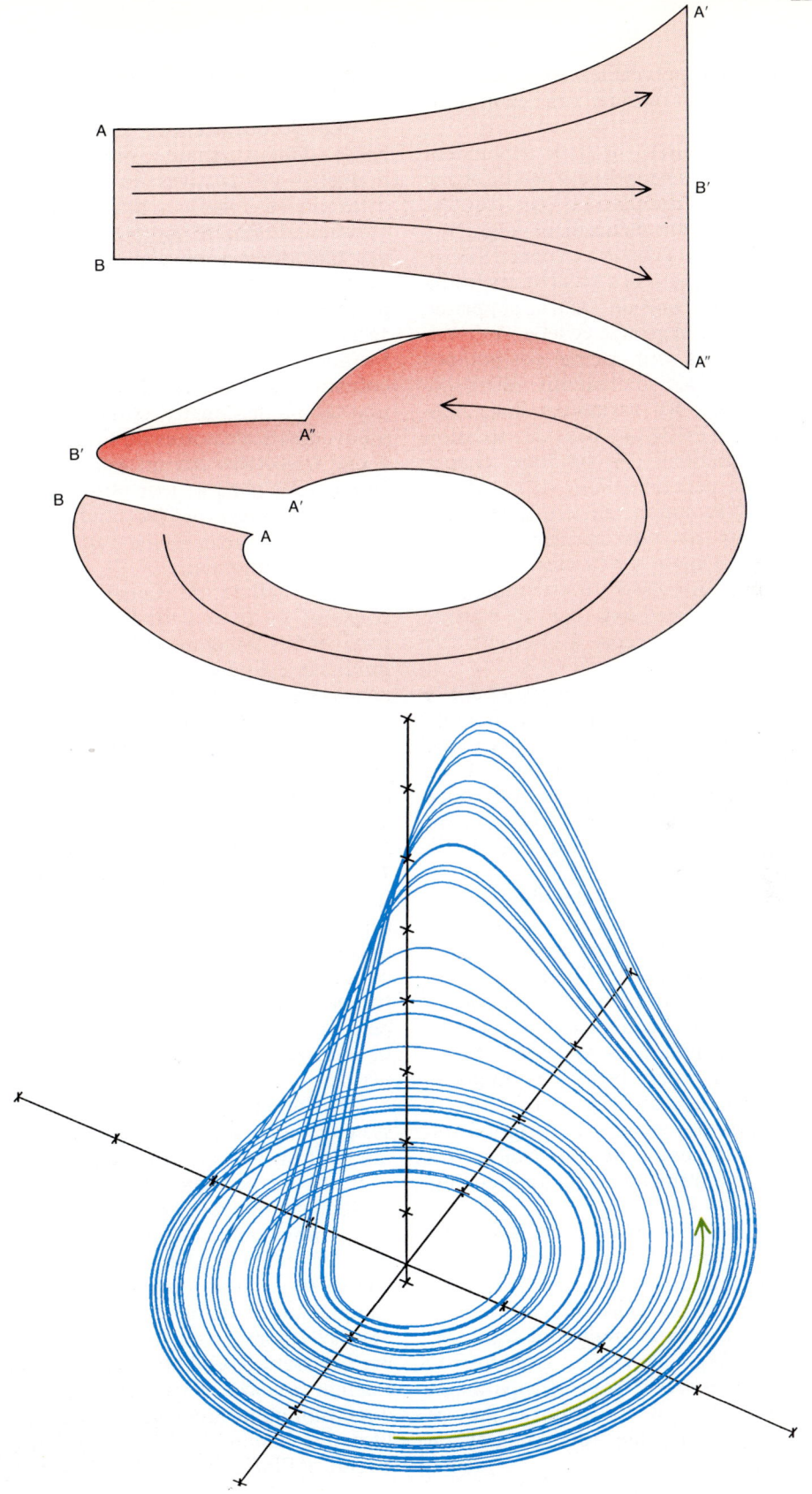

systèmes dynamiques prévisibles sont peu sensibles aux erreurs de mesure des conditions initiales.

Les opérations d'étirement et de repliement des attracteurs étranges suppriment les informations initiales et les remplacent par d'autres informations : l'opération d'étirement augmente les incertitudes à petite échelle et l'opération de repliement, en rapprochant des trajectoires initialement très éloignées l'une de l'autre, supprime toutes les informations à grande échelle. Au total, les attracteurs étranges sont comme des pompes qui « gonfleraient » les fluctuations microscopiques pour en faire des variations macroscopiques. Pourquoi n'existe-t-il pas de solution analytique aux équations des systèmes chaotiques ? Pourquoi ne peut-on utiliser de raccourci afin de prévoir l'évolution de ces systèmes ? Parce qu'il suffit d'un très court laps de temps pour que l'erreur expérimentale sur la mesure initiale se répercute à tout l'attracteur ; il est impossible de prévoir quoi que ce soit, car il n'existe absolument aucun lien de cause à effet entre le passé et le futur.

Localement les attracteurs étranges jouent le rôle d'amplificateurs de bruit : une petite fluctuation résultant par exemple d'un bruit thermique entraîne rapidement une déviation importante de la trajectoire. Il existe cependant une différence fondamentale entre un attracteur étrange et un banal amplificateur de bruit : du fait de la répétition ininterrompue des opérations d'étirement et de repliement, ce sont des fluctuations d'importance minime qui dominent finalement le système tout entier, et l'évolution qualitative du système sera indépendante de l'importance du bruit. Voilà pourquoi on ne peut « calmer » directement un système chaotique en abaissant sa température, par exemple : les systèmes chaotiques engendrent leur propre bruit. Le comportement aléatoire a des causes plus profondes que la simple amplification des erreurs et l'imprévisibilité : il résulte de la complexité des trajectoires engendrées par les étirements et les repliements successifs.

Remarquons que les deux types de comportement, chaotique ou non chaotique, existent même dans les systèmes non dissipatifs où l'énergie est conservée. Dans ce cas, les trajectoires ne convergent pas vers des attracteurs, mais sont confinées sur des surfaces d'égale énergie. Toutefois la plupart des systèmes réels sont dissipatifs et l'on peut raisonnablement en déduire que les attracteurs joueront un rôle fondamental en physique.

Transition vers la turbulence et attracteurs

La découverte des attracteurs étranges de basse dimensionnalité ouvre certainement de nouvelles perspectives en théorie des systèmes dynamiques, mais ces attracteurs permettent-ils vraiment de rendre compte du caractère aléatoire des phénomènes physiques ? C'est par une voie indirecte que l'on a supputé la présence du premier attracteur étrange en physique : en 1974, Jerry Gollub, du Collège Haverford, et Harry Swinney, de l'Université d'Austin, étudièrent le comportement d'un fluide dans ce que l'on appelle une cellule de Couette, et ils découvrirent que les mouvements aléatoires du fluide correspondaient à une trajectoire sur un attracteur étrange dans l'espace des phases ; leur observation était cependant indirecte, car ils étudiaient surtout les propriétés statistiques de l'attracteur plutôt que l'attracteur lui-même.

Une cellule de Couette est un dispositif constitué de deux cylindres concentriques ; l'espace entre les deux cylindres est rempli d'un fluide ; le cylindre intérieur est mobile autour de son axe et on peut lui conférer une vitesse de rotation constante. Expérimentalement on constate que le comportement hydrodynamique du fluide et l'évolution de ce comportement au cours du temps sont d'autant plus complexes que la vitesse de rotation du cylindre est élevée *(voir la figure 8)*. Au cours de leurs expériences, J. Gollub et H. Swinney avaient surtout mesuré la vitesse du liquide en un endroit donné en fonction de la vitesse de rotation du cylindre : aux faibles vitesses de rotation, la vitesse du fluide était constante ; quand ils augmentaient la vitesse de rotation, la vitesse du fluide variait de façon périodique, et, aux vitesses de rotation très élevées, la vitesse du fluide variait de façon non périodique.

J. Gollub et H. Swinney avaient conçu leur système afin d'étudier la transition entre le moment où les variations de la vitesse du fluide sont encore périodiques et le moment où elles deviennent non périodiques, et cette expérience devait initialement départager deux théories décrivant le comportement du fluide en fonction de la vitesse de rotation. Selon le modèle de Landau, l'augmentation de la vitesse de rotation du fluide devait s'accompagner de l'intervention d'un nombre croissant d'oscillations indépendantes, et l'attracteur associé devait être un tore de haute dimensionnalité. Cependant David Ruelle, de l'Institut des hautes études scientifiques, à Gif-sur-Yvette, et Floris Takens, de l'Université de Gronin-

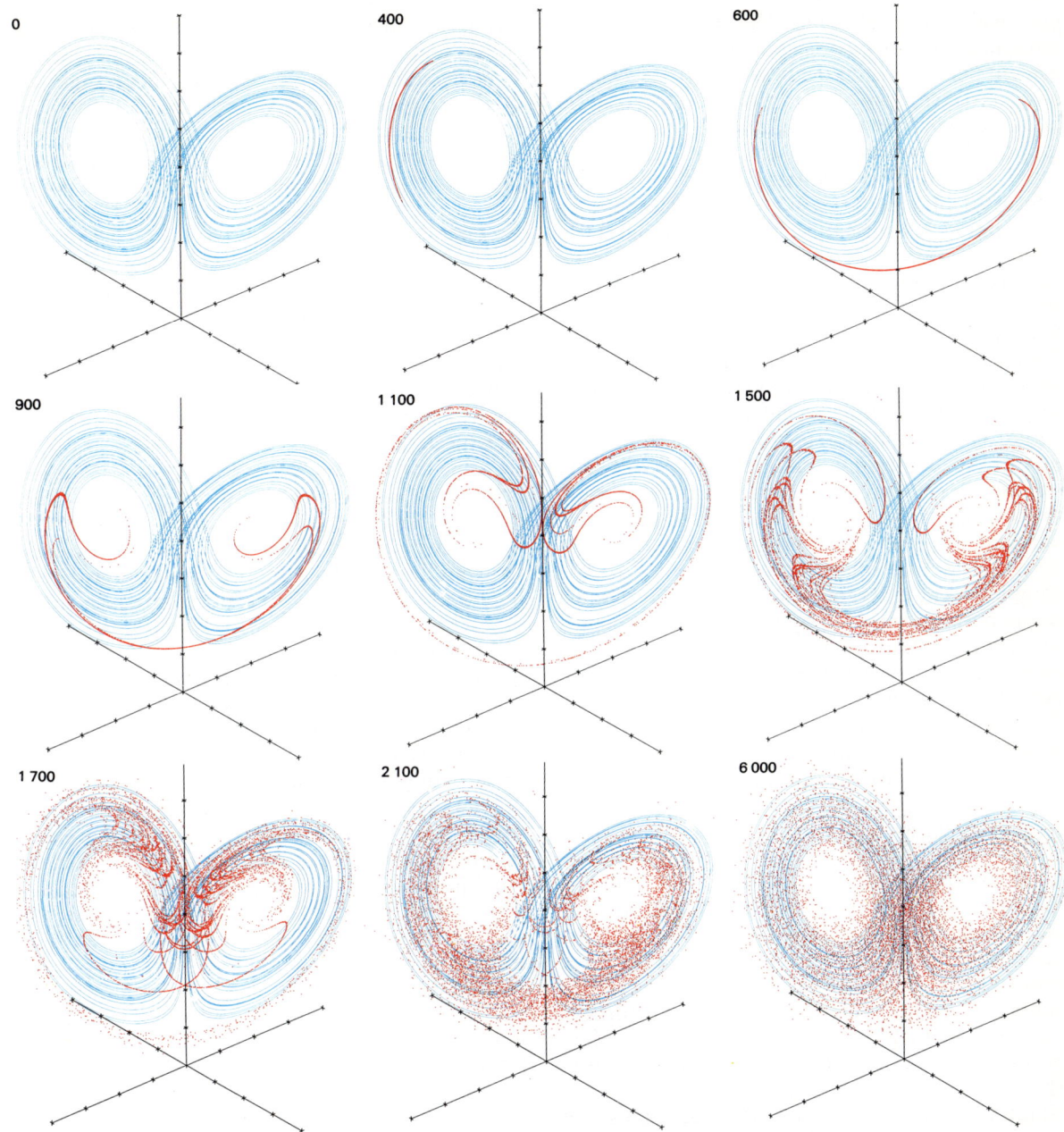

6. LA DIVERGENCE au cours du temps de trajectoires initialement voisines est à l'origine de l'imprévisibilité caractéristique des systèmes chaotiques. S'il était possible d'effectuer une mesure parfaitement précise de l'état initial d'un système, la représentation de cet état, dans l'espace des phases, serait un point ; mais, en pratique, les déterminations expérimentales sont toujours entachées d'une petite incertitude, et l'état des systèmes doit être représenté par un nuage de points d'autant plus étendu que la mesure est imprécise. Cette divergence apparaît nettement sur l'attracteur de Lorenz *(figure repérée par le chiffre 0, en haut à gauche)* : un nuage constitué de 1000 points représenté

en rouge est si petit qu'il semble presque ponctuel. Lorsque le système évolue et que le point représentatif de l'état du système se déplace conformément aux équations du mouvement, le nuage s'étire en un long filament très fin *(figure en haut à droite)* qui se replie plusieurs fois sur lui-même. Les points sont alors dispersés dans tout l'attracteur, de sorte qu'il est impossible de prévoir l'évolution du système : l'état final peut se trouver n'importe où sur l'attracteur *(en bas à droite)*. Sur un attracteur prévisible, en revanche, tous les points du nuage restent proches les uns des autres jusqu'à l'état final. Les temps sont mesurés en deux-centièmes de seconde.

gue, avaient contesté ce modèle et calculé que les attracteurs toriques associés au modèle de Landau avaient peu de chance d'être présents ; ils avaient, au contraire, prévu l'existence d'attracteurs étranges, comme celui qu'avait originellement proposé E. Lorenz.

J. Gollub et H. Swinney découvrirent que la vitesse du fluide était constante aux faibles vitesses de rotation : l'attracteur représentatif était un point fixe. Quand ils augmentaient la vitesse de rotation, le fluide se mettait à osciller à une fréquence bien définie, correspondant à un attracteur cyclique (et à une trajectoire périodique dans l'espace des phases), et quand la vitesse de rotation augmentait encore, deux fréquences d'oscillation indépendantes apparaissaient au sein du liquide, ce qui correspondait à leur représentation dans un attracteur torique bidimensionnel. Et aux vitesses de rotation encore supérieures ? Selon le modèle de Landau, de nouvelles oscillations auraient dû s'introduire progressivement... mais les chercheurs observèrent un phénomène complètement différent : une gamme continue de fréquences d'oscillation apparut soudainement à une vitesse critique de rotation. Cette observation était en accord avec le modèle d'écoulement « non périodique et déterministe » de D. Ruelle et F. Takens, et il semblait bien établi que la transition vers la turbulence hydrodynamique était associée à des attracteurs étranges.

Le robinet qui goutte

L'expérience de J. Gollub et H. Swinney montrait que des attracteurs étranges décrivaient l'écoulement turbulent des fluides, mais elle n'était pas absolument concluante. Comment démontrer explicitement l'existence d'un attracteur étrange simple ? C'est une affaire délicate, car on n'enregistre généralement jamais tous les aspects d'un système au cours d'une expérience. J. Gollub et H. Swinney, par exemple, ne pouvaient enregistrer simultanément le mouvement du fluide dans tout le volume compris entre les deux cylindres ; ils ne déterminaient la vitesse du liquide qu'en un seul point. Comment « reconstituer » l'attracteur à partir d'un nombre limité de données expérimentales ? Quand l'attracteur est trop complexe, par exemple, on perd trop d'information et la tâche est impossible, mais dans certains cas on peut reconstituer la dynamique du système à partir d'un nombre limité de données.

Nous avons imaginé une méthode, formalisée par F. Takens, qui permet de reconstituer un espace des phases et de découvrir des attracteurs étranges. L'idée de base est que l'évolution d'une composante d'un système dépend de ses interactions éventuelles avec les autres composantes du système ; de ce fait, l'histoire d'une composante unique contient implicitement des informations sur les composantes auxquelles on s'intéresse et, pour reconstituer un espace des phases « équivalent », il suffit d'étudier une seule composante du système dont les variations incluent l'action des autres composantes. Dans cette optique, on considère les valeurs mesurées à des intervalles de temps donnés, une seconde, deux secondes, etc. comme des dimensions nouvelles, et un point représentatif, dans l'espace des phases, à l'instant t, a alors pour composantes m_0, m_1, m_2, ..., les différents nombres correspondant aux mesures effectuées respectivement aux instants t_0, t_1, t_2, ...

En considérant les résultats des mesures antérieures comme les valeurs de nouvelles coordonnées, on définit un point dans un espace des phases à plusieurs dimensions. On obtient alors une famille de points, dans cet espace, en répétant le procédé à partir d'un certain nombre d'instants différents et l'on vérifie (à l'aide d'une autre technique) si la famille de points que l'on a obtenue appartient à un attracteur étrange. Cette représentation est arbitraire à plus d'un titre, mais elle présente l'avantage de respecter les propriétés essentielles d'un attracteur, qui ne dépendent pas de la manière dont on effectue la reconstitution.

La description précédente est un peu abstraite, et nous l'illustrerons par un exemple, hélas, familier. Quiconque a subi le supplice du robinet qui fuit a sans doute remarqué que les gouttes d'eau tombent à intervalles égaux. Avez-vous cependant écouté un robinet qui laisse filtrer l'eau très lentement, goutte à goutte ? Faites l'expérience et vous découvrirez qu'il existe un débit critique, où les gouttes sont toujours distinctes, mais ne tombent plus régulièrement : leur rythme est d'une infinie variété, comme si ce rythme était joué par un percussionniste de génie (les robinets qui ne sont pas munis d'une petite grille donnent les meilleurs résultats). Le changement de rythme des gouttes qui, de régulier devient apparemment aléatoire, ressemble à la transition entre le régime laminaire et le régime turbulent de l'écoulement d'un fluide. Un attracteur étrange est-il associé à la chute aléatoire des gouttes ?

L'un d'entre nous (R. Shaw) a étudié ce phénomène, à l'Université de Santa Cruz, avec Peter Scott, Stephen Pope et Philip Martein. Initialement nous faisions tomber les gouttes d'eau sur un microphone relié à un enregistreur et nous enregistrions la variation de tension

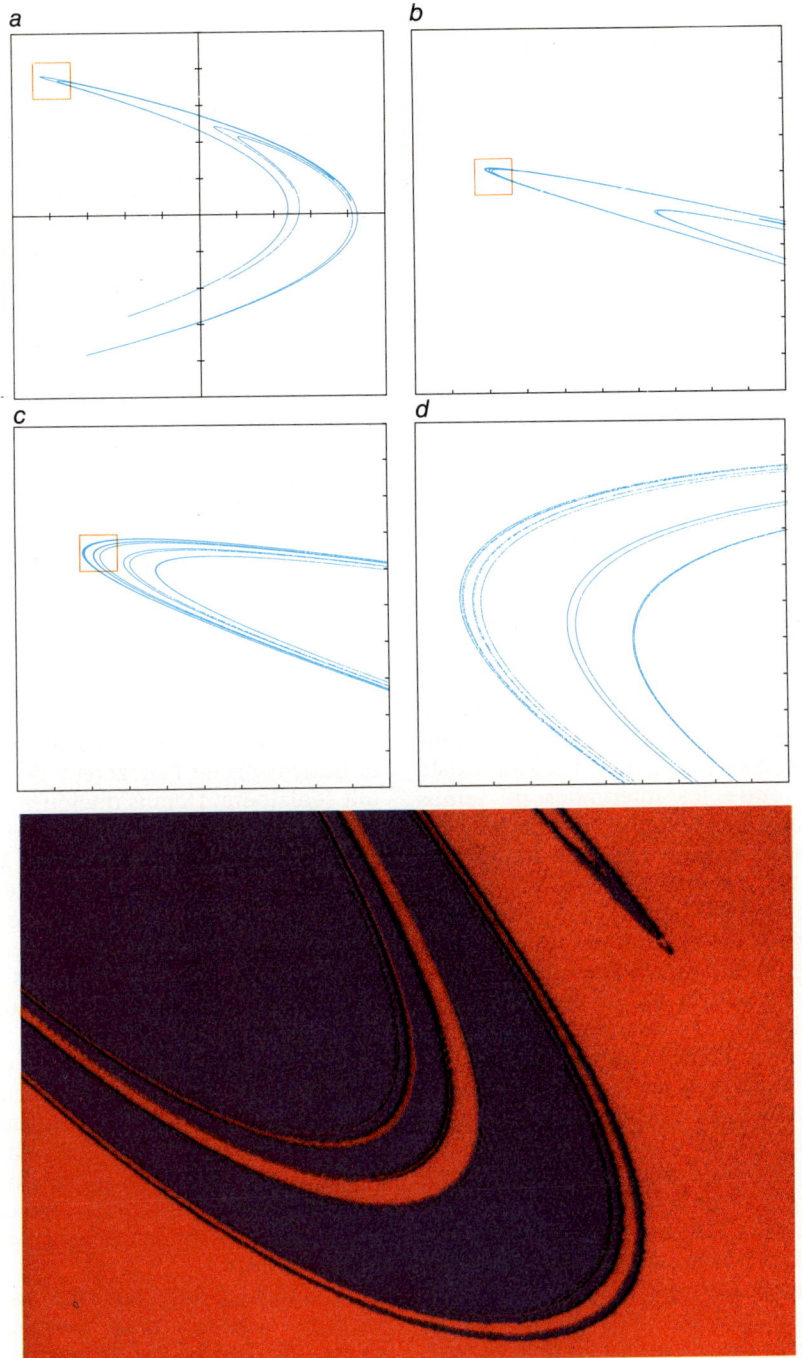

7. LES ATTRACTEURS ÉTRANGES sont des fractals dont la structure apparaît plus détaillée, mais « identique », quand le grossissement augmente. Le chaos engendre naturellement des fractals, car les trajectoires initialement voisines divergent, mais se replient et se rapprochent ensuite (les caractéristiques du mouvement telles que la vitesse et la position ne peuvent prendre, en effet, que des valeurs finies). La répétition des opérations d'étirement et de repliement fait apparaître des plis à l'intérieur des plis, etc. L'attracteur étrange de cette figure a été conçu par Michel Hénon ; dans ce modèle, un système d'équations itératives très simple d'étirements et de repliements du plan amène chaque point à une nouvelle position. Tous les points de l'attracteur *(a)* sont obtenus à partir d'un seul point initial auquel on a appliqué la transformation de Hénon de très nombreuses fois. Le petit carré rouge est grossi dix fois sur la figure *b* et la répétition de ce processus *(c et d)* révèle la structure microscopique de l'attracteur. Un « bassin d'attraction » est représenté en bas.

électrique créée par la chute des gouttes. En portant sur un graphique l'intervalle de temps séparant deux gouttes en fonction de l'intervalle de temps précédent, on obtient une coupe transversale de l'attracteur associé au système. En régime périodique, par exemple, la position du ménisque d'où se détachent les gouttes effectue un mouvement de va-et-vient très régulier que l'on pourrait représenter par un cycle limite, dans l'espace des phases. Cependant il est impossible de déduire ce mouvement des données obtenues par l'enregistrement, celui-ci ne fournissant que les intervalles de temps séparant les gouttes. L'analyse que l'on effectue ainsi est analogue à l'analyse en lumière stroboscopique : si l'on ajuste correctement la fréquence, un objet qui tourne paraît fixe, et l'image d'un point qui décrit un cercle est un point immobile.

L'expérience du robinet qui fuit est très intéressante, car on a ainsi démontré que des attracteurs étranges correspondent à l'écoulement des gouttes en régime non périodique. Était-ce prévisible ? Pas tout à fait, car le caractère aléatoire de l'écoulement aurait pu résulter de facteurs extérieurs, comme de petites vibrations ou des courants d'air ; il n'aurait alors existé aucune relation entre les intervalles de temps successifs, et la représentation graphique des intervalles de temps entre les gouttes successives ne serait qu'une tache informe. L'apparition d'une structure caractéristique sur le graphique des intervalles de temps est une preuve du caractère déterministe de l'écoulement des gouttes ; plus précisément, on retrouve sur la représentation graphique de plusieurs ensembles de données la structure en fer à cheval caractéristique du processus d'étirement et de repliement précédemment décrite. Cette forme caractéristique est en quelque sorte un instantané du processus de repliement et correspond à une coupe transversale partielle de l'attracteur de Rössler, représenté sur la figure 5. D'autres séries de données, plus complexes, correspondent peut-être à des coupes transversales d'attracteurs de plus grande dimension, mais on ne connaît pas encore les caractéristiques géométriques des attracteurs à plus de trois dimensions.

La mesure du chaos

Existe-t-il des systèmes plus chaotiques que d'autres ? On mesure généralement le chaos d'un système par l'entropie de son mouvement, qui correspond approximativement à la vitesse d'étirement et de repliement de l'espace des phases, c'est-à-dire à la vitesse à laquelle de l'information apparaît dans le système. De plus, pour quantifier le chaos, on peut utiliser aussi la dimension de l'attracteur correspondant : l'évolution des systèmes simples est en effet représentée dans l'espace des phases par l'un ou l'autre des attracteurs de basse dimensionnalité évoqués au cours de cet article, mais les systèmes plus complexes doivent parfois être caractérisés par plus d'une variable et sont associés à des attracteurs de plus haute dimensionnalité.

À l'aide de notre méthode de reconstitution et de mesures de l'entropie et de la dimension de l'attracteur associé, des chercheurs de l'équipe de H. Swinney et deux d'entre nous (J. Crutchfield et J. Farmer) ont analysé l'écoulement du fluide dans la cellule de Couette. La représentation graphique de l'attracteur n'était pas aussi nette que dans le cas du robinet fuyant, mais les mesures d'entropie et de dimension ont montré que le mouvement irrégulier de l'eau, à la transition entre le régime laminaire et le régime turbulent dans la cellule de Couette, correspondait effectivement à des attracteurs étranges. Plus la vitesse de rotation du cylindre augmentait, plus l'entropie et la dimension de l'attracteur du système augmentait également. Depuis quelques années, on découvre que le comportement aléatoire de nombreux systèmes familiers est associé à des attracteurs étranges simples ; citons, par exemple, les mouvements de convection d'un liquide chauffé dans une petite enceinte, les variations de concentration en réactifs dans les réactions oscillantes, les battements du cœur et de nombreux systèmes électriques ou mécaniques.

De surcroît, on s'est aperçu que divers phénomènes, dont on avait construit des modèles informatiques, possèdent un caractère aléatoire très simple du même type : l'activité électrique d'une cellule nerveuse, les oscillations des étoiles, les épidémies. Aujourd'hui on cherche même le chaos dans les ondes émises par le cerveau, en économie, etc.

La théorie du chaos n'est pas une panacée, et certains systèmes pour lesquels le nombre de degrés de liberté est important présentent des mouvements complexes réellement aléatoires. D'autre part, le fait de savoir qu'un système donné est chaotique n'est pas nécessairement d'une valeur informative considérable : les gaz, par exemple, avec leurs molécules aux collisions incessantes, présentent un comportement chaotique, mais leur évolution est imprévisible en raison du très grand nombre de molécules présentes dans tout système macroscopique. La seule description possible est de type statistique, et les propriétés que l'on dégage par cette méthode ne font pas intervenir l'attracteur associé.

Il existe enfin un certain nombre de systèmes où l'on ignore le rôle du chaos. Qu'en est-il, par exemple, des mouvements à grande échelle comme le déplacement des dunes dans le désert du Sahara, ou comme le mouvement des fluides en régime complètement turbulent ? Peut-on utiliser un attracteur unique dans un seul espace des phases pour étudier ces systèmes complexes ? On espère que l'expérience acquise par l'étude des systèmes représentés par les attracteurs les plus simples permettra d'étudier des problèmes plus complexes ; la solution de ces problèmes passera peut-être par la conception d'édifices complexes de structures déterministes mobiles, semblables aux attracteurs étranges.

L'existence du chaos remet en cause la méthode scientifique, car on teste généralement les théories en les utilisant pour faire des prévi-

sions, puis en confrontant ces dernières aux observations expérimentales ; or, dans le cas des phénomènes chaotiques, l'évolution à long terme est imprévisible. C'est un point dont il faut dorénavant tenir compte avant de se prononcer sur la validité d'une nouvelle théorie. En raison du chaos, la vérification d'une théorie devient une entreprise délicate, fondée sur l'étude de propriétés géométriques et statistiques, bien plus que sur des prévisions détaillées.

Le chaos et la science

L'existence du chaos remet également en cause le vieux concept réductionniste qui consiste à analyser le comportement d'un système en fonction de celui des éléments qui le constituent. Cette méthode s'est imposée, en science, parce que de nombreux systèmes se comportent effectivement comme la somme de leurs constituants, mais la découverte du chaos fait comprendre qu'il existe

a
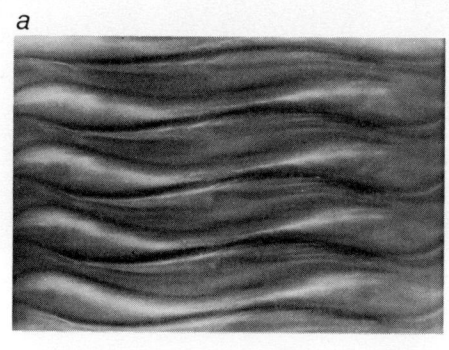
b
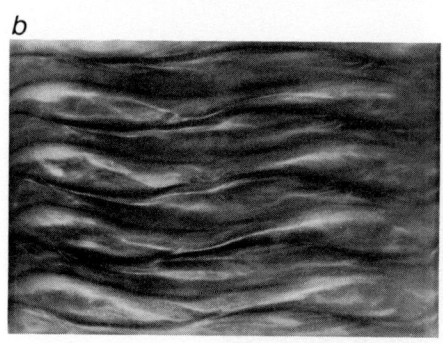

c
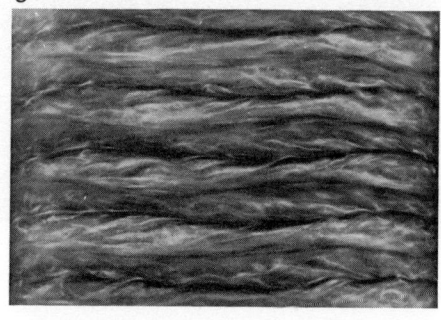
d
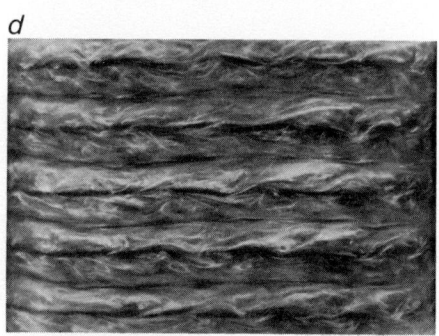

8. CERTAINES EXPÉRIENCES indiquent que les mouvements aléatoires, dans un écoulement hydrodynamique, peuvent être décrits par un attracteur étrange. On voit sur ces photographies les phases successives de l'instabilité de Couette. Sur cette figure, les structures sont celles de l'eau qui remplit l'espace situé entre les deux cylindres coaxiaux d'une cellule de Couette. On étudie la vitesse de l'eau en fonction de la vitesse de rotation imposée au cylindre intérieur ; à faible vitesse de rotation, l'écoulement, visualisé par des écailles de poissons en suspension dans l'eau, forme des rouleaux *(a)*. Un accroissement de la vitesse de rotation du cylindre provoque l'apparition d'un écoulement aux caractéristiques complexes *(b)* ; lorsque la vitesse du cylindre augmente encore, cet écoulement devient irrégulier *(c)*, puis chaotique *(d)*.

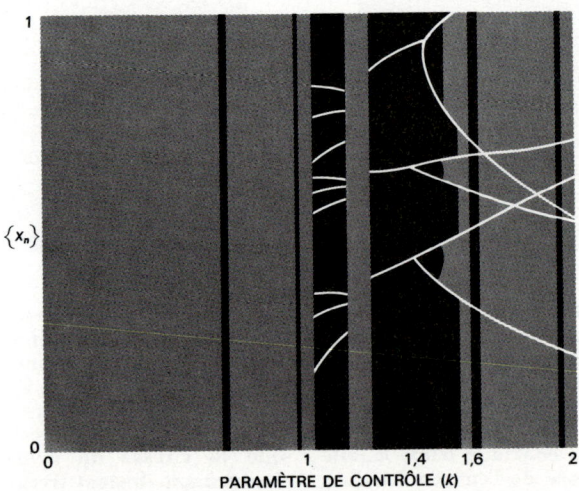

des systèmes dont le comportement complexe résulte d'interactions non linéaires simples d'un nombre très faible de constituants.

Le rôle épistémologique du chaos est aujourd'hui critique pour de nombreuses disciplines scientifiques, de la physique microscopique à la modélisation du fonctionnement macroscopique d'organismes vivants. Les extraordinaires progrès récents de la science nous permettent d'acquérir une connaissance détaillée de la structure de systèmes très variés, mais pour intégrer toutes les connaissances obtenues, il nous manque un cadre conceptuel décrivant le comportement qualitatif des systèmes. Ainsi Sidney Brenner, de l'Université de Cambridge, a réalisé une carte complète du système nerveux d'un nématode (les nématodes sont des vers cylindriques au corps allongé et non segmenté), mais il est impossible d'en tirer aucune conclusion sur le comportement de cet organisme. Pour la même raison, il est illusoire de croire qu'une description détaillée des différentes forces fondamentales permettra de comprendre toute la physique. L'interaction de composants, à une échelle donnée, se traduit parfois, à l'échelle supérieure, par un comportement global complexe qu'il est impossible de prévoir à partir de la connaissance des composants individuels.

Nous sommes tentés de ne voir que les conséquences indésirables du chaos et, notamment, les limites qu'il impose à la prévisibilité, mais la nature utilise peut-être le chaos de façon constructive : grâce au chaos, qui amplifie des fluctuations d'importance minime, les systèmes naturels peuvent se renouveler. Pourquoi une proie n'utiliserait-elle pas une stratégie de fuite chaotique pour échapper à un prédateur ? L'effet de surprise est parfois décisif. D'autre part, la variabilité génétique est l'une des conditions nécessaires à l'évolution des organismes vivants, et le chaos, qui est un outil de structuration des changements aléatoires, met peut-être la variabilité sous le contrôle de l'Évolution.

Enfin le progrès intellectuel lui-même résulte de l'introduction de nouvelles idées, d'une part, et d'une réinterprétation des anciens concepts, d'autre part. La créativité est peut-être le résultat d'un processus chaotique amplifiant de toutes petites fluctuations inconscientes et les assemblant ensuite sous une forme macroscopique cohérente que nous appelons « pensée ». Dans certains cas, ces pensées sont des décisions, ou bien ce que nous percevons comme l'exercice de notre libre arbitre. De ce point de vue, le chaos serait alors un mécanisme nous permettant d'exercer notre libre arbitre dans un monde régi par des lois déterministes.

9. LA TRANSITION VERS LE CHAOS est schématisée sur ce « diagramme de bifurcation » : on a porté (en ordonnée) les attracteurs d'un système en fonction d'un paramètre de contrôle *k* (en abscisse). Le système dynamique utilisé pour réaliser cette image est ce que l'on appelle une transformation du cercle, définie par l'équation itérative $x_{n+1} = \omega + x_n + k/2\pi \sin(2\pi x_n)$. Ce modèle permet d'étudier la transition vers le chaos d'un système caractérisé par deux fréquences dont le rapport est égal à ω. Lorsque ce rapport est un nombre irrationnel, on obtient un diagramme du même type que celui représenté ici. Les différentes couleurs correspondent aux probabilités de répartition des points x_n entre les différents attracteurs : une forte proportion de points tombent dans les régions rouges, une proportion inférieure dans les régions vertes et une proportion encore inférieure dans les régions bleues ; aucun point ne tombe dans les parties noires. Lorsque le paramètre *k*, qui définit les interactions non linéaires des deux fréquences, est nul ou petit *(partie gauche de la figure)*, tous les points compris entre 0 et 1 *(en ordonnée)* appartiennent à un même attracteur *(couleur verte)*. Pour les valeurs de *k* supérieures, cette propriété n'existe plus et des points sont atteints beaucoup plus souvent que les autres *(en rouge)* ; l'attracteur est alternativement étrange et non chaotique, quand *k* augmente. Le diagramme montre qu'il existe deux scénarios menant au chaos *(bandes verticales noires)*, lorsque le paramètre *k* croît de 0 à 2 *(voir le schéma de droite)* : une voie quasi périodique entre les valeurs 0 et 1 du paramètre *(la région verte de la figure supérieure)* et une voie de doublement de période entre les valeurs 1, 4 et 2. La voie quasi périodique est mathématiquement équivalente à la trajectoire traversant un attracteur torique. Dans la voie de dédoublement de fréquence, associée à un cycle limite, les branches sont appariées et en nombre égal à une puissance de deux ; le dédoublement survient ici à partir de trois branches initiales. Les points successifs se placent alternativement sur les paires de branches (pour la valeur du paramètre *k* égale à 1,4, par exemple, les points ne prennent que trois valeurs ; aux grandes valeurs de *k*, cette « orbite de période trois » se dédouble et les points se répartissent selon six valeurs, puis, après un nouveau dédoublement, les points se répartissent selon 12 valeurs, etc.). Après de nombreux dédoublements, la structure est si ramifiée qu'une bande continue apparaît : c'est le chaos.

Déterminisme et prédicibilité

Quand on connaît exactement l'état initial d'un système, on peut prévoir son évolution. Cependant, la précision limitée de notre connaissance du monde fait, qu'à nos yeux, celui-ci évolue vers des états imprévisibles. Cette constatation aide à mieux comprendre ce qu'est le hasard.

David Ruelle

Les lois de la physique classique sont déterministes, c'est-à-dire que si l'on connaît exactement l'état d'un système à un instant donné, on peut déterminer l'état de ce système à tout instant ultérieur. Cette notion paraît en contradiction avec notre expérience quotidienne, où certains fait semblent se produire au hasard, de façon imprévisible. L'opposition entre le hasard et le déterminisme est depuis longtemps l'objet des réflexions de chercheurs et de philosophes ; il reste un sujet de controverses.

À ce conflit est relié le problème très concret de la prédicibilité, par exemple en météorologie ; dans ce cas, il s'agit de déterminer s'il est possible de prévoir le temps qu'il va faire mais, plus généralement, la prédicibilité est la possibilité de prédire l'évolution d'un système quelconque. Dans ce chapitre, nous analyserons certains progrès conceptuels portant sur le problème du déterminisme, du hasard et de la prédicibilité. Au cours de notre étude, nous considérerons des domaines variés de la physique.

Télescopes et billards

Nous commencerons par l'optique et, plus précisément, par l'étude des miroirs. On sait que, dans les télescopes, un miroir concave concentre la lumière provenant des étoiles sur une plaque photographique. Un pinceau de rayons lumineux presque parallèles est donc transformé en un pinceau convergent. Si nous utilisons un miroir

convexe, un pinceau presque parallèle devient en revanche divergent *(voir la figure 1)*. Nous nous intéresserons ici aux miroirs convexes et, plus particulièrement à des miroirs cylindriques à base circulaire. Sur la figure 1c, un mince pinceau lumineux est réfléchi par le miroir, et le pinceau émergent diverge plus que le pinceau incident. Autrement dit, l'angle d'ouverture θ' du pinceau émergent est supérieur à l'angle θ d'ouverture du pinceau incident. Si nous disposons maintenant plusieurs miroirs convexes de façon que le pinceau lumineux subisse plusieurs réflexions successives, il s'élargira très rapidement. En effet, si l'on double une quantité de façon répétée, celle-ci devient vite très grande, point n'est besoin de beaucoup de mathématiques pour le comprendre. Si l'angle d'ouverture double par exemple à chaque ré-

1. LA RÉFLEXION d'un pinceau parallèle de lumière sur un miroir dépend de la forme du miroir. Sur un miroir parabolique concave *(a)*, les rayons lumineux convergent, après réflexion, vers le foyer de la parabole. En revanche, sur un miroir convexe, parabolique par exemple *(b)*, le faisceau émergent diverge. Dans la partie inférieure de la figure *(c)*, on a représenté comment la divergence d'un pinceau lumineux d'angle d'ouverture faible augmente après réflexion sur un miroir sphérique convexe. Plus précisément, si l'on appelle θ l'angle d'ouverture du faisceau incident et θ' l'angle d'ouverture du faisceau émergent, on a la relation $\theta' = \theta\,(1 + 2d/R\cos\varphi)$, où d est la distance de la source lumineuse S au miroir, R le rayon de courbure de celui-ci et φ l'angle que fait le pinceau incident avec la normale au miroir (angle d'incidence).

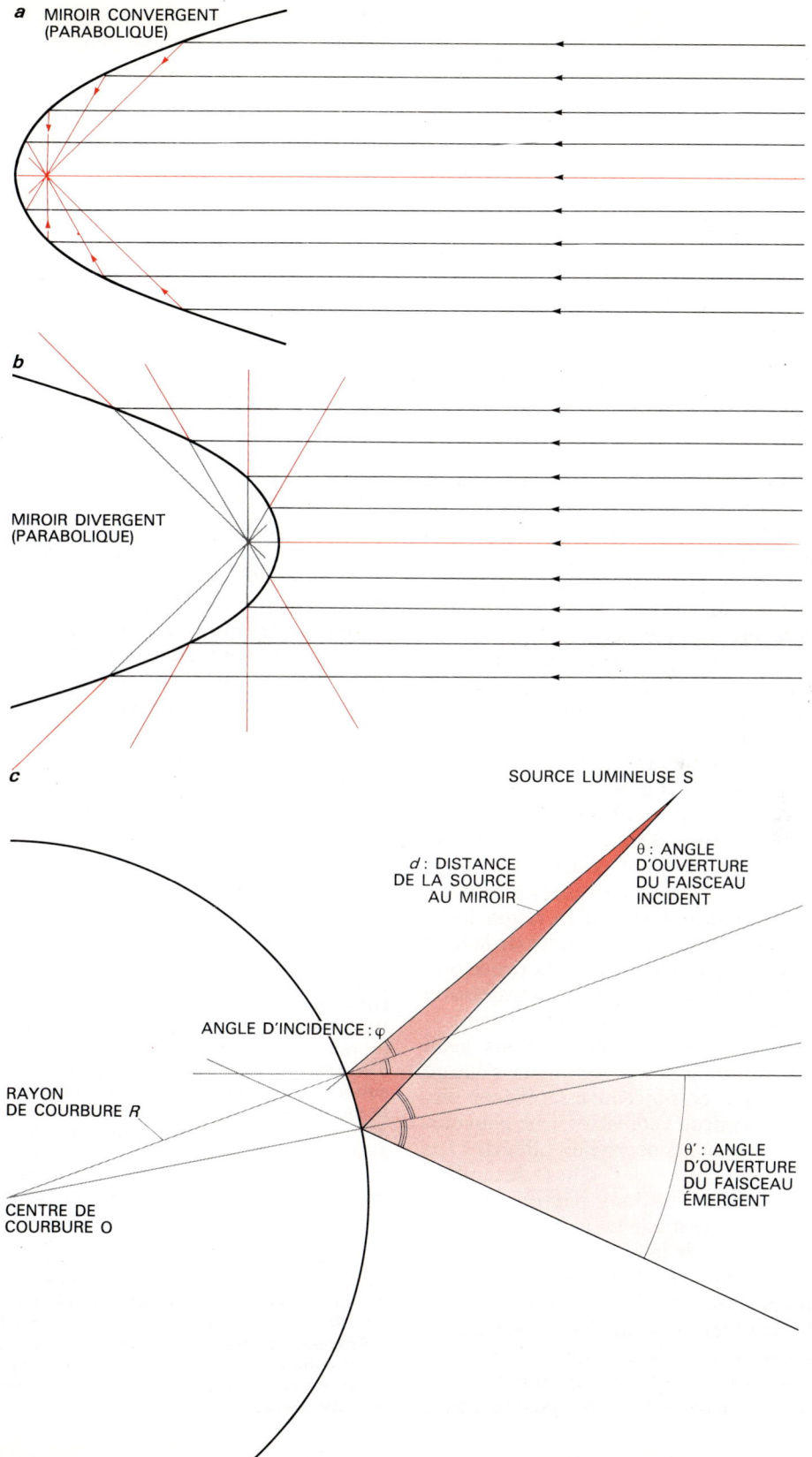

a MIROIR CONVERGENT
(PARABOLIQUE)

b

MIROIR DIVERGENT
(PARABOLIQUE)

c

SOURCE LUMINEUSE S

d : DISTANCE
DE LA SOURCE
AU MIROIR

θ : ANGLE
D'OUVERTURE
DU FAISCEAU
INCIDENT

ANGLE D'INCIDENCE : φ

RAYON
DE COURBURE R

θ' : ANGLE
D'OUVERTURE
DU FAISCEAU
ÉMERGENT

CENTRE DE
COURBURE O

flexion, en 20 réflexions, l'angle initial d'ouverture est multiplié par 2^{20}, soit plus d'un million. Un angle d'une seconde (ce qui correspond à peu près à l'épaisseur d'un cheveu vu à une distance de trois mètres) devient ainsi un angle de plus de 180 degrés.

Nous venons de construire par la pensée un dispositif qui permet, à partir d'un pinceau lumineux très étroit, d'obtenir un pinceau de grand angle d'ouverture. Ce dispositif est dénué d'utilité pratique, mais nous allons voir que son intérêt conceptuel est considérable. Auparavant, procédons à une opération familière aux physiciens : transférer une théorie d'une classe de systèmes à une autre classe de systèmes très différents des premiers, mais obéissant aux mêmes lois ; nous allons en effet passer de l'optique à la mécanique, des miroirs aux billards. Le billard que nous considérerons sera rectangulaire et garni d'obstacles circulaires. Nous supposerons que la bille est parfaitement ronde et lisse, les chocs contre les obstacles parfaitement élastiques et l'on ne pourra communiquer aucun effet à la bille. Cette idéalisation du modèle est également une opération familière aux physiciens.

On peut en fait se contenter de suivre le mouvement du centre de la bille : tout se passe comme si une bille de rayon nul heurtait des obstacles de diamètre un peu supérieur à leur diamètre réel et si le billard était un peu moins grand *(voir la figure 2)*. (En effet, le centre de la bille ne peut s'approcher des obstacles ou du bord du billard à moins d'une distance égale au rayon de la bille.) Dans un choc élastique, l'angle d'incidence est égal à l'angle de réflexion, exactement comme pour la réflexion d'un rayon lumineux sur un miroir. Ainsi, la trajectoire de la bille dans le billard (ou plus exactement la trajectoire du centre de la bille) est exactement la trajectoire d'un rayon lumineux réfléchi par des miroirs.

L'étude précédente des miroirs nous avait montré qu'un mince pinceau lumineux s'élargit rapidement lorsque ce pinceau est réfléchi plusieurs fois par des miroirs convexes. Que pouvons-nous conclure en ce qui concerne les billards ? Les chocs de la bille contre les côtés du billard correspondent à des réflexions par des miroirs plans, sans grand intérêt car ils ne modifient pas « l'angle d'ouverture » de la bille. En revanche, les chocs contre les obstacles disposés au milieu du billard ont un effet très intéressant que nous allons maintenant examiner plus en détail. Supposons que nous disposions de deux billards identiques et que nous lancions simultanément une bille sur chaque billard, à partir de la même position, avec la même vitesse initiale, mais dans des directions légèrement différentes ; les deux trajectoires divergeront alors rapidement. À raison d'un choc par seconde, en moyenne, la distance entre les positions des deux billes doublera approximativement chaque seconde. Si les directions de lancement des deux billes diffèrent d'une seconde d'arc, leurs positions au bout de 20 secondes seront tellement différentes qu'une des billes heurtera un obstacle et que l'autre passera à côté : les deux mouvements n'auront alors plus rien en commun.

Déterminisme et dépendance sensitive des conditions initiales

Plaçons une bille au sommet d'une montagne ; selon que nous pousserons cette bille à gauche ou à droite, sa trajectoire sera très différente. C'est là un exemple de « dépendance sensitive des conditions initiales » : une petite modification des données initiales (pousser la bille à droite ou à gauche) change considérablement l'évolution ultérieure du système. Cet exemple de la bille sur une montagne inciterait à penser que les situations initiales où la dépendance sensitive se manifeste sont exceptionnelles : l'exemple du billard montre qu'il n'en est rien ; à peu près pour toute condition initiale, un petit changement de ces conditions modifie considérablement l'évolution d'un système par rapport à celle du système non perturbé. En outre, de nombreux systèmes se comportent de cette façon – en pratique tous les systèmes un peu complexes. Ainsi, une petite modification des conditions initiales conduit rapidement à un état tout à fait différent, ce qui revient

2. LES MOUVEMENTS D'UNE BILLE DE BILLARD IDÉALE correspondent au trajet de rayons lumineux. Dans les deux cas, l'angle d'incidence est égal à l'angle de réflexion : la direction d'incidence et la direction d'émergence font des angles égaux avec la perpendiculaire à la paroi que rencontre la bille. Pour étudier le mouvement, on peut considérer le trajet du centre de la bille dans un billard réduit d'une bande de largeur égale au rayon de la bille *(a)* : en effet, le centre de la bille ne peut pas s'approcher du bord de la table à moins d'une distance égale au rayon de la bille. Si l'on place des obstacles circulaires sur la table, on pourra de même considérer le choc du centre de la bille contre des obstacles dont le rayon est augmenté d'une valeur égale au rayon de la bille. Si on lance deux billes dans des directions peu différentes, l'angle d'ouverture entre les deux directions ne sera pas modifié par les réflexions sur les bords, mais il augmentera lors du choc contre les obstacles intérieurs. Après plusieurs chocs de ce type, les billes pourront évoluer de façon très différente *(b)*.

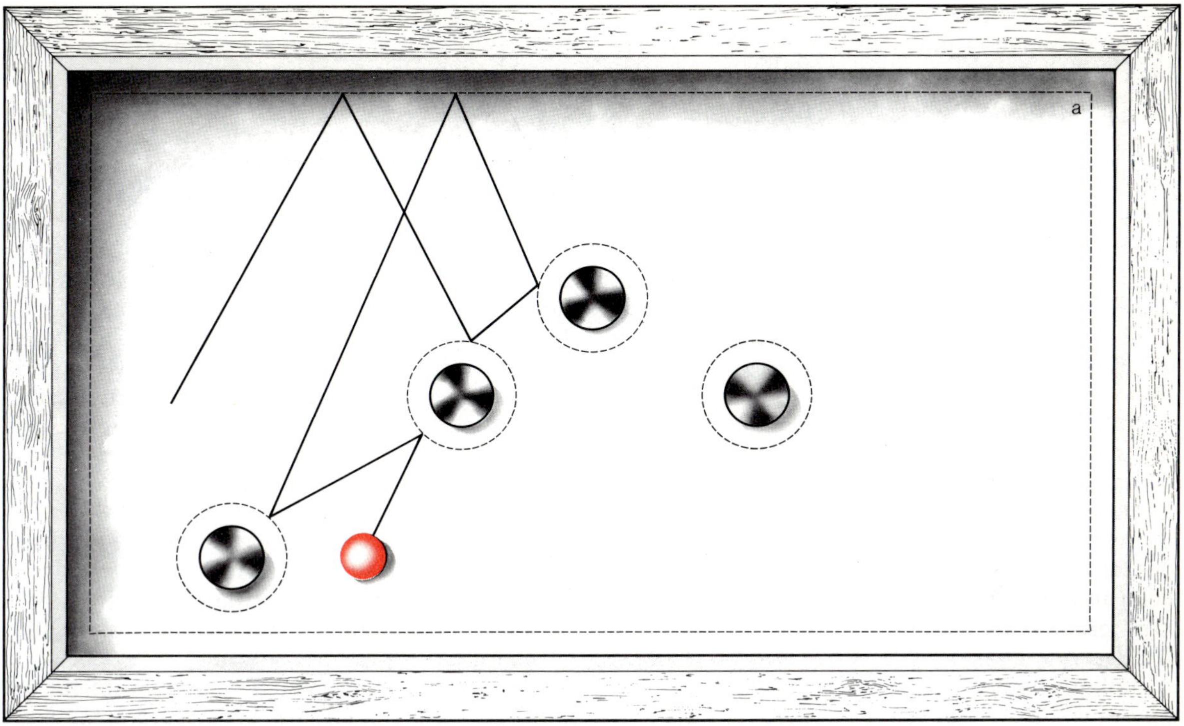

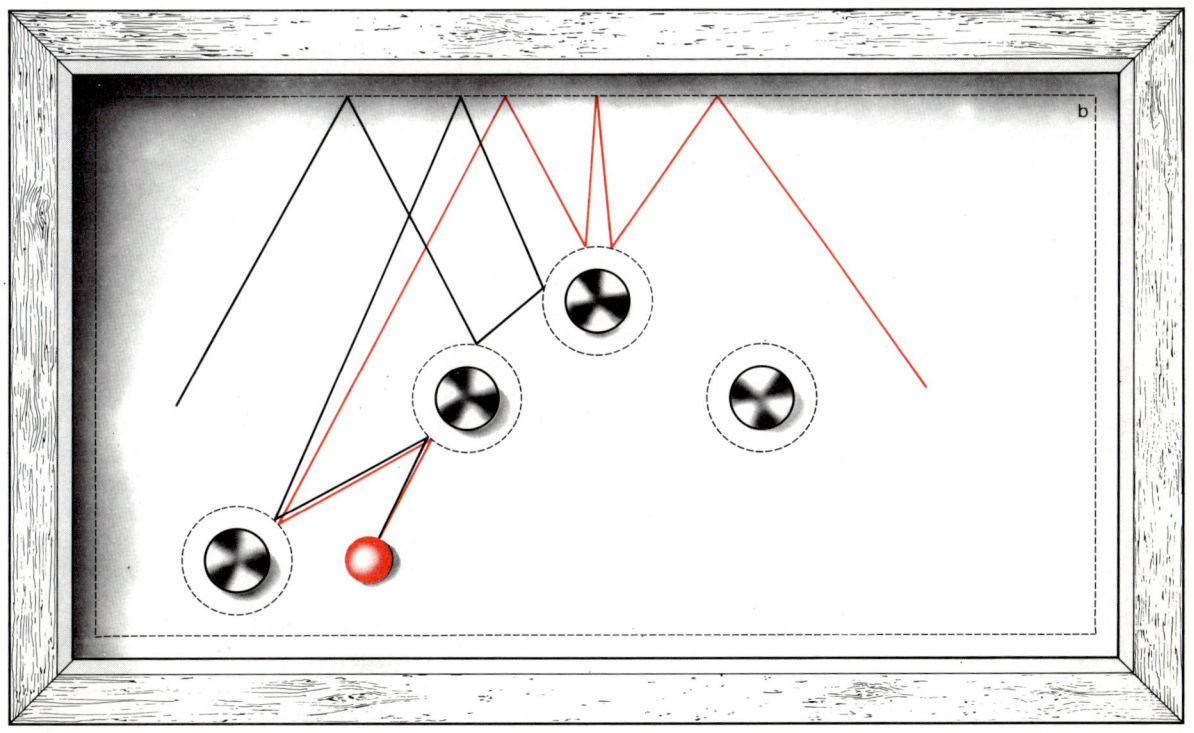

à dire qu'une faible incertitude sur les données initiales conduit rapidement à une incertitude très importante sur les résultats. Ce fait, peu intuitif, est d'une importance philosophique considérable, car il montre qu'un système déterministe peut avoir un comportement imprévisible.

Un système est déterministe si la connaissance exacte de son état initial permet de prédire son futur avec certitude. Ce concept a été présenté par l'astronome et mathématicien français Pierre Simon de Laplace (1749-1827) dans un texte célèbre. Supposons que les lois de la physique sont déterministes (nous reviendrons sur cette hypothèse un peu plus loin) ; pourrons-nous prédire le futur de l'Univers dans ses moindres détails, comme le prétend Laplace ? En pratique, cette affirmation n'est ni vraisemblable ni vraie. On peut admettre que l'Univers, système fort complexe, présente le phénomène de dépendance sensitive des conditions initiales. Si notre connaissance de l'état initial du système est légèrement imprévue, nos prédictions seront rapidement entachées d'une erreur considérable. Ainsi, le déterminisme n'implique pas la prédicibilité et la rigueur des lois physiques n'est pas en contradiction avec la contingence des faits de la vie quotidienne.

Nous avons dit que l'évolution temporelle d'un système physique peut révéler des détails que les conditions initiales connues avec une précision limitée ne permettaient pas de prévoir. D'une certaine façon, l'évolution du système nous fournit de l'information puisque l'on sait quelle évolution est effectivement réalisée. On peut chiffrer l'information recueillie ; dans le cas du billard où l'erreur double (en moyenne) à chaque seconde, chaque seconde écoulée correspond à la résolution d'un choix binaire : un bit d'information est produit à chaque seconde.

Que le lecteur nous pardonne une remarque technique : nous avons admis que les lois de la physique sont déterministes. Il est cependant nécessaire de préciser un peu cette affirmation. En effet, notre Univers obéit plutôt à des lois quantiques qu'aux lois de la mécanique classique, que connaissait Laplace. Les lois quantiques sont déterministes, certes, mais s'appliquent à un objet mathématique, la fonction d'onde, différent des concepts classiques de position et de vitesse d'un objet matériel. Si l'on veut parler de position et de vitesse, la fonction d'onde ne permet d'obtenir que des probabilités ! Dans la suite de ce chapitre nous oublierons le caractère quantique de l'Univers (prépondérant dans les phénomènes microscopiques) et nous examinerons les problèmes plus simples posés par la mécanique classique. Nos conclusions ne seraient d'ailleurs pas modifiées beaucoup par la prise en compte des effets quantiques.

Quelques remarques d'ordre psychologique : nous avons une profonde conscience de notre libre arbitre, qui semble incompatible avec un déterminisme strict. En outre, beaucoup d'entre nous aimeraient que des forces divines ou occultes pussent jouer un rôle dans l'enchaînement des faits. Dans ces conditions, les tentatives faites pour donner à la physique un tour subjectiviste ou indéterministe ont toujours eu un certain succès. Ce fut d'ailleurs le cas après la découverte de la mécanique quantique et le problème reste d'actualité. Citons à ce propos une controverse entre René Thom, Ilya Prigogine et Michel Serres à la suite de la publication par R. Thom d'un article au titre provocateur : *Halte au hasard, silence au bruit*. Les auteurs que nous venons de citer ne sont d'ailleurs pas en désaccord sur le phénomène de dépendance sensitive des conditions initiales, mais plutôt à propos de considérations philosophiques que nous n'examinerons pas ici.

Revenons maintenant à un petit problème qui a pu gêner le lecteur. On peut représenter l'état d'un système par un point dans un espace que l'on appelle espace des phases. L'ensemble des états successifs d'un système quand le temps varie forme alors une ligne : la trajectoire du système ; l'évolution temporelle correspond au déplacement du point représentatif du système le long de sa trajectoire. Si l'on perturbe l'état initial d'un système, la trajectoire perturbée s'écarte de la trajectoire non perturbée lors de l'évolution ultérieure. Or selon les lois de la mécanique, la direction du temps ne joue pas de rôle particulier : on peut étudier l'évolution vers le passé de la même manière que vers le futur. Cela est-il compatible avec les considérations précédentes ? La situation est illustrée sur la figure 3. Cette figure montre que la plupart des petites perturbations d'un système croissent aussi bien quand le temps s'écoule vers le futur que vers le passé. Cependant certaines perturbations particulières (dans la direction « contractante ») décroissent vers le futur, et d'autres (dans la direction « dilatante ») décroissent vers le passé. La dépendance sensitive des conditions initiales est donc compatible avec une parfaite symétrie entre le passé et le futur.

Nous venons de rappeler la réversibilité du temps pour les lois de la mécanique. Cette réversibilité s'applique aux lois fondamentales de la physique en général. Comment se fait-il alors que le temps paraisse si peu réversible ? Si je lâche un verre, il tombe et se casse, mais je n'ai jamais vu de morceaux de verre brisé se ressouder et former un verre intact qui sauterait jusque dans ma main. Nous vivons dans un Univers où le temps s'écoule irréversiblement, mais les physiciens continuent à prétendre que les lois fondamentales de la physique sont réversibles. Comment peuvent-ils avoir foi dans ces lois qui semblent de toute évidence violer ce que chacun observe constamment ?

L'hypothèse de Boltzmann et le temps de Poincaré

Pour le comprendre, nous allons considérer un système isolé, par exemple un chat que nous plaçons avec de la nourriture et tous les ingrédients nécessaires à son confort dans une boîte qui l'isole complètement du monde extérieur. Le contenu de cette boîte est alors composé d'un grand nombre d'éléments microscopiques (des atomes) soumis à des lois physiques, « naturelles », réversibles. Le physicien autrichien Ludwig Boltz-

mann a conjecturé que l'évolution temporelle de ce système d'atome le conduirait à prendre toutes les configurations possibles, c'est-à-dire toutes les configurations compatibles avec la loi de conservation de l'énergie : cette conjecture constitue ce que l'on appelle l'hypothèse ergodique. Le système pourrait prendre au cours de son évolution des configurations différentes et inattendues : on pourrait retrouver le chat et sa nourriture, mais sans doute aussi un chien ou des souris et bien d'autres possibilités plus ou moins intéressantes, pour autant que l'énergie totale du système soit la même. Le plus souvent, la boîte ne renfermera cependant qu'un peu de boue malodorante.

Suivons par la pensée l'évolution de la boîte qui contient initialement le chat. Après un certain temps, le chat mourra : nous laissons au lecteur le soin d'imaginer ce qui peut se passer dans les millions d'années ultérieures, mais on s'accordera sans doute pour penser que le chat ne ressuscitera pas. Cependant, selon Boltzmann, on peut retrouver dans la boîte un chat vivant, à condition

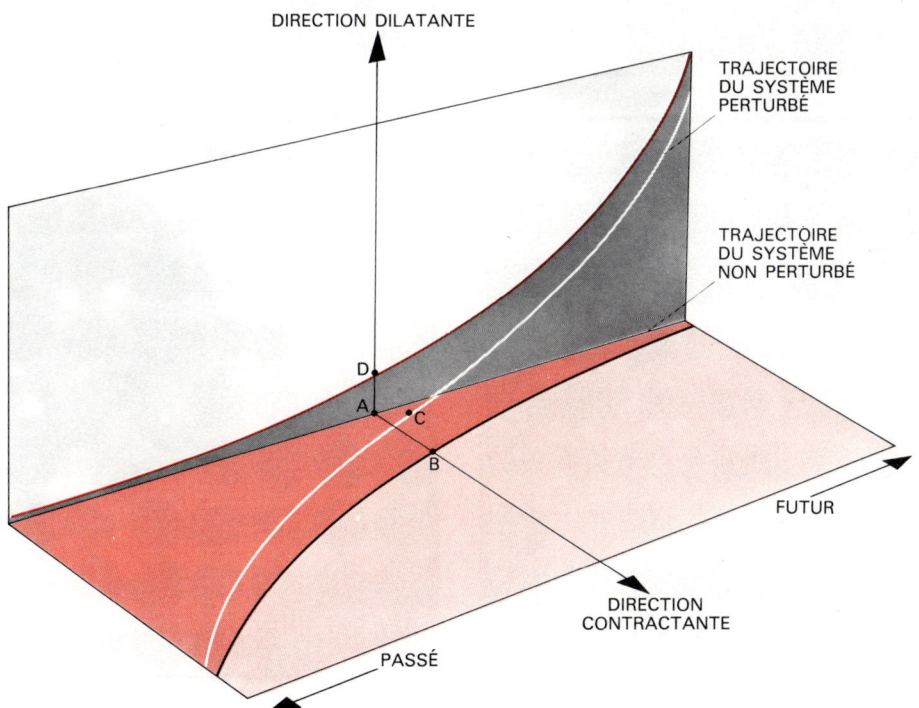

3. L'ÉTAT D'UN SYSTÈME peut être représenté par un point dans un espace appelé l'espace des phases. L'ensemble des états successifs d'un système quand le temps varie, forme alors une ligne : la trajectoire du système. L'évolution temporelle correspond au déplacement du point représentatif du système le long de sa trajectoire. On a indiqué en noir la trajectoire correspondant à la condition initiale *A* et en rouge les trajectoires correspondant à des conditions initiales perturbées *B*, *C*, *D*. La trajectoire passant par *B* se rapproche dans le futur de la trajectoire non perturbée. La trajectoire passant par *D* se rapproche dans le passé de la trajectoire non perturbée. Cependant la perturbation typique *C* donne lieu à une trajectoire qui s'éloigne dans le futur comme dans le passé de la trajectoire non perturbée.

d'attendre un temps assez long que l'on appelle aujourd'hui le temps de récurrence de Poincaré. L'intuition nous fait pressentir que ce temps est considérable et les estimations que l'on peut en faire confirment cette idée.

Nous voyons maintenant comment concilier un phénomène irréversible – la mort du chat – avec la réversibilité des lois naturelles de la physique. Partant de l'état « chat », état spécial et très improbable mais pourtant réel, la boîte évolue

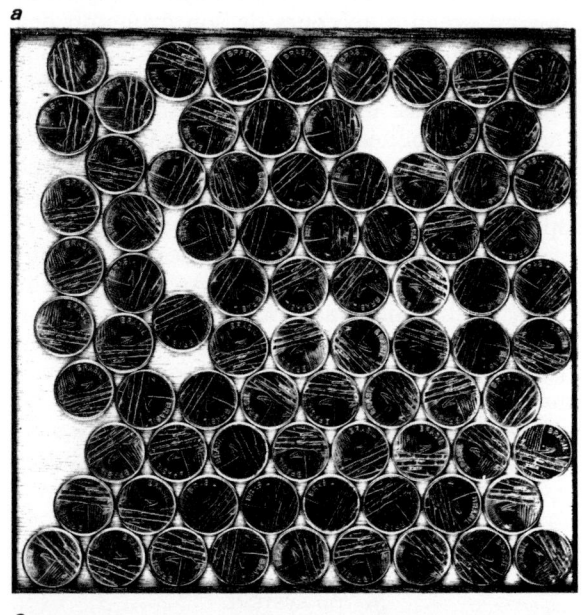
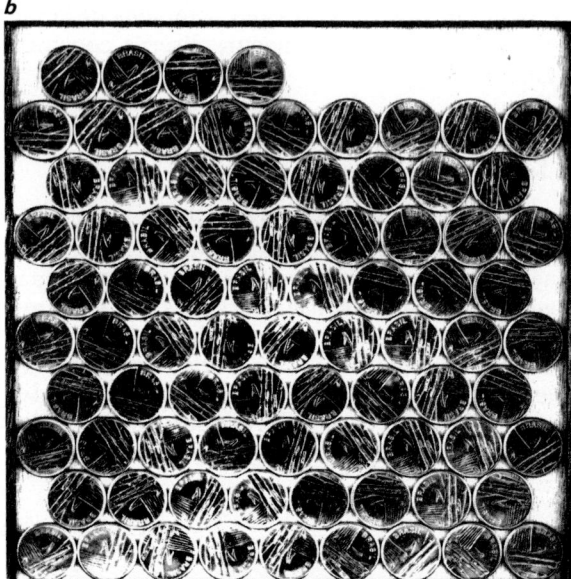
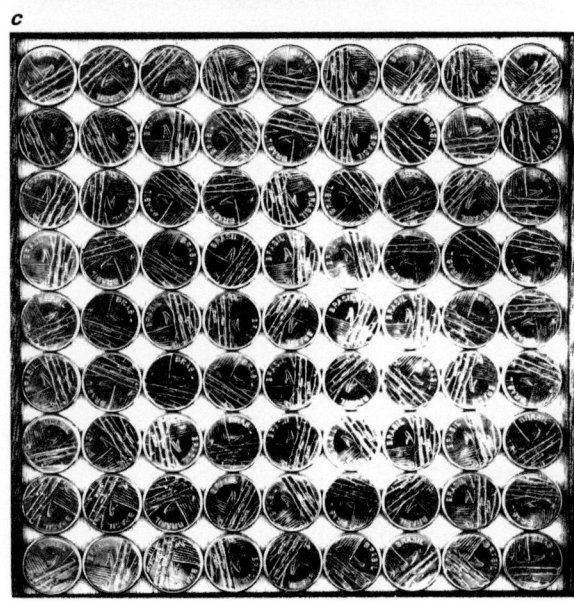
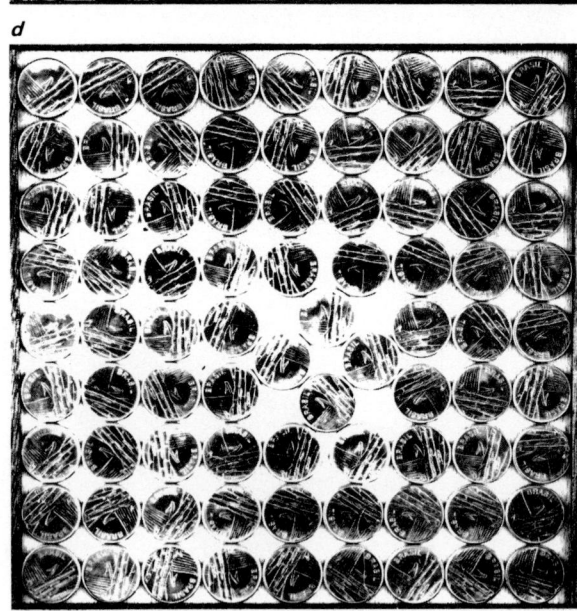

4. DES PIÈCES DE MONNAIE disposées sur un plateau carré constituent un exemple de système non ergodique. On a disposé *(a)* 81 pièces de monnaie de 20 millimètres de diamètre sur un plateau carré de 182 millimètres de côté. Quand on tasse bien les pièces *(b)*, on constate qu'elles ne remplissent pas complètement la boîte. Quand on empile les pièces selon un réseau carré *(c)*, elles peuvent encore bouger un peu,

mais aucun glissement continu ne permet de passer de la configuration *a* à la configuration *c*. On dit que le système n'est pas ergodique car il peut se trouver dans deux états distincts tels que l'on ne peut pas passer continûment de l'un à l'autre. La configuration *d* est également « isolée » ; il est impossible de l'atteindre par glissement continu des pièces à partir des configurations *b* ou *c*.

vers d'autres états très nombreux et tous différents dans leur arrangement microscopique, mais dont la plupart apparaîtront simplement comme un peu de boue. Si l'on attend assez longtemps, la matière reformera le chat, mais le temps nécessaire est tel que nous n'avons aucune chance d'observer ce « miracle ».

L'explication de l'irréversibilité que nous venons d'esquisser peut être précisée : on pourrait définir les notions d'entropie, de désordre, etc. Cette explication était acceptée par Albert Einstein et reste admise par la plupart des physiciens. Notons cependant qu'elle a été récemment reconsidérée par Ilya Prigogine, de l'Université de Bruxelles. En termes mathématiques, la conjecture de Boltzmann signifie que l'évolution temporelle de la boîte fait passer son point représentatif au voisinage de toutes les configurations possibles ; toutes cependant ne seront pas atteintes. L'évolution consiste donc en un éternel quasi-retour plutôt qu'un éternel retour. Le mathématicien Yasha Sinaï, de Moscou, a démontré l'ergodicité (c'est-à-dire l'hypothèse ergodique) pour le billard à obstacles convexes présenté précédemment.

Cette démonstration constitue un tour de force mathématique qui nous permet d'utiliser la notion de dépendance sensitive des conditions initiales réalisée dans ce système. Y. Sinaï a également entrepris de démontrer l'ergodicité dans un système constitué de sphères en mouvement soumises, lors de leur déplacement, à des collisions parfaitement élastiques. Ce système est le modèle d'un gaz monoatomique. La démonstration de l'ergodicité pour un tel gaz « de sphères dures » n'est pas achevée et, de plus, on s'est aperçu que, contrairement à ce que pensait Boltzmann (et de nombreux physiciens et mathématiciens après lui), l'ergodicité n'est nullement un phénomène universel : les mathématiciens Anton Kolmogorov, Vladimir Arnold, à Moscou, et Jürgen Moser, actuellement à Zurich, ont démontré que de nombreux systèmes ne sont pas ergodiques. Tout cela n'infirme pas l'explication donnée précédemment de l'irréversibilité, car cette explication dépend essentiellement de ce que le temps de récurrence de Poincaré est considérable.

Nous ne décrirons pas les difficiles travaux de A. Kolmogorov, V. Arnold et J. Moser, mais nous considérerons les résultats obtenus sur un exemple simple et pittoresque de système non ergodique. Sur un plateau carré de 182 millimètres de côté, nous avons placé 81 pièces d'un cruzeiro brésilien de 1980 (ces pièces sont des disques en acier de 20 millimètres de diamètre). Le plateau et les pièces de monnaie constituent un modèle passable pour un gaz de « sphères dures » à deux dimensions *(voir la figure 4 a)*. On se permettra de faire glisser les pièces sur le plateau à condition qu'elles ne se chevauchent pas et ne sortent pas du plateau. On peut tout d'abord tasser les pièces pour bien voir qu'elles ne remplissent pas complètement la boîte *(voir la figure 4 b)*. Ce système est-il ergodique ? Non et nous allons voir pourquoi. Empilons en effet les mêmes pièces en carré *(voir la figure 4 c)* : elles peuvent encore bouger un peu, mais aucun glissement continu ne permet de passer de la configuration de la figure *4 a* à la configuration de la figure *4 c*. Dans cette configuration aucune pièce ne peut bouger de plus de quelques millimètres autour de sa position moyenne. L'évolution temporelle d'un gaz de sphères dures ne permet donc pas de passer de la configuration de la figure *4 c* à celle de la figure *4 a* : il n'y a pas d'ergodicité.

Le lecteur mathématicien essaiera de démontrer cette affirmation en considérant un plateau carré de côté égal à $(180 + \varepsilon)$ millimètres, avec ε assez petit. Le lecteur bricoleur collectionnera les pièces de monnaie circulaires identiques à bord lisse et construira un plateau carré de dimension appropriée avec un petit rebord. Notons encore que la configuration de la figure *4 d* aussi est « isolée », c'est-à-dire que l'on ne peut y parvenir par des glissements continus à partir des configurations des figures *4 b* ou *4 c*. Si l'on agrandissait un peu le plateau de façon que l'on puisse tout juste passer de la configuration carrée de la figure *4 c* à la configuration *4 b*, alors on pourrait penser que la configuration de la figure *4 c* est un modèle de la boîte contenant le chat considéré précédemment (pour les physiciens, c'est un état métastable). Si le chat meurt, il faudra très longtemps pour que des mouvements désordonnés le ressuscitent.

Les racines du hasard

Les billards et les systèmes de sphères dures que nous avons étudiés ne sont pas les premiers systèmes où la dépendance sensitive des conditions initiales ait été détectée. En fait, cette propriété avait été démontrée à la fin du siècle dernier par le mathématicien français Jacques Hadamard dans un modèle un peu difficile à visualiser : celui du « flot géodésique sur une surface à courbure constante négative ». Le physicien Pierre Duhem, français également, avait remarqué la portée philosophique du résultat d'Hadamard et son livre *La Théorie physique. Son objet et sa structure* (Éditions Chevalier et Rivière,

1906) comporte un paragraphe intitulé : « Exemple de déduction mathématique à tout jamais inutilisable », où il montre que la dépendance sensitive des conditions initiales rend illusoires les prédictions à long terme pour les systèmes du type considéré par Hadamard. Le grand mathématicien français Henri Poincaré s'intéresse lui aussi au problème, comme on le voit dans son livre *Sciences et méthode* (Éditions Ernest Flammarion, 1908). Il évoque déjà le gaz de sphères dures et la prédicibilité des phénomènes atmosphériques. Pour de nombreux systèmes, nous sommes donc incapables de faire des prévisions précises à long terme, ce qui justifie la notion empirique de hasard. C'est un point sur lequel Poincaré insiste tout particulièrement.

Le hasard s'insinue dans les systèmes déterministes parce qu'un changement imperceptible des conditions initiales conduit, après quelque temps, à des changements notables. Nous avons vu cela pour le billard. Le même phénomène apparaît sous un jour un peu différent dans les systèmes avec plusieurs bassins d'attraction séparés par une frontière complexe. De quoi s'agit-il ? Nous avons déjà évoqué la situation où une bille était placée au sommet d'une montagne puis poussée soit à gauche, soit à droite pour aboutir dans des vallées éloignées l'une de l'autre. De façon plus réaliste, nous pouvons imaginer deux bassins fluviaux séparés par une chaîne de montagnes très découpées. Si la bille tombe d'un avion sur la chaîne de montagnes, il sera difficile de prévoir dans quel bassin elle aboutira.

Après cet exemple simple, mais un peu artificiel, voici un exemple plus satisfaisant. Un pendule magnétique est un petit aimant suspendu par une barre rigide, mobile, avec un faible frottement autour d'un point fixe *(voir la figure 5)*. Au-dessous de ce pendule, nous plaçons plusieurs autres petits aimants qui attirent ou repoussent celui qui est suspendu. En général, il existe plusieurs positions d'équilibre. À laquelle de ces positions le système aboutira-t-il si on le laisse évoluer à partir d'une position hors de l'équilibre ? Quand on fait l'expérience, on voit le pendule osciller irrégulièrement en faisant parfois de brusques virages. Parfois, il semble s'arrêter, puis il repart et s'immobilise finalement dans une des positions d'équilibre pratiquement imprévisible au départ : les diverses positions d'équilibre ont des « bassins d'attraction » dont les frontières communes sont très complexes, comme une chaîne de montagnes très découpées entre plusieurs bassins fluviaux. Si la position et la vitesse initiales du pendule ne sont pas connues avec une précision extrême, l'état d'équilibre final n'est en pratique pas prévisible.

L'imprévisibilité d'un coup de dés est sans doute du même type. Pour en dire plus, il faudrait avoir un modèle du cornet et préciser la façon dont on l'agite avant de lancer les dés. Pour ce qui est de la roulette, il n'y a sans doute ni dépendance sensitive des conditions initiales, ni bassins d'attraction séparés par des frontières complexes ; cependant notre commande musculaire lors du lancement de la roulette est trop imprécise pour que nous puissions décider de la position finale de la bille. Les racines du hasard sont, on le voit, multiples.

Attracteurs étranges, turbulence et prédicibilité

Si l'on agite de façon assez énergique de l'air, de l'eau ou un autre fluide, celui-ci devient turbulent : le mouvement du fluide est désordonné et son comportement apparemment imprévisible. Il l'est en effet, car les systèmes turbulents présentent le phénomène de dépendance sensitive des conditions initiales. Cela est important, entre autres, parce que l'atmosphère terrestre est turbulente et que la prédicibilité des phénomènes météorologiques est fortement affectée par cette dépendance. Henri Poincaré semble bien l'avoir compris ; cependant, les idées trop qualitatives de Poincaré furent oubliées et ne trouvèrent pas leur place dans les théories de la turbulence en vigueur encore récemment. En fait, la théorie la plus en faveur il y a une dizaine d'années, celle du Soviétique Lev Landau et de l'Allemand Eberhard Hopf, était résolument incompatible avec la notion de dépendance sensitive des conditions initiales. Cependant, en 1963, Edward Lorenz, un météorologiste de l'Institut de technologie du Massachusetts, publiait un modèle fluide simplifié où le phénomène de croissance rapide des erreurs en fonction des conditions initiales était clairement mis en valeur. E. Lorenz a émis l'hypothèse que le même phénomène se produisait aussi pour la circulation des fluides dans l'atmosphère, ce qui empêchait toute prévision météorologique à long terme.

En 1971, le Hollandais Floris Takens et moi-même proposions l'idée que la turbulence hydrodynamique est représentée par des attracteurs étranges, des objets mathématiques décrivant des évolutions temporelles avec dépendance sensitive des conditions initiales *(voir la figure 6)* : nous rejetions la théorie de L. Landau et E. Hopf. Par ailleurs, ces nouvelles idées étaient vérifiables

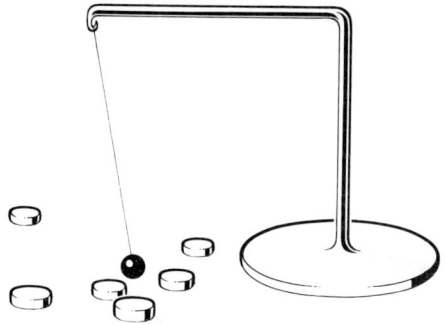

5. UN PENDULE MAGNÉTIQUE est formé d'un petit aimant suspendu dans le champ magnétique d'autres aimants. Une fois mis en mouvement, le pendule exécute des oscillations compliquées avant de s'arrêter dans un état d'équilibre difficile à prévoir. On voit ainsi qu'un système déterministe peut se comporter de manière qui paraît, pratiquement, fortuite.

expérimentalement. Le fait que nous ne connaissions ni l'article de E. Lorenz, ni les idées de Poincaré, ni les débats qui avaient lieu au même moment à Moscou était caractéristique de cette époque. Notre article fut reçu assez froidement, mais il fut confirmé en 1974 par les simulations numériques de John McLaughlin et Paul Martin, de l'Université Harvard et par les expériences hydrodynamiques de Gunther Ahlers, des laboratoires *Bell*, et de Jerry Gollub et Harry Swinney, de *City College*, à New York. Par la suite, le sujet est devenu à la mode et a donné lieu à de nombreuses publications tant théoriques qu'expérimentales. On mesure aujourd'hui la vitesse de croissance des erreurs dans des systèmes turbulents ; on peut estimer la quantité d'information produite par unité de temps dans de tels systèmes et on a même une idée précise des mécanismes qui initient la turbulence.

De tous ces travaux, il résulte que l'on peut aujourd'hui prendre la dépendance sensitive des conditions initiales comme la définition de la turbulence hydrodynamique. Cette définition ne fournit pas une théorie complète de la turbulence, qui reste une des grandes questions non résolues de la physique théorique, mais un premier pas a été fait et le problème est aujourd'hui plus correctement posé. Nous voilà, semble-t-il, revenus à ce que Poincaré savait déjà il y a trois quarts de siècle. C'est à la fois vrai et faux : pour bien des découvertes modernes, on peut trouver qu'un grand homme du passé en avait eu la prescience. Néanmoins, de même que Léonard de Vinci n'aurait pas pu construire un avion, Poincaré n'aurait pas pu élaborer une théorie de la turbulence ; la science et la technologie de l'époque ne le permettaient ni dans un cas ni dans l'autre. Les idées modernes sur la turbulence correspondent à l'oracle un peu flou de Poincaré, mais vont bien plus loin, puisqu'elles permettent d'estimer la prédicibilité des phénomènes. Les

météorologistes savent maintenant décrire des configurations de meilleure et de moins bonne prédicibilité et chiffrer cette prédicibilité, ce qui était impensable il y a quelques années.

En outre, les idées modernes sur la prédicibilité peuvent s'étendre à de multiples domaines non seulement de la physique, mais aussi de la chimie, de l'écologie, de l'économie, etc. Même si l'on ne peut prouver la dépendance sensitive des conditions initiales dans ces domaines, son existence probable est d'une importance philosophique considérable. Voilà qui devrait donner à penser aux tenants du déterminisme historique. Si l'on admet en effet que l'histoire a des lois déterministes, le cours de l'histoire peut néanmoins être imprévisible : les voies du Seigneur sont impénétrables...

Le doigt de Dieu ou la main du Diable ?

Qu'avons-nous dit ? Allons-nous prétendre que l'imprédicibilité de l'histoire humaine inhérente aux lois de la physique donne à Dieu l'occasion d'intervenir dans nos affaires ? Ou au Diable ? C'est une idée qui a été proposée lors de la découverte de l'indéterminisme quantique. D'aucuns diront que c'est là une question métaphysique que le physicien n'est pas autorisé à poser. Rendons donc aux théologiens ce qui leur appartient et imaginons un démon fictif qui voudrait mettre son grain de sel dans nos affaires, par des ajustements imperceptibles de l'Univers. Cela lui serait-il possible ? Aisément comme nous allons le voir.

Quand nous avons considéré le gaz de sphères dures, nous avons vu qu'un petit changement des conditions initiales pourrait provoquer, après un certain nombre de collisions, un changement qualitatif : deux sphères qui auraient dû entrer en collision ne le font plus. Émile Borel, mathématicien (et politicien) français, avait déjà estimé le temps nécessaire à ce changement qualitatif. Le

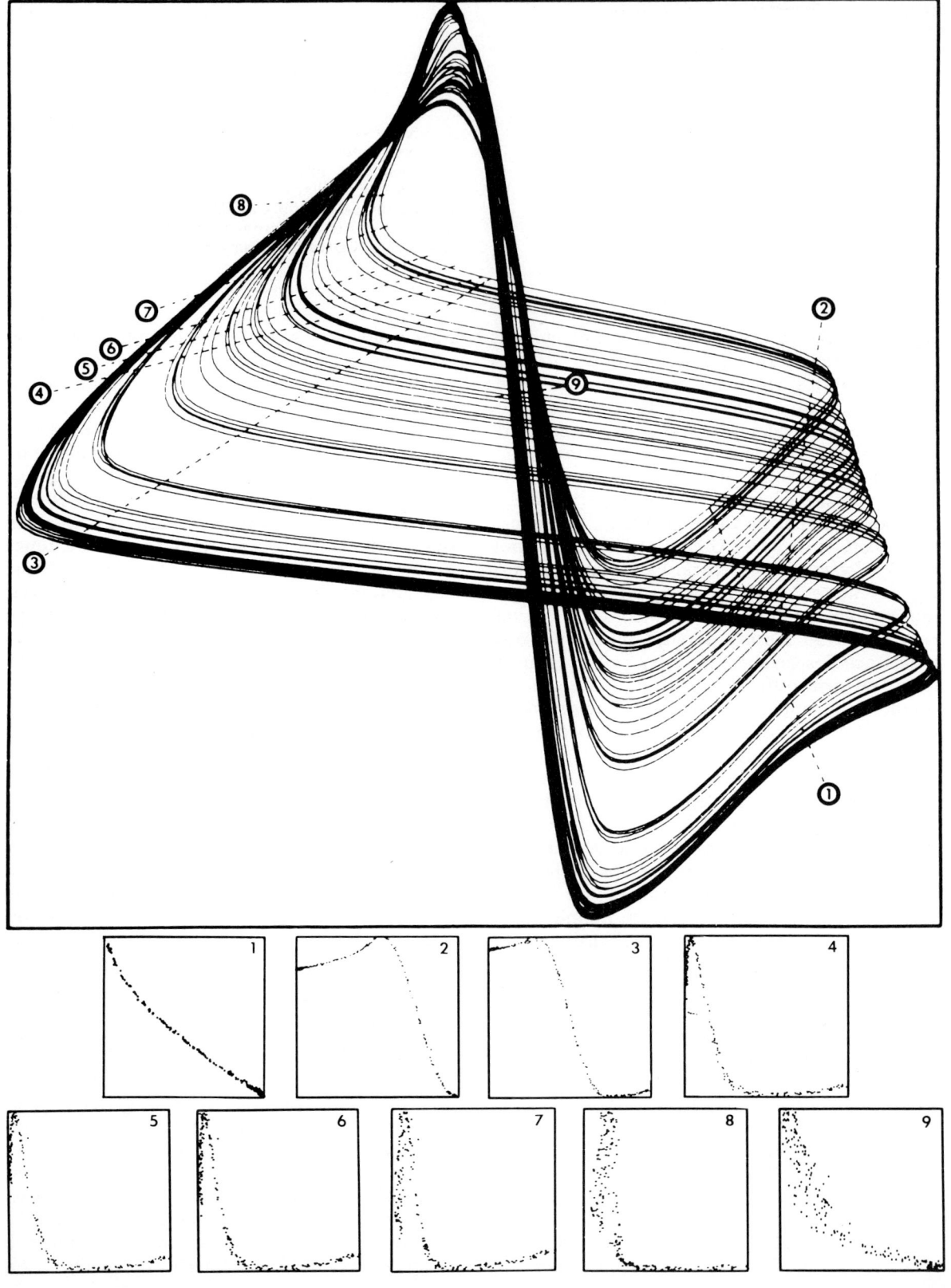

6. CET ATTRACTEUR ÉTRANGE à trois dimensions a été observé à l'Université d'Austin par Jean-Claude Roux, Reuben Simoyi et Harry Swinney. Ces chercheurs ont analysé la réaction de Belousov-Zhabotinskii, où une solution d'acide bromique oxyde l'acide malonique en présence d'ions métalliques, qui servent de catalyseur, et de divers produits servant à contrôler la réaction. Ils ont porté dans un espace à trois dimensions les concentrations des réactifs. Sur la figure supérieure apparaît une projection en deux dimensions de cet attracteur à trois dimensions. On a représenté dans la partie inférieure de la figure diverses sections de l'attracteur. On voit ainsi que des conditions peu différentes produisent des effets fort variés ; l'étirement et le repliement des sections successives résultent du phénomène de dépendance sensitive des conditions initiales.

physicien Michael Berry, de l'Université de Liverpool, a repris le calcul en identifiant le gaz ordinaire à un gaz de sphères dures (c'est un peu cavalier, mais acceptable pour le problème présent). M. Berry imagine que l'on change les forces agissant sur le gaz en retirant l'attraction gravitationnelle d'un électron placé à la limite de l'Univers connu. Il cherche à savoir combien de temps il faudra attendre pour qu'un changement qualitatif ait lieu dans les chocs entre molécules du gaz. La réponse est la suivante : ce temps est égal au temps nécessaire pour qu'une molécule ait fait 50 collisions avec d'autres molécules, c'est-à-dire une infime fraction de seconde.

Sans peine, notre démon est arrivé à changer la structure microscopique d'un gaz, mais il s'agit encore de détails imperceptibles à nos sens grossiers. Comment arriverons-nous à des modifications importantes ? La turbulence vient ici à

l'aide du démon, puisqu'elle peut amplifier un changement très petit (une fluctuation microscopique) et la rendre macroscopique en un temps assez court. Selon une estimation faite en utilisant des idées standard sur la turbulence, il faut environ une minute pour que des fluctuations microscopiques soient transformées en changements macroscopiques dans le genre de turbulence qui se produit au-dessus d'un radiateur chaud.

On peut aussi estimer le temps qu'il faut aux fluctuations pour se propager des petites dimensions aux dimensions supérieures. On peut ainsi calculer qu'il faut un jour pour que des changements sur des distances de l'ordre du centimètre soient transformés en changements sur des distances de l'ordre de dix kilomètres. Pour en revenir au démon qui se mêlerait des affaires humaines, il peut donc réussir en un jour à perturber un orage local. Combien de temps lui faudra-t-il pour changer complètement la structure du temps sur la Terre ? Les météorologistes ont naturellement étudié la question, notamment les Américains Charles Leith et Robert Kraichman. Les estimations actuelles sont de l'ordre d'une ou deux semaines.

Ainsi, le moindre changement dans l'Univers peut se répercuter en changements si importants qu'après 15 jours, la face du Monde en est littéralement changée. Le monde où nous vivons est peut-être déterministe et nous pouvons certainement prévoir son évolution dans une certaine mesure, mais, dans une certaine mesure aussi, cette évolution est imprévisible ; cette imprévisibilité nous pouvons aujourd'hui l'estimer, la calculer.

Déterminisme et chaos

On a longtemps pensé que l'aspect chaotique de certains phénomènes physiques était lié, surtout en mécanique des fluides, à leur complexité. Or des solutions chaotiques apparaissent aussi dans des systèmes simples tels qu'une boussole placée dans deux champs magnétiques.

Vincent Croquette

Certains systèmes physiques tels qu'un pendule, un circuit électrique simple, une bille en chute libre, évoluent d'une façon que nous pouvons décrire à l'aide d'une grandeur physique mesurable (la variable), de son taux de variation (la dérivée de cette variable par rapport au temps), et éventuellement du taux de variation du taux de variation de la variable (la dérivée seconde par rapport au temps). L'équation qui relie ces différentes grandeurs est une équation différentielle, dont la résolution permet de décrire parfaitement l'évolution ultérieure du système, que l'on qualifie alors de déterministe. Dans le cas de la bille en chute libre, l'équation différentielle du mouvement est particulièrement simple puisqu'elle traduit le fait que l'accélération du corps (la dérivée seconde de sa position par rapport au temps) est constante et égale à l'intensité de la pesanteur. Ainsi, si l'on connaît la position et la vitesse de la bille à un instant donné (les conditions initiales), on peut, en les incorporant à la solution générale de l'équation du mouvement, déterminer la position et la vitesse de la bille à tout instant ultérieur.

Il y a encore peu de temps, les physiciens pensaient que les systèmes déterministes régis par une équation différentielle parfaitement connue avaient des solutions régulières, comme les oscillations d'un pendule ou la trajectoire d'une bille en chute libre. Cependant, cette opinion s'est modifiée à la suite d'observations prouvant que, lorsque l'équation différentielle du système est « non

linéaire », celui-ci peut avoir des comportements chaotiques : à première vue, on pourrait penser que c'est le hasard qui régit alors leur mouvement. Une « équation différentielle non linéaire » est une équation contenant des termes qui ne sont plus simplement proportionnels à la variable ou à l'une de ces dérivées. L'équation différentielle de la bille en chute libre est tout à fait linéaire, mais celle du pendule simple ne l'est déjà plus car la force qui tend à ramener le pendule dans sa position d'équilibre varie comme le sinus de l'angle que fait le pendule avec la verticale. Si l'on peut remplacer la fonction sinus par une simple loi linéaire pour les petits angles, cette approximation devient très mauvaise dès que les angles sont importants.

L'idée que les systèmes déterministes ne sont pas des systèmes régis par des équations ayant des solutions régulières, infiniment précises, parfaites en quelque sorte, a mis longtemps avant de s'imposer, bien que les contre-exemples n'aient pas manqués ; le plus fameux est sans doute la turbulence dans les fluides, mais il présentait une propriété particulière qui permettait de rendre compte du caractère chaotique des solutions : dans un fluide, une infinité de configurations, ou modes, peuvent devenir instables et le physicien soviétique L. Landau avait décrit vers 1950 la turbulence comme la manifestation simultanée de l'ensemble de ces modes, associés chacun à une fréquence particulière. En 1963, E. Lorenz fit progresser les connaissances sur le sujet de façon notable : pour modéliser les mouvements convectifs d'une couche d'air, il proposa un système d'équations très simples et parfaitement déterministes dont les solutions, chaotiques, décrivaient la turbulence de la couche d'air sans faire intervenir cette infinité de modes. Dès lors, on a voulu voir le chaos un peu partout dans les systèmes déterministes simples et les physiciens s'intéressent aujourd'hui à nombre de phénomènes qu'ils avaient remarqués mais négligés, car ils en attribuaient le caractère chaotique à l'impropriété des conditions expérimentales plutôt qu'à l'aspect non linéaire de leur équation.

La simplicité dans le chaos

L'engouement des physiciens pour les systèmes stochastiques est également lié aux structures fascinantes que peuvent posséder ces systèmes : le caractère déterministe qu'on croyait souvent effacé par la stochasticité apparaît, d'une certaine façon, dans l'ordre relatif qui se dégage des solutions chaotiques. Le nom d'attracteurs

étranges donné à la représentation mathématique de ces solutions traduit bien cette fascination. Nous décrirons plus loin certains de ces attracteurs.

Un exemple mathématique simple qui illustre bien ces divers aspects de la stochasticité est celui, désormais classique, des itérations d'une fonction dont la forme du graphe est celle d'une cloche. Les fonctions d'une variable sont des expressions mathématiques dont la valeur est déterminée par la valeur attribuée à une seule quantité. Étant donné une telle fonction f de la variable x, le processus d'itération consiste, à partir d'une valeur initiale x_0, à calculer $f(x_0)$, la valeur prise par la fonction f lorsque la variable x prend la valeur x_0, et à appeler x_1 cette valeur de $f(x_0)$; la valeur du troisième terme x_2 de cette suite est alors égale à $f(x_1)$, et ainsi de suite. Pour certains types de fonctions f dépendant d'un paramètre λ, comme par exemple la fonction $f(x) = 4\,\lambda\,x(1-x)$, la suite x_n des valeurs successives de la fonction devient

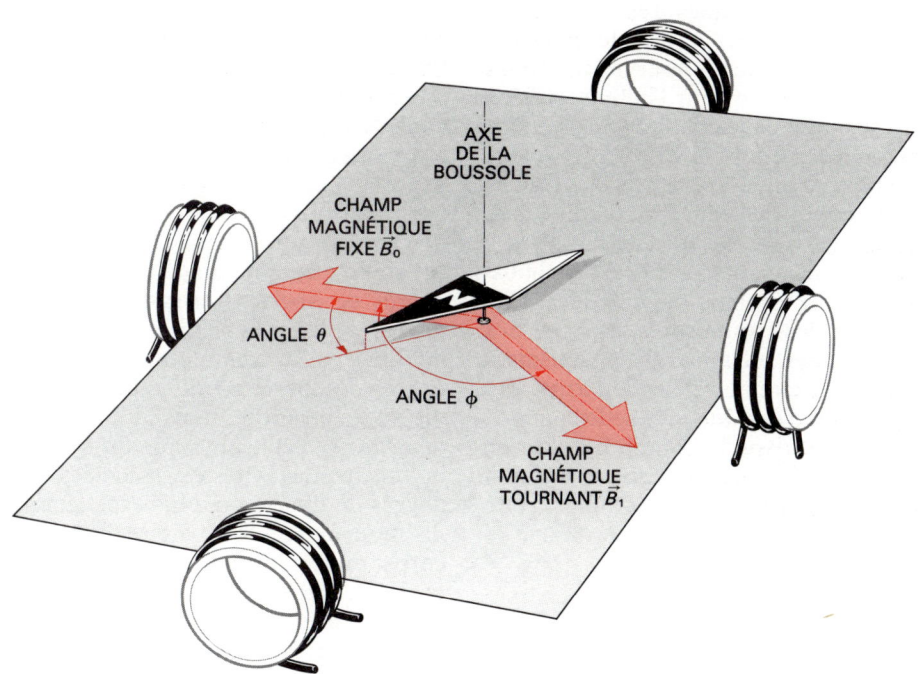

1. UNE BOUSSOLE placée dans deux champs magnétiques, l'un fixe B_0 et l'autre tournant B_1, peut, quand on la lance en fixant les conditions initiales, avoir un comportement chaotique. Dans ce type de comportement, les mouvements de la boussole semblent aléatoires (ou chaotiques) ; cependant, l'équation du mouvement de la boussole est parfaitement connue (ou déterministe). Deux couples de bobines de Helmholtz (dont les dimensions ont été réduites sur cette figure) produisent, quand elles sont parcourues par des courants électriques sinusoïdaux, le champ magnétique fixe B_0 et le champ magnétique tournant B_1. Ces deux champs magnétiques sont dans le plan de rotation de la boussole dont on repère la position par l'angle θ qu'elle fait avec le champ magnétique fixe B_0. Quand le champ magnétique B_1 tourne à vitesse angulaire ω_0 constante, l'angle ϕ entre les deux champs magnétiques est alors égal au produit de la vitesse angulaire ω_0 par le temps. Ce système illustre les mouvements chaotiques d'un système parfaitement déterministe.

chaotique au-delà d'une certaine valeur de λ ; cette phase chaotique est précédée d'une phase régulière, la transition vers le chaos se faisant de façon très particulière : dans le cas de la fonction $f(x) = 4 \lambda x(1-x)$, la suite des valeurs x_n, pour une valeur initiale x_0 comprise entre zéro et un, tend vers une valeur limite unique lorsque λ est inférieur à 3/4. Pour des valeurs de λ légèrement supérieures à 3/4, la suite n'admet plus de limite unique, mais ses termes sont alternativement proches de deux valeurs : il s'est produit ce que l'on appelle un premier dédoublement. Lorsque le paramètre λ devient supérieur à 0,086237, la suite oscille autour de quatre valeurs : un deuxième dédoublement est apparu. Une « cascade » des dédoublements se poursuit lorsque le paramètre λ augmente : un troisième dédoublement donne lieu à un cycle de huit valeurs, etc., et l'état chaotique apparaît finalement pour une valeur de λ correspondant à une infinité de dédoublements.

Cet exemple peut sembler trop simple et éloigné des systèmes physiques réels. Pourtant A. Libchaber et J. Maurer, à l'École normale supérieure, ont les premiers observé, au cours d'expériences de turbulence dans l'hélium et dans le mercure, un scénario de transition vers le chaos tout à fait similaire. Depuis, d'autres physiciens ont observé ce type de phénomène dans les fluides plus commun comme l'eau (M. Gollub et M. Giglio).

Un dispositif extrêmement simple, une boussole placée dans deux champs magnétiques, permet de présenter les principaux aspects des systèmes déterministes où apparaît la stochasticité. Le fait que cet exemple relève de la mécanique classique est loin d'être fortuit : celle-ci a joué un rôle prépondérant dans la compréhension de ces systèmes, bien que ce fait soit rarement mentionné ; ce chapitre tend à combler cette méconnaissance.

L'éclipse de la mécanique classique

Les succès de la mécanique quantique pour la description des phénomènes microscopiques, vers 1930, ont relégué au second rang la mécanique classique. Pourtant, de nombreuses énigmes, en mécanique classique, conservaient leur importance ; ces énigmes étaient directement liées à la stochasticité. Un problème important, celui des trois corps, n'a, par exemple, pas été résolu, et Henri Poincaré, dans ses *Œuvres complètes*, exprime le malaise profond que provoque l'existence de tels problèmes : « Quel sera le mouvement de n points matériels s'attirant mutuellement en raison directe de leur masse et en raison inverse du carré des distances ? Si $n = 2$, c'est-à-dire si l'on a affaire à une planète isolée et au Soleil, en négligeant les perturbations dues aux autres planètes, l'intégration est facile ; les deux corps décrivent des ellipses, en se conformant aux lois de Kepler. La difficulté commence si le nombre n des corps est égal à trois ; le problème des trois corps a défié jusqu'ici tous les efforts des analystes, l'intégration complète et rigoureuse étant manifestement impossible. » H. Poincaré suggère ainsi la notion de non-intégrabilité d'un problème de mécanique, c'est-à-dire le fait que l'on ne pourra jamais trouver de solution exacte à ce problème. La boussole placée dans deux champs magnétiques précise la notion de problèmes intégrables et montre pourquoi certains problèmes, analogues à celui des trois corps, ne sont pas intégrables.

Les problèmes intégrables

Pour résoudre un problème de mécanique, on recherche tout d'abord son nombre de degrés de liberté, c'est-à-dire le nombre de variables dont on a besoin pour décrire la configuration du système considéré à un instant donné. Un point matériel qui se déplace le long d'un axe possède un seul degré de liberté : il suffit de connaître son abscisse par rapport à un point choisi comme origine pour déterminer totalement sa position ; une planète considérée comme un point matériel possède trois degrés de liberté ; un système à deux corps, six degrés de liberté ; celui à trois corps, neuf degrés de liberté. La configuration d'un système à N degrés de liberté est donc définie par N variables dites de position, mais il faut en outre, pour déterminer l'état physique du système, connaître la valeur des vitesses associées aux différents degrés de liberté ou, plus exactement, la quantité de mouvement (c'est-à-dire la masse de chaque corps multipliée par sa vitesse) de chacun des corps. L'état du système est donc défini par $2N$ coordonnées dont N sont des coordonnées de position et N des coordonnées de quantité de mouvement. Afin de décrire l'évolution du système, il est commode de représenter son état par un point dans un espace de $2N$ dimensions, la position du point étant définie par les $2N$ coordonnées du système. L'espace ainsi défini s'appelle l'espace des phases et la trajectoire du point représentatif du système, dans cet espace, est déterminée d'une part par les équations du mouvement, qui forment un système de $2N$ équations différentielles liant les $2N$ coordonnées du système (ce système inclut les différents couplages entre les degrés de liberté), mais aussi, d'autre part, par le point d'où part cette trajectoire, les conditions initiales du système.

Intégrer le problème consiste à résoudre le système de $2N$ équations différentielles qui décrit la trajectoire dans l'espace des phases. La difficulté qui apparaît lors de cette résolution tient aux couplages entre les différentes équations et la méthode de résolution de ce système de $2N$ équations consiste à trouver un changement de coordonnées grâce auquel le système de $2N$ équations se découple en N systèmes de deux équations équivalant à celles d'un système à un degré de liberté. Considérons, par exemple, le cas de deux oscillateurs harmoniques identiques, constitués par deux masses mobiles le long d'un

axe, attachées chacune à un ressort *(voir la figure 2)*. Si ces deux oscillateurs, qui forment un système à deux degrés de liberté, sont couplés par un troisième ressort, la position x_1 de la première masse va dépendre de sa vitesse v_1 mais aussi de la position x_2 et de la vitesse v_2 de la deuxième masse. Si nous écrivons maintenant les équations du mouvement dans le système de coordonnées $X_1 = x_1 + x_2$ et $X_2 = x_1 - x_2$, $V_1 = v_1 + v_2$ et $V_2 = v_1 - v_2$, les équations contenant X_1 et V_1 sont complètement découplées de celles contenant X_2 et V_2 : nous avons trouvé, par ces transformations, les modes propres du système, c'est-à-dire deux nouveaux oscillateurs indépendants. D'une manière générale, un système à N degrés de liberté est intégrable si l'on peut le décomposer en N systèmes indépendants à un degré de liberté. Le

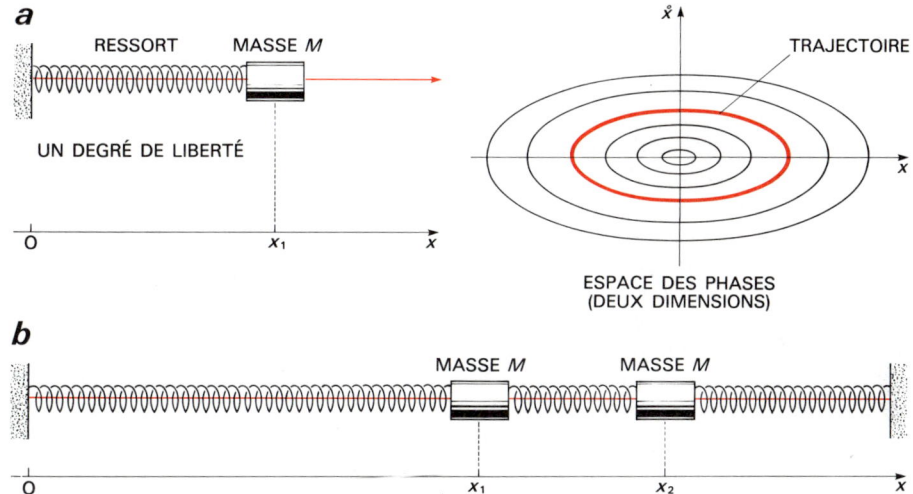

2. UN OSCILLATEUR, un solide de masse M, relié à un ressort, et assujetti à se déplacer le long d'un axe, est un système à un degré de liberté : à un instant quelconque, un nombre (l'abscisse du solide) suffit pour décrire sa position (*a*). Pour représenter le mouvement de ce solide, c'est-à-dire l'évolution du système, on convient de le représenter par un point dans un espace à deux dimensions, l'espace des phases, dont les coordonnées sont la position x du solide et sa vitesse $\dot{x}$. Dans cet espace des phases, le point représentatif du système décrit des trajectoires qui dépendent des conditions initiales qu'on a données au solide (sa position et sa vitesse initiales) au moment où on l'a lâché. Pour ce système, les trajectoires sont toutes des ellipses. Dans le cas de deux solides reliés par des ressorts et assujettis à se déplacer le long d'un axe *Ox* (*b*), il faut, en revanche, deux quantités pour décrire la configuration du système : les abscisses x_1 et x_2 des solides et leur vitesse $\dot{x}_1$ et $\dot{x}_2$. Avec ces coordonnées, il est cependant difficile de résoudre les équations du mouvement pour déterminer la trajectoire du point représentatif du système dans l'espace

des phases. En faisant le changement de coordonnées $X = x_1 + x_2$ et $Y = x_1 - x_2$, on obtient des équations identiques au cas précédent que l'on sait résoudre : dans ce nouveau système de coordonnées, les solutions sont celles d'oscillateurs indépendants et les trajectoires s'incrivent sur des tores à deux dimensions de l'espace des phases à quatre dimensions (non représenté ici !). De la même façon, les problèmes intégrables à N degrés de liberté sont des problèmes pour lesquels on peut mettre les équations du mouvement sous la forme de systèmes correspondant à N oscillateurs indépendants ; les trajectoires, dans l'espace des phases à $2N$ dimensions, appartiennent alors à des tores de N dimensions. (En fait, le changement de variable est alors généralement beaucoup plus difficile à trouver que celui que nous avons indiqué.) La boussole placée dans le seul champ magnétique fixe B_0 est un système intégrable ; en revanche, quand on place la boussole dans les deux champs magnétiques fixe B_0 et tournant B_1, on obtient un système à deux degrés de liberté, non intégrable, et dans lequel s'introduit le chaos.

problème est de trouver les coordonnées de ces modes propres. Lorsque le système est linéaire, il est toujours possible de trouver ces modes propres et tous les problèmes linéaires sont donc intégrables. En revanche, pour les systèmes non linéaires, cette détermination des modes propres est beaucoup plus difficile et, dans la majorité des cas, impossible. La notion de non-intégrabilité est donc étroitement liée au caractère non linéaire du système, bien qu'il existe des systèmes non linéaires intégrables, comme le pendule simple par exemple. Le fait que l'on puisse décomposer un système à N degrés de liberté en N systèmes découplés signifie qu'il existe N constantes du mouvement. Tous les systèmes mécaniques possèdent au moins une constante du mouvement, en général l'énergie : il en résulte que la trajectoire du système, dans l'espace des phases, doit appartenir à une hypersurface à $2N–1$ dimensions sur laquelle l'énergie est constante. Lorsque le système est intégrable, il existe N constantes du mouvement et la trajectoire du point représentatif doit appartenir à une hypersurface beaucoup plus « petite », de N dimensions seulement. Cette hypersurface est un peu particulière : c'est le « produit » des N trajectoires de systèmes à un degré de liberté ; nous verrons qu'aussi longtemps que les évolutions d'un système à un degré de liberté restent bornées, c'est-à-dire confinées dans un volume fini de l'espace des phases, sa trajectoire est de la famille du cercle, et l'hypersurface qui représente son évolution est le produit de N cercles, c'est-à-dire un tore de dimensions N (le tore usuel est en effet engendré par le produit de deux cercles indépendants).

Lorsque le système n'est pas intégrable, il est impossible de trouver N constantes du mouvement ; généralement, il n'en existe qu'une seule : l'énergie. La trajectoire est alors beaucoup plus « libre » puisqu'elle appartient à une hypersurface de dimension $2N$-1. Dès lors, la classe des problèmes intégrables parmi les systèmes à N degrés de liberté (où la dimension de l'espace des phases est égale à $2N$) apparaît comme un sous-ensemble très réduit (si N est supérieur à 1). Déjà, lorsque le système n'a que deux degrés de liberté ($N = 2$), les problèmes intégrables sont ceux dont les trajectoires, dans l'espace des phases, s'inscrivent sur des tores de dimension deux, tandis que les trajectoires de systèmes non intégrables à deux degrés de liberté s'inscrivent a priori sur des hypersurfaces de trois ($2 \times 2 – 1$) dimensions. Ainsi, dès que le nombre de degrés de liberté est supérieur ou égal à deux, les problèmes de la mécanique ne sont généralement plus intégrables.

Les illusions perdues des déterministes

Qu'est-ce qu'un système non intégrable ? Dans bien des cas, les mathématiques ne permettent pas la description exacte des phénomènes : ainsi, il n'existe pas de méthode pour calculer la valeur exacte des racines de l'équation du n-ième degré. Nous connaissons tous la méthode qui donne les racines de l'équation $ax^2 + bx + c = 0$ du second degré ; rares sont ceux qui connaissent les méthodes de résolution des équations du troisième et du quatrième degré, mais lorsque le degré de l'équation est supérieur à quatre, il n'existe plus de méthode générale de résolution, bien qu'on démontre que les équations du n-ième degré possèdent en général n racines. Le problème de la non-intégrabilité, en mécanique classique, est bien différent : un système est non intégrable non seulement parce que nous manquons de méthode de résolution, mais surtout parce que ses trajectoires dans l'espace des phases sont d'un type nouveau : ce sont des trajectoires stochastiques. Une fois de plus, c'est H. Poincaré qui le premier observa ce type de solutions.

Pour montrer comment des systèmes parfaitement déterministes peuvent avoir des solutions stochastiques et ce que sont exactement ces solutions, examinons tout d'abord l'une des propriétés essentielles des solutions régulières : elles associent les mouvements de N oscillateurs vibrant chacun à leur fréquence propre. Quand on analyse pour le système, comme le fait notre oreille pour les sons, l'une des grandeurs dépendant du temps, on obtient la correspondance suivante : les solutions régulières sont comme les accords en musique ; l'énergie est concentrée dans des intervalles de fréquence très fins (les différentes fréquences des oscillateurs), ainsi que dans des intervalles autour des fréquences de leurs harmoniques (un harmonique est une vibration dont la fréquence est un multiple entier de la fréquence propre de l'oscillateur). Si l'on « écoutait » de la même manière un système stochastique, notre oreille pourrait distinguer éventuellement des notes de hauteur (de fréquence) bien définie, mais nous entendrions en outre un « bruit » un peu comparable à celui d'un torrent. Si l'on représente sur un graphe l'énergie de vibration en fonction de la fréquence, on obtient le spectre de Fourier ; pour les solutions régulières, le spectre de Fourier est constitué de pics infiniment fins, tandis que les spectres des solutions stochastiques comportent, en outre, des raies larges associées au bruit.

Un autre critère permet de distinguer les

solutions régulières des solutions stochastiques : la sensibilité aux conditions initiales. Imaginons que nous construisions deux boussoles rigoureusement identiques et que nous les placions dans les mêmes configurations de champs magnétiques, avec rigoureusement les mêmes conditions initiales : leurs mouvements, réguliers ou stochastiques, seraient exactement identiques, ce qui tra-

duit leur caractère déterministe. Quand, cas plus réaliste, les conditions initiales des deux systèmes sont très peu différentes, les évolutions relatives des deux boussoles dépendent de façon fondamentale de la nature des mouvements ; s'ils sont réguliers, les boussoles vont progressivement se décaler l'une par rapport à l'autre, la différence entre les deux mouvements croissant linéairement

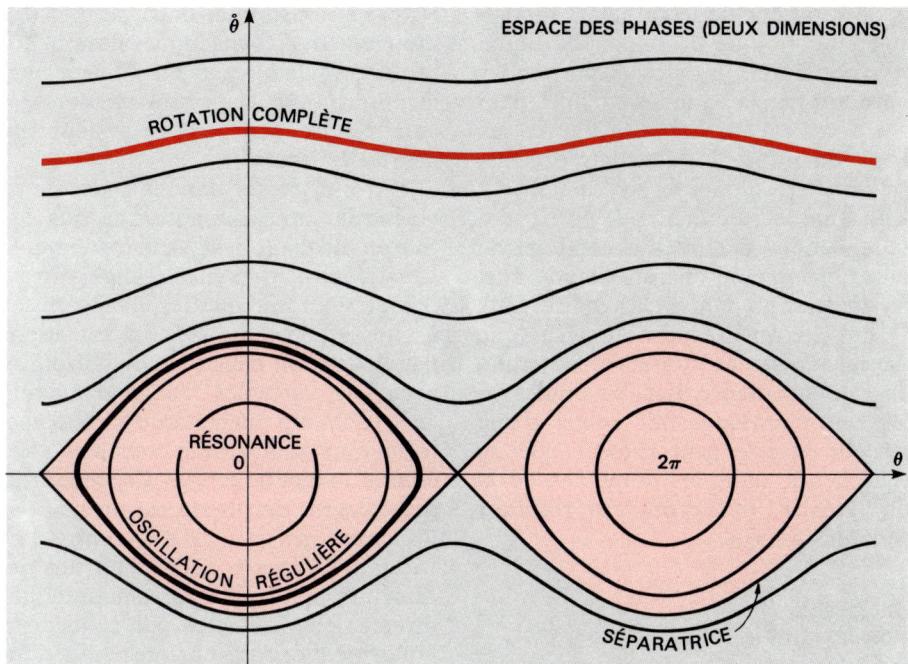

BOUSSOLE SANS FROTTEMENTS DANS UN CHAMP MAGNÉTIQUE FIXE $\vec{B}_0$

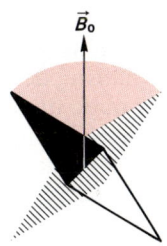

OSCILLATION RÉGULIÈRE

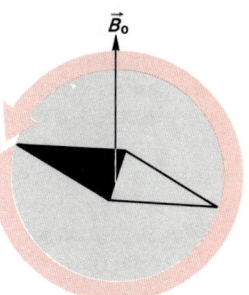

ROTATION COMPLÈTE

3. ON DÉCRIT LES MOUVEMENTS DE LA BOUSSOLE tournant sans frottements dans un champ magnétique fixe B_0 à l'aide des trajectoires d'un point, lequel représente le système dans un espace appelé espace des phases. Les trajectoires sont identiques à celles que décrit le point représentatif d'un pendule simple. Dans les deux cas, l'espace des phases contient des trajectoires de deux types : les premières sont des courbes fermées dont la forme est voisine d'une ellipse et qui correspondent à des oscillations de la boussole (ou du pendule). Ces courbes fermées sont contenues

dans un domaine appelé résonance *(en couleur)*. Quand on communique assez d'énergie à la boussole pour lui permettre d'effectuer des rotations complètes, sa trajectoire dans l'espace des phases est une courbe ouverte. Les limites entre la résonance et le domaine extérieur qui contient les trajectoires ouvertes s'appellent les séparatrices : ces trajectoires correspondent aux mouvements de la boussole à laquelle on a communiqué juste assez d'énergie pour lui permettre de s'aligner dans la direction opposée à celle du champ magnétique fixe B_0, une position d'équilibre instable.

avec le temps, comme deux montres dont l'une avance. En revanche, pour des trajectoires stochastiques, la petite différence qui existait entre les mouvements, au départ, croît exponentiellement avec le temps, et les mouvements sont très vite complètement différents, de sorte que l'on a peine à croire qu'ils aient pu avoir quelque chose en commun. En météorologie, E. Lorenz a appelé « effet papillon » le fait que l'évolution de l'atmosphère, dont on devine le caractère chaotique, est complètement bouleversée par un infime changement des conditions initiales, en particulier celui qui est produit par le battement d'ailes d'un papillon.

Aujourd'hui, on utilise les résultats obtenus sur la stochasticité dans de nombreux domaines : physique des plasmas, accélérateurs de particules, confinement magnétique, stabilité des ceintures de Van Allen, etc. En outre, le champ d'étude s'est étendu aux systèmes dissipatifs, c'est-à-dire ceux où, contrairement à ce qu'on étudie en mécanique classique, l'énergie n'est pas conservée au cours du temps. Ainsi, la turbulence dans les fluides ou dans les réactions chimiques fait l'objet d'une nouvelle approche et l'on peut prévoir que de nombreux chercheurs, dans les domaines de la physique non linéaire, utiliseront ces résultats dans les prochaines années.

Du système intégrable
au système non intégrable

Revenons à notre boussole placée dans un champ magnétique uniforme et stationnaire, le champ terrestre par exemple : quelles que soient les conditions initiales, l'aiguille aimantée s'aligne avec le champ magnétique après avoir effectué quelques oscillations de part et d'autre de celui-ci. Si l'aiguille tournait sans aucun frottement, la boussole oscillerait indéfiniment car elle constitue un système tout à fait équivalent au pendule simple : comme le pendule, la boussole possède un degré de liberté et elle appartient à la classe des systèmes pour laquelle l'ensemble des cas intégrables, a la même dimension que l'ensemble des solutions (pour $N = 1$, on a : $N = 2N - 1$). Tous les systèmes à un degré de liberté sont intégrables et le pendule simple, malgré son caractère non linéaire, est intégrable ; comme notre boussole soumise à un champ magnétique fixe, le pendule n'aura que des mouvements réguliers.

Pour faire apparaître des mouvements stochastiques, il faut augmenter le nombre de degrés de liberté : dans ce dessein, on ajoute au champ

magnétique fixe un champ magnétique tournant *(voir la figure 1)*. Pratiquement, pour ajouter un champ magnétique tournant au champ magnétique terrestre (fixe) qui s'exerce sur la boussole, il nous suffit de poser un barreau aimanté sur le plateau d'un tourne-disque dont l'axe serait confondu avec celui de la boussole ; on produirait ainsi un champ magnétique horizontal tournant à la même vitesse que le plateau. Le système réalisé, très simple, nous permet d'observer des mouvements stochastiques dont la complexité est remarquable. Mais avant d'entrer plus avant dans la description de ces mouvements, cherchons à comprendre pourquoi ce système possède deux degrés de liberté.

Afin de rester dans le cadre de la mécanique classique, nous supposerons que le plateau du tourne-disque tourne sans frottement après qu'on l'a lancé avec une vitesse angulaire ω_0 ; pour cela, il faut supposer que le plateau reste en rotation à vitesse constante grâce à son inertie. Avec ces conditions, on décrit la configuration du système avec deux variables : l'angle θ que fait la boussole avec le champ magnétique fixe et l'angle ϕ que fait le champ magnétique tournant par rapport au champ magnétique fixe. Cependant, ce système à deux degrés de liberté est un peu particulier car les couplages qui existent entre la boussole et l'aimant solidaire du plateau ont des effets très dissymétriques : le mouvement de la boussole est directement influencé par celui du plateau (par l'intermédiaire du champ magnétique tournant), mais le mouvement du plateau est très peu affecté par celui de la boussole. Cela est d'autant plus vrai que le plateau est plus massif et que son inertie est beaucoup plus grande : dans la limite où la masse du plateau devient infinie, le plateau se comporte comme un système isolé et son mouvement n'est alors qu'une rotation régulière ; l'angle ϕ est égal au produit de la vitesse angulaire ω_0 par le temps t. Dans l'espace des phases $(\theta, \dot{\theta}, \phi, \dot{\phi})$ à quatre dimensions, l'évolution du système s'effectue dans un sous-espace à trois dimensions un peu particulier : comme ϕ est égal à $\omega_0.t$, la dérivée $\dot{\phi}$ de l'angle ϕ est égale à la constante ω_0 et ce sous-espace est donc $(\theta, \dot{\theta}, \phi)$, $\dot{\theta}$ désignant la vitesse angulaire de la boussole. En outre, l'évolution du point représentatif du système le long de l'axe ϕ est très simple puisque l'angle ϕ varie linéairement avec le temps.

Jusqu'ici, nous avons négligé l'influence des frottements qui dissipent l'énergie dans les systèmes physiques, mais l'existence de ces frottements détermine la nature d'un système : un système est non dissipatif, ou hamiltonien, en l'absence de frottement, comme les systèmes célestes par exemple ; en revanche, les systèmes qui nous sont plus accessibles sont généralement dissipatifs car ils présentent des frottements :

c'est le cas de la boussole. Cependant, nous étudierons, en premier lieu, les solutions du système non dissipatif obtenues par des simulations sur ordinateur.

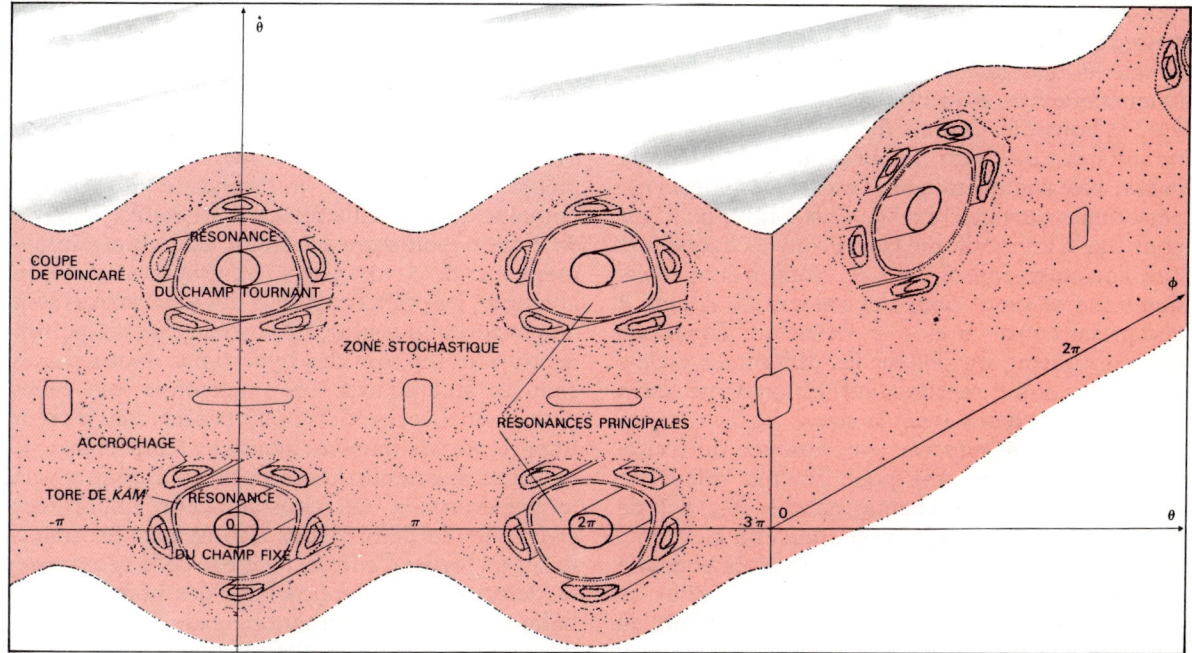

4. L'ESPACE DES PHASES du système formé par la boussole tournant sans frottements dans un champ magnétique fixe B_0 et un champ magnétique B_1 tournant à vitesse constante ω_0, est à quatre dimensions : l'angle θ entre la direction de la boussole et le champ magnétique fixe B_0, la vitesse angulaire $\dot{\theta}$ de la boussole, l'angle ϕ entre le champ magnétique B_1 tournant et le champ magnétique fixe B_0 et la vitesse angulaire $\dot{\phi}$ du champ magnétique tournant B_1. Comme le champ magnétique B_1 tourne à vitesse angulaire ω_0 constante, on peut se limiter à étudier l'espace des phases dans les trois dimensions (θ, $\dot{\theta}$, ϕ). En outre, comme les configurations du système qui ne diffèrent que d'un nombre entier de tours de boussole correspondent au même état, l'espace des phases est périodique (on n'a représenté ici que deux périodes selon θ, et une période selon ϕ). L'espace des phases comporte des trajectoires régulières qui se bobinent sur des tores, appelés tores de *KAM*, et qui correspondent à des mouvements réguliers de la boussole (le nombre des fréquences qui composent ces mouvements est limité) ; l'espace des phases comporte en outre des trajectoires stochastiques correspondant à des mouvements désordonnés de la boussole et qui ne sont pas bobinés sur des tores de *KAM*. Les tores se regroupent en deux résonances principales : la résonance autour du champ magnétique fixe (*en bas*) où la boussole est alors piégée autour de ce champ, et la résonance autour du champ (*en haut*) où la boussole oscille alors autour du champ magnétique tournant en l'accompagnant dans son mouvement de rotation. Les tores de *KAM* centrés sur le centre des résonances principales correspondent à

des mouvements de la boussole composés de deux fréquences fondamentales ; le rapport Γ de ces fréquences est un nombre irrationnel. La non-intégrabilité du problème fait que les autres tores, associés à des rapports de fréquences rationnels, ont fait place à des zones stochastiques et à des « accrochages », c'est-à-dire des emboîtements de petits tores excentrés par rapport aux résonances principales et constitués par le bobinage en hélice de trajectoires régulières. Pour ces trajectoires régulières bobinées sur les tores des accrochages, les mouvements de la boussole comportent encore deux fréquences : la fréquence d'oscillation autour du « point elliptique » situé au centre de l'accrochage, et la plus petite des deux fréquences qui auraient formé le rapport rationnel dans le problème intégrable : comme ce rapport F/f_0 est égal à un nombre rationnel p/q, la fréquence la plus élevée est un multiple de la fréquence la plus faible ; elle n'est donc qu'un de ses harmoniques. Les tores qui auraient correspondu aux séparatrices des résonances (la limite des domaines où la boussole est piégée, c'est-à-dire oscille autour d'un des champs magnétiques) ont disparu : ils ont fait place à des zones stochastiques. Ces zones stochastiques envahissent l'espace des phases lorsqu'on augmente le paramètre de stochasticité s en faisant varier soit l'amplitude des champs magnétiques soit la vitesse angulaire du champ magnétique tournant. En raison de la complexité de l'espace des phases à trois dimensions, on en prend plutôt des coupes, appelées coupes de Poincaré ; l'une d'elles constitue la face frontale de l'espace des phases représenté ici.

Le champ magnétique fixe

Considérons tout d'abord le cas où le champ magnétique tournant est nul ; comme nous l'avons vu, le problème est alors analogue à l'étude du mouvement d'un pendule : l'espace des phases possède deux dimensions repérées, l'une par l'angle θ que fait la boussole avec le champ magnétique fixe, et l'autre par la vitesse angulaire $\dot{\theta}$ de la boussole. Comme deux configurations qui ne diffèrent que d'un nombre entier de tours de la boussole sont identiques, l'espace des phases est périodique suivant l'axe θ, c'est-à-dire qu'il est constitué d'un motif que l'on retrouve chaque fois que l'on augmente θ de 2π. Nous n'étudierons donc que ce motif pour des valeurs de l'angle θ comprises entre $-\pi$ et $+\pi$. Grâce aux équations du mouvement, on obtient les différentes trajectoires du point représentatif du système dans l'espace des phases (voir la figure 3). Ces trajectoires sont multiples car, en l'absence de frottement, il en existe une pour chaque valeur de l'énergie totale : à chaque couple $(\theta_0, \dot{\theta}_0)$ de conditions initiales est associée une énergie et une trajectoire. Ainsi, quand nous écartons la boussole du champ magnétique fixe et quand nous la lâchons sans lui donner de vitesse initiale, la trajectoire du point représentatif du système est une courbe fermée qui ressemble à une ellipse d'autant plus grande que l'angle dont nous avons écarté la boussole sera importante ; ce type de trajectoire correspond à un mouvement d'oscillation de la boussole autour du champ magnétique fixe, et l'on dit alors que la boussole est piégée dans le champ magnétique fixe. Si nous communiquons à la boussole une impulsion suffisamment forte afin qu'elle dispose d'assez d'énergie pour dépasser l'angle $\theta = \pi$ (la position dans laquelle la boussole pointe dans la direction opposée au champ magnétique), la boussole se met alors à tourner sans fin, accélérant lorsque sa direction se rapproche de celle du champ magnétique et ralentissant quand elle s'en écarte. Dans l'espace des phases, la trajectoire de son point représentatif est une trajectoire ouverte (en couleur sur la figure 3). Une trajectoire très particulière, qui jouera un rôle fondamental par la suite, est celle qui constitue la frontière entre l'ensemble des trajectoires ouvertes et celui des trajectoires fermées : c'est la séparatrice pour laquelle l'impulsion communiquée à la boussole lui permet d'atteindre sa position d'équilibre instable (où θ est égal à π), avec une vitesse nulle.

Dans ce problème intégrable, toutes les trajectoires sont régulières : l'effet du champ magnéti-que fixe est notable pour les trajectoires qu'il piège et celles-ci se trouvent dans un domaine délimité par les séparatrices ; on donne à ce domaine le nom de résonance. Le cœur de la résonance est constitué par des trajectoires en forme d'ellipses : ces trajectoires correspondent à de petites oscillations où la boussole est soumise à une force de rappel créée par le champ magnétique, force proportionnelle au sinus de l'angle θ ; comme cet angle est petit, la force de rappel dans cette région est pratiquement proportionnelle à l'angle θ lui-même et le cœur de la résonance est donc le domaine où les oscillations sont linéaires, le centre de cette région étant lui-même une ellipse infiniment petite : un point elliptique. De façon analogue, les points anguleux des séparatrices sont dits hyperboliques car, au voisinage de ces points, les trajectoires sont des hyperboles dont les axes sont les séparatrices. Ces trajectoires sont celles pour lesquelles les effets non linéaires sont les plus importants ; de manière générale, l'importance de ces effets augmente du centre de la résonance vers les séparatrices. On constate cette importance croissante de deux façons : d'une part les trajectoires en forme d'ellipse, au cœur de la résonance, se déforment en s'approchant des points hyperboliques ; cette déformation traduit l'apparition d'harmoniques : les oscillations ne sont alors plus sinusoïdales et elles mettent aussi en jeu des fréquences multiples de la fréquence fondamentale du mouvement. En outre, il n'y a plus d'isochronisme des oscillations. (L'isochronisme, découvert par Galilée pour les oscillations linéaires, est le fait que la fréquence d'oscillation ne dépend pas de l'amplitude de cette dernière.) Pour la boussole, la fréquence des oscillations dépend de leur amplitude ; près du point elliptique, où les trajectoires sont des ellipses presque parfaites et les effets non linéaires peu importants, la fréquence d'oscillation est maximale et dépend peu de l'amplitude. Au fur et à mesure que l'on se rapproche de la séparatrice, la fréquence

5. POUR CONSTRUIRE LES COUPES DE POIN-CARÉ, on porte dans un même plan (à droite) les points se trouvant à l'intersection des diverses trajectoires avec des plans de coupes espacés de 2π selon l'axe ϕ. Pour les trajectoires régulières qui se bobinent en hélice sur les tores de KAM, chaque intersection est un point situé sur une courbe (ici un cercle) : la superposition des plans de coupe constitue la courbe point par point. En revanche, les trajectoires stochastiques correspondent à des mouvements désordonnés de la boussole ; les points à l'intersection des plans de coupe et de ces trajectoires se répartissent dans une région située à l'extérieur des derniers tores de KAM.

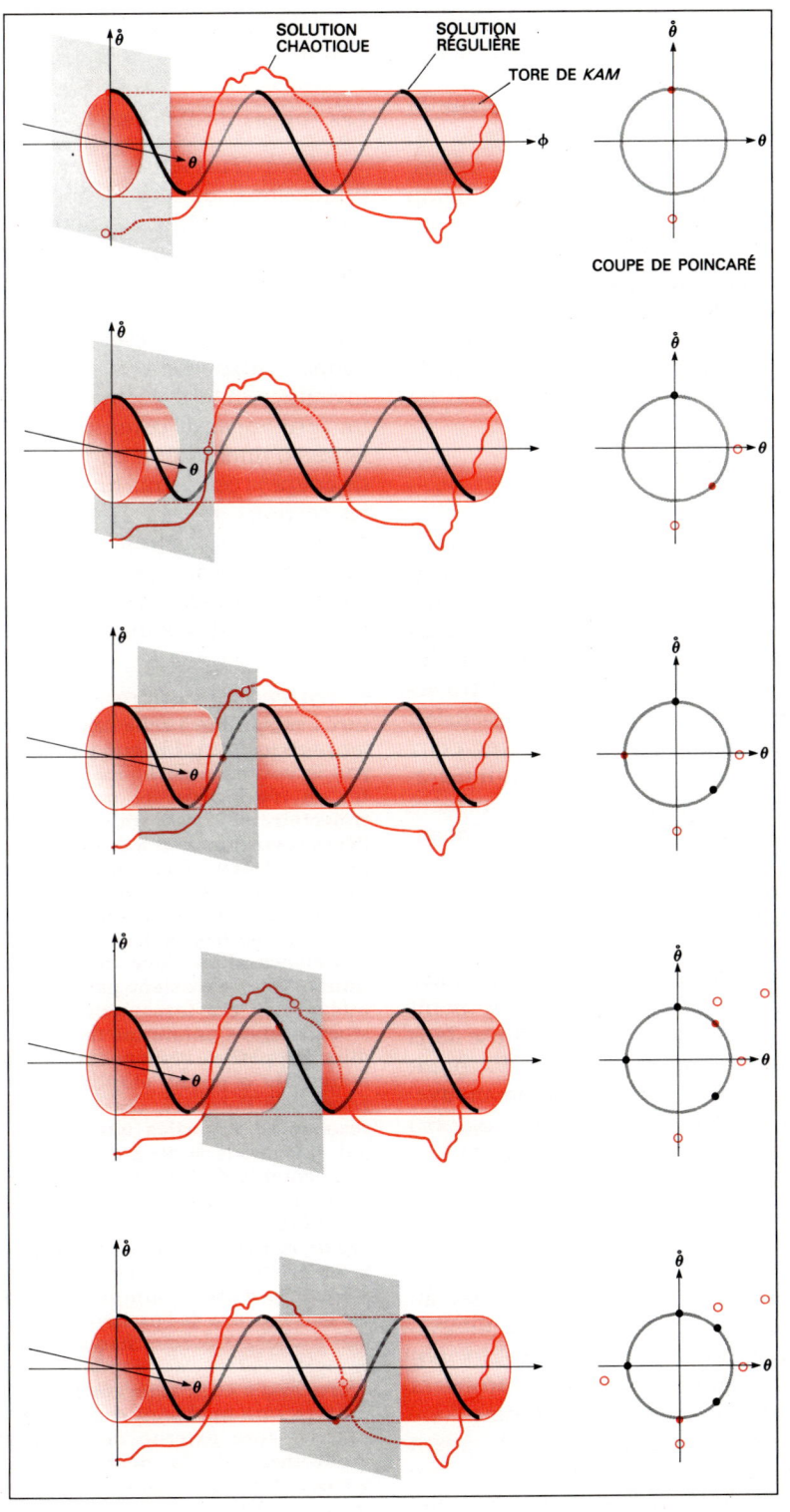

décroît de plus en plus vite et s'annule pour la séparatrice. Lorsqu'on augmente l'amplitude du champ fixe, l'étendue de la résonance selon la direction $\dot{\theta}$ augmente tout comme la fréquence d'oscillation.

Tout ce que nous venons d'observer sur la boussole tournant sans frottements dans un champ magnétique fixe, nous pouvons le refaire quand la boussole est soumise à un champ magnétique tournant seul, à condition d'imaginer que nous tournions nous-mêmes avec le champ magnétique tournant : le champ tournant crée également une résonance, centrée cette fois autour de la droite de l'espace des phases d'équation $\dot{\theta} = \omega_0$. Que se passe-t-il cependant lorsque la boussole se trouve simultanément placée dans les deux champs magnétiques ?

L'apparition de la stochasticité

Nous avons indiqué précédemment comment, pour ce système à deux degrés de liberté un peu particulier, les trajectoires du point représentatif du système s'inscrivent dans l'espace des phases à trois dimensions repéré par $(\theta, \dot{\theta}, \phi)$. Or, les problèmes intégrables sont ceux dont les trajectoires s'inscrivent sur des tores de dimension deux : la boussole étant placée dans les deux champs magnétiques, si le problème était intégrable, les trajectoires s'inscriraient sur des surfaces à deux dimensions dans l'espace $(\theta, \dot{\theta}, \phi)$. Imaginons (et nous verrons que, dans certains cas, c'est effectivement ce qui se passe) que le mouvement soit simplement la somme des deux mouvements obtenus séparément avec chacun des champs magnétiques. Piégée dans le champ fixe, la boussole oscillerait à la fréquence F, et le point représentatif du système décrirait une ellipse dans le plan $(\theta, \dot{\theta})$. Le champ magnétique tournant imprimerait à la boussole un deuxième mouvement d'oscillation, à la fréquence f_0 (égale à $\omega_0 / 2\pi$) et le point représentatif du système décrirait alors une hélice s'inscrivant sur un cylindre puisqu'il devrait à la fois tourner dans le plan $(\theta, \dot{\theta})$ et se déplacer à vitesse constante suivant l'axe ϕ. (On obtiendrait un tore en représentant ϕ suivant un cercle.) Le pas de l'hélice serait alors égal au rapport F/f_0 de la fréquence de chaque mouvement. Dans ces conditions, les trajectoires stochastiques qui existent dans ce système se trouvent dans un volume que l'on peut décrire comme l'une des surfaces du système supposé intégrable, ayant pris une certaine « épaisseur » ; en fait, le système non intégrable possède les deux types de solution : des mouvements réguliers correspondant aux

cylindres dans l'espace des phases, et des mouvements stochastiques, comme nous allons le voir ; la nature du mouvement dépend des conditions initiales.

Les coupes de Poincaré

Pour représenter l'espace des phases (à trois dimensions) de la boussole placée dans les deux champs magnétiques, nous pouvons tracer les trajectoires dans une vue en perspective (voir la figure 4) ; cependant, cette méthode est souvent impraticable. Henri Poincaré imagina d'effectuer une coupe dans l'espace des phases. Dans ces coupes, auxquelles on a donné le nom de leur inventeur, une trajectoire régulière en hélice sur un tore apparaît comme une série de points (les points d'intersection entre la trajectoire et le plan de coupe) ; ces points forment des ellipses qui sont les sections du tore. En revanche, les trajectoires stochastiques apparaissent sous forme de nuage de points qui occupent une certaine surface de la coupe de Poincaré (voir la figure 4). A priori, on peut choisir des plans de coupe quelconques dans

6. TOUTES LES RÉSONANCES possèdent une structure comparable à celle des poupées russes emboîtées, les *matriochkas*. Chaque tore de KAM (a) est engendré par le bobinage en hélice d'une trajectoire régulière. Ici on n'a représenté que le tore où se bobine la trajectoire et non la trajectoire. Ces trajectoires régulières correspondent à des mouvements de la boussole possédant deux fréquences et leurs harmoniques, le rapport des deux fréquences fondamentales étant irrationnel. Les tores qui seraient engendrés par le bobinage de trajectoires associées à deux fréquences commensurables (leur rapport serait un nombre rationnel p/q) n'existent pas car le problème n'est pas intégrable ; ces tores sont remplacés par des zones stochastiques entourant des « accrochages », c'est-à-dire des petites résonances (en couleur) centrées (b) autour de q points elliptiques (ici $q = 4$). Dans les coupes de Poincaré, ces accrochages sont des petites résonances réparties autour des résonances principales. Le mode de construction des coupes de Poincaré rend compte du fait que les coupes de ces petits tores de KAM correspondent en fait à une seule trajectoire régulière. Le mouvement associé à cette trajectoire régulière comporte deux fréquences fondamentales et leurs harmoniques : l'une de ces fréquences est la fréquence d'oscillation de la boussole ($f_0/4$) et l'autre est la fréquence de l'oscillation de phase qui caractérise l'accrochage. Comme chaque nombre réel rationnel est compris entre des nombres réels irrationnels, les accrochages et la zone stochastique qui ont remplacé un tore rationnel sont compris dans un autre tore de KAM (le tore externe de la figure c) associé à un mouvement de la boussole comportant deux fréquences fondamentales dont le rapport est un nombre irrationnel. Cet emboîtement des tores se répète quelle que soit l'échelle du dessin.

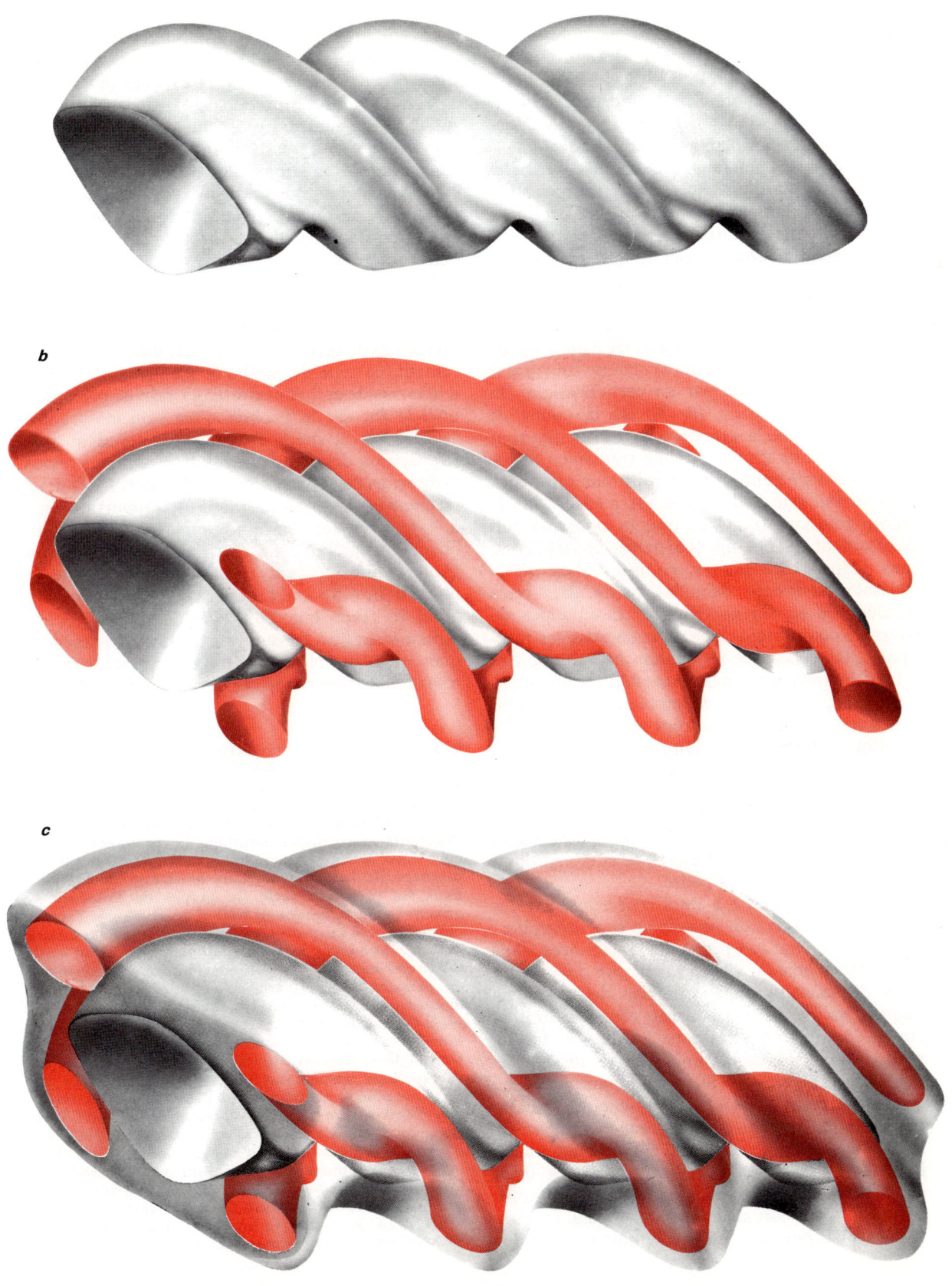

l'espace des phases ; dans notre exemple cependant, l'évolution de la position angulaire du plateau est triviale selon l'axe ϕ (ϕ est en effet égal à $\omega_0 t$), et nous coupons l'espace perpendiculairement à cet axe, ce qui revient à étudier les trajectoires dans un plan pour lequel la valeur de l'angle ϕ est constante. Ainsi, dans ce cas, les coupes de Poincaré correspondent à une opération très simple : comme le système a une évolution périodique dans la direction ϕ, faire une telle coupe revient à stroboscoper le système chaque fois que le champ tournant a fait un tour complet.

Cette technique est relativement simple à mettre en œuvre expérimentalement : il suffit de mesurer l'angle θ ainsi que sa dérivée $\dot{\theta}$ par rapport au temps (la vitesse angulaire) chaque fois que le champ tournant passe par un certain angle. On obtient ainsi un point (θ_i, $\dot{\theta}_i$) de la coupe de Poincaré. Comme la stroboscopie immobilise tous les mouvements ayant la même fréquence f_0 que celle du champ tournant, les solutions qui expriment le fait que la boussole est piégée dans le champ tournant (dans ce cas, la boussole suit globalement le champ tournant) apparaîtront, dans l'espace des phases, comme celles où la boussole est piégée dans le champ fixe, mais décalées de ω_0 suivant l'axe $\dot{\theta}$. Les coupes de Poincaré comportent donc deux résonances principales, l'une associée au champ magnétique fixe et l'autre associée au champ magnétique tournant. Cependant, ces résonances semblent incomplètes : seules les trajectoires centrées autour des points elliptiques apparaissent clairement (en fait, elles sont restées régulières), tandis que les trajectoires proches des séparatrices se sont mélangées pour donner lieu à une couche stochastique. En outre, de nouvelles résonances sont apparues de façon structurée autour des premières qu'elles reproduisent à une échelle plus petite.

Pour comprendre à quoi correspondent ces structures, il nous faut revenir au cas intégrable : si le système était intégrable, les trajectoires, dans l'espace des phases, s'inscriraient sur des tores à deux dimensions, engendrés par deux mouvements d'oscillation. On pourrait caractériser chacun de ces tores par les deux fréquences fondamentales de ses oscillations ; ainsi, lorsque la boussole est piégée dans le champ magnétique fixe, ces deux fréquences sont la fréquence du champ magnétique tournant f_0 et la fréquence d'oscillation F de la boussole autour du champ magnétique fixe. Si le système était intégrable, ces deux oscillateurs seraient indépendants et leurs mouvements seraient complètement découplés. Dans le cas réel de la boussole, les oscillateurs ne sont plus

indépendants : les couplages non linéaires détruisent certains des tores que nous venons de décrire. Pour décrire l'espace des phases, dans ce cas non intégrable, il est commode de considérer les tores du cas imaginaire (intégrable) sur lesquels on « branche » progressivement les couplages non linéaires afin de suivre leur évolution.

Sans le dire, nous utilisons (en quelque sorte) une méthode de perturbation : pour obtenir les solutions d'un problème inconnu, on considère celles d'un système soluble très voisin, et la différence entre les deux systèmes constitue la perturbation que l'on fait croître continûment pour passer d'un problème à l'autre, l'idée étant qu'il en va de même pour les solutions. Malheureusement, ce type de méthode n'est pas applicable à la boussole et il était d'ailleurs vain de prétendre qu'il le fût car le problème est non intégrable ! Cependant, la méthode nous permet d'illustrer l'apparition des mouvements stochastiques ; nous utiliserons deux paramètres : le rapport Γ des deux fréquences du tore considéré (ce rapport est égal à F/f_0 pour les trajectoires piégées autour du champ magnétique fixe) et l'amplitude des couplages non linéaires, c'est-à-dire le taux de la perturbation. Ce taux de perturbation dépend lui aussi du tore que l'on considère, mais il est directement lié à l'amplitude des champs magnétiques et à la fréquence du champ magnétique tournant. On regroupe ces derniers paramètres en

7. L'EXPLOSION D'UNE RÉSONANCE est un scénario qui affecte toutes les résonances des coupes de Poincaré de la même façon. Ces coupes de Poincaré, obtenues pour des valeurs du paramètre de stochasticité s croissantes permettent de voir comment les différents accrochages modifient la résonance (on n'a considéré ici que la résonance correspondant au piégeage de la boussole dans le champ magnétique fixe). La première série de coupes de Poincaré *(à gauche)* montre comment naît et se développe l'accrochage associé au remplacement d'un tore par quatre petites résonances : les quatre îlots naissent au cœur de la résonance et ils s'en écartent progressivement, en prenant de l'ampleur au fur et à mesure qu'on augmente le paramètre de stochasticité. La seconde série de coupes de Poincaré *(à droite)* illustre l'importance croissante des accrochages en fonction de la simplicité croissante du rapport Γ des fréquences : l'accrochage associé au rapport de fréquences 1/3 déforme plus la résonance que l'accrochage 1/4, tandis que l'accrochage associé au rapport 1/2 scinde la résonance en deux nouvelles résonances pour lesquelles le même scénario se reproduira : les deux nouvelles résonances exploseront et se scinderont finalement chacune en deux. Les quatre résonances produites subiront ensuite le même sort. On assiste ainsi, dans le cas de la boussole, à une cascade de dédoublements de fréquences.

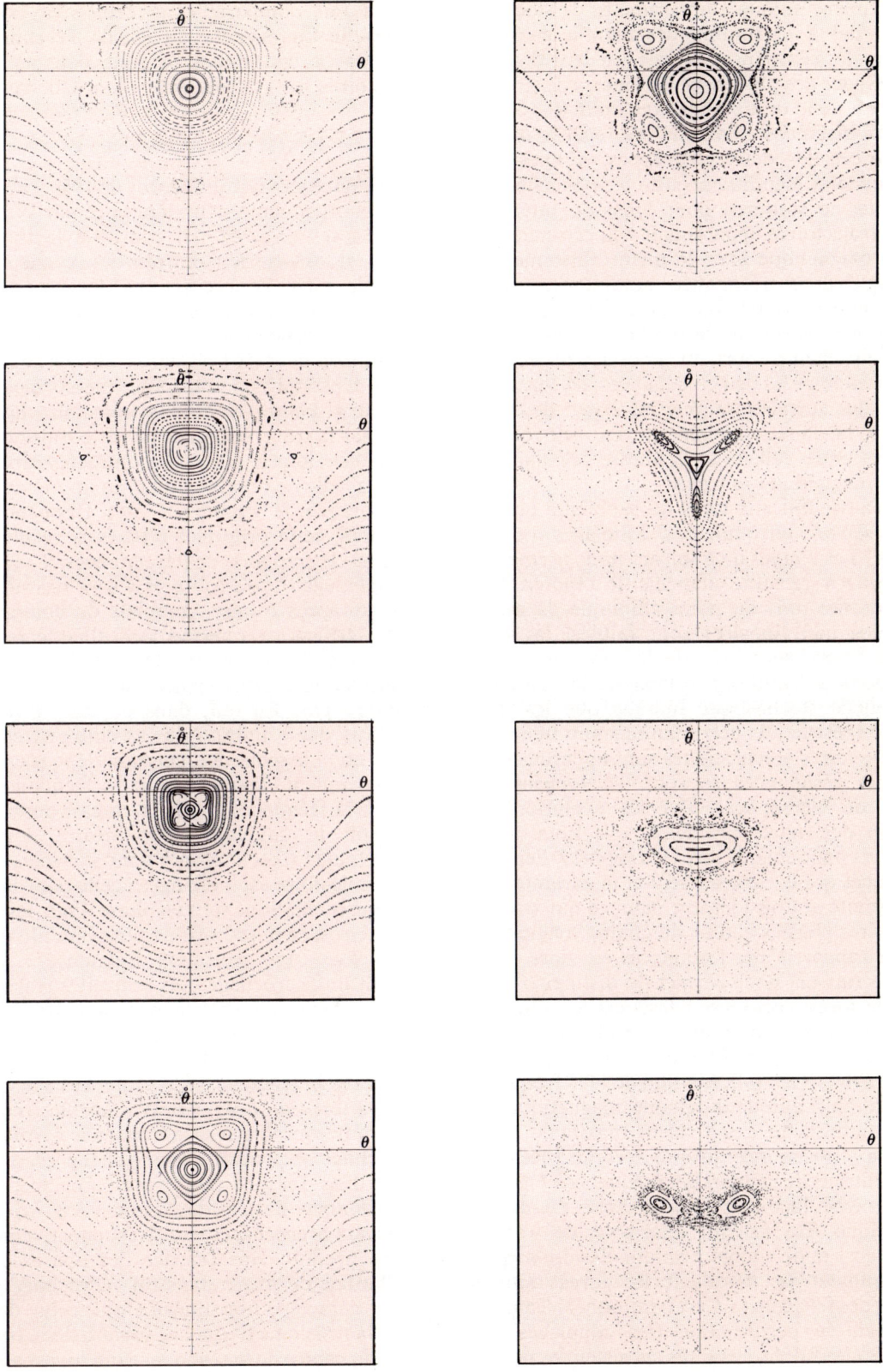

un paramètre unique : le paramètre de stochasticité *s*, égal à la somme des demi-largeurs de chacune des résonances divisée par leur distance dans l'espace des phases. Le paramètre de stochasticité *s* est donc un nombre sans unité (le rapport de deux distances). Lorsqu'il est égal à un, les séparatrices des deux résonances, si elles existaient encore, viendraient juste à se toucher.

Nous ne sommes, pour l'instant, intéressés qu'aux trajectoires appartenant à la résonance du champ magnétique fixe ; le même raisonnement s'applique à la résonance autour du champ magnétique tournant, bien que, dans ce cas, la fréquence *F* représente la fréquence d'oscillation autour du champ tournant. Pour les trajectoires comprises entre les deux résonances, les tores sont encore des surfaces caractérisées par deux fréquences : la vitesse angulaire moyenne de rotation et l'écart entre celle-ci et la vitesse angulaire du champ magnétique tournant.

Qu'advient-il aux tores du problème intégrable lorsqu'on introduit les couplages non linéaires ? Les coupes de Poincaré nous permettent de découvrir certains éléments de réponse *(voir la figure 4)* : près du point elliptique, là où les couplages non linéaires sont faibles, les tores semblent persister ; près de la séparatrice (qui correspond à l'équilibre instable de la boussole), une couche stochastique indique que les tores n'ont pas résisté aux perturbations non linéaires ; des trajectoires stochastiques sont apparues et de nouvelles résonances se sont développées. Essayons de classer ces diverses évolutions en fonction des deux paramètres que nous avons introduits pour chaque tore : le rapport *Γ* des deux fréquences qui le caractérisent et le paramètre de stochasticité *s*. Considérons, dans ce qui suit, les trajectoires piégées autour du champ magnétique fixe : le rapport *Γ* des fréquences est alors égal à F/f_0 ; ce rapport nous permet de distinguer deux types de tores : ceux pour lesquels le rapport *Γ* des fréquences est un nombre irrationnel et ceux pour lesquels ce rapport *Γ* est rationnel. Comme nous l'avons vu précédemment, la fréquence d'oscillation *F* autour du champ magnétique fixe varie continûment d'une valeur maximale F_0, au cœur de la résonance, jusqu'à zéro au niveau de la séparatrice ; le rapport des fréquences *Γ* évolue de la même façon et la résonance du champ magnétique fixe est un ensemble de « tores rationnels » et de « tores irrationnels » imbriqués.

Comment se modifient les tores dont le rapport des fréquences *Γ* est irrationnel ? Tant que le niveau de perturbation (les couplages non linéaires) est faible, ces tores subsistent et ils sont tout à fait comparables à ceux d'un système intégrable. En revanche, au-delà d'un certain seuil, les « tores irrationnels » sont détruits et les trajectoires du système sont alors stochastiques.

Les tores de KAM et les accrochages

Énoncé par A. Kolmogorov en 1954, ce résultat apparemment simple fut démontré par V. Arnold et J. Moser en 1962 : il constitue le théorème K.A.M. et les tores non détruits ont reçu le nom de tores de KAM. Pour ces tores, les mouvements d'oscillation aux fréquences *F* et f_0 se superposent de façon indépendante ; en outre, une trajectoire sur un tore de KAM finit par recouvrir celui-ci de façon dense (si l'on considère une surface de ce tore, aussi petite soit-elle, la trajectoire finit toujours par la traverser) puisque cette trajectoire est une hélice dont le pas est incommensurable avec 2π et qu'elle ne repasse jamais en un même point.

Lorsque le rapport *Γ* des fréquences est rationnel, cette propriété n'est plus vérifiée : en effet, si le rapport des fréquences *Γ* est, par exemple, égal à *p/q* (où *p* et *q* sont des nombres entiers), après *q* tours complets du champ tournant, l'hélice se referme sur elle-même et le mouvement se répète exactement. La trajectoire est alors une courbe fermée sur le tore qu'elle ne recouvre pas. En fait, dans ce cas, le tore est constitué d'une infinité de ces courbes, chacune d'elles étant associée à un certain déphasage entre le mouvement d'oscillation à la fréquence *F* et celui à la fréquence f_0. Dans ce cas, aussi faible que soit le couplage non linéaire, les deux mouvements d'oscillation y sont sensibles et une seule trajectoire est inchangée : celle pour laquelle les deux oscillations sont en phase. Pour les autres trajectoires, ce désaccord de phase oscille dans le temps avec une troisième fréquence : il s'est produit un accrochage. Les nouvelles trajectoires sont des hélices qui tournent autour de la trajectoire inchangée *(voir la figure 6)*. De la même façon, si cette nouvelle fréquence est incommensurable avec la fréquence f_0, ces hélices s'inscrivent sur des tores de KAM ; si la nouvelle fréquence est commensurable avec la fréquence f_0, un nouvel accrochage se produit, à une échelle encore plus petite dans l'espace des phases. Cet accrochage peut donner lieu à des tores KAM ou à des nouveaux accrochages, etc. C'est effectivement ce qui se produit dans l'espace des phases car les oscillations de phase dans un accrochage ont le même caractère non linéaire que celui du pendule ; la troisième fréquence variera donc continûment du centre de la résonance qui lui est associée jusqu'à ce qui tient lieu de séparatrice. Globalement, on peut comparer l'espace des phases aux *matriochkas*, ces poupées russes qui s'emboîtent les unes dans les autres.

Ce raisonnement s'applique à tous les tores de l'espace des phases. Intéressons-nous alors aux modifications de l'espace des phases qui apparaissent lorsqu'on augmente la valeur du paramètre de stochasticité s, ce que l'on peut réaliser en augmentant l'intensité des champs magnétiques ou en diminuant la vitesse angulaire du champ magnétique tournant (c'est-à-dire celle du plateau). On peut résumer l'évolution de l'espace des phases par deux phénomènes : l'élargissement des zones stochastiques et l'explosion des résonances. En effet, où que l'on se place dans l'espace des phases, on se trouve toujours soit dans une résonance, auquel cas on pourra décrire son évolution par son explosion, soit entre deux résonances, et l'évolution sera alors déterminée par l'élargissement des zones stochastiques qui les bordent.

La stochasticité à grande échelle

Les résonances associées aux champs magnétiques fixes et tournants sont bordées par des zones stochastiques qui ont remplacé les séparatrices ; lorsque l'on augmente le paramètre de stochasticité s, ces zones stochastiques s'épaississent et finissent par fusionner pour donner naissance à la stochasticité à grande échelle. On décrit ce phénomène de façon très simple en considérant le critère de recouvrement des résonances : lorsque le paramètre de stochasticité est égal à un, les séparatrices des résonances, si elles existaient encore, viendraient à se toucher ; pour des valeurs du paramètre de stochasticité supérieures à un, les domaines de piégeage délimités par les séparatrices se recouvriraient et la boussole serait piégée à la fois par le champ magnétique fixe et par le champ magnétique tournant : cela n'est pas possible et la boussole résout le problème en adoptant un mouvement stochastique : elle reste piégée un certain temps autour du champ magnétique fixe, oscillant de façon irrégulière, puis accélère subitement pour rattraper le champ magnétique tournant, oscille tout aussi irrégulièrement autour de lui, revient autour du champ magnétique fixe, etc.

L'apparition de la stochasticité à grande échelle est liée à la destruction des tores de KAM qui se trouvent entre les deux résonances : comme l'espace des phases possède trois dimensions, les tores de KAM le divisent en deux régions distinctes

puisqu'une trajectoire stochastique ne peut franchir la barrière que constituent ces tores (en effet un point de l'espace ne peut appartenir à la fois à une trajectoire régulière et à une trajectoire stochastique). Ainsi, tant qu'il subsiste un tore de KAM, les couches stochastiques des deux résonances sont distinctes et la stochasticité à grande échelle n'apparaît pas. Il semble que ce dernier tore de KAM soit celui pour lequel le rapport des deux fréquences qui le caractérisent soit égal à $(\sqrt{5} - 1)/2$: le nombre d'or !

L'histoire d'une résonance

Comme toutes les résonances évoluent de la même façon, il nous suffit de considérer l'une des deux résonances fondamentales, par exemple celle qui est associée au champ magnétique fixe. Pour étudier son évolution en fonction du paramètre de stochasticité s, il faut remarquer que celui-ci agit simultanément sur les deux paramètres des tores : d'une part le niveau des couplages non linéaires augmente, et, d'autre part, le rapport Γ entre les deux fréquences du tore augmente aussi puisque la fréquence propre d'oscillation F de la boussole croît avec l'amplitude du champ magnétique tournant. Nous avons déjà vu que le rapport Γ des fréquences décroissait du centre de la résonance vers la région stochastique qui remplace les séparatrices, la position d'un accrochage p/q étant déterminée par l'endroit où le rapport Γ est égal à p/q. Lorsque l'on augmente le paramètre de stochasticité s, le chapelet de q îlots correspondant à l'accrochage p/q s'écarte du centre de la résonance vers la région stochastique. Un accrochage prend naissance au centre de la résonance puisque c'est le premier endroit où le rapport Γ des fréquences atteint p/q quand le paramètre de stochasticité s augmente. On assiste ainsi au défilé des accrochages correspondant à des rapports Γ des fréquences de plus en plus grands, du cœur de la résonance jusqu'à la zone stochastique qui l'entoure.

En annonçant l'explosion des résonances, nous avons anticipé leur histoire : tout comme la naissance de la stochasticité à grande échelle est liée à la destruction du dernier tore de KAM pour lequel le rapport Γ de fréquences est le nombre le plus irrationnel qui soit, l'explosion d'une résonance coïncide avec un accrochage fort simple : celui qui est associé au nombre rationnel $1/2$.

On peut montrer que l'importance des accrochages est d'autant plus grande qu'ils sont associés à des nombres rationnels simples : sur la coupe de Poincaré de la figure 8 c, seul le chapelet de résonances associées au rapport 1/5 apparaît, bien que d'autres accrochages (par exemple celui qui est associé au rapport 6/35) existent, donnant lieu à des chapelets de résonances tellement petites qu'elles n'apparaissent pas sur la figure. La figure 7 présente les coupes de Poincaré établies pour des valeurs du paramètre de stochasticité qui font apparaître les accrochages associés aux nombres rationnels 1/4, 1/3 et 1/2. Ces accrochages, à la différence des autres (1/5 par exemple), ne sont plus seulement des accrochages de phase comme nous les avons décrits, et ils s'accompagnent en outre d'une modulation d'amplitude. Si ce phénomène n'est pas visible pour l'accrochage 1/4, il est à l'origine de la forme particulière de l'accrochage 1/3 et, surtout, il rend compte du fait que l'accrochage 1/2 scinde la résonance d'où il est né en deux résonances distinctes, séparées par une région stochastique.

L'évolution de toutes les résonances est la même ; en particulier les deux résonances qui apparaissent avec l'accrochage 1/2 vont subir la même évolution : les accrochages associés aux différents nombres rationnels vont défiler simultanément dans les deux résonances, leur importance croissant jusqu'à ce qu'un nouvel accrochage 1/2 scinde en deux chacune des deux résonances. Nous obtiendrons alors quatre résonances qui évolueront encore de cette façon, etc. Au fur et à mesure que l'on augmente le paramètre de stochasticité s, les dédoublements vont se succéder en « cascades » ; les résonances qui apparaissent vont devenir de plus en plus petites et la quantité dont il faut augmenter le paramètre de stochasticité s pour produire un dédoublement sera également de plus en plus faible ; si l'on note s_n la valeur du paramètre pour laquelle le n-ième dédoublement apparaît, la suite des valeurs s_n tend vers une limite s_∞ où une infinité de dédoublements se sont produits.

Cette cascade de dédoublements, bien que de nature différente de celle qu'on observe lorsque l'on itère la fonction $f(x) = 4 \lambda x (1 - x)$, possède les mêmes propriétés d'universalité introduites par M. Feigenbaum. Ainsi, par exemple, les rapports des distances successives des seuils de dédoublements $(s_n - s_{n-1})/(s_{n+1} - s_n)$ tendent vers une valeur limite δ, identique pour tous les problèmes d'une même classe : tous les systèmes mécaniques à deux degrés de liberté, sans frottements, présenteront des cascades de dédoublements avec la même constante δ, indépendamment de la nature de ces systèmes. Pour cette classe de problèmes, la constante δ est égale à 8,72.

Les mouvements d'une vraie boussole

Que se passe-t-il lorsqu'on impose à la boussole des champs magnétiques tels que la valeur du paramètre de stochasticité s dépasse s_∞ ? La stochasticité à grande échelle envahit l'espace des phases et il ne reste bientôt plus trace des deux résonances fondamentales. Toutefois, quand on augmente encore le paramètre de stochasticité s, de nouvelles résonances, associées à des mouvements réguliers, naissent, se développent et explosent au milieu de la « mer stochastique ». La description que nous venons de faire est donc incomplète, mais elle nous a permis de dégager les principales caractéristiques du problème.

Nous sommes en mesure de nous demander quelle est la validité de cette description dans le cas le plus réaliste où les frottements sont présents. Il est alors, par exemple, difficile d'envisager la commensurabilité du rapport de la fréquence d'oscillation à celle du champ magnétique tournant, puisque ce rapport dépend de l'amplitude de ces oscillations et que les frottements font décroître cette amplitude.

8. LES FROTTEMENTS modifient beaucoup le comportement de la boussole. Lorsqu'elle tourne sans frottements dans un champ magnétique fixe B_o *(a)*, son mouvement peut être de deux types : d'une part, quand l'énergie de la boussole est faible, la trajectoire du système, dans l'espace des phases, est une courbe fermée *(en noir)* : la boussole oscille autour de la direction du champ B_0. Le domaine dans lequel se trouvent les trajectoires fermées s'appelle une résonance *(en couleur)*. D'autre part, quand la boussole possède assez d'énergie, elle effectue des rotations complètes et sa trajectoire, dans l'espace des phases, est une courbe ouverte *(en couleur)*. Lorsque la boussole tourne avec frottements dans un champ magnétique fixe B_0 *(b)*, elle perd son énergie et finit par s'immobiliser, en pointant dans la direction du champ magnétique fixe B_0. Lorsqu'on applique à la boussole le second champ magnétique B_1, les mouvements de la boussole deviennent plus complexes *(c)* et, dans certains cas, chaotiques. Quand la boussole tourne sans frottements, l'espace des phases est à trois dimensions *(voir la figure 4)* et l'on décrit les mouvements de la boussole à l'aide des coupes de Poincaré. Ces coupes comportent deux résonances principales *(en couleur)* qui correspondent aux mouvements pour lesquels la boussole est piégée dans le champ magnétique fixe *(en bas)* ou dans le champ magnétique tournant *(en haut)*. Dans les coupes de Poincaré, les trajectoires sont, soit régulières et les intersections des trajectoires et des plans de coupe se répartissent sur des courbes fermées (les coupes des tores de KAM), soit stochastiques et ces trajectoires apparaissent dans les coupes de Poincaré sous la forme de points répartis de façon aléatoire. En présence de frottements, la boussole placée dans les deux champs magnétiques décrit, dans l'espace des phases, une trajectoire qu'on appelle attracteur étrange *(d)*.

La description du système, en l'absence de frottements, reste utile car nous pouvons observer, au moins partiellement, les différents éléments que nous avons décrits, mais surtout parce que l'essence même du chaos, dans ce système, est

reliée à son caractère non intégrable ; les frottements ne changent pas cet aspect.

Si l'on monte l'axe de la boussole sur des rubis, pour réduire les frottements, on observe facilement les différents accrochages associés aux

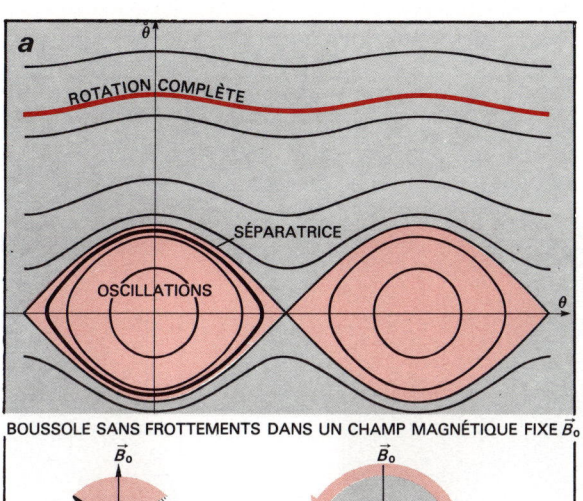

BOUSSOLE SANS FROTTEMENTS DANS UN CHAMP MAGNÉTIQUE FIXE $\vec{B_0}$

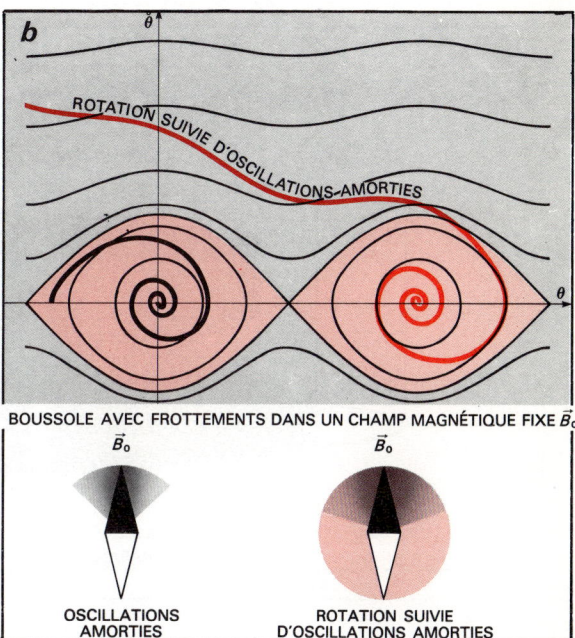

BOUSSOLE AVEC FROTTEMENTS DANS UN CHAMP MAGNÉTIQUE FIXE $\vec{B_0}$

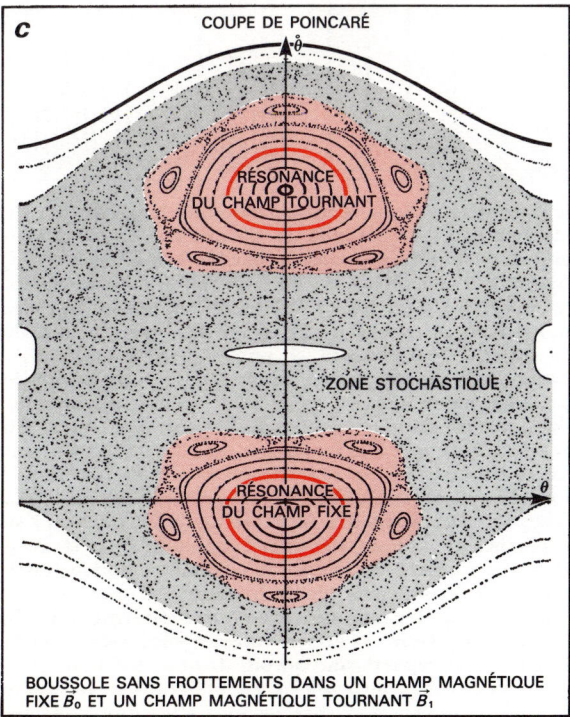

BOUSSOLE SANS FROTTEMENTS DANS UN CHAMP MAGNÉTIQUE FIXE $\vec{B_0}$ ET UN CHAMP MAGNÉTIQUE TOURNANT $\vec{B_1}$

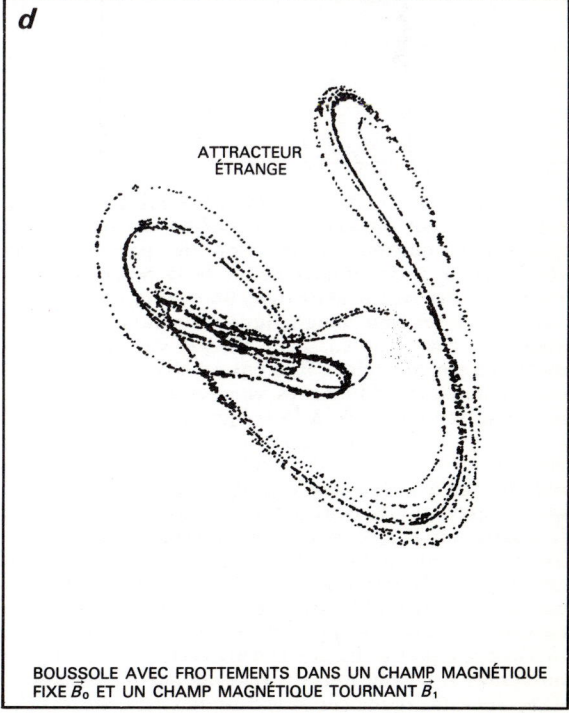

BOUSSOLE AVEC FROTTEMENTS DANS UN CHAMP MAGNÉTIQUE FIXE $\vec{B_0}$ ET UN CHAMP MAGNÉTIQUE TOURNANT $\vec{B_1}$

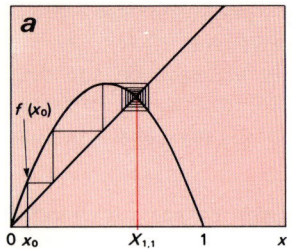

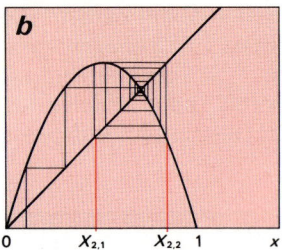

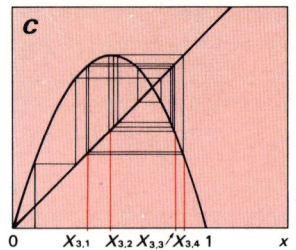

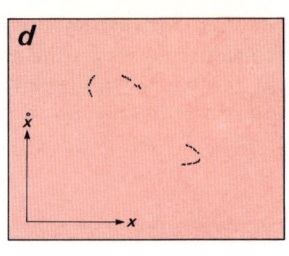

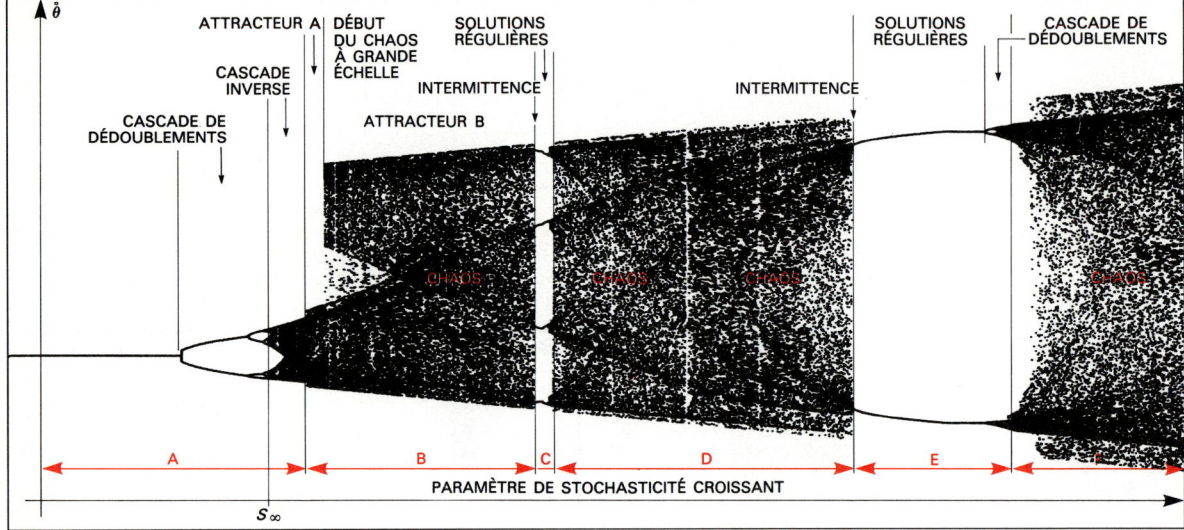

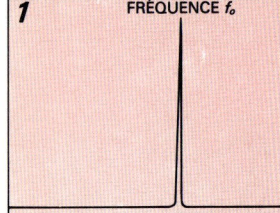

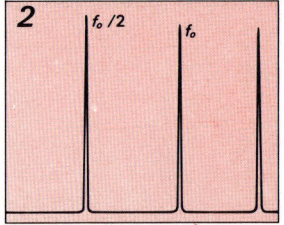

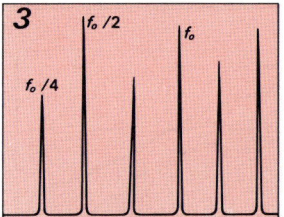

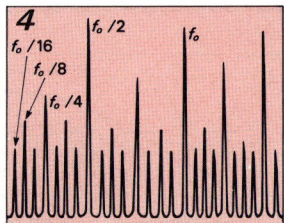

9. NAISSANCE D'UN ATTRACTEUR ÉTRANGE : on représente par un arbre *(au milieu de la page à gauche)* l'évolution, en fonction du paramètre de stochasticité *s*, des mouvements de la boussole tournant avec des frottements dans un champ magnétique fixe et un champ magnétique tournant à vitesse angulaire constante ω_0. Pour chaque valeur du paramètre de stochasticité *s* figurant en abscisse, on porte en ordonnée les différentes vitesses angulaires de la boussole stroboscopée à la fréquence f_0 égale $\omega_0/2\pi$. Lorsqu'on ne trouve qu'un point pour une valeur donnée du paramètre de stochasticité *s*, la boussole n'oscille qu'à la fréquence f_0 et à ses harmoniques ; quand on rencontre deux points, la boussole oscille aux fréquences f_0 et $f_0/2$ et leurs harmoniques. Un ensemble continu de points correspond à un mouvement chaotique de la boussole. La région *A* correspond à une cascade de dédoublements de période suivie d'une cascade inverse *(un agrandissement de cette région de l'arbre figure à droite)*. Durant cette phase, on peut modéliser les évolutions du système par les itérations d'une fonction d'une variable comme $f(x) = 4 \lambda x (1-x)$;

le paramètre λ joue le même rôle que le paramètre de stochasticité *s* : lorsque le paramètre de stochasticité *s* est petit, la boussole oscille à la fréquence f_0 *(spectre 1)* ; les itérations de la fonction *f* lorsque λ est inférieur à 3/4 *(graphe a)* rendent compte du fait que le mouvement n'a qu'une fréquence : les itérations de la fonction conduisent à une valeur unique $X_{1,1}$. Lorsque le paramètre de stochasticité *s* augmente, le premier dédoublement se produit : il se traduit par l'apparition, dans le spectre de Fourier *(spectre 2)*, du sous-harmonique à la fréquence $f_0/2$. Le dédoublement apparaît aussi pour les itérations de la fonction *f* lorsque λ est supérieur à 3/4 et inférieur à 0,86... *(graphe b)* : les valeurs successives de la fonction *f* se répartissent autour des deux valeurs $X_{2,1}$ et $X_{2,2}$. Quand on augmente encore le paramètre de stochasticité *s*, un nouveau dédoublement se produit, la fréquence $f_0/4$ s'introduit dans le mouvement de la boussole *(spectre 3)* et les valeurs successives de la fonction *f* se répartissent autour de quatre valeurs $X_{3,1}$, $X_{3,2}$, $X_{3,3}$ et $X_{3,4}$ *(graphe c)*. Le phénomène se répète à l'infini, mais on n'observe expérimentalement les

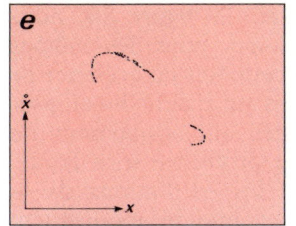

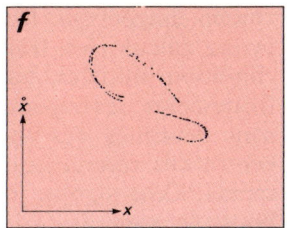

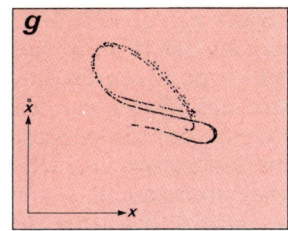

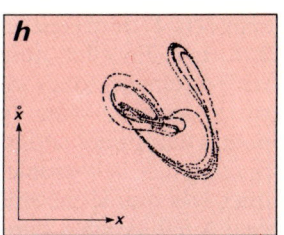

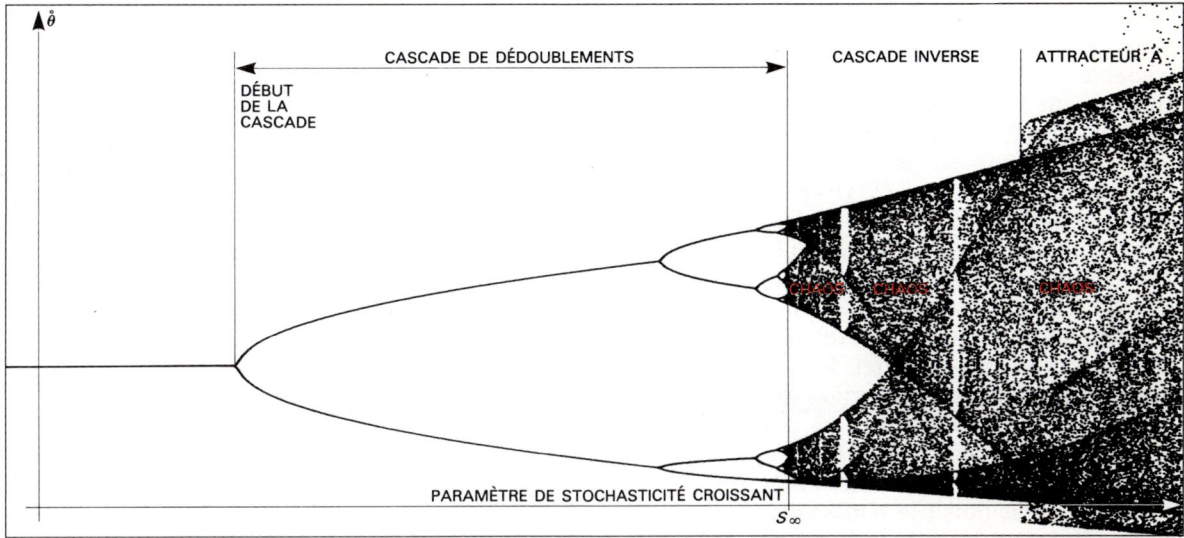

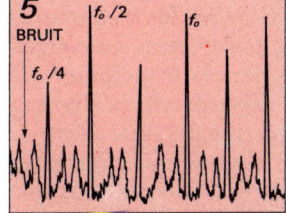

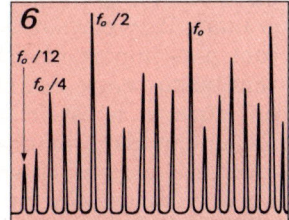

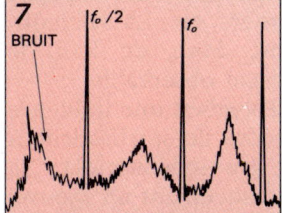

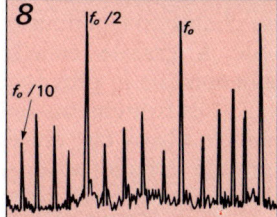

dédoublements que jusqu'à l'apparition du sous-harmonique de fréquence $f_0/16$ *(spectre 4)*. Quand le paramètre de stochasticité s devient supérieur à la valeur s_∞, les mouvements de la boussole sont chaotiques : le « bruit » détruit tout d'abord le sous-harmonique de fréquence $f_0/16$; les points de la coupe de Poincaré se répartissent alors sur une courbe. Pour réaliser cette coupe de Poincaré, on a enregistré la force électromotrice induite par les mouvements de la boussole dans des bobines de détection ; on a strobo-scopé ce signal et sa dérivée à la fréquence f_0 et l'on a porté sur un graphe ces différents couples $(x_i, \dot{x}_i)$. Quand on augmente encore le paramètre de stochasti-cité s, on observe une cascade inverse : les sous-harmoniques disparaissent dans l'ordre inverse de leur apparition. Le spectre 5 montre ainsi la destruction du sous-harmonique de fréquence $f_0/8$ et, lors de cette destruction, on observe les accrochages 1/5 et 1/3 correspondant aux fréquences $f_0/20$ et $f_0/12$. Le phéno-mène se répète pour $f_0/4$ et on voit, sur le spectre 6, comment le chaos tend à détruire ce sous-harmonique avec l'apparition de l'accrochage 1/5 à la fré-

quence $f_0/10$ *(spectre 8)*. À partir de cette valeur du paramètre de stochasticité, le chaos s'amplifie et il ne reste plus confiné à une dimension dans les coupes de Poincaré ; on ne peut alors plus modéliser les mouve-ments de la boussole par les itérations de la fonction f. En revanche, un attracteur étrange se construit pro-gressivement *(graphes e, f, g, h)*. L'attracteur g correspond à des oscillations irrégulières de la bous-sole piégée dans le champ magnétique fixe. Dans la région B de l'arbre, le chaos est à grande échelle et la boussole n'est plus piégée *(graphe h)*. Après la région B apparaît une phase régulière *(région C)*, le passage des régions B à C s'effectuant par une transition de type intermittence *(voir la figure 10)*, tandis que le passage de la région C à la région D, ou celui de la région E à la région F s'effectuent par une cascade de dédouble-ments de fréquence. La région E correspond à une nouvelle phase régulière et la suite de l'arbre est ainsi une alternance de phases régulières et stochastiques. Les résultats ont été obtenus expérimentalement au CEA à Gif-sur-Yvette, par C. Poitou, M. Labouise, B. Ozenda et M. Clément.

rapports Γ de fréquences égaux à 1/5, 1/4, 1/3, 2/5, 1/2. En effet, nous verrons par la suite que les frottements font « tomber » le point représentatif du système dans l'espace des phases sur les points elliptiques situés au centre des résonances. Si l'on place la boussole dans des champs magnétiques tels que le paramètre de stochasticité s soit égal à 0,9, comme dans la coupe de Poincaré de la figure 8 c, suivant la manière dont on lance la boussole, on pourra aboutir aux centres des cinq résonances formant l'accrochage 1/5 (la boussole oscille alors avec la fréquence $f_0/5$) ou au centre de la résonance fondamentale. Avec un peu de doigté, on peut mettre en évidence la structure en poupées russes, obtenir l'accrochage 1/3 dans l'accrochage 1/5. On peut aussi suivre le début de la cascade de dédoublements mais, dans toutes ces expériences, la faible contribution des frottements rend les manipulations délicates, surtout quand on veut observer des accrochages correspondant à de très petites résonances dans l'espace des phases ; en effet, le système est alors très sensible à toute perturbation (un bruit expérimental ou une modification un peu trop rapide du paramètre de stochasticité) et la boussole a vite fait de partir à la dérive dans la mer stochastique qui entoure ces îlots : la boussole s'affole, oscille de manière saccadée autour du champ magnétique fixe, s'arrête, accélère brutalement, accompagne le champ magnétique tournant, etc. La stochasticité à grande échelle est donc, de loin, le phénomène le plus facilement observable.

Les frottements ont cependant une influence sur ce chaos car ces épisodes de stochasticité à grande échelle ne durent pas indéfiniment : la boussole retrouve assez brusquement un mouvement régulier qui correspond à un îlot situé au milieu de la mer stochastique, près duquel le point représentatif est passé avant d'y tomber ; cependant, ces errances stochastiques peuvent durer parfois plusieurs heures, ou même plusieurs jours, lorsque les frottements sont faibles.

Les frottements importants

Les frottements n'empêchent pas le chaos d'apparaître : tout au plus en retardent-ils la venue et rendent-ils l'évolution beaucoup plus progressive. Pour étudier les modifications qu'apportent les frottements, reprenons le cas de la boussole placée dans un seul champ magnétique : le champ magnétique fixe.

Sur la figure 8 a, nous avons représenté, dans l'espace des phases, les trajectoires en l'absence de frottements : on y retrouve la résonance liée au champ magnétique fixe ; sur la figure 8 b, nous avons calculé les trajectoires pour les mêmes conditions initiales, mais cette fois en présence de frottements : les trajectoires qui étaient des ellipses sont devenues des spirales qui aboutissent au centre des résonances du problème sans frottements. Cela signifie que les oscillations de la boussole sont amorties et que le mouvement d'oscillation finit par disparaître. Les frottements ont donc un effet « contractant » dans l'espace des phases puisqu'ils ramènent le point représentatif du système au centre d'une résonance, quel que soit le point de départ, pourvu qu'il soit situé dans une certaine zone d'attraction.

Quand la boussole est placée dans les deux champs magnétiques, en l'absence de frottements, l'espace des phases est constitué de nombreuses résonances entourées de régions stochastiques ; quand les frottements sont faibles, les centres des résonances « attirent » également le point représentatif du système. Cependant, les résonances les plus petites ne sont que faiblement attractives, et rapidement, cette attraction est surpassée par celles des résonances plus grandes qui les entourent ; les résonances les plus petites ne sont alors plus visibles : lorsqu'on augmente les frottements, en plaçant par exemple un liquide visqueux entre l'axe de la boussole et son support, on n'observe plus que les résonances les plus grandes. Dans certains cas (lorsque les frottements sont plus importants), les trajectoires ne s'achèvent qu'au centre des résonances principales : si on lance la boussole au hasard, elle s'alignera finalement dans le champ magnétique fixe ou tournera avec le champ magnétique tournant. Ainsi, d'une certaine manière, il n'existe plus que deux types de conditions initiales.

Si nous observons le centre de la résonance associée au champ magnétique fixe en augmentant encore le paramètre de stochasticité s, le même phénomène que celui de l'explosion d'une résonance apparaît : une cascade de dédoublements de période se produit et la boussole, qui jusqu'alors oscillait autour du champ magnétique fixe à la fréquence f_0, oscille dans un premier temps avec la fréquence sous-harmonique $f_0/2$, tout en conservant un mouvement à la fréquence f_0. Un deuxième dédoublement fait apparaître la fréquence sous-harmonique $f_0/4$ (voir la figure 9). Les frottements facilitent les expériences et l'on peut observer jusqu'à quatre dédoublements successifs ; cependant, l'analogie avec les systèmes sans frottements est abusive car, si elle permet de décrire simplement les phénomènes, la cascade de dédoublements que nous venons de décrire est différente de celle qui a été observée en l'absence de frottements ; en particulier la constante δ, limite du rapport $(s_n - s_{n-1})/(s_{n+1} - s_n)$, est égale à 4,66... au lieu de 8,72...

En outre, un phénomène nouveau se produit : pour les valeurs supérieures à s_∞, on observe ce que l'on appelle une cascade inverse ; à la différence du cas sans frottements, le chaos n'apparaît que progressivement après s_∞ ; tout comme les différents sous-harmoniques sont apparus de manière hiérarchisée, ils vont se détruire en suivant la hiérarchie inverse au fur et à mesure que l'on augmente le paramètre de stochasticité s, laissant place au chaos. Nous pouvons suivre cette cascade inverse sur les coupes de Poincaré de la figure 9. Pour des valeurs du paramètre de stochasticité très peu inférieures à s_∞, ces coupes comportent 16 points répartis en huit paires qui se regroupent en quatre groupes de points que l'on peut encore répartir en deux *(graphe 4)*.

Ces subdivisions rendent compte du fait que les sous-harmoniques apparaissent avec des amplitudes de plus en plus petites, l'amplitude du sous-harmonique de fréquence $f_0/16$ correspondant à la séparation des points des doublets. La première phase de la cascade inverse est la destruction du sous-harmonique de fréquence $f_0/16$: dans la coupe de Poincaré, les huit doublets deviennent huit petites courbes sur lesquelles les points s'inscrivent de façon aléatoire. Cependant, ce chaos est très faible ; les huit petites courbes sont encore bien distinctes et le spectre contient encore des raies fines correspondant aux combinaisons des fréquences $f_0/8$, $f_0/4$, $f_0/2$ et f_0. Si l'on augmente encore le paramètre de stochasticité s, le même scénario se reproduit pour le sous-harmonique $f_0/8$, mais le chaos prend alors un peu plus d'ampleur. Nous pouvons observer plus facilement le phénomène sur les autres spectres de la figure 9 : sur la coupe de Poincaré du graphe 5, les huit courbes chaotiques ont fusionné deux à deux, laissant place à

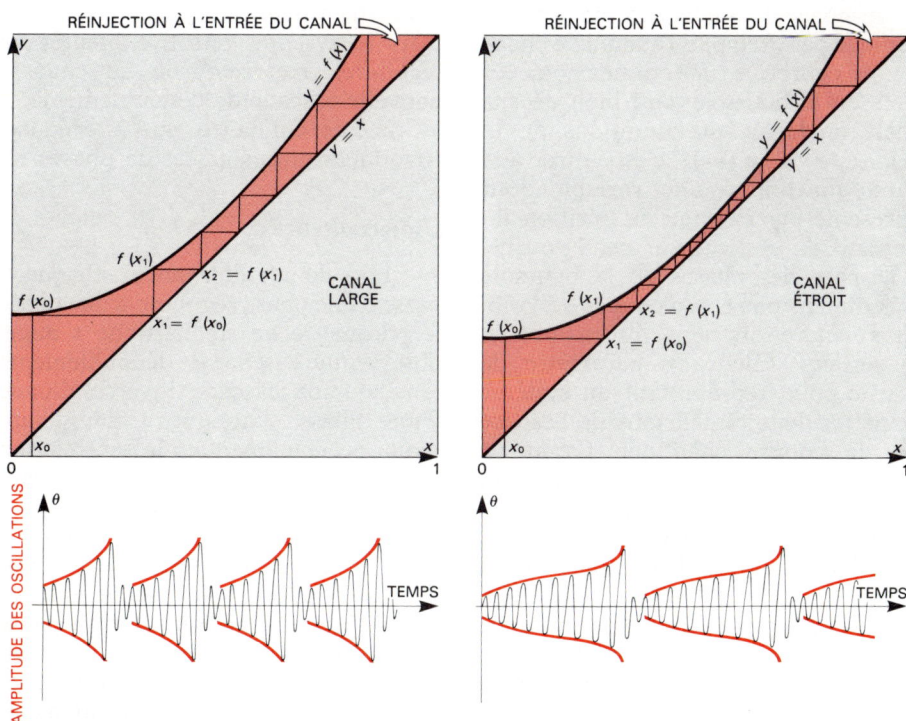

10. L'INTERMITTENCE est caractérisée par un comportement étrange de la boussole : celle-ci oscille « régulièrement » autour du champ magnétique fixe puis, soudain, l'amplitude des oscillations augmente et la boussole fait quelques mouvements chaotiques avant de reprendre son mouvement régulier ; le cycle se répète indéfiniment avec des périodes de mouvements quasi réguliers dont la durée augmente progressivement avec le paramètre de stochasticité. On peut modéliser ce type de comportement par les itérations d'une fonction en U sur l'intervalle $[0,1]$. Les valeurs successives de la fonction peuvent alors, par exemple, correspondre à l'amplitude de chaque oscillation de la boussole ; sur ces courbes, on voit que la durée de la phase quasi régulière (qui est associée à la « traversée » du canal) augmente quand la largeur du canal entre la courbe en U et la première bissectrice d'équation $y = x$ diminue.

quatre courbes plus importantes. Ce type de comportement est exactement similaire à ce qui se produit pour les itérations de la fonction $f(x) = 4 \lambda x(1-x)$ et l'on observe même ce que l'on nomme des fenêtres de relaminarisation : au milieu de cette apparition du bruit qui remplace progressivement le sous-harmonique de fréquence $f_0/8$, se produisent des accrochages associés aux rapports Γ des fréquences égaux à $1/5$ puis $1/3$, pour lesquels le système redevient parfaitement régulier. Le spectre contient alors respectivement les fréquences $f_0/20$, $f_0/12$ et leurs multiples (*spectres 6 et 8 de la figure 9*).

Les attracteurs étranges

Ces fenêtres de relaminarisation sont très sensibles aux variations du paramètre de stochasticité, ce qui met bien en évidence le caractère déterministe du chaos observé. Nous devons aussi remarquer, sur les coupes de Poincaré, que le chaos se développe le long d'une courbe et ne s'étale pas en un nuage de points comme le ferait un bruit thermique par exemple. Tant que le chaos s'étend sur une courbe à une dimension, les comportements de la boussole sont bien décrits par un modèle analogue aux itérations de la fonction $f(x) = 4 \lambda x(1-x)$, c'est-à-dire aux itérations d'une fonction à une variable dont la valeur représente par exemple la position du point représentatif du système sur cette courbe. Néanmoins, l'espace des phases de la boussole comporte trois dimensions et ses coupes de Poincaré peuvent s'étendre sur deux dimensions. À partir d'une certaine valeur du paramètre de stochasticité s, le point représentatif du système se répartit dans les deux dimensions de l'espace des phases : la courbe chaotique prend de l'épaisseur et un « attracteur étrange » apparaît. Dès lors, on ne peut plus représenter ce chaos avec les itérations d'une fonction d'une variable. La transition entre les deux types de comportements est douce et, dans le cas de la boussole, elle a lieu quand le chaos prend la place du sous-harmonique de fréquence $f_0/4$. On observe ainsi la fenêtre correspondant à l'accrochage associé au rapport de fréquence égal à $1/5$, soit le sous-harmonique $f_0/10$, ce qui indique que l'on peut encore décrire le système par un modèle d'itérations d'une fonction d'une variable. En revanche, on n'observe pas la fenêtre $1/3$, située théoriquement un peu après et correspondant au sous-harmonique de fréquence $f_0/6$. Cette fenêtre devrait être plus grande que toutes celles que nous avons déjà observées et donc facile à voir ; quand les frotte-

ments sont importants, on peut effectivement l'observer, mais on n'observe pas les fenêtres suivantes, théoriquement encore plus grandes. Lorsque l'on augmente encore le paramètre de stochasticité s, les sous-harmoniques sont encore détruits progressivement, mais les coupes de Poincaré font apparaître des « feuillets » dans la courbe chaotique : un attracteur étrange, véritable signature du chaos, est apparu. Il correspond, dans un premier temps, à des oscillations irrégulières de la boussole autour du champ magnétique fixe et sa structure détaillée, constituée de multiples feuillets imbriqués, est encore très analogue à celle des poupées russes, caractéristique des résonances pour le cas sans frottements.

Lorsqu'on continue d'augmenter le paramètre de stochasticité, la boussole finit par accompagner le champ magnétique tournant durant quelques tours dans ses mouvements chaotiques, et l'attraction étrange prend alors plus d'expansion dans l'espace des phases (*voir la figure 8 d*). Cet attracteur étrange subsiste pour un intervalle assez grand de valeurs du paramètre de stochasticité, mais le système retrouve bientôt une solution régulière, puis retourne au chaos, après une nouvelle cascade de dédoublements. Par la suite, le système connaîtra une alternance de phases chaotiques entrecoupées de phases régulières.

L'intermittence

Lors de ces alternances, chaque fois que l'on passe d'une phase régulière à une phase chaotique, le paramètre de stochasticité s augmentant, on observe une cascade de dédoublements de période ainsi qu'une cascade inverse. Quand on passe d'une phase chaotique à une phase régulière, toujours en augmentant le paramètre de stochasticité s, la transition s'effectue suivant un mécanisme tout aussi remarquable : l'intermittence. Ainsi, juste avant de revenir à un mouvement régulier, la phase chaotique est assez facile à décrire : la boussole oscille autour du champ magnétique fixe et l'on pourrait penser que cette oscillation est régulière. En fait, l'amplitude de l'oscillation évolue lentement avec le temps, elle augmente d'abord très doucement, à partir d'un certain niveau s'amplifie plus franchement et l'oscillation devient brusquement chaotique (la boussole peut faire quelques tours avec le champ magnétique tournant, tout en oscillant de façon saccadée, se remettre à osciller régulièrement, voir son amplitude évoluer lentement, etc.).

Les mouvements de la boussole sont donc une succession de phases d'oscillations presque régulières, entrecoupées de bouffées chaotiques, chacune des phases étant de durée variable. Cependant, la durée moyenne des phases régulières varie en fonction du paramètre de stochasticité et devient de plus en plus longue au fur et à mesure que le paramètre de stochasticité tend vers une valeur s_r à partir de laquelle l'oscillation de la boussole est parfaitement régulière. Ce phénomène a également un caractère universel : comme dans les phénomènes de transition de phase, la durée moyenne τ des phases chaotiques varie selon la loi $\tau = \alpha \, (s_n - s)^{-0,5}$. Comme dans le cas des dédoublements de période, Y. Pomeau et P. Manneville, à Gif-sur-Yvette, ont décrit ce phénomène à l'aide des itérations d'une fonction d'une variable : cette fonction est en forme de U sur un intervalle (par exemple [0,1]), et lorsqu'on l'itère, le canal qu'elle forme avec la bissectrice (d'équation $y = x$) joue un rôle particulier : le point qui représente la position de la n-ième valeur de la fonction rebondit, de la courbe à la bissectrice (*voir la figure 10*). Lorsque le canal est étroit, il faut un grand nombre d'itérations pour traverser le canal et, lors de cette phase, la valeur x_n de la n-ième valeur de la fonction évolue très lentement : cela correspond à la phase régulière de l'intermittence. Modifier le paramètre de stochasticité s revient à ajuster la hauteur de la courbe en U par rapport à la bissectrice : le canal se rétrécit lorsque le paramètre de stochasticité s tend vers s_r (pour cette valeur, la courbe est tangente à la bissectrice, et les valeurs successives de la fonction tendent vers une limite : le point de contact entre la courbe et la bissectrice. Le mouvement de la boussole est alors régulier). Lorsque le paramètre de stochasticité s est supérieur à s_r, la courbe en U coupe la bissectrice en deux points : l'un d'entre eux correspond aux oscillations stables de la phase régulière (l'autre est instable).

Si nous avons choisi de développer les différents concepts de la mécanique classique non linéaire pour rendre compte des évolutions d'un système dissipatif, qui n'appartient donc pas à cette classe de problèmes, c'est qu'il ne fait aucun doute que les développements de la mécanique classique ont joué un rôle déterminant dans la compréhension de la stochasticité, dans les systèmes déterministes. En effet, les progrès en mécanique classique sont apparus de façon assez régulière ; les grandes lignes se dégagent aujourd'hui pour former un tout assez cohérent. L'ordinateur a joué un rôle fondamental dans l'élaboration des nouveaux concepts, en permettant l'exploration des systèmes. Cependant, si l'ordinateur permet de simuler parfaitement un dispositif mécanique, d'autres moyens mathématiques plus puissants sont nécessaires : la renormalisation, une méthode introduite par Kenneth Wilson *(voir le chapitre suivant)*, pour l'étude des transitions de phase, permet d'obtenir des résultats quantitatifs précieux. La situation est moins avancée dans le domaine des problèmes dissipatifs ; si trois grands scénarios pour l'apparition du chaos se dégagent (les cascades de dédoublements de périodes introduites par M. Feigenbaum, P. Coullet et C. Tresser, le mécanisme de Ruelle-Takens, l'intermittence décrite par Y. Pomeau et P. Manneville), l'unité entre ces différents mécanismes n'a pas encore été faite ; d'autre part, on découvrira certainement d'autres scénarios : l'étude des systèmes dissipatifs est un sujet beaucoup plus neuf que la mécanique.

Il est néanmoins réconfortant de constater que l'on peut illustrer par des expériences très simples les nouveaux concepts apparus dans ces différents domaines : le fait que le pendule simple ou ses variantes soient encore à la mode souligne leur caractère fondamental.

Les phénomènes de physique et les échelles de longueur

Des systèmes physiques aussi différents que des aimants et des fluides ont un point commun : les variations de leur structure s'étagent sur une large gamme de longueurs. On a inventé une nouvelle méthode pour étudier ces systèmes : le groupe de renormalisation.

Kenneth Wilson

L'une des propriétés les plus frappantes de la nature est la grande diversité des ordres de grandeur des longueurs qui interviennent. Ainsi, il existe d'une part des courants océaniques sur des milliers de kilomètres et des marées qui sont des phénomènes à l'échelle du globe, et, d'autre part, des vagues dont la portée va d'une fraction de centimètre à quelques mètres ; si on regarde plus en détail, l'eau de mer est une agglomération de molécules ayant une longueur caractéristique de l'ordre de 10^{-8} centimètre. Ainsi, les phénomènes marins s'étagent sur 17 ordres de grandeur.

En général, deux phénomènes dont les grandeurs caractéristiques sont très différentes ont peu d'influence l'un sur l'autre : on peut ainsi les étudier séparément. Par exemple, l'interaction de deux molécules d'eau voisines est la même, qu'elles soient dans un océan ou dans un verre à eau. On peut aussi décrire de façon très précise une vague sur un océan comme une perturbation dans un milieu continu, sans avoir (et c'est heureux) à tenir compte de la structure moléculaire de l'eau. Le succès de la plupart des théories physiques vient de ce qu'elles ont su limiter les études à une certaine échelle de longueur et ignorer le reste. S'il fallait tenir compte, dans les équations de l'hydrodynamique, du mouvement de chaque molécule d'eau, la science du XXᵉ siècle serait incapable d'élaborer une théorie des vagues.

Il existe cependant des phénomènes pour

lesquels des événements à des échelles très différentes produisent des effets également importants. Prenons, par exemple, le comportement de l'eau lorsqu'on la chauffe sous une pression de 217 atmosphères pour essayer de la faire bouillir. À cette pression, l'eau ne bout que lorsque sa température atteint 647 kelvins. Cette pression et cette température définissent ce qu'on appelle le point critique de l'eau, point à partir duquel il n'y a plus de distinction entre liquide et gaz. Au-dessus de cette pression, il n'y a plus qu'une seule phase

1. DIVERSES ÉCHELLES DE LONGUEUR apparaissent quand on refroidit un corps ferromagnétique solide à la température où il acquiert une aimantation spontanée. Chaque carré représente le moment magnétique d'un atome constituant le solide, et on suppose que chaque moment ne peut être orienté que vers le haut *(carrés noirs)* ou vers le bas *(carrés blancs)*. À haute température *(en haut)*, l'orientation des moments magnétiques se fait essentiellement au hasard et le seul ordre qui puisse apparaître dans la distribution est à faible portée. Au fur et à mesure que l'on abaisse la température *(au milieu)*, on voit se développer des régions plus grandes dans lesquelles la plupart des moments magnétiques ont la même direction. Lorsque la température atteint une valeur critique, appelée température de Curie et notée T_C, la taille de ces régions devient infinie *(en bas)*, mais il n'en persiste pas moins des fluctuations à petite échelle. On doit donc, dans une théorie du ferromagnétisme, tenir compte de toutes les échelles de longueur. Cette simulation d'un corps ferromagnétique a été effectuée sur un ordinateur par Stephen Shenker et Jan Tobochnik de l'Université Cornell.

$T = 2T_c$

$T = 1.05T_c$

$T = T_c$

fluide et on ne peut plus faire bouillir l'eau, quelle que soit la température à laquelle on la porte. Près du point critique, il existe des variations de densité sur toutes les échelles de longueur. Ces variations, ou fluctuations, se manifestent sous la forme de gouttes de liquide intimement mélangées à des bulles de gaz ; la taille de ces gouttes et celle des bulles varient de la taille d'une molécule à celle du récipient. Plus précisément, au point critique, la longueur caractéristique des fluctuations les plus grandes devient infinie, mais les fluctuations plus petites n'en disparaissent pas pour autant. Toute théorie visant à décrire le comportement de l'eau au voisinage du point critique doit nécessairement tenir compte de toutes les échelles de longueur.

L'intervention de plusieurs longueurs caractéristiques complique nombre des problèmes fondamentaux, en physique théorique comme ailleurs. On n'a trouvé de solution exacte que pour un petit nombre de ces problèmes ; pour quelques autres, même la meilleure approximation connue est loin d'être satisfaisante. Durant ces dix dernières années, on a introduit une nouvelle méthode pour étudier ce genre de problème : celle du groupe de renormalisation. Elle n'a pas rendu les problèmes plus faciles, mais elle permettra peut-être de progresser dans la résolution de ceux qui ont résisté aux autres méthodes.

Le groupe de renormalisation n'est pas une théorie descriptive de la nature mais une méthode générale pour construire des théories. On peut l'appliquer aussi bien à un fluide au voisinage du point critique, à un corps ferromagnétique porté à une température où apparaît l'aimantation spontanée, à un mélange de deux liquides portés à une température où ils deviennent entièrement miscibles, qu'à un alliage à la température pour laquelle les atomes des différents constituants s'arrangent selon une configuration ordonnée. D'autres problèmes qu'on peut également aborder par cette méthode portent sur les écoulements turbulents, l'établissement de la supraconductivité et de la superfluidité, la structuration d'un polymère, et les forces reliant entre elles des particules élémentaires, les quarks. Une hypothèse tout à fait remarquable et qui semble bien être vérifiée par les travaux sur le groupe de renormalisation, est que certains de ces phénomènes, à première vue très différents, sont identiques lorsqu'on les étudie de plus près. On peut ainsi décrire, à l'aide d'une seule théorie, le comportement, au voisinage de points critiques, des fluides, des substances ferromagnétiques, des mélanges de liquides et des alliages.

Pour expliquer comment opère le groupe de renormalisation, il est avantageux de commencer par l'étude d'un corps ferromagnétique, c'est-à-dire d'un aimant permanent. Ces substances ferromagnétiques ont un point critique appelé point de Curie (c'est la température correspondant à la température de Curie) en hommage à Pierre Curie qui étudia, au début du siècle, les propriétés thermodynamiques des substances ferromagnétiques. La température de Curie du fer est de 1044 kelvins. À une température supérieure, le fer ne possède pas d'aimantation permanente. Quand on refroidit le fer, son aimantation reste nulle jusqu'à ce qu'on atteigne la température de Curie : le corps acquiert alors spontanément et brutalement une aimantation permanente. Si on continue à refroidir le corps, cette aimantation croît lentement.

Plusieurs propriétés des substances ferromagnétiques ont un comportement singulier au voisinage du point de Curie. Une autre propriété intéressante est la susceptibilité magnétique, c'est-à-dire la variation d'aimantation lorsqu'on applique un petit champ magnétique externe. Bien au-dessus de la température de Curie, la susceptibilité est faible car le fer ne peut retenir d'aimantation ; il en est de même lorsqu'on est bien au-dessous de la température de Curie, car le matériau est déjà aimanté : l'application d'un petit champ magnétique externe ne change pas beaucoup l'état du système. En revanche, à des températures voisines de 1044 kelvins, la susceptibilité magnétique présente un pic étroit, et a une valeur infinie exactement au point de Curie.

Le ferromagnétisme est essentiellement un phénomène quantique résultant du spin de l'électron. Puisque chaque électron tourne sur lui-même, il a un petit moment magnétique ; en d'autres termes, il se comporte comme un petit aimant avec un pôle Nord et un pôle Sud. Nous n'aborderons pas ici le problème de savoir comment le spin de l'électron donne naissance à un moment magnétique. Il nous suffira de savoir que l'on peut représenter aussi bien le spin que le moment magnétique de l'électron par un vecteur (ou une flèche) qui définit la direction du moment magnétique de l'électron.

Un matériau ferromagnétique réel a une structure atomique complexe, mais on peut représenter les propriétés essentielles du système de spins qu'il forme par un modèle assez simple. En fait, nous allons décrire, non pas un modèle comportant des atomes ou autres particules matérielles, mais un modèle constitué seulement d'un système de vecteurs de spins disposés aux nœuds d'un réseau. Pour simplifier, nous prendrons un réseau à deux dimensions formé de deux familles de droites parallèles et équidistantes, ces deux familles étant perpendiculaires ; à chaque point d'intersection se trouve un vecteur de spin. Nous supposerons de plus que chaque spin ne peut s'orienter que dans deux directions opposées que nous appellerons « haut » et « bas ». Ce modèle est dit aimanté quand plus de la moitié des spins pointent dans le même sens. On peut définir l'aimantation par le nombre de spins dirigés vers le haut moins le nombre de spins dirigés vers le bas.

Tous les électrons ont le même spin et le même moment magnétique. Ce qui distingue les substances ferromagnétiques des autres substances c'est un couplage entre spins voisins qui fait qu'ils ont tendance à s'aligner dans la même direction. On peut chiffrer plus précisément cette tendance en remarquant que l'énergie totale de deux spins voisins est plus faible lorsque les spins sont parallèles que lorsqu'ils sont antiparallèles. L'interaction responsable de ce couplage des spins est à faible portée et on tient compte de ce fait dans le modèle en supposant qu'un spin n'est

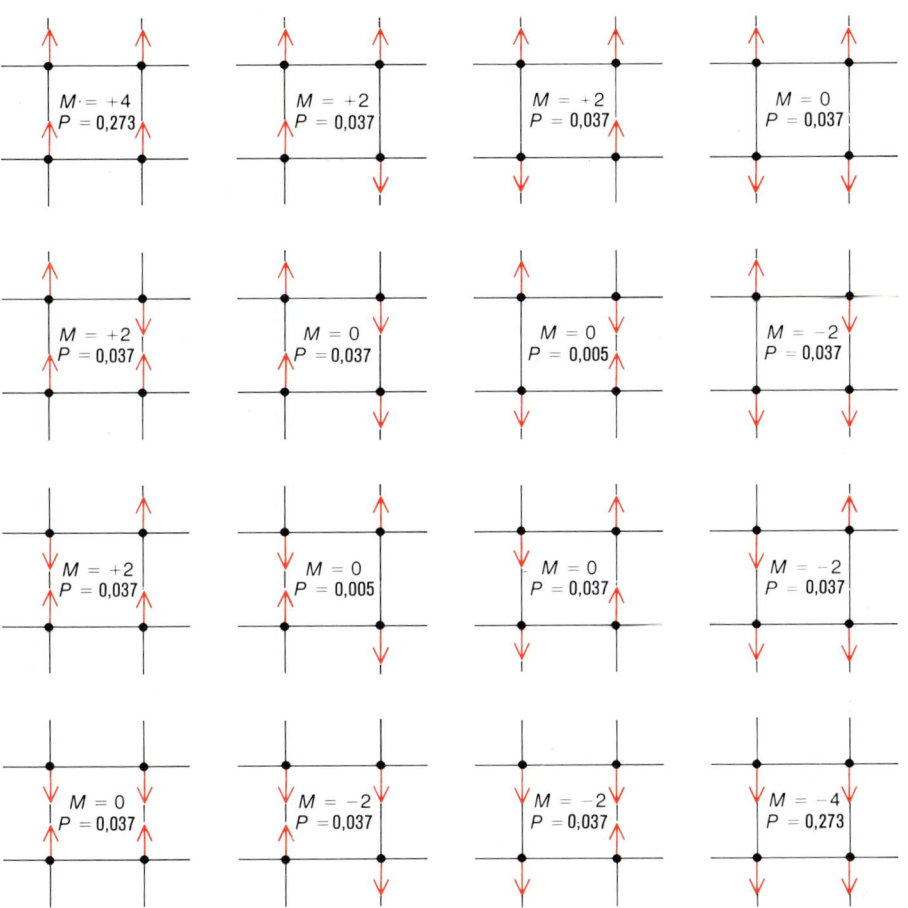

2. UN MODÈLE D'UN CORPS FERROMAGNÉTIQUE est constitué par une famille de vecteurs (ou de flèches), chacun étant situé à un nœud d'un réseau. Chaque vecteur représente à la fois le moment cinétique de spin et le moment magnétique d'un seul électron ; il peut être orienté vers le haut ou vers le bas. Il existe un couplage entre sites plus proches voisins si bien que deux spins adjacents ont plutôt tendance à être parallèles qu'à être antiparallèles. À partir de la force de couplage (qui décroît quand la température croît), on peut attribuer à chaque configuration des vecteurs de spins une probabilité *P*. Nous avons donné ici toutes les configurations possibles d'un réseau formé de quatre nœuds seulement. On peut facilement calculer l'aimantation *M* de chaque configuration : c'est le nombre de spins dirigés vers le haut moins le nombre de spins dirigés vers le bas. On obtient l'aimantation du modèle en multipliant l'aimantation de chaque configuration par sa probabilité et en faisant la somme. Ici on a calculé les probabilités pour une force de couplage de 0,5, ce qui correspond à une température égale à 2 (exprimée dans des unités convenables). Ce modèle s'appelle le modèle d'Ising à deux dimensions.

couplé qu'avec ses plus proches voisins. Dans le réseau plan que nous considérons, un spin n'est influencé que par ses quatre plus proches voisins ; les autres spins sont sans action sur lui.

En tenant compte de la nature de l'interaction entre spins dans un corps ferromagnétique, on pourrait supposer que tous les spins sont toujours parallèles et que le corps a toujours son aimantation maximale. Cela correspond, en effet, à l'état de plus basse énergie ; en l'absence de toute influence perturbatrice ce serait l'état le plus favorable. Pour les aimants réels, il existe une perturbation que l'on ne peut absolument pas négliger : l'agitation thermique des atomes et des électrons. À toute température différente de celle du zéro absolu, les ondes d'excitations thermiques renversent, au hasard, quelques spins ; il s'ensuit que les spins changent de sens bien que cela confère à l'aimant un état d'énergie plus grande. Il n'est donc pas surprenant que l'aimantation décroisse lorsque la température croît : cela découle de l'augmentation de l'agitation thermique. Il reste toutefois surprenant que l'aimantation ne soit pas une fonction continue de la température, mais qu'elle disparaisse brutalement à une température finie : la température de Curie !

On peut facilement tenir compte de ce conflit entre la tendance des spins à s'orienter parallèlement et la tendance au désordre due à la température, dans notre modèle d'une susbtance ferromagnétique. La force du couplage entre spins voisins est mesurée par un nombre K qui fait partie des données du modèle. On tient simplement compte des effets thermiques en choisissant K inversement proportionnel à la température. En sélectionnant convenablement les unités de mesure, on peut faire que la force du couplage soit égale à l'inverse de la température, $K = 1/T$.

La force du couplage détermine la probabilité pour que deux spins adjacents soient parallèles. Lorsque la température absolue est nulle, il n'y a aucune agitation thermique et deux spins voisins sont certainement parallèles ; la probabilité est égale à 1 et la force du couplage est infinie. À une température infinie, la force du couplage est nulle, c'est-à-dire que les spins n'interagissent pas du tout. Chaque spin est donc libre de choisir sa direction au hasard, indépendamment de ses voisins. La probabilité pour que deux spins soient parallèles est 1/2 et c'est aussi la probabilité pour qu'ils soient antiparallèles. Le domaine intéressant est bien sûr celui qui se trouve entre ces températures extrêmes ; dans cette région, la probabilité pour que deux spins voisins soient parallèles a une valeur comprise entre 1/2 et 1.

Supposons que l'on ait un grand réseau plan formé de spins et que l'on maintienne l'un d'entre eux pointé vers le haut par un moyen artificiel. Quel effet cela va-t-il produire sur les autres spins ? Il est facile d'imaginer l'effet produit sur les quatre plus proches voisins : puisqu'ils sont directement couplés avec le spin maintenu fixe, la probabilité qu'ils auront d'être orientés vers le haut sera plus grande que la moyenne. La modification que subit la probabilité dépend de la valeur de K qui est déterminée par la température.

Bien qu'ils n'interagissent pas directement avec le spin maintenu fixe, les spins plus éloignés subissent quand même une interaction indirecte : puisque les spins les plus proches ont tendance à se diriger plus souvent vers le haut que vers le bas, ils tendent également à orienter leurs plus proches voisins. La perturbation peut ainsi se propager sur une grande partie du réseau. On peut mesurer la portée de l'influence d'un seul spin maintenu fixe en observant l'orientation d'un grand nombre de spins situés à la même distance du spin fixé. On dira que les spins sont corrélés si, en inversant l'orientation du spin fixé, du haut vers le bas, on observe une augmentation du nombre de spins dirigés vers le bas. La plus grande distance à laquelle on peut observer une telle corrélation s'appelle la longueur de corrélation. Des régions séparées par une distance supérieure à la longueur de corrélation sont indépendantes.

Dans un réseau à très haute température, la longueur de corrélation est très faible. La distribution des spins est faite à peu près au hasard, si bien que le nombre moyen de spins dirigés vers le haut est égal à celui des spins dirigés vers le bas ; autrement dit, l'aimantation est nulle. Au fur et à mesure que la température décroît (donc que la force de couplage croît), il apparaît des corrélations à grande distance. Elles se manifestent sous la forme de fluctuations de spins ou de « paquets » de spins (de petites dimensions) dont la plupart sont orientées dans la même direction. À grande échelle, l'aimantation est encore nulle mais la structure du réseau diffère notablement de la structure à température très élevée.

Au fur et à mesure qu'on se rapproche du point de Curie, la longueur de corrélation croît rapidement. Les interactions fondamentales qui régissent le modèle n'ont pas changé, elles n'affectent toujours que des voisins immédiats, mais l'amplitude de ces forces à courte portée ont engendré un ordre à grande échelle. Ce qui est le plus significatif dans l'augmentation de la longueur de corrélation, c'est que les petites variations ne disparaissent pas lorsque les variations de grande taille se développent ; elles deviennent simplement une structure plus fine qui se superpose à la structure à plus grande échelle. Les plus grandes régions de variations ne sont pas des alignements uniformes de spins, elles renferment beaucoup de variations plus petites et on ne peut les distinguer que parce qu'elles ont un excès de spins dans une direction. Ainsi, un océan de spins, dont la plupart sont dirigés vers le haut, peut renfermer des îles de spins où la plupart des spins sont dirigés vers le bas ; ces îles peuvent à leur tour renfermer un lac dont les spins sont dirigés vers le haut, lequel peut lui-même comporter un îlot où les spins sont dirigés vers le bas... On peut continuer pour arriver à l'échelle la plus petite possible : un spin unique.

Lorsque la température est égale à la température de Curie, la longueur de corrélation devient infinie. Deux spins quelconques sont corrélés quelle que soit la distance qui les sépare. Néanmoins, toutes les variations à plus petite échelle subsistent. Le système est toujours sans aimanta-tion, mais il est extrêmement sensible aux petites perturbations. Quand on maintient, par exemple, un spin dans une direction fixée, on crée une perturbation qui s'étend à tout le réseau et donne une aimantation à tout le système.

Juste au-dessous du point de Curie, le système a une aimantation même en l'absence de perturbation extérieure, mais l'aspect du réseau ne subit pas de changement. Les fluctuations à petite échelle subsistent ; il y a des restes des lacs et des îlots de spins opposés. On ne peut dire qu'il y a ou non aimantation en regardant seulement le réseau. C'est seulement quand on refroidit encore plus le système que la dissymétrie devient évidente : l'accroisssement de la force de couplage augmente le nombre de spins qui se conforment à la majorité. Au zéro absolu, on atteint l'uniformité totale.

Pour un fluide, les variations de densité près du point critique sont analogues aux variations de la direction des spins que l'on rencontre dans une substance ferromagnétique. Dans les fluides, on

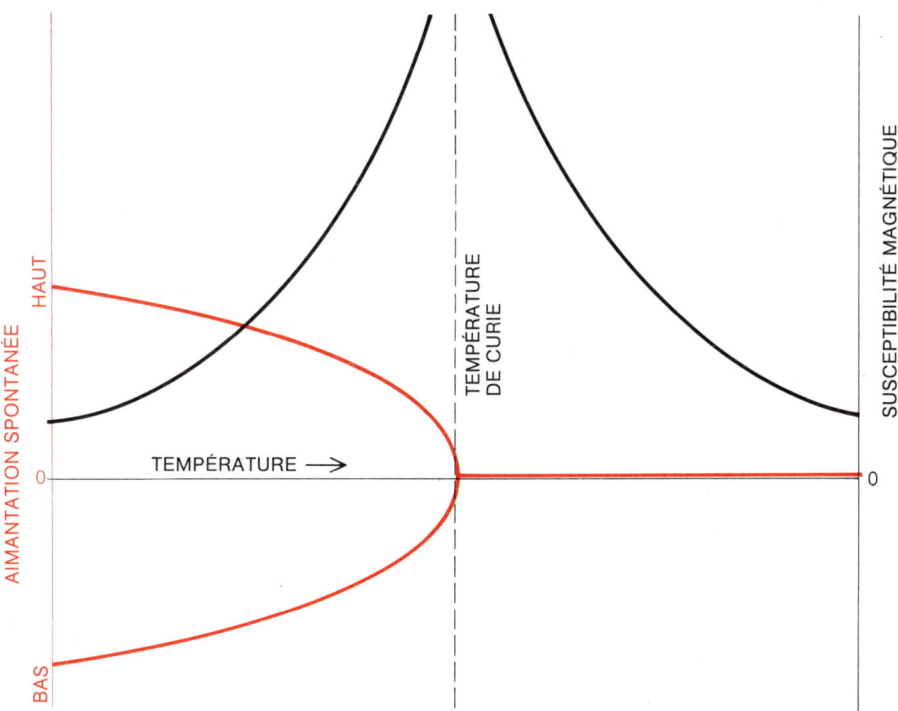

3. L'AIMANTATION d'un corps ferromagnétique commence brusquement à la température de Curie. Au-dessus de cette température il y a autant de spins dirigés vers le haut que de spins dirigés vers le bas, si bien que l'aimantation globale est nulle. À toute température inférieure à la température de Curie, il existe deux états d'aimantation possibles selon que la majorité des spins est dirigée vers le haut ou vers le bas. En l'absence de tout champ magnétique externe, ces deux états sont également probables. La susceptibilité magnétique d'un corps ferromagnétique mesure la variation de l'aimantation induite par un petit champ magnétique externe. Au point de Curie, la susceptibilité devient infinie ; près du point de Curie, une petite variation de la température ou du champ externe modifie beaucoup l'aimantation.

peut toutefois observer directement la présence de variations de densité à toutes les échelles possibles. Lorsque la longueur de corrélation atteint quelques milliers d'angströms, ce qui est l'ordre de grandeur des longueurs d'onde de la lumière, les variations de densité diffusent fortement la lumière et le fluide devient « laiteux » : c'est le phénomène connu sous le nom d'opalescence critique. Il est important d'observer que lorsque la température se rapproche du point critique, l'échelle des plus grandes variations devient beaucoup plus grande (le millimètre ou le centimètre) mais l'opalescence critique n'en diminue pas pour autant, ce qui indique que les petites variations sont toujours présentes. Le même phénomène existe pour les substances ferromagnétiques, mais comme elles ne sont pas transparentes, on ne peut le mettre en évidence de façon aussi frappante. On a cependant montré une opalescence critique pour un corps ferromagnétique près du point de Curie en utilisant la diffusion des neutrons.

Je n'ai pas inventé le modèle que je viens de décrire. C'est une forme particulière d'un modèle inventé dans les années 1920 par les physiciens allemands Wilhelm Lenz et Ernest Ising et que l'on connaît aujourd'hui sous le nom de modèle d'Ising. On connaît complètement les propriétés d'un réseau plan dans le modèle d'Ising car Lars Onsager l'a résolu exactement en 1944. Depuis on a aussi trouvé des solutions exactes pour d'autres modèles plans, mais on n'a réussi à résoudre exactement aucun modèle à trois dimensions. Néanmoins, le problème de décrire des systèmes plans est loin d'être trivial. Dans la suite nous allons appliquer la méthode du groupe de renormalisation au modèle d'Ising à deux dimensions, comme s'il s'agissait d'un problème en suspens, et la solution d'Onsager nous servira à vérifier les résultats obtenus.

Que signifie résoudre ou même comprendre un modèle d'un système physique ? Pour le modèle d'Ising on connaît complètement les propriétés microscopiques du système puisqu'on les impose dans la définition même du modèle. Ce qu'on cherche, c'est un moyen de prévoir les propriétés macroscopiques du système à partir de ses propriétés microscopiques. Par exemple, des formules donnant l'aimantation spontanée, la susceptibilité magnétique et la longueur de corrélation en fonction de la température, contribuent grandement à la compréhension du système.

Il n'est pas spécialement difficile de calculer les propriétés macroscopiques d'une configuration de spins donnée dans le modèle d'Ising. Par exemple, pour calculer l'aimantation, il suffit de compter le nombre de spins qui sont dirigés vers le haut et d'en retrancher le nombre de spins dirigés vers le bas. Mais malheureusement, il n'y a pas qu'une configuration de spins qui corresponde aux propriétés macroscopiques du système. En fait, toute configuration possible y contribue avec un « poids » proportionnel à la probabilité pour que le système se trouve (à la température donnée) dans cette configuration.

On peut, en principe, calculer les propriétés macroscopiques en faisant la somme de toutes les contributions possibles. Il faut d'abord déterminer l'aimantation de chaque configuration, puis la probabilité d'une telle configuration. On obtiendra l'aimantation réelle en multipliant ces deux nombres et en effectuant la somme, sur toutes les configurations possibles, de tous les résultats obtenus. Pour la susceptibilité magnétique et la longueur de corrélation, les calculs ne sont pas plus compliqués. L'élément commun à tous ces calculs est la nécessité de déterminer la probabilité d'occurrence de chaque configuration de spins. Dès que l'on connaît cette distribution de probabilités on en déduit directement les propriétés macroscopiques du modèle.

Comme nous l'avons déjà mentionné plus haut, la probabilité pour que deux spins adjacents soient parallèles ne dépend que de la force de couplage, que nous avons prise égale à l'inverse de la température. Si on désigne par p la probabilité pour que deux spins voisins soient parallèles, la probabilité pour qu'ils soient antiparallèles est $(1-p)$. Nous n'avons besoin que de ces deux nombres pour déterminer la probabilité relative d'une configuration quelconque de spins. Il suffit en effet de faire le produit, sur tous les couples de spins plus proches voisins, des nombres égaux à p si les spins sont parallèles et à $(1-p)$ s'ils sont antiparallèles.

Considérons un système constitué de quatre spins disposés aux sommets d'un carré. Dans un tel système, il y a quatre couples de plus proches voisins correspondant aux quatre côtés du carré. On attribue à chaque couple la probabilité p si les spins sont parallèles et la probabilité $(1-p)$ s'ils sont antiparallèles ; ensuite on multiplie les quatre probabilités obtenues. Pour la configuration où les quatre spins sont orientés vers le haut, la probabilité relative est donnée par le produit $p \times p \times p \times p$. Si trois des spins sont orientés vers le haut et le quatrième vers le bas, la probabilité relative est : $p \times p \times (1-p) \times (1-p)$.

Il faut effectuer un calcul analogue pour toutes les configurations de spins. Pour un système de quatre spins, il y a 16 configurations. L'étape finale est de transformer ces probabilités relatives en probabilités absolues de façon à ce que la somme de toutes les probabilités soit égale à un. Puisque la température détermine la force de couplage, laquelle à son tour détermine p et $(1-p)$, il faut recommencer les 16 calculs pour chaque température envisagée.

Cette façon d'aborder le modèle d'Ising est systématique mais impraticable. Si on pouvait calculer la probabilité de chaque configuration de spins, on pourrait en déduire l'aimantation du système ainsi que toutes les autres propriétés macroscopiques, et ceci pour n'importe quelle température. Le nombre élevé de configurations de spins complique notablement la méthode. Pour un système de n spins, chacun pouvant prendre deux positions, il existe 2^n configurations possibles. Cette fonction exponentielle croît très vite avec n. Comme nous l'avons déjà vu, il y a $2^4 = 16$ configurations possibles pour un système de quatre spins, 512 configurations pour un réseau carré 3×3 et 65536 configurations pour un réseau carré 4×4. La limite pratique d'un calcul de ce genre n'excède pas un réseau carré 6×6 (de 36 spins) pour lequel il y a environ 7×10^{10} configurations.

Quelle doit être la taille d'un réseau pour que l'on puisse en déduire les propriétés du modèle d'Ising à deux dimensions ? Le réseau doit avoir des dimensions au moins égales aux plus grandes variations que l'on observe à la température étudiée. À une température assez proche du point de Curie, la longueur de corrélation est de l'ordre de 100 (en prenant pour unité de longueur la maille du réseau) et les variations les plus grandes couvrent environ $100^2 = 10\,000$ nœuds du réseau. Un tel réseau de spins aurait $2^{10\,000}$ configurations possibles et ce nombre est supérieur à 10^{3000}. L'ordinateur le plus rapide que l'on puisse imaginer serait incapable de faire un tel calcul. Même s'il avait commencé à travailler à l'époque du « big bang », qui a marqué le début de l'Univers, il n'aurait pas encore fait une partie appréciable du travail.

On peut éviter d'avoir à faire un inventaire quasi infini des configurations de spins dans deux cas particuliers. Quand la température du système est nulle (si bien que la force de couplage est infinie), il suffit de ne considérer que deux configurations. En effet, à une température nulle, la probabilité pour que deux spins adjacents soient antiparallèles s'annule et il en est donc de même de la probabilité d'une configuration où au moins deux spins voisins immédiats sont antiparallèles. Les seules configurations qui n'ont pas cette propriété sont celles où tous les spins sont dirigés vers le haut et celles où ils sont tous dirigés vers le bas. On est certain de trouver le réseau dans l'une de ces deux configurations, les autres ayant une probabilité nulle.

À une température infinie, la force de couplage est nulle et la distribution de probabilités est aussi très simplifiée. Chaque spin est indépendant de ses voisins et on peut à tout instant choisir sa direction au hasard. Il en résulte que toutes les configurations possibles du réseau sont équiprobables.

Le problème consistant à calculer exactement les propriétés du modèle d'Ising au zéro absolu et à une température infinie devient un exercice trivial grâce à ces raccourcis pour déterminer la distribution de probabilité. On connaît aussi des méthodes approchées qui donnent de bons résultats à des températures assez basses pour être considérées comme proches du zéro absolu ou à des températures assez élevées pour qu'on puisse les considérer comme « proches de l'infini ». La région embarrassante est située entre ces deux extrêmes : elle correspond à la région du point critique. Il y a quelques années, nous n'avions aucune méthode pratique et directe pour calculer les propriétés d'un système arbitraire au voisinage du point critique. Le groupe de renormalisation fournit une telle méthode.

Le principe (cartésien) de la méthode du groupe de renormalisation est de découper un grand problème en une suite de questions plus petites et plus maniables. Au lieu d'aller chercher l'information dans tous les spins qui se trouvent dans une région ayant pour taille la longueur de corrélation, on déduit les propriétés à longue portée du comportement d'un petit nombre de quantités qui tiennent compte des effets d'un grand nombre de spins. Il y a plusieurs manières de le faire. Nous allons en étudier une, la méthode des blocs de spins, qui a le mérite de faire apparaître très clairement les principes de la méthode générale. Cette méthode a été découverte par Leo Kadanoff de l'Université de Chicago ; Th. Niemeijer et J. Van Leeuwen de l'Université de Delft aux Pays-Bas en ont fait un outil pratique pour faire des calculs.

La méthode se décompose en trois étapes fondamentales, chacune d'entre elles devant être répétée un grand nombre de fois. On divise d'abord le réseau en blocs n'ayant que quelques spins chacun ; nous utiliserons des blocs carrés ayant trois spins par côté, si bien que chaque bloc aura neuf spins. On fixe une règle pour calculer le spin moyen de chaque bloc et on remplace chacun de ces blocs par ce spin moyen. Pour faire cette moyenne, on peut par exemple décider de prendre le spin de la majorité. Si cinq spins (ou plus) sont orientés vers le haut, le spin du bloc sera aussi orienté vers le haut ; sinon il sera orienté vers le bas.

Après ces deux opérations on obtient un nouveau réseau dont la maille est trois fois plus grande que celle du réseau initial. La troisième étape consiste à réintroduire l'échelle initiale en divisant par trois toutes les dimensions.

Ces trois étapes définissent une transformation du groupe de renormalisation. On élimine ainsi les variations de direction de spin dont l'échelle est inférieure à la taille du bloc. Dans cet exemple on a remplacé les fluctuations de spins, qui se produisent sur une distance inférieure à trois mailles du réseau, par la valeur moyenne des spins dans chaque bloc. C'est comme si on regardait le réseau à travers un objectif mal mis au point, de telle sorte que les petits détails soient brouillés alors que les plus grands demeurent inaltérés.

Il n'est pas suffisant d'effectuer cette transformation pour toute configuration du réseau initial. N'oublions pas que ce que nous cherchons c'est une distribution de probabilités. Supposons que l'on ne s'intéresse qu'à une petite région du réseau initial formée de 36 spins disposés en quatre blocs. Il y a 2^{36}, soit environ sept milliards de configurations possibles pour les spins de cette région. Après avoir effectué la transformation des blocs de spins, on remplace les 36 spins originaux par quatre blocs de spins correspondant à 16 configurations. Ce nombre correspond à la limite où l'on peut encore faire le calcul de la probabilité de chacune des configurations des 36 spins de départ. À partir de ces résultats, on peut aisément calculer les probabilités pour les 16 configurations des blocs de spins en rangeant les configurations du réseau initial en 16 classes : on met dans la même classe toutes les configurations qui, par application de la règle de la majorité, donnent la même configuration pour les blocs de spins. On obtient ensuite la probabilité de chaque configuration des blocs de spins en faisant la somme des probabilités des configurations du réseau initial se trouvant dans la classe correspondante.

Il peut sembler que l'on n'ait rien gagné à effectuer cette transformation. Si on peut calculer la distribution de probabilités pour un système de 36 spins, on n'apprendra rien de nouveau en le condensant en un réseau plus petit de quatre blocs de spins. Près du point critique, il est nécessaire de considérer des réseaux beaucoup plus grands,

qui auront peut-être 10 000 spins au lieu de 36, et on ne pourra plus calculer la distribution de probabilités des blocs de spins engendrés par ce réseau car il y aura encore beaucoup trop de configurations. Il s'avère cependant qu'il existe une méthode permettant d'obtenir une information utile à partir de petits ensembles de blocs de spins. Cette méthode permet d'observer le comportement d'un système dans une grande région sans jamais s'intéresser explicitement aux configurations des spins dans cette région.

Chaque bloc de spins représente neuf spins du réseau de départ. On peut aussi considérer que l'ensemble de tous les blocs de spins est lui-même un nouveau réseau de spins dont on peut étudier les propriétés en lui appliquant la même méthode. On peut supposer qu'il y a des couplages (dépendants de la température) entre les blocs de spins, couplages qui déterminent la probabilité de chaque configuration possible des blocs de spins. On peut tout d'abord supposer que les couplages entre blocs de spins sont les mêmes que ceux que l'on a supposés dans le modèle d'Ising initial, à savoir une interaction des plus proches voisins dont la force est mesurée par le paramètre K qui est l'inverse de la température.

On peut facilement vérifier cette hypothèse car on connaît déjà au moins la distribution des probabilités des configurations d'une petite partie du système de blocs de spins ; on l'a calculée à partir des configurations du réseau initial lorsqu'on a défini les blocs de spins. Le résultat est surprenant : cette hypothèse est en général fausse. Les couplages entre les blocs de spins ne sont donc pas les mêmes que ceux entre les spins du modèle original. En supposant que seuls des blocs voisins interagissent et que la force d'interaction est égale à K, on obtient une distribution de probabilités erronée pour les configurations des blocs de spins. Puisque les hypothèses faites sur le modèle original ne donnent pas une description correcte du système de blocs de spins, il faut trouver un nouveau système de couplages. En recherchant de nouvelles interactions, on doit cerner d'aussi près que possible la distribution de probabilité observée. En général, on doit changer la force de couplage entre plus proches voisins, c'est-à-dire que K doit prendre une autre valeur. Qui plus est, on doit introduire des interactions à plus grandes portées, qui étaient a priori exclues du modèle d'Ising. Il peut, par exemple, se révéler nécessaire de tenir compte d'une interaction entre les spins qui se trouvent aux extrémités de la diagonale d'un carré. Il peut aussi y avoir une interaction directe entre trois ou quatre spins à la fois et même des couplages de plus grande portée. On peut donc considérer les blocs de spins comme formant un réseau, mais ce réseau est très différent de celui dont on est parti : le réseau des blocs de spins a une température (fictive) différente de celle du réseau d'Ising initial, et ceci principalement parce que les couplages de base ont des valeurs différentes.

Une fois que l'on a trouvé un ensemble de couplages donnant une distribution de probabilité correcte pour les blocs de spins, on peut former un nouveau réseau de taille arbitraire. Le nouveau réseau s'obtient de la même façon que l'ancien, mais la probabilité, associée à un spin sur un site donné, découle des nouveaux couplages et non pas du couplage simple du modèle d'Ising. Pour continuer les calculs du groupe de renormalisation, on recommence la même transformation, mais cette fois en partant du nouveau réseau de blocs de spins. On forme encore des blocs de neuf

spins et dans une petite région, par exemple formée d'un arrangement de 36 spins, on calcule la probabilité de chaque configuration. De ce calcul on déduit la distribution de probabilité d'une deuxième génération de blocs de spins, que l'on a encore formés en utilisant la règle de la majorité. En étudiant ces nouveaux blocs de spins on s'aperçoit que les couplages ont encore changé, si bien que l'on doit encore donner des nouvelles valeurs à chaque force de couplage. Une fois que ceci est fait, on obtient un nouveau réseau (le troisième) et on recommence la même transformation un certain nombre de fois.

L'intérêt de cette transformation que l'on répète plusieurs fois réside en ce qu'on obtient des informations sur le comportement de plusieurs réseaux de spins, distincts mais néanmoins reliés, dont la longueur caractéristique augmente à chaque itération. Après la première transformation on élimine les variations dont la longueur

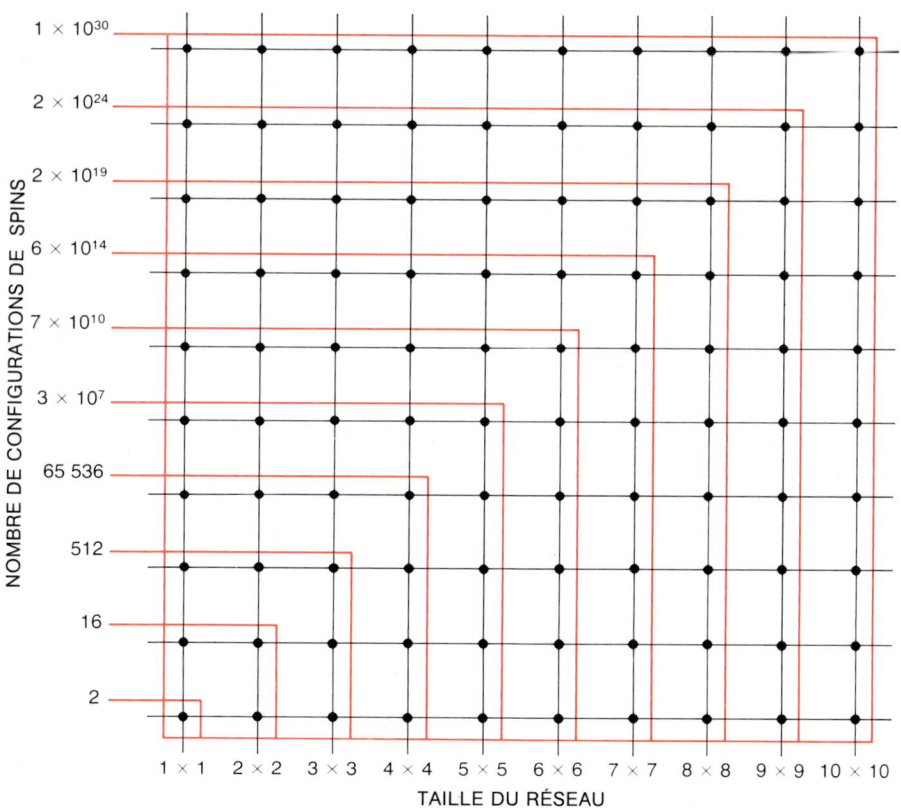

4. LE NOMBRE DE CONFIGURATIONS de spins croît très rapidement avec la taille du réseau. Pour un système de n spins, chacun pouvant prendre une des deux orientations possibles, le nombre de configurations possibles est 2^n. Lorsque le réseau est grand, il devient impossible de calculer les probabilités de toutes les configurations possibles. La taille limite (au-delà de laquelle il est impossible d'effectuer le calcul) est un réseau de spins 6×6. Pour observer le comportement du système au voisinage du point de Curie, il faut envisager un réseau de près de 100×100 spins, qui comprend $2^{10\,000}$ configurations possibles.

caractéristique est la plus faible, et ce faisant, on distingue mieux celles qui ont une portée un peu plus grande (en gros, trois fois la maille du réseau initial). Après la deuxième transformation, chaque bloc de spins représente les 81 spins d'un bloc carré 9 × 9 du réseau initial et on a éliminé toutes les variations jusqu'à cette échelle, en ne conservant que celles qui ont une portée supérieure à neuf mailles du réseau. L'itération suivante supprime les variations dont la portée est comprise entre 9 et 27 mailles du réseau ; la suivante, celles dont la portée est comprise entre 27 et 81 mailles, etc. En fin de compte, on supprime toutes les variations jusqu'à la longueur de corrélation. Le système de spins que l'on obtient alors ne nous renseigne que sur les propriétés à longue portée du modèle d'Ising initial, toutes les variations à échelles plus faibles ayant été éliminées.

On peut percevoir la valeur de la méthode des blocs de spins en ne regardant que l'évolution des modèles. Un simple coup d'œil sur la configuration des spins d'Ising juste au-dessous de la température de Curie, permettra rarement de dire que le matériau est faiblement aimanté. À cette température il n'y a qu'une petite majorité de spins dirigés dans une direction plutôt que dans l'autre, et, de plus, un grand nombre de variations à petite échelle masquent le léger déséquilibre global. Cependant, quand on applique plusieurs fois la transformation des blocs de spins, les petites variations disparaissent et l'aimantation globale apparaît.

Il faut chercher la signification physique de la transformation des blocs de spins dans la façon dont varient les couplages entre spins. Les règles qui permettent de déterminer, à chaque étape, les nouveaux couplages à partir des anciens, sont souvent complexes, mais on peut expliquer les effets de cette variation sur un exemple assez simple. Bien que ce ne soit pas très réaliste, nous allons étudier un modèle où l'on n'introduit pas d'autres interactions que celles des plus proches voisins. La seule modification réside donc en un ajustement de la constante K, ce qui est équivalent à un changement de la température. De plus, nous supposerons que cet ajustement a la forme très simple suivante : à chaque étape, la force de couplage du nouveau réseau est égale au carré de celle de l'ancien réseau. La nouvelle force de couplage K' est donc donnée par l'équation $K' = K^2$.

Supposons qu'à l'état initial on ait $K = 1/2$ (c'est-à-dire que, dans le système d'unités utilisé ici, la température du réseau initial vaille 2). Dans le réseau plus clairsemé obtenu en formant des blocs de spins, K sera remplacé par $K' = (1/2)^2$,

c'est-à-dire 1/4. En répétant cette transformation, on obtient successivement les valeurs 1/16, 1/256, etc. qui est une suite qui converge rapidement vers zéro. À chaque itération on obtient non seulement un nouveau système qui est plus clairsemé, mais les couplages entre spins sont aussi plus faibles. Puisque K est égal à l'inverse de la température, la température (fictive) du réseau croît à chaque itération et le réseau tend vers celui qui correspond à une température infinie où tous les spins sont orientés au hasard.

Si la force de couplage initiale est égale à 2 (si bien que la température vaut 1/2), le couplage devient plus fort à chaque itération. Après une première transformation de blocs de spins, la force de couplage devient égale à 4, puis à 16, puis à 256 et à la fin elle devient infinie.

Il est important de bien remarquer qu'on n'observe pas du tout l'évolution d'un système de spins dont on ferait varier la température. On n'a ni réchauffé ni refroidi le système physique. On n'a fait que construire, à chaque étape, un nouveau système qui se distingue du précédent par un ensemble de couplages de spins distincts. Le comportement à grande échelle du nouveau réseau est équivalent à celui qu'aurait le réseau initial mais à une autre température.

Il existe une valeur initiale de K qui ne conduit ni à une convergence vers 0, ni à une convergence vers l'infini, à savoir la valeur $K = 1$. Puisque 1^2 est égal à 1, K' reste égal à K et ceci quel que soit le nombre de transformations que l'on effectue. Lorsque K vaut 1, on dit que le système est dans un état de point fixe, lequel reste invariant

5. LA MÉTHODE DU GROUPE DE RENORMALISATION appliquée à un modèle du ferromagnétisme consiste à découper un problème très difficile et pratiquement impossible à résoudre, faisant intervenir toute une gamme d'échelles de longueur, en une suite de petits problèmes, chacun d'entre eux ne faisant intervenir qu'une longueur caractéristique. Une des variantes de la méthode du groupe de renormalisation, appelée méthode des blocs de spins, est une transformation qui comporte trois étapes. On divise tout d'abord le réseau en blocs ayant chacun un petit nombre de spins (ici neuf). Ensuite, on remplace chaque bloc par un spin unique dont l'orientation est celle de la majorité des spins appartenant au bloc. On obtient ainsi un nouveau réseau dont la maille est trois fois plus grande que celle du réseau initial et la densité des spins trois fois plus petite. Enfin, on redonne au réseau ses dimensions initiales en divisant toutes les longueurs par 3. Cette transformation doit être faite pour toutes les configurations possibles des spins de chaque bloc du réseau initial, si bien qu'on peut calculer la probabilité de chaque configuration des blocs de spins *(voir la figure 6)*.

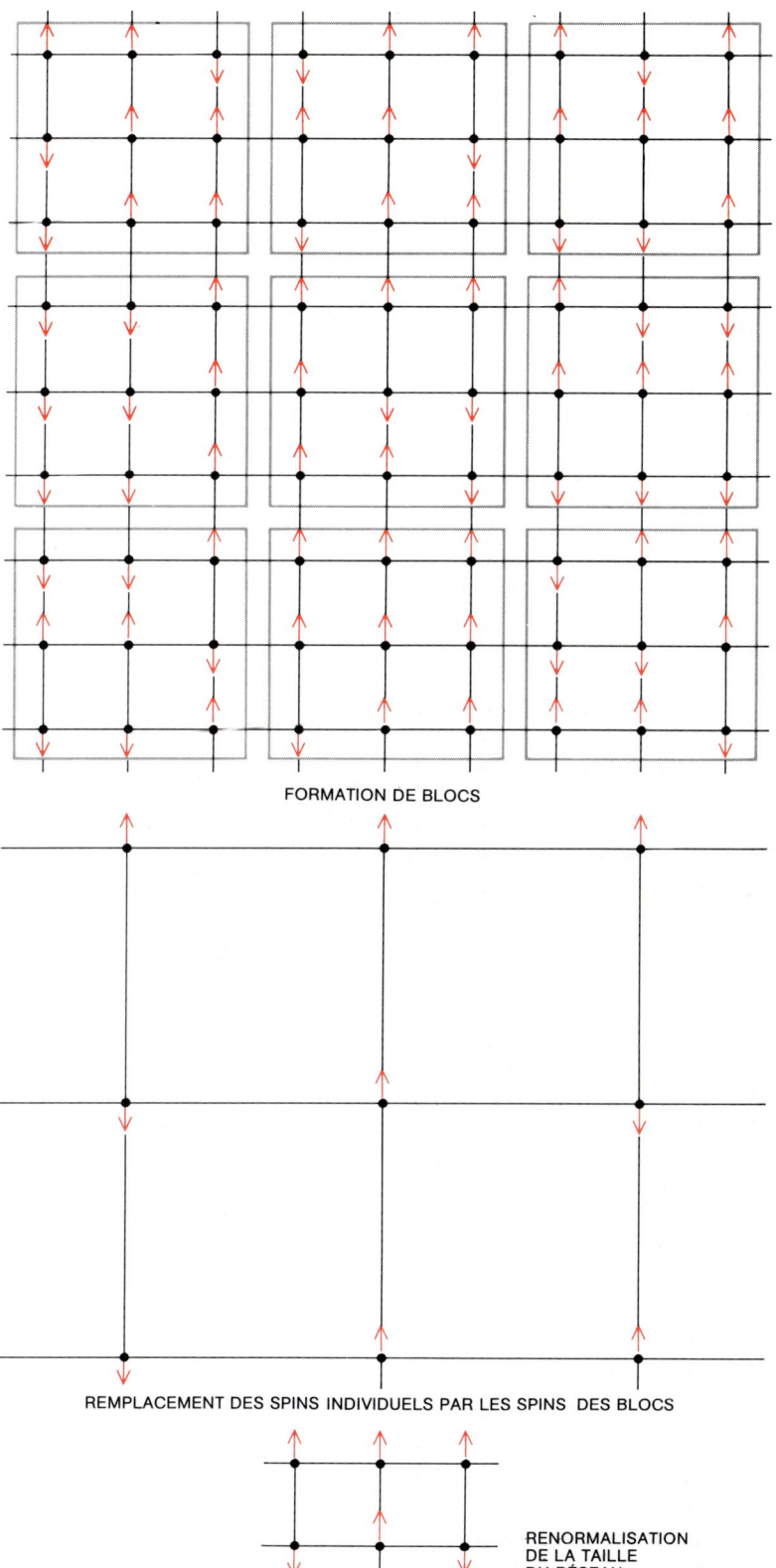

FORMATION DE BLOCS

REMPLACEMENT DES SPINS INDIVIDUELS PAR LES SPINS DES BLOCS

RENORMALISATION
DE LA TAILLE
DU RÉSEAU

lorsqu'on lui applique une transformation du groupe de renormalisation : les propriétés du réseau restent alors inchangées. En fait, les valeurs $K = 0$ et $K = $ l'infini représentent aussi des points fixes puisque le carré de zéro est égal à zéro et le carré de l'infini est égal à l'infini : cependant, on considère que ce sont des points fixes triviaux alors que la valeur $K = 1$ correspond au point critique.

Dans cette étude de la méthode des blocs de spins, nous avons supposé qu'un seul paramètre traduisait les effets de la transformation, à savoir la force de couplage K entre plus proches voisins. En fait, cette transformation introduit beaucoup d'autres paramètres, chacun correpondant à un couplage à longue portée. On représente géométriquement toutes les combinaisons possibles de ces divers paramètres dans un espace fictif à plusieurs dimensions ; dans cet espace, la distance mesurée suivant chaque axe de coordonnées représente la variation d'un des paramètres. Un état initial du système de spins et tous les états obtenus par les transformations de blocs de spins décrivent une surface de cet espace.

Dans la description géométrique de la méthode du groupe de renormalisation, la signification des points fixes devient claire. La surface correspondant au modèle d'Ising à deux dimensions présente deux pics élancés et deux puits très profonds. La crête qui joint les deux pics et le col joignant les deux puits se coupent en un point du sommet du col (*voir la figure 9*). L'un des puits est le point fixe $K = 0$, l'autre le point fixe $K = $ l'infini, et le point critique est le sommet du col, là où l'équilibre est précaire.

On peut représenter la transformation conduisant d'un système au suivant par le mouvement d'une bille roulant sur la surface. On peut imaginer un film fait image par image qui enregistrerait la position de la bille toutes les secondes ; chaque image traduirait alors l'effet d'une itération dans la méthode des blocs de spins. C'est la transformation qui fait que la bille se déplace, mais sa vitesse et sa direction ne sont déterminées que par la pente de la surface où elle se trouve.

Supposons qu'à l'instant initial la bille soit placée près du sommet d'une montagne et juste d'un côté de la crête. Dans un premier temps, elle se déplace rapidement car la montagne est escarpée près du sommet, et se dirige vers le col. Au fur et à mesure que la bille se rapproche du col, la pente se radoucit, la bille ralentit mais elle ne s'arrêtera pas complètement. De plus, comme elle est partie d'un certain côté de la crête, elle ne passera pas exactement par le sommet du col : en fait elle sera

déviée d'un côté et accélérera en se dirigeant cette fois vers un puits.

La trajectoire de la bille décrit le chemin suivi par le point représentatif d'un système de spins d'Ising au cours des itérations successives des blocs de spins. Une position initiale tout près de la crête correspond à une valeur initiale des paramètres de couplage qui est équivalente à une température un peu supérieure ou un peu inférieure à la température critique. Dans l'exemple simplifié donné plus haut où le seul paramètre est la valeur de K, cette position correspond à des valeurs légèrement inférieures ou supérieures à 1. Donner à la force de couplage la valeur 1 revient à placer la bille juste sur la crête. Elle se déplace alors directement vers le sommet du col, c'est-à-dire vers le point critique. Ici encore le mouvement est rapide au début et se ralentit au fur et à mesure qu'on s'approche du col. Dans ce cas, la bille reste cependant en équilibre entre les deux descentes qui l'entraîneraient vers l'un des puits. Même après avoir appliqué un grand nombre de fois la méthode, la bille reste au point fixe.

On peut approcher d'aussi près que l'on veut le point fixe sur la surface de l'espace des paramètres en prenant pour valeur initiale de K une valeur suffisamment proche de la valeur critique $K = 1$, et on peut prendre pour valeur initiale 0,9999 : il

6. ON OBTIENT LA DISTRIBUTION de probabilités pour un réseau de blocs de spins en faisant la somme des probabilités de toutes les configurations du réseau initial qui donnent la même configuration des blocs de spins. On a illustré ici les résultats des calculs pour un système de six spins dans un réseau triangulaire. On forme deux blocs de trois spins à partir du réseau et on remplace chaque bloc par un seul spin dont l'orientation est fixée par la règle de la majorité. Il existe 64 configurations possibles pour les six spins, on les a rangées en colonnes de façon telle que deux configurations de la même colonne donnent la même configuration des blocs de spins. Par exemple, dans toutes les configurations de la colonne la plus à gauche, il y a au moins deux spins de chaque bloc dirigés vers le haut, si bien que les deux blocs sont représentés par des spins dirigés vers le haut. On a pris la force de couplage du réseau initial égale à 0,5, ce qui détermine les probabilités entre plus proches voisins indiquées en haut de page. À partir de ces nombres, on calcule la probabilité de chaque configuration dans le réseau initial ; ensuite on additionne les probabilités qui se trouvent dans une même colonne pour obtenir la probabilité de la configuration correspondante des blocs de spins. Les probabilités ainsi obtenues sont différentes des probabilités correspondantes du réseau initial, si bien que la force de couplage a varié et donc aussi la température.

PROBABILITÉS DE CONFIGURATIONS À PLUS PROCHES VOISINS DANS LE RÉSEAU INITIAL

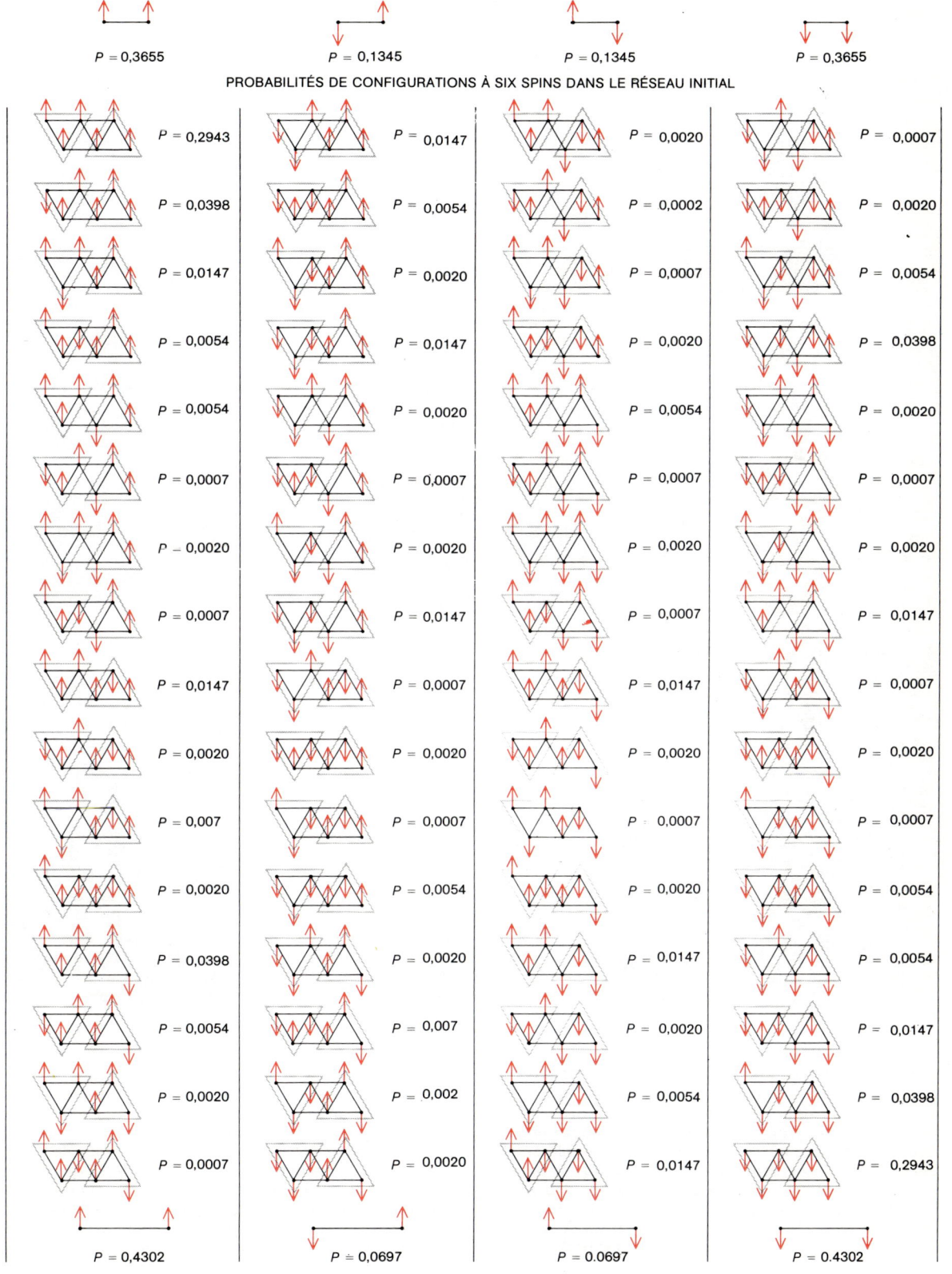

PROBABILITÉS DE CONFIGURATIONS À PLUS PROCHES VOISINS DANS LES SPINS DES BLOCS

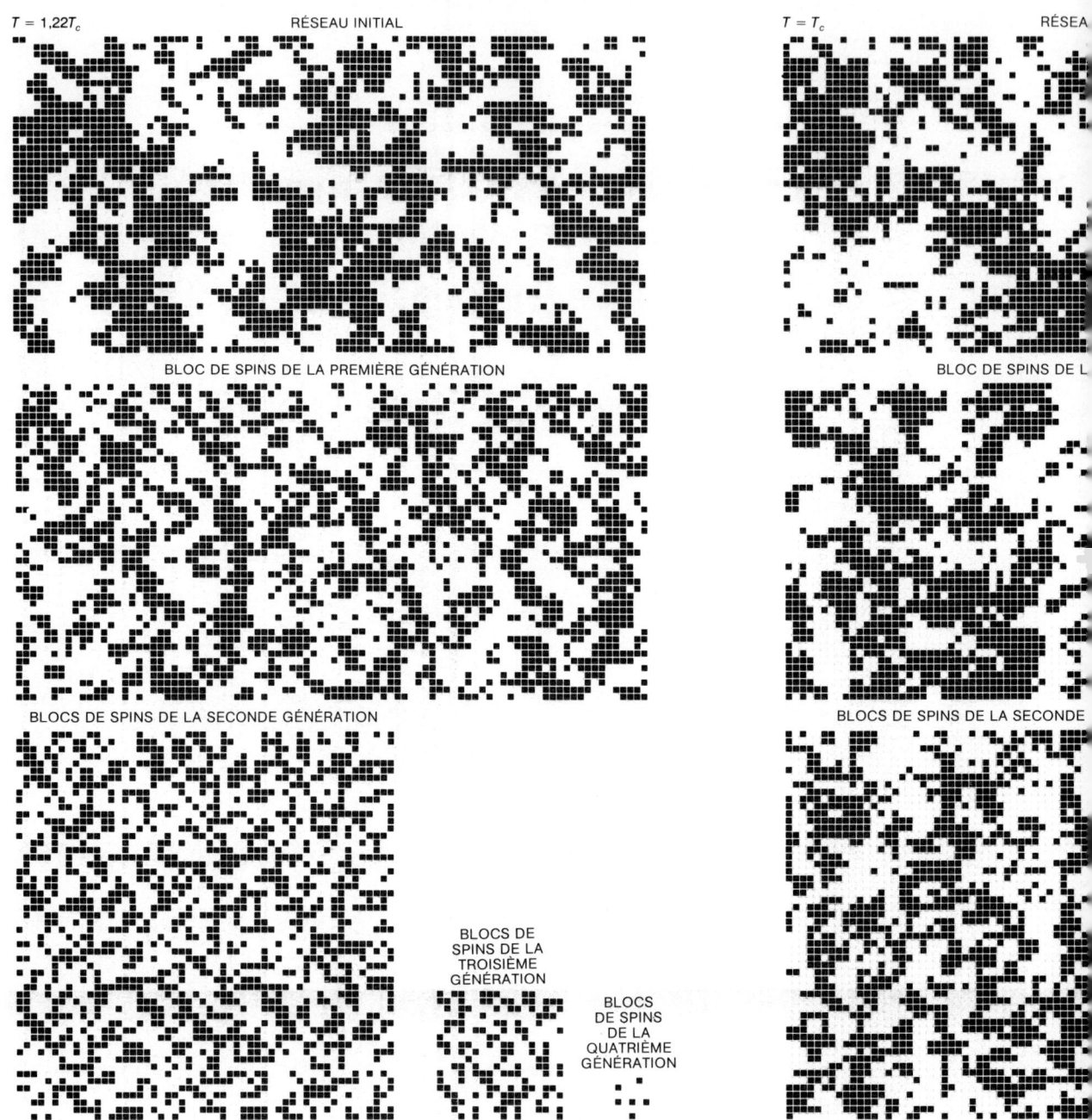

7. LA TRANSFORMATION DE BLOCS DE SPINS appliquée plusieurs fois à un réseau de spins fait apparaître le comportement du système à des échelles de plus en plus grandes. L'auteur a utilisé un ordinateur pour traiter un réseau initial de 236 000 spins ; un carré noir représente un spin dirigé vers le haut et un carré blanc, un spin dirigé vers le bas. On a pris trois valeurs initiales pour la température : au-dessus de la température de Curie T_C, à T_C et au-dessous de T_C. On commence par diviser le réseau initial en blocs 3×3. On remplace chaque bloc par un seul spin dont on détermine l'orientation grâce à la règle de la majorité ; on obtient ainsi le réseau de blocs de spins de la première génération. On recommence l'opération mais en partant cette fois du réseau de blocs de spins de la première génération. Le réseau de la deuxième génération ainsi obtenu sert de départ pour la transformation suivante et ainsi de suite. Il y a suffisamment peu de spins dans le réseau de la troisième génération pour qu'on puisse le dessiner tout entier et, à la

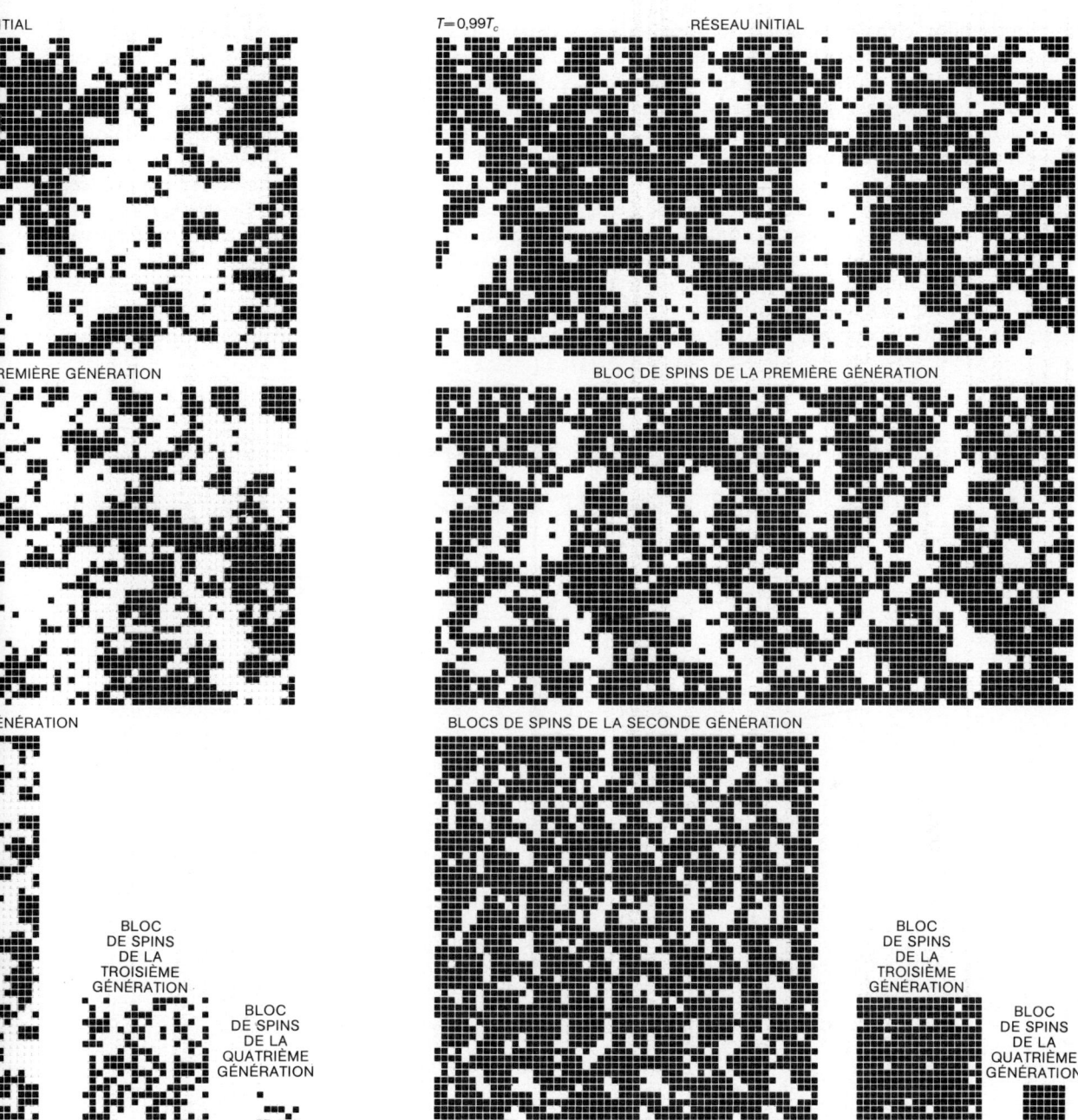

quatrième génération, il n'y a plus que 36 spins, chacun d'entre eux représentant plus de 6 000 spins du réseau initial. À la première étape on a éliminé les variations qui se font sur une échelle inférieure à trois mailles du réseau (ceci en appliquant la règle de la majorité). À la deuxième étape, on élimine les variations entre trois et neuf mailles du réseau ; à la troisième, entre 9 et 27 mailles, etc. Lorsque la température est au-dessus de T_C les spins apparaissent de plus en plus être distribués au hasard et les variations à courte portée disparaissent ; lorsque la température est inférieure à T_C l'orientation des spins s'uniformise, les variations qui subsistent étant de faible portée. Lorsque la température de départ est exactement égale à T_C il reste, à chaque étape, des variations à grande échelle ; à la température de Curie, le système est à un point fixe car chaque transformation de blocs de spins conserve la structure à grande échelle du réseau. Ces transformations sont utilisables pour d'autres problèmes physiques.

faut en prendre le carré un grand nombre de fois avant que cette valeur varie de façon appréciable. La trajectoire passe alors très près du sommet du col avant de se diriger vers le puits des hautes températures.

En examinant un grand nombre de telles trajectoires, on peut dresser la carte d'une petite surface autour du sommet du col. C'est la pente de la surface qui détermine la façon dont le système s'approche et s'éloigne du sommet du col. La connaissance de la pente permet alors de déterminer la façon dont varient les propriétés du système lorsqu'on modifie couplage et température de

départ. C'est précisément cette information que l'on recherche pour comprendre ce qui se passe au point critique.

La température détermine les propriétés macroscopiques d'un système thermodynamique au voisinage du point critique. De façon plus précise, des propriétés telles que l'aimantation spontanée, la susceptibilité et la longueur de corrélation sont fonction de la différence relative entre la température du système et la température critique T_c du système. Pour cette raison, il est commode de définir la température de façon telle que tous les points critiques soient équivalents. Une quantité

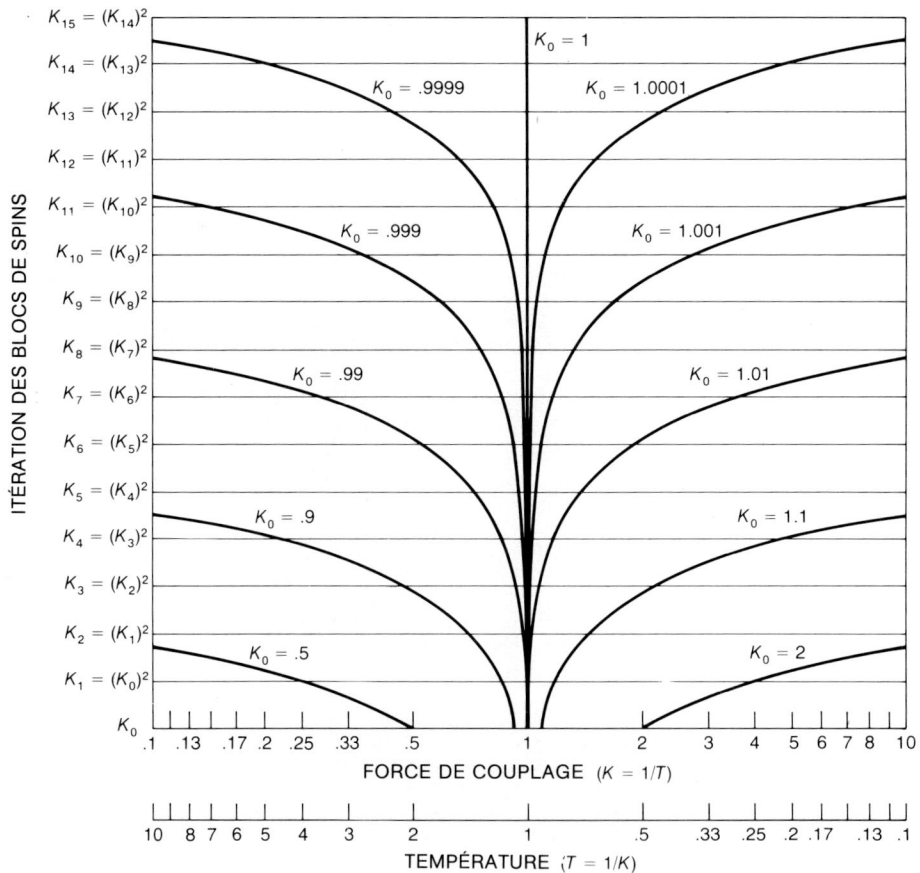

8. UNE TRANSFORMATION DU GROUPE DE RENORMALISATION doit s'accompagner d'une modification du couplage entre les spins. La modification nécessaire de cette force de couplage à chaque itération peut être très différente de l'exemple simple indiqué ici : si la force de couplage dans le réseau initial est mesurée par le nombre K, dans le nouveau réseau elle sera égale à K^2. En prenant les carrés successifs de K on tendra vers l'infini si K est supérieur à 1 et vers zéro si K est inférieur à 1. Pour la valeur particulière $K = 1$, la force de couplage reste la même quel que

soit le nombre de transformations effectuées. Puisque l'on peut définir (avec des unités appropriées) la température du réseau comme étant l'inverse de la force de couplage, on peut considérer qu'une transformation du groupe de renormalisation nous fait passer d'un réseau à un nouveau réseau plus clairsemé qui aura, en général, une température différente et dans lequel la force de couplage aura également varié. Ce n'est qu'au point fixe, qui correspond à la température de Curie, que la force de couplage et la température garderont constamment la valeur 1.

appropriée est la température réduite t que l'on définit comme la différence entre la température réelle et la température critique, divisée par la température critique ; autrement dit $t = (T - T_C)T_C$. Si l'on utilise une échelle de température ordinaire, par exemple l'échelle Kelvin, les températures critiques des différents systèmes ont des valeurs distinctes, mais tous les points critiques ont la même température réduite, à savoir zéro.

Toutes les grandeurs sont, au voisinage du point critique, proportionnelles à une certaine puissance de la valeur absolue de la température réduite. Pour décrire un phénomène au voisinage

d'un point critique, il faut déterminer quel est cet exposant, ou, selon le jargon de cette discipline, déterminer l'exposant critique. Par exemple, l'aimantation M d'un système de spin est proportionnelle à $|t|^\beta$ où β est un exposant critique et où les barres verticales désignent la valeur absolue de t. La susceptibilité magnétique est proportionnelle à $1/|t|^\gamma$ où γ est un autre exposant critique. À la longueur de corrélation on associe un troisième exposant critique ν : cette longueur est proportionnelle à $1/|t|^\nu$.

Les premiers essais de formulation mathématique d'un phénomène critique font partie de ce

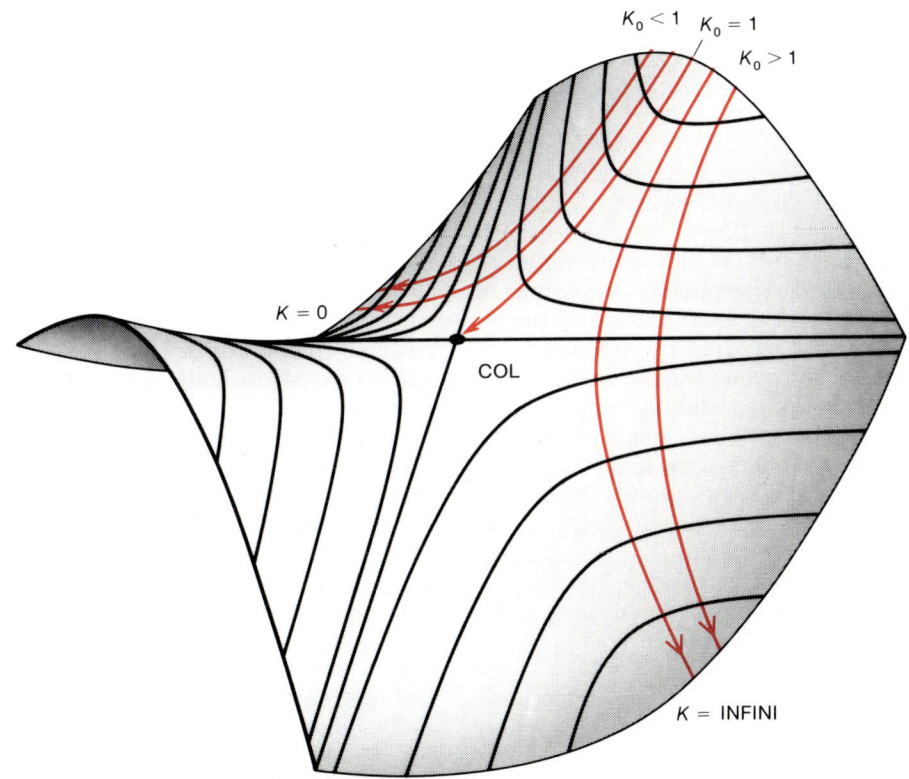

9. ON PEUT REPRÉSENTER L'ÉVOLUTION D'UN SYSTÈME DE SPINS sous l'action répétée des transformations du groupe de renormalisation comme le mouvement d'un point sur une surface construite dans un espace multidimensionnel fictif : l'espace des paramètres. La forme de cette surface dépend de tous les couplages entre blocs de spins, mais ici on ne considère que la force de couplage K entre plus proches voisins. La surface présente deux pics et deux puits qui sont reliés par un col. C'est uniquement la pente de la surface qui détermine la trajectoire suivie par le point représentant l'état du système. Une valeur initiale de K légèrement supérieure à 1 correspond à une position initiale d'un côté de la crête joignant les

deux pics. Après plusieurs transformations de blocs de spins, le point descend la montagne, passe près du col, puis se dirige vers le puits correspondant à des valeurs de K de plus en plus grandes. Lorsque la valeur initiale de K est inférieure à 1, on a une trajectoire analogue mais de l'autre côté de la crête et qui se termine dans l'autre puits où K tend vers zéro. Lorsque K est égal à 1, le point représentatif reste toujours sur la crête et tend vers la position d'équilibre au sommet du col. Les deux puits sont des points fixes (car les valeurs $K = 0$ et $K = $ l'infini ne changent pas quand on effectue une transformation du groupe de renormalisation), mais ce sont des points fixes triviaux. Le sommet du col correspond au point critique.

qu'on appelle maintenant les théories du champ moyen. La première d'entre elles fut proposée, en 1873, par J. Van der Waals pour expliquer les changements de phase dans les fluides. Pierre Weiss proposa, en 1907, une théorie des transitions des phases magnétiques. L. Landau a proposé, en 1937, une formulation plus générale des théories du champ moyen, fournissant ainsi un cadre où l'on pouvait faire entrer nombre de systèmes physiques. Dans toutes ces théories, l'état d'une particule quelconque est déterminé par les propriétés moyennes du corps dans son ensemble (par exemple, c'est l'aimantation totale qui agit sur chaque spin). Par conséquent, toute particule du système contribue à la force agissant sur chaque site, ce qui revient à supposer que la portée des forces est infinie.

Les théories du champ moyen ont eu un grand succès du point de vue qualitatif. Elles prévoient des particularités importantes dans les diagrammes de phase des fluides et des corps ferromagnétiques, la plus notable étant l'existence d'un point critique. Cependant elles sont moins satisfaisantes du point de vue quantitatif : la théorie donne de mauvaises valeurs pour les exposants critiques. Pour β, l'exposant qui détermine les variations de l'aimantation spontanée, cette théorie donne la valeur 1/2 ; en d'autres termes, l'aimantation varierait comme la racine carrée de la valeur absolue de la température réduite. Pour l'exposant γ, associé à la susceptibilité magnétique, elle donne la valeur 1, si bien que la susceptibilité serait proportionnelle à $1/|t|$; pour ν, elle donne 1/2, si bien que la longueur de corrélation serait proportionnelle à $1/\sqrt{|t|}$.

Ainsi ces exposants calculés à l'aide de la théorie du champ moyen donnent une allure plausible à chacune des fonctions. L'aimantation a deux valeurs possibles ($\sqrt{|t|}$ et $-\sqrt{|t|}$) pour toute température inférieure à la température critique, puis elle s'annule au-dessus du point critique. La susceptibilité magnétique et la longueur de corrélation tendent vers l'infini lorsque t s'approche de zéro, au-dessus ou en dessous. On sait cependant que ces exposants déduits de la théorie du champ moyen sont faux.

Pour le modèle d'Ising à deux dimensions, la solution d'Onsager donne la valeur exacte des exposants critiques. Les valeurs correctes sont : $\beta = 1/8$, $\gamma = 7/4$ et $\nu = 1$. Ces valeurs sont notablement différentes de celles fournies par la théorie du champ moyen et le système a un comportement assez différent de celui calculé par cette théorie. Par exemple, l'aimantation spontanée n'est pas proportionnelle à la racine carrée de la température réduite t, mais à sa racine huitième. De même la susceptibilité n'est pas donnée par l'inverse de t, mais par l'inverse de t élevé à la puissance 1,75, ce qui fait qu'elle croît beaucoup plus vite et de façon plus abrupte lorsque la température réduite s'approche de zéro.

Il n'est pas difficile de deviner pourquoi les théories du champ moyen donnent de mauvais résultats quantitatifs. En supposant que les forces ont une portée infinie, on ne cerne pas la réalité d'assez près : tous les spins n'ont pas la même contribution et les plus proches voisins sont, de beaucoup, plus importants que les autres spins. On peut formuler cette critique d'une autre façon : ces théories ne tiennent pas compte des variations de direction des spins ou de densité du fluide.

Lorsqu'on utilise la méthode du groupe de renormalisation, on déduit les exposants critiques de la pente de la surface des paramètres au voisinage du point fixe. Une pente est simplement la traduction graphique d'un taux de variation ; la pente au voisinage du point fixe détermine la rapidité avec laquelle varient les propriétés du système lorsque la température (ou la force de couplage) varie dans un petit domaine autour de la température critique. Les exposants critiques ont aussi pour rôle de décrire les variations du système en fonction de la température et, par suite, il n'est pas absurde de penser qu'ils dépendent de la pente.

Plusieurs chercheurs ont calculé par la méthode du groupe de renormalisation les paramètres du modèle d'Ising à deux dimensions. En 1973, Niemeijer et Van Leeuwen ont utilisé une méthode de blocs de spins pour étudier les propriétés d'un système de spins d'Ising distribués sur un réseau triangulaire. J'ai appliqué une technique un peu différente (appelée la « décimation » des spins) à un réseau carré. Dans la décimation des spins, au lieu de réunir des blocs de quelques spins chacun, on maintient fixes tous les autres spins du réseau et on calcule la distribution de probabilité pour les spins restants. Ces calculs sont beaucoup plus minutieux que ceux décrits précédemment : dans mes travaux, par exemple, je tenais compte de 217 couplages entre spins. Les exposants critiques que l'on tire de ces calculs coïncident à 0,2 pour cent près avec les valeurs d'Onsager.

Puisque l'on connaît la solution exacte pour le modèle d'Ising à deux dimensions, le fait d'appliquer la méthode du groupe de renormalisation peut apparaître comme un exercice académique, mais pour un système de spins d'Ising dans un réseau à trois dimensions, on ne connaît aucune solution exacte. Cyril Domb de l'Université College de Londres et bien d'autres auteurs ont imaginé une méthode pour calculer les exposants critiques dans le cas des réseaux tridimensionnels. On détermine tout d'abord, avec une grande précision, les propriétés du système à haute température, puis on les extrapole à la température critique. Les meilleurs résultats obtenus jusqu'ici par cette méthode donnent les valeurs suivantes pour les exposants : $\beta = 0{,}33$, $\gamma = 1{,}25$ et $\nu = 0{,}63$.

Bien qu'elle permette une bonne approximation des exposants critiques, une solution fondée sur une extrapolation de ce qui se passe à haute température ne donne aucune intuition physique de ce qui se passe au point critique. Un calcul fait dans le cadre du groupe de renormalisation donne essentiellement les mêmes valeurs pour les exposants critiques, mais il explique aussi certaines caractéristiques universelles du comportement d'un système au point critique.

Il faut bien insister sur deux propriétés remarquables des exposants critiques dans un modèle d'Ising à trois dimensions. La première est simplement que ces exposants critiques ne sont pas les mêmes que pour le modèle à deux dimensions. Dans les théories du champ moyen, la dimension de l'espace n'intervient pas dans les calculs et par conséquent dans les exposants critiques. La seconde surprise est que ces exposants ne sont ni des entiers, ni des quotients de petits entiers comme c'est le cas dans une théorie du champ moyen. Ils peuvent même être des nombres irrationnels.

S'il est surprenant que les exposants critiques soient sensibles aux dimensions de l'espace, il est tout aussi remarquable qu'ils soient insensibles à d'autres propriétés du modèle. Un exemple de paramètre qui n'a aucune influence est la structure du réseau lui-même. Dans le modèle d'Ising à deux dimensions, que le réseau soit rectangulaire comme dans mes propres travaux, ou triangulaire comme dans le modèle utilisé par Niemeijer et Van Leeuwen, les exposants critiques sont les mêmes. En généralisant à un corps ferromagnétique réel, la grande diversité des structures cristallines donne le même comportement critique.

On peut justifier intuitivement le fait que la structure du réseau et d'autres propriétés microscopiques ne modifient pas le comportement

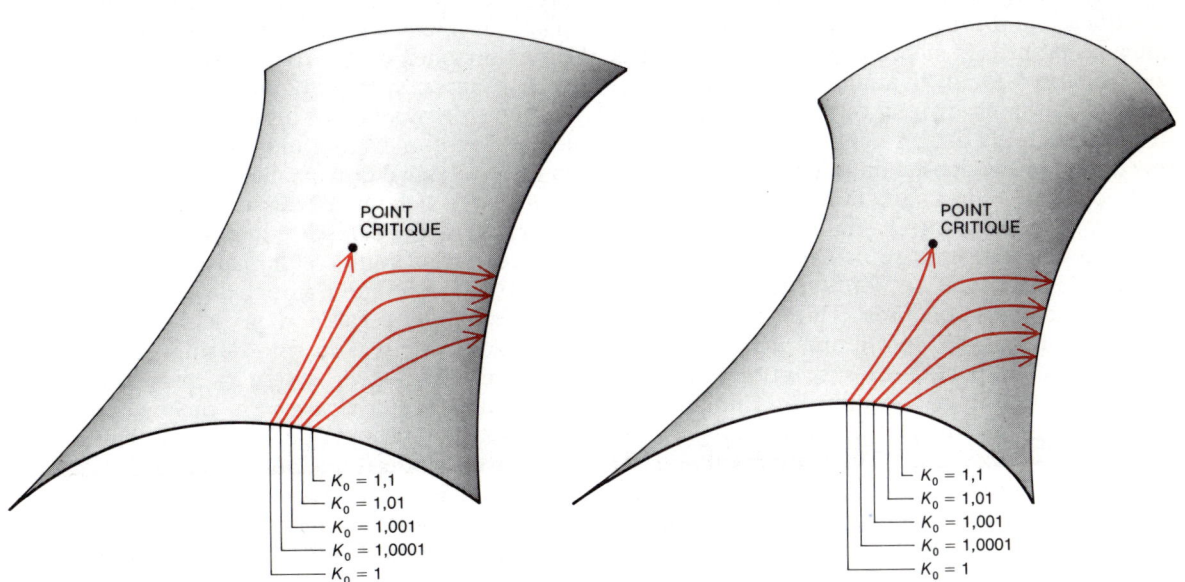

10. LA PENTE DE LA SURFACE DES PARAMÈTRES au voisinage du point critique détermine les propriétés macroscopiques du modèle d'Ising. Si on trace les trajectoires correspondant à de nombreuses valeurs initiales de K près de la valeur critique (égale à 1 dans ce cas), c'est la pente au sommet du col qui détermine la rapidité avec laquelle ces trajectoires plongent vers les points fixes triviaux $K = 0$ et $K = $ l'infini. Si la surface est assez plate *(figure de gauche)*, une trajectoire correspondant à la valeur initiale $K = 1{,}01$ passe près du sommet du col. Lorsque la surface a une courbure plus importante *(figure de droite)*, les trajectoires correspondantes sont plus incurvées et se dirigent plus rapidement vers la vallée. Puisque la température est l'inverse de K, la pente au voisinage du point fixe mesure la façon dont varient les propriétés du système lorsqu'on s'éloigne de la température critique.

macroscopique. Une modification de la structure du réseau a beaucoup d'effet sur les événements qui se passent à l'échelle de la maille du réseau, mais leurs effets diminuent au fur et à mesure que l'échelle augmente. Lorsqu'on fait un calcul dans le cadre du groupe de renormalisation, les variations à l'échelle de la maille du réseau s'estompent après les premières itérations, si bien que des modèles avec des réseaux très différents auront le même comportement critique. Il résulte de la topographie de la surface des paramètres que de nombreux systèmes ont des exposants critiques semblables lorsqu'on leur applique la méthode du groupe de renormalisation. Chaque réseau correspond à un point différent dans l'espace des paramètres, mais, à la température critique, ils sont tous sur la crête. En répétant les transformations du groupe de renormalisation, tous ces systèmes convergent vers le même point fixe, à savoir le sommet du col.

On peut étendre à des systèmes autres que les corps ferromagnétiques l'idée selon laquelle les phénomènes critiques ne dépendent pas de certains paramètres. Par exemple, un fluide au voisinage du point critique a les mêmes propriétés que le modèle d'Ising à trois dimensions d'un corps ferromagnétique. Afin de comprendre cette identification, il faut établir une correspondance entre les propriétés macroscopiques d'un fluide et celles d'un aimant. L'aimantation, qui est le nombre de spins dirigés vers le haut moins le nombre de spins dirigés vers le bas, s'identifie à une différence de densité dans le fluide : la densité de la phase liquide moins la densité de la phase vapeur. Tout comme l'aimantation spontanée s'annule à la température de Curie, la différence de densité s'évanouit au point critique du fluide. On dit que ces quantités (l'aimantation et la différence de densité) sont les paramètres d'ordre des systèmes respectifs. La susceptibilité magnétique, qui traduit la variation de l'aimantation lorsqu'on modifie un peu le champ magnétique appliqué, est analogue à la compressibilité du fluide, c'est-à-dire à la variation de densité résultant d'une petite variation de la pression. Tout comme la susceptibilité, la compressibilité devient infinie au point critique. Le comportement d'un fluide au voisinage du point critique et le modèle d'Ising à trois dimensions sont identiques en ce sens qu'ils correspondent à la même surface dans l'espace des paramètres. Les positions initiales des deux systèmes sont distinctes sur la surface, mais elles convergeront vers le même point, le sommet du col, et auront donc les mêmes exposants critiques.

Cette similitude observée entre les comporte-ments des fluides et ceux des corps ferromagnétiques au voisinage du point critique n'est qu'un cas particulier d'une hypothèse plus générale : l'universalité du point critique. D'après cette hypothèse, deux quantités seulement déterminent le comportement critique de la plupart des systèmes : la dimensionnalité d'espace que l'on désigne par d et la dimensionnalité du paramètre d'ordre désignée par n. On pense que tous les systèmes physiques caractérisés par les mêmes valeurs de d et de n donneront la même surface dans l'espace des paramètres et par suite les mêmes exposants critiques. On dit alors qu'ils appartiennent à la même classe d'universalité.

La dimensionnalité d'espace est presque toujours facile à déterminer, mais il faut prendre des précautions pour déterminer la dimensionnalité du paramètre d'ordre. Dans les systèmes magnétiques, où le paramètre d'ordre est l'aimantation, n est le nombre de composantes nécessaires pour définir le vecteur de spin. Le vecteur d'un spin d'Ising ne pouvant qu'être parallèle à un axe donné, il n'y a qu'une seule composante : pour le modèle d'Ising, n vaut 1. Si on permet à un vecteur de spin d'avoir une direction quelconque dans un plan donné, il faut deux composantes que l'on prend en général le long des axes définissant le plan. De même, si le vecteur peut prendre une direction quelconque dans l'espace, il faut trois composantes, si bien que n vaut 3.

Pour le modèle d'Ising à trois dimensions, on a $d = 3$ et $n = 1$. Les fluides ordinaires sont dans la même classe d'universalité. L'espace où le fluide évolue a visiblement trois dimensions. Le paramètre d'ordre, c'est-à-dire la différence de densité entre la phase liquide et la phase gazeuse, est une quantité scalaire qui n'a donc qu'une composante ; on l'exprime à l'aide d'un seul nombre, tout comme la valeur d'un spin d'Ising.

Plusieurs autres systèmes physiques appartiennent à cette classe. Un mélange de deux liquides, par exemple de l'eau et de l'huile, a un comportement critique au voisinage de la température où les composants deviennent complètement miscibles l'un à l'autre ; cette température s'appelle le point de miscibilité. Aux températures inférieures au point de miscibilité, le mélange se sépare en deux phases et on définit le paramètre d'ordre comme la différence de concentration entre les deux phases ; c'est une quantité qui s'exprime encore à l'aide d'un seul nombre. Les alliages comme le laiton, présentent aussi une transition entre une phase ordonnée où les deux métaux occupent des places bien déterminées dans un réseau régulier, et une phase désordonnée où

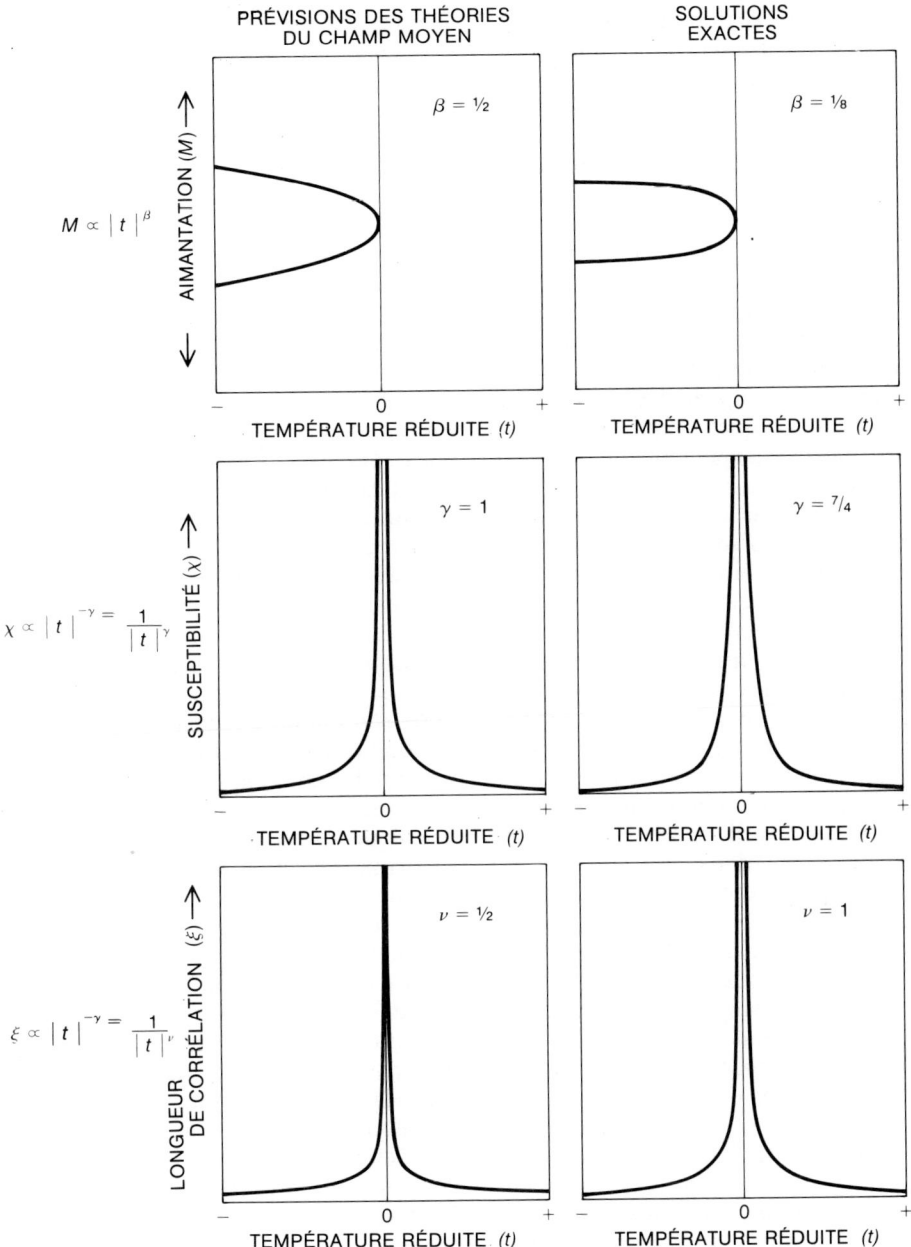

11. LES EXPOSANTS CRITIQUES sont des mesures des propriétés macroscopiques du système lorsqu'on s'éloigne de la température critique. Il est plus pratique d'utiliser non pas la température, mais la température réduite t définie par $t = (T - T_C)/T_C$. Toutes les propriétés macroscopiques sont alors proportionnelles à la valeur absolue de t élevée à une certaine puissance ; cette puissance est l'exposant critique de la propriété considérée. Les exposants et les lois de variation donnés sur les graphiques de gauche sont ceux fournis par la théorie du champ moyen dans laquelle on ignore toutes les fluctuations. Les graphiques de droite correspondent à la solution exacte du modèle d'Ising trouvée en 1944 par Lars Onsager. Ces exposants critiques montrent comment varient les propriétés du système lorsque l'on modifie la température ou la force de couplage du système ; la même information est contenue dans la pente de la surface de l'espace des paramètres près du point fixe critique. On peut déduire les exposants critiques de la pente de la surface, des paramètres de l'espace et les calculs faits par l'auteur et d'autres chercheurs donnent, pour le modèle d'Ising, des valeurs très proches de celles obtenues par Onsager.

les métaux n'ont pas de répartition uniforme. Pour un tel système, le paramètre d'ordre est encore la différence de concentration, si bien que n vaut 1. On s'attend à ce que tous ces systèmes aient les mêmes exposants critiques que le modèle d'Ising à trois dimensions. Il en est ainsi de certains corps ferromagnétiques réels, ceux qui ne s'aimantent facilement que dans une seule direction. Les résultats des expériences confirment ces prédictions.

L'hypothèse d'universalité serait triviale si les exposants critiques étaient des entiers ou des fractions simples comme 1/2. De tels exposants interviennent dans beaucoup de lois physiques, sans qu'elles aient un lien quelconque entre elles. La gravitation et l'électromagnétisme ont la même loi en inverse du carré (exposant – 2) mais cette coïncidence ne prouve pas que ces forces sont identiques. En revanche, lorsque les exposants ne sont pas des nombres entiers, par exemple 0,63, la correspondance semble remarquable. Quand de nombreux systèmes convergent vers de telles valeurs, ce ne peut être un accident, mais au contraire une preuve que les détails des structures physiques qui distinguent un fluide d'un aimant sont moins importants que les propriétés géométriques que traduisent les valeurs de d et de n.

Le modèle d'Ising à deux dimensions ($d = 2$, $n = 1$) est le type d'une famille de systèmes à deux dimensions. Donnons-en deux exemples : les couches minces de liquides et l'adsorption d'un gaz à la surface d'un solide. Un corps ferromagnétique ordinaire est dans la classe caractérisée par $d = 3$ et $n = 3$, c'est-à-dire que le réseau est à trois dimensions et que chaque spin est caractérisé par trois composantes ; il peut prendre n'importe quelle orientation dans l'espace. Lorsque les spins sont assujettis à rester dans un plan fixe, la classe correspond à $d = 3$ et $n = 2$. Dans la même classe on trouve la transition de l'hélium 4 vers l'état superfluide, ainsi que les transitions état normal-état supraconducteur de métaux variés.

D'autres classes d'universalité correspondent à des valeurs de d et de n dont l'interprétation est moins évidente. Le cas $d = 4$ a un intérêt en physique des particules élémentaires où l'une des quatre dimensions est le temps. Il existe un réseau théorique de spins appelé le modèle sphérique, dans lequel un spin individuel peut avoir une longueur quelconque, mais où l'on se fixe la somme de tous les spins ; dans ce modèle n s'avère être infini. Un parcours aléatoire à travers un réseau de points, où l'on ne passe jamais deux fois par le même point, représente la configuration d'un polymère à longue chaîne ; Pierre Gilles de

Gennes du Collège de France a montré que ce problème fait partie d'une classe d'universalité pour laquelle n est égal à zéro. Dans des modèles théoriques, n peut même prendre la valeur – 2, bien que la signification physique d'un vecteur ayant un nombre négatif de composantes ne soit pas claire du tout.

Les seules valeurs de d et de n ayant une interprétation physique directe sont les valeurs entières. Cela est particulièrement clair pour d puisqu'on peut difficilement imaginer un espace ayant une dimension qui ne soit pas entière.

Cependant, dans la théorie du groupe de renormalisation, d et n apparaissent dans des équations où on peut les faire varier continûment dans tout un domaine. Il est même possible de tracer un graphe où l'on porte les valeurs des exposants critiques en fonction des valeurs de d et de n qui varient continûment. Ces exposants ont des valeurs bien définies, non seulement pour des dimensions entières, mais aussi pour des dimensions fractionnaires. Un tel graphe montre que les exposants critiques tendent vers les valeurs prévues par la théorie du champ moyen lorsque la dimensionnalité d'espace tend vers 4. Pour $d = 4$ et pour toutes les autres valeurs supérieures, les valeurs données par le champ moyen sont exactes. Cette remarque a donné naissance à une méthode de calculs importante dans le cadre du groupe de renormalisation. On prend la dimensionnalité d'espace égale à $4 - \varepsilon$ où ε est un nombre que l'on suppose petit. On peut alors calculer les exposants critiques sous la forme d'une somme infinie de termes ayant des puissances de plus en plus grandes de ε. Si ε est inférieur à 1, une puissance suffisamment élevée de ε a une faible valeur et on obtient une précision raisonnable en négligeant tous les termes de cette somme sauf quelques-uns au début.

Cette méthode de calcul, qu'on appelle le développement epsilon, a été mise au point par Michael Fisher de l'Université Cornell et moi-même. C'est une méthode générale pour résoudre tous les problèmes auxquels on peut appliquer la théorie du champ moyen et elle constitue un prolongement naturel de la théorie de Landau. En effet, elle donne comme résultats des corrections aux valeurs obtenues par la théorie du champ moyen. Si la méthode des blocs de spins est la plus évidente, le développement epsilon est l'outil le plus puissant.

Il n'est pas tout à fait imprévisible que les exposants critiques tendent vers les valeurs données par la théorie du champ moyen lorsque la dimensionnalité d'espace croît. L'hypothèse fondamentale des théories du champ moyen est que la force agissant en chaque site dépend de ce qui se passe en un grand nombre d'autres sites. Le nombre de plus proches voisins augmente avec la dimension du réseau : il y a deux plus proches voisins pour un réseau à une dimension, quatre dans un réseau à deux dimensions, six pour un réseau à trois dimensions et huit pour un réseau à quatre dimensions. Ainsi, lorsque la dimension de l'espace croît, la situation physique correspond de mieux en mieux à l'hypothèse principale faite dans la théorie du champ moyen. Mais on ne sait

toujours pas pourquoi $d = 4$ marque une frontière brusque au-delà de laquelle les exposants résultant de la théorie du champ moyen sont exacts.

Dans cet article, nous avons surtout envisagé les applications du groupe de renormalisation aux phénomènes critiques. Cette technique n'est cependant pas réservée à ce genre de phénomènes, et elle n'a même pas été créée pour leur étude.

Le processus de « renormalisation » fut inventé dans les années 1940 pour mettre au point l'électrodynamique quantique qui est la théorie

CLASSE D'UNIVERSALITÉ		MODÈLE THÉORIQUE	SYSTÈME PHYSIQUE	PARAMÈTRE D'ORDRE
$d = 2$	$n = 1$	Modèle d'Ising à deux dimensions	Films adsorbés	Densité de surface
	$n = 2$	Modèle XY à deux dimensions	Films d'Hélium 4	Concentration de la phase superfluide
	$n = 3$	Modèle d'Heisenberg à deux dimensions		Aimantation
$d > 2$	$n = \infty$	Modèle sphérique	Aucun	
$d = 3$	$n = 0$	Marche aléatoire sans croisement	Configuration des polymères à longues chaînes	Densité des extrémités des chaînes
	$n = 1$	Modèle d'Ising à trois dimensions	Aimant uni-axial	Aimantation
			Fluide au voisinage d'un point critique	Différence de densité entre phases
			Liquides au voisinage du point de mélange	Différence de concentration
			Alliage près d'une transition ordre-désordre	Différence de concentration
	$n = 2$	Modèle XY à trois dimensions	Aimant-plan	Aimantation
			Hélium 4 près de la transition super-fluide	Concentration de la phase superfluide
	$n = 3$	Modèle d'Heisenberg à trois dimensions	Aimant isotrope	Aimantation
$d \leq 4$	$n = -2$		Aucun	
	$n = 32$	Chromodynamique	Quarks liés dans les protons, les neutrons, etc.	

12. L'HYPOTHÈSE D'UNIVERSALITÉ énonce que divers systèmes physiques ont un comportement identique près de leurs points critiques. Dans la plupart des cas, ces propriétés critiques ne dépendent que de deux facteurs : la dimensionnalité d'espace d et la dimensionnalité du paramètre d'ordre n. Pour les systèmes magnétiques, le paramètre d'ordre est l'aimantation et sa dimensionnalité est le nombre de composantes nécessaires pour déterminer le vecteur de spin. La plupart des systèmes qui ont les mêmes valeurs de d et de n appartiennent à la même classe d'universalité et présentent les mêmes exposants critiques. Par exemple, les corps ferromagnétiques qui ressemblent au modèle d'Ising à trois dimensions, les fluides, les mélanges de liquides et certains alliages, font tous partie de la classe d'universalité $d = 3$ et $n = 1$; près du point critique, les courbes représentant les propriétés correspondantes ont la même forme. L'interprétation de certaines valeurs de d et de n est moins évidente, une valeur telle que $n = -2$ peut être envisagée du point de vue mathématique, mais ne correspond à aucun système physique connu. Le modèle XY et le modèle d'Heisenberg sont analogues au modèle d'Ising mais décrivent des corps ferromagnétiques dont les vecteurs de spins ont respectivement deux et trois composantes.

moderne de l'interaction des particules chargées électriquement avec le champ électromagnétique. On peut interpréter la difficulté rencontrée lors de la mise au point de cette théorie comme résultant de l'intervention de plusieurs échelles de longueur. Pendant quelque temps, la charge de l'électron prévue par la théorie s'est avérée être infinie, ce qui était en contradiction flagrante avec l'expérience. La théorie de l'électrodynamique quantique renormalisée ne supprime pas l'infini ; au contraire, on définit un électron comme étant une particule dont la charge « nue » est infinie. Or en électrodynamique quantique, une charge nue a pour effet d'induire une charge opposée dans le vide environnant qui contrebalance la majeure partie de la charge infinie, ne laissant qu'une petite charge résiduelle, celle qui est observée expérimentalement.

On peut imaginer une particule test employée pour mesurer la charge de l'électron à n'importe quelle distance. À grande distance on mesurerait la valeur habituelle qui est la différence entre la charge nue et la charge induite. Au fur et à mesure qu'elle s'approcherait de l'électron, la charge augmenterait pour devenir infinie au cœur même. Ce processus de renormalisation donne un moyen de soustraire la charge protectrice infinie de la charge nue, elle aussi infinie, de façon à obtenir un résultat fini.

Plusieurs chercheurs, et parmi eux, Murray Gell-Mann et Francis Low, remarquèrent, dans les années 1950, que le processus de renormalisation utilisé en électrodynamique quantique n'était pas unique ; ils proposèrent une formulation plus générale qui est la version originale du groupe de renormalisation. En appliquant leur méthode à l'électrodynamique quantique, on obtient une expression mathématique donnant la charge de l'électron à une distance donnée de l'électron. Puis on regarde ce qui se passe dans cette expression lorsqu'on fait tendre vers zéro la distance à laquelle on effectue la mesure. L'arbitraire est dans le choix de la distance initiale. On peut prendre n'importe quelle valeur sans pour cela changer le résultat final si bien qu'il y a une infinité de processus de renormalisation équivalents.

En mathématiques, un groupe est un ensemble de transformations ayant une certaine propriété : le produit de deux transformations doit encore faire partie de l'ensemble. Par exemple, les rotations sont des transformations qui forment un groupe puisque le produit de deux rotations en est encore une. Dans le cas du groupe de renormalisation, cela signifie qu'on peut répéter indéfiniment le processus puisque appliquer le procédé deux fois revient à appliquer le produit de ces deux transformations. En fait, le groupe de renormalisation est à proprement parler un semi-groupe car l'inverse d'une transformation n'est pas définie. On peut voir clairement pourquoi il en est ainsi dans la technique des blocs de spins appliquée au modèle d'Ising à deux dimensions. On peut condenser un bloc de neuf spins en un seul spin moyen, mais on ne peut pas retrouver la configuration initiale des spins à partir du spin moyen car on a perdu une partie de l'information.

La méthode du groupe de renormalisation que l'on a esquissée dans cet article diffère de celle introduite par Gell-Mann et Low. La version initiale de cette technique n'est utile que pour comprendre quels problèmes on peut résoudre par une méthode traditionnelle, consistant à trouver une expression approchée du comportement du système puis à partir de là en déduire de meilleures valeurs approchées à l'aide d'une série de perturbations. De plus, dans la méthode initiale, un seul paramètre pouvait varier (dans l'exemple donné, la charge de l'électron). Par suite, la surface dans l'espace des paramètres n'était pas un paysage à plusieurs dimensions, mais une simple ligne. La version moderne du groupe de renormalisation que j'ai introduite en 1971 permet d'aborder un plus grand nombre de problèmes physiques. Mais il est aussi important de remarquer qu'elle donne une interprétation physique au processus de renormalisation qui paraissait, auparavant, purement formel.

Ces dernières années j'ai essayé d'appliquer une nouvelle version du groupe de renormalisation à un problème de la physique des particules élémentaires. Le problème est de décrire les interactions des quarks. (Les quarks sont les composants hypothétiques des protons, des neutrons et d'une multitude d'autres particules analogues.) Dans un certain sens, ce problème est le même que le problème de renormalisation initial de l'électrodynamique quantique, mais dans un autre, c'est exactement le contraire.

En électrodynamique quantique, plus on se rapproche de l'électron, plus sa charge augmente. Pour l'interaction des quarks on appelle couleur la propriété analogue à la charge électrique ; c'est pourquoi on appelle chromodynamique quantique la théorie de l'interaction des quarks. La charge de couleur d'un quark semble diminuer quand la distance à laquelle on la mesure diminue. En conséquence, deux quarks qui sont très proches l'un de l'autre interagissent très peu : leur couplage est faible ; en revanche, lorsqu'on éloigne deux quarks, la charge de couleur effective croît et ils

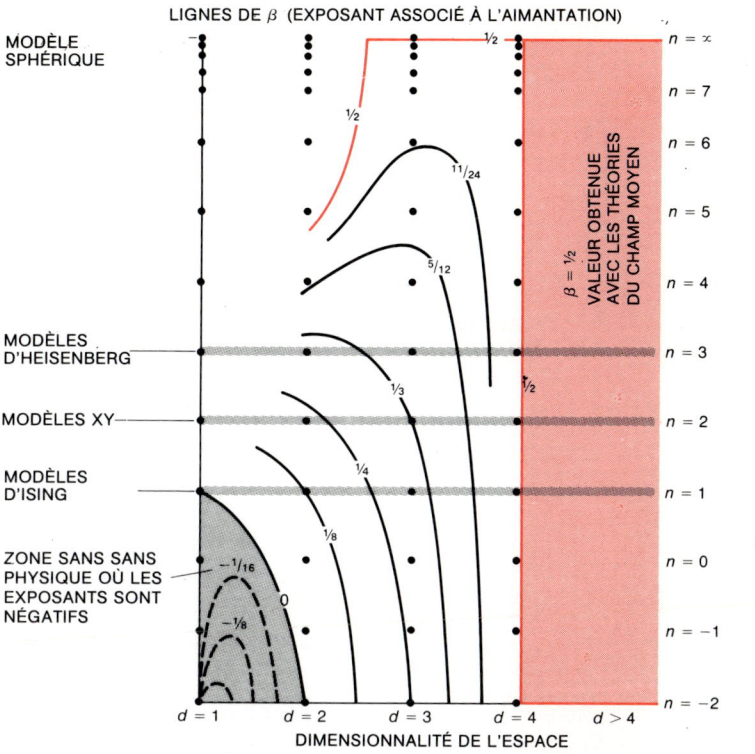

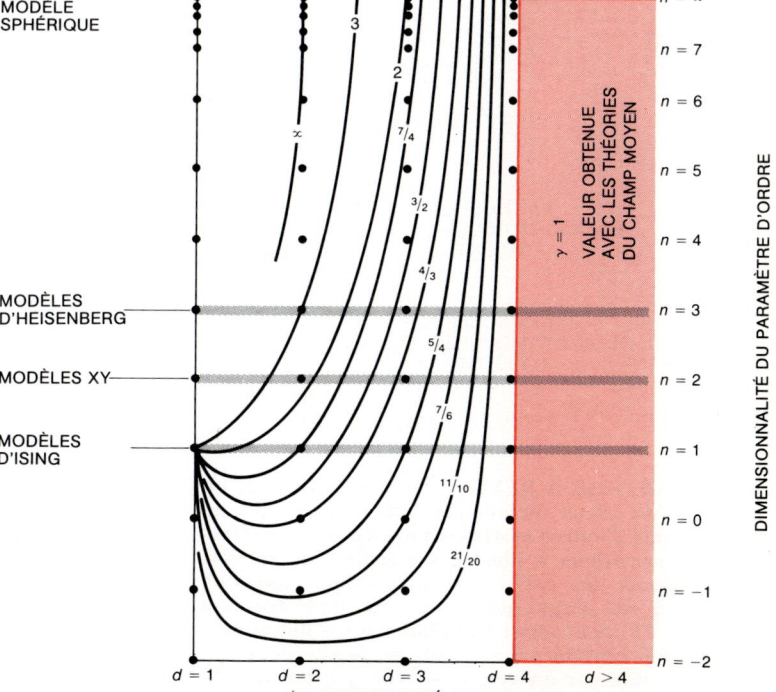

13. LES VARIATIONS DES EX-POSANTS CRITIQUES avec la dimensionnalité d'espace *d* et la dimensionnalité du paramètre d'ordre *n* tendent à prouver que des classes d'universalité différentes ont des propriétés critiques différentes. On peut calculer les exposants critiques en fonction de *d* et de *n*, qui ne sont pas nécessairement entiers, mais seules les valeurs entières ont un sens physique. Dans un espace ayant une dimension supérieure ou égale à quatre, les exposants critiques ont les mêmes valeurs que celles fournies par les théories du champ moyen. Ces courbes ont été tracées par Michael Fisher de l'Université Cornell.

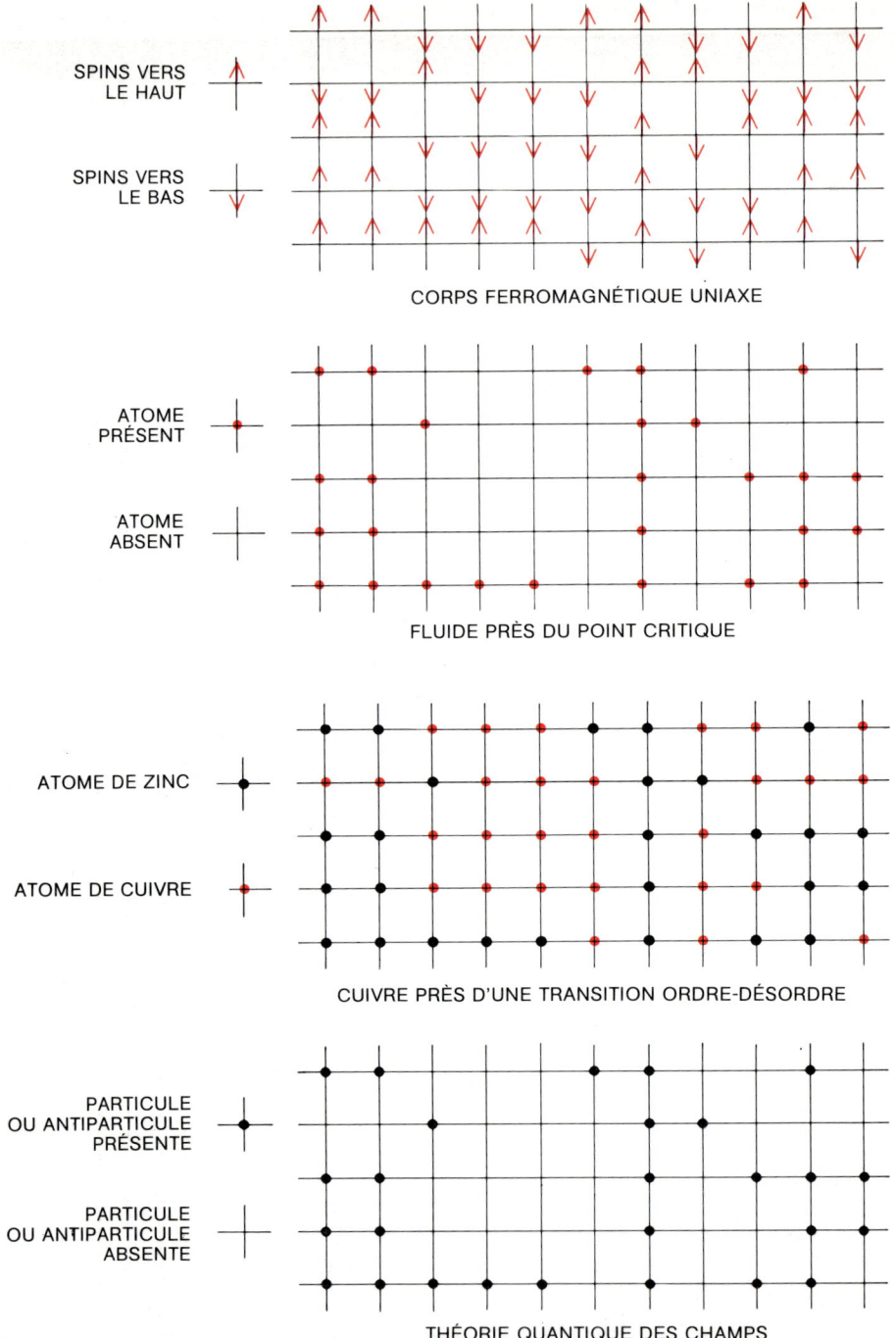

SPINS VERS
LE HAUT

SPINS VERS
LE BAS

CORPS FERROMAGNÉTIQUE UNIAXE

ATOME
PRÉSENT

ATOME
ABSENT

FLUIDE PRÈS DU POINT CRITIQUE

ATOME DE ZINC

ATOME DE CUIVRE

CUIVRE PRÈS D'UNE TRANSITION ORDRE-DÉSORDRE

PARTICULE
OU ANTIPARTICULE
PRÉSENTE

PARTICULE
OU ANTIPARTICULE
ABSENTE

THÉORIE QUANTIQUE DES CHAMPS

14. UN SYSTÈME À RÉSEAU est non seulement un modèle d'un corps ferromagnétique, mais aussi un modèle pour d'autres systèmes physiques qui présentent des variations à plusieurs échelles. Le modèle d'Ising décrit un corps ferromagnétique uniaxial, c'est-à-dire un corps qui a un axe d'aimantation privilégié. On peut aussi l'appliquer à un fluide près de son point critique ; chaque site du réseau peut être occupé ou non par un atome, si bien que les fluctuations deviennent des variations de densité. Un alliage tel que le laiton a une structure analogue où chaque site est occupé par un atome de métal (parmi deux métaux). Dans tous ces systèmes, les fluctuations sont thermiques ; dans les théories quantiques des champs (qui décrivent les interactions entre particules élémentaires), ce sont des fluctuations quantiques du vide qui permettent à des particules et à des antiparticules d'apparaître spontanément. On formule une théorie quantique des champs sur un réseau en décrétant qu'une particule ne peut apparaître qu'en un nœud.

deviennent très fortement liés. Alors qu'un électron induit une charge compensatrice dans l'espace qui l'entoure, il semble que les quarks induisent une charge de couleur du même signe qui augmente la valeur de leur propre charge à longue distance. Beaucoup de gens acceptent l'hypothèse selon laquelle la force de couplage effective entre quarks augmente indéfiniment lorsque leur distance dépasse le diamètre du proton qui est de l'ordre de 10^{-13} centimètre. Si cela est vrai, on ne pourrait arracher un quark à un proton qu'en fournissant une quantité d'énergie infinie. Les quarks seraient donc toujours confinés à l'intérieur des protons.

Une façon de visualiser les liens entre les quarks est de tracer des lignes de force imaginaires entre eux. La force de couplage est alors proportionnelle au nombre de lignes de force traversant une aire unité sur n'importe quelle surface séparant les particules. Dans le cas de l'électron, quand on sépare les particules, les lignes de force s'écartent dans l'espace si bien qu'il y a peu de lignes par unité d'aire. La densité des lignes décroît comme l'inverse du carré de la distance, ce qui donne les lois bien connues de l'électromagnétisme en $1/r^2$. Pour les quarks, l'hypothèse habituelle est que les lignes de force ne se dispersent pas dans l'espace ; elles restent confinées à l'intérieur d'un tube fin ou d'une corde qui relie directement les quarks. En conséquence, le nombre de lignes par unité d'aire reste constant quelle que soit la distance et on ne peut donc pas séparer les quarks. Bien que cette explication du confinement des quarks fasse appel à l'intuition, ce n'est qu'une explication qualitative. Jusqu'à présent, personne n'a pu expliquer le confinement des quarks à partir de la théorie de la chromodynamique quantique.

Le problème du confinement fait intervenir une large gamme de longueurs et d'énergies et il est donc peut-être justiciable des méthodes du groupe de renormalisation. J'ai formulé une version du problème dans laquelle les quarks occupent les sites d'un réseau quadridimensionnel dans l'espace temps et dans lequel ils sont reliés par des « cordes » qui suivent les lignes reliant les sites. Ce réseau est purement artificiel, il n'a aucun analogue dans l'espace temps réel et doit finalement disparaître de la théorie. On peut le faire disparaître en faisant tendre vers zéro la maille du réseau.

Tout comme pour l'étude du ferromagnétisme, on applique plusieurs fois une transformation du groupe de renormalisation au réseau des quarks et des cordes. On peut alors étudier l'interaction des quarks à des distances de plus en plus grandes. La question à laquelle il faut répondre est celle-ci : les lignes de force restent-elles confinées dans des faisceaux en forme de tube ou bien se dispersent-elles dans le réseau lorsque l'échelle des longueurs augmente ? Les calculs à effectuer sont près de la limite des possibilités des ordinateurs de la génération actuelle. Jusqu'à présent je n'ai pas la réponse.

Les méthodes du groupe de renormalisation semblent pouvoir s'appliquer à d'autres problèmes, mais on ne les a pas encore formulés d'une façon telle qu'ils puissent être résolus. La percolation d'un liquide dans un solide, par exemple l'eau s'infiltrant dans le sol ou dans le café moulu d'une cafetière, fait intervenir des accumulations de fluide sur des échelles très différentes. La turbulence dans les liquides est un problème connu pour sa très grande difficulté, et il a résisté depuis plus d'un siècle à toutes les tentatives faites pour le décrire mathématiquement. Le phénomène est caractérisé par un grand nombre d'échelles de longueur ; par exemple, les turbulences atmosphériques vont des petits tourbillons de poussière aux ouragans.

Il peut sembler que, compte tenu de tous les travaux faits dans le cadre du groupe de renormalisation, les résultats soient plutôt maigres. Il ne faut cependant pas oublier que les problèmes auxquels on a pu appliquer cette méthode sont parmi les plus difficiles de la physique. S'ils ne l'étaient pas, on aurait pu les résoudre à l'aide de méthodes plus simples. En effet, la difficulté d'une grande partie des problèmes non résolus de la physique vient de ce qu'ils font intervenir une multitude d'échelles de longueur. Le chemin qui semble le plus prometteur vers leur résolution passe par une amélioration des méthodes du groupe de renormalisation.

Un ordre caché
dans la matière désordonnée

En courbant l'espace des structures vitreuses on retrouve la régularité des structures cristallines et on redécouvre ainsi un ordre dans un arrangement atomique apparemment désordonné.

Jean-François Sadoc et Rémy Mosseri

Toute structure, ou arrangement des atomes dans un solide, résulte souvent d'un compromis entre la structure géométrique locale la plus stable pour un petit ensemble d'atomes et la structure globale constituée par la juxtaposition de ces structures locales. Quand la structure locale a une forme géométrique telle que sa répétition peut remplir tout l'espace, un empilement de cubes par exemple, alors la structure globale est un cristal, cubique dans ce cas. Dans le cas contraire, la structure globale présentera souvent un certain désordre car la structure locale ne peut s'organiser pour donner une structure globale périodique simple, obtenue par une répétition à l'infini de la même structure de base. Il est même courant qu'aucune périodicité ne puisse être observée : la structure globale apparaît alors désordonnée ; mais, comme nous allons le voir dans cet article, ce désordre peut n'être qu'apparent.

Imaginons d'abord une structure planaire, c'est-à-dire une structure formée d'un assemblage de molécules élémentaires à deux dimensions ; si la structure locale est un pentagone régulier, nous savons qu'il est impossible de paver le plan avec des pentagones réguliers et la structure ne pourra être « cristalline », c'est-à-dire formée de pentagones réguliers identiques accolés par leurs côtés. La structure globale sera alors irrégulière, composée par exemple de pentagones irréguliers mélangés à d'autres polygones. Or il est possible de rétablir une certaine régularité dans ce réseau à deux dimensions car on sait que les pentagones

réguliers, s'ils ne peuvent paver le plan, peuvent paver la sphère : on peut disposer 12 pentagones courbés à la surface de la sphère. Si, ensuite, nous projetons la surface de la sphère sur le plan, nous voyons apparaître une structure dont l'irrégularité ne sera qu'apparente car elle sera issue d'une structure courbe régulière.

La démarche pour l'ordonnancement d'une structure irrégulière consistera ainsi à définir quelle courbure il faut imposer à la structure globale pour qu'elle retrouve une régularité géométrique compatible avec le motif de la structure locale. Cette opération de courbure est plus facilement visualisée si elle est associée au passage à une dimension supérieure. Pour voir l'arrangement des pentagones réguliers sur la sphère, nous plongeons cette surface à deux dimensions dans un espace à trois dimensions. Malheureusement comme les structures du monde physique sont en général à trois dimensions, pour voir l'effet de la courbure nous devons passer dans un espace de dimension supérieure, c'est-à-dire un espace à quatre dimensions dont la préhension et la visualisation sont assez peu familières.

Les verres

Les physiciens associent la notion de solide à un réseau cristallin, c'est-à-dire parfaitement ordonné. La notion de cristal imprègne le subconscient des physiciens, mais encore plus celui de l'homme de la rue : c'est l'image de la perfection et de la pureté, d'où une expression étonnante, une eau « cristalline ». Les termes « amorphe » et « non cristallin », souvent employés pour décrire les autres états solides, présentent des connotations négatives. C'est pourquoi, dans ce texte, nous préférons utiliser le terme de « verre » pour les qualifier. Comme nous allons le voir, l'ordre existant dans un verre se prête à une description mathématique au moins aussi fascinante que celle de l'ordre cristallin, et notre besoin de perfection y trouvera peut-être son compte.

Nous introduirons dans les verres la notion de défauts : c'est le terme consacré, encore par référence au cristal, où le défaut est une atteinte à la perfection. Dans le verre il n'en est plus de même et nous verrons que les défauts sont présents intrinsèquement quand la structure locale est incompatible avec le pavage de l'espace. Un autre terme serait donc plus agréable, mais il reste encore à inventer. Ces notions ont des conséquences directes sur les propriétés physiques des solides. Par exemple la transparence n'est pas toujours alliée à une structure cristalline. Si un gros cristal de quartz est limpide, le quartz ordinaire contient souvent des défauts et apparaît

alors translucide car ces défauts absorbent et diffusent la lumière visible ; or le quartz fait de silice (SiO_2) est sous forme cristalline. Un verre de silice (proche du verre à vitre), au contraire, sera toujours limpide, bien qu'il contienne des défauts intrinsèques ; un défaut est intrinsèque, c'est-à-dire inévitable, quand la structure locale ne peut être répétée à l'infini pour constituer la structure globale.

Pour symboliser les verres à liaisons covalentes, où la liaison chimique entre deux atomes est réalisée par la mise en commun de leurs électrons, on représente les liaisons entre atomes par des bâtonnets reliant des masses rigides d'atomes. Au contraire, dans les verres de type métallique, les électrons qui participent à la cohésion de la structure sont mis en commun entre tous les atomes et forment un « liquide » d'électrons, mobile dans le verre : les ions ont alors tendance à se rassembler de la façon la plus tassée possible, comme un empilement de sphères.

Le physicien sait déterminer la structure locale du verre par diffraction, notamment la diffraction des rayons X ou des neutrons. Cet ordre local déterminé, il apparaît, comme nous

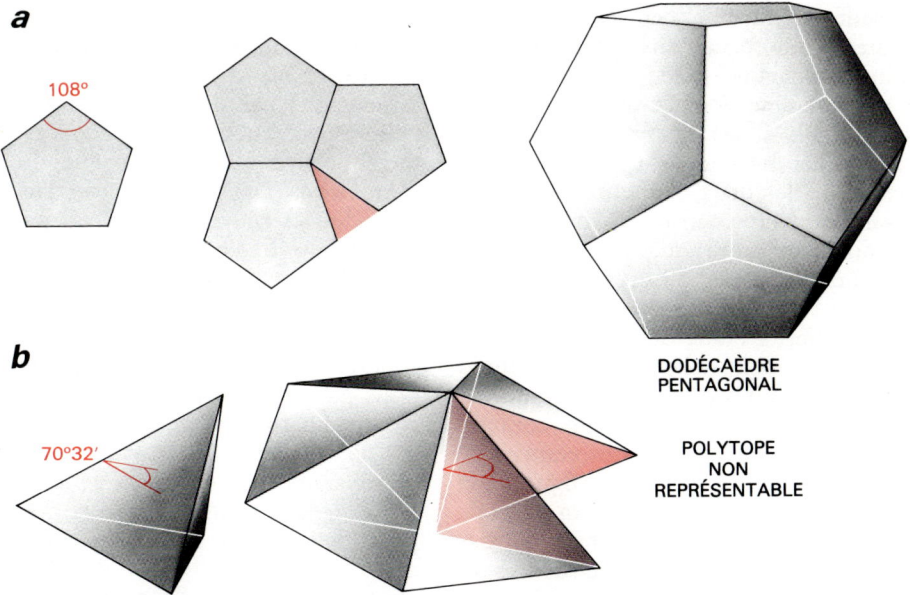

1. LE PAVAGE D'UN PLAN par des pentagones réguliers *(a)* est impossible car l'angle au sommet d'un pentagone n'est pas un sous-multiple de 2 π. De même, le pavage de l'espace par des tétraèdres réguliers *(b)* est irréalisable car l'angle dièdral entre deux faces n'est pas un sous-multiple de 2π. En revanche, si l'on courbe l'espace à deux dimensions pour obtenir une sphère, surface à deux dimensions de courbure constante, alors 12 pentagones pavent la sphère et forment un dodécaèdre. Pour réunir des tétraèdres en un polytope (l'équivalent à trois dimensions d'un polyèdre), il faut courber l'espace et associer 600 tétraèdres. Ce polytope ne serait représentable que dans un espace à quatre dimensions. On le projette dans l'espace usuel où nous vivons, à trois dimensions, pour en étudier les caractéristiques.

l'avons vu avec l'exemple des pentagones, qu'il ne peut se « propager » dans tout l'espace en le remplissant parfaitement : un modèle de structure régulière où les atomes occuperaient les sommets des pentagones et où les côtés seraient des liaisons chimiques est alors impossible à construire. De même, à trois dimensions, nous ne pouvons remplir l'espace avec des tétraèdres réguliers accolés sommets contre sommets et face contre face parce que l'angle dièdral du tétraèdre n'est pas un sous-multiple de 2π. Si l'exemple des pentagones n'a pas, à l'heure actuelle, d'application physique, celui des tétraèdres est directement lié au problème de l'empilement des sphères, problème important pour la structure des verres de type métallique.

Prenons trois atomes sphériques identiques représentés, par exemple, par des balles de ping-pong. La manière la plus dense de les assembler consiste à former avec leurs centres un triangle équilatéral. Quand on en ajoute un quatrième, le tétraèdre régulier est la configuration la plus dense. Avec cinq atomes, la solution de densité maximale est constituée de deux tétraèdres accolés par une face : le problème de l'empilement de tétraèdres et celui de l'empilement de sphères sont donc très voisins : à partir d'un empilement de tétraèdres, il suffit de placer les centres des sphères sur les sommets pour former un empilement de sphères le plus compact possible ; il est impossible de remplir parfaitement l'espace avec des tétraèdres réguliers, mais il est néanmoins toujours possible d'assembler localement quelques tétraèdres ; par exemple, les deux configurations obtenues en assemblant cinq tétraèdres ou bien 20 tétraèdres conduisent, au prix d'une légère déformation de ceux-ci (ils ne sont plus réguliers), à des figures régulières : la bi-pyramide pentagonale et l'icosaèdre irrégulier. L'étude des verres métalliques, ou plus simplement celle d'un empilement de petits pois ou de billes d'acier, montre que la structure locale correspond souvent aux configurations qu'on obtient en plaçant des centres de sphères aux sommets de ces deux figures, la bi-pyramide et l'icosaèdre. Mais, dans un souci de régularité parfaite, nous allons rechercher des espaces dans lesquels les pavages tétraédriques sont possibles.

Pavage et courbure

Reprenons l'exemple à deux dimensions du pavage par des pentagones : on peut dessiner des pentagones réguliers sur une sphère et la recouvrir totalement. On obtient alors un dodécaèdre régulier. Il a fallu ajuster la courbure de l'espace pour qu'il devienne pavable avec le motif pentagonal. La surface d'une sphère est en effet un espace à deux dimensions possédant une courbure positive ; le plan, également à deux dimensions, est de courbure nulle.

La courbure d'un espace est une notion intrinsèque, c'est-à-dire qu'il n'est pas indispensable de placer (les mathématiciens disent *plonger*) un espace courbe dans un espace de dimension supérieure pour mesurer sa courbure. À deux dimensions, des êtres infiniment plats mesureraient la courbure de l'espace à deux dimensions où ils se trouvent en traçant par exemple un triangle et en mesurant la somme des angles de ce triangle. Si cette somme est égale à 180 degrés, l'espace est de courbure nulle, c'est-à-dire un plan ; si elle est supérieure à 180 degrés, l'espace est de courbure positive et, si elle est inférieure à 180 degrés, l'espace est de courbure négative. Le triangle est constitué de trois géodésiques, c'est-à-dire des lignes de plus courte longueur joignant les sommets du triangle. L'espace est de courbure constante si cette courbure est la même en tout point de l'espace : ainsi la sphère est la surface de courbure positive constante. Dans un espace à trois dimensions et plus, on peut également mesurer une courbure de l'espace en traçant des triangles et en mesurant la somme de ces angles.

Revenons au pavage d'un espace à trois dimensions par des tétraèdres réguliers. On appelle espace euclidien l'espace à trois dimensions de courbure nulle, l'analogue du plan à deux dimensions. On ne peut paver l'espace euclidien avec des tétraèdres, mais il est possible d'ajuster la courbure de l'espace afin qu'il soit pavable par des tétraèdres. Tout comme l'espace courbe à deux dimensions est une sphère de courbure constante, l'espace courbe à trois dimensions est une hypersphère. Pour décrire analytiquement cet espace, nous passerons là encore à une dimension supérieure. La sphère ordinaire, à deux dimensions, est décrite analytiquement dans l'espace à trois dimensions par l'équation $x_1^2 + x_2^2 + x_3^2 = R^2$, où x_1, x_2 et x_3 sont les trois coordonnées d'un point de la sphère. L'hypersphère a pour équation $x_1^2 + x_2^2 + x_3^2 + x_4^2 = R^2$. Dans un espace à quatre dimensions l'hypersphère à trois dimensions, c'est-à-dire ce que nous appelons un volume.

Le pavage d'une sphère par des pentagones conduit à un dodécaèdre, qui est un polyèdre. Le pavage d'une hypersphère par des tétraèdres conduit à une figure géométrique que l'on appelle un polytope. Les polytopes sont des analogues des polyèdres dans les espaces de dimensions supérieures à trois. Le dodécaèdre contient 12 penta-gones, le polytope est un assemblage de 600 tétraè-dres ; on l'appelle quelquefois le « 600 cellules ». Dans ce polytope les tétraèdres sont groupés par cinq autour d'une arête et par 20 autour des sommets. Cet ordre local se propage parfaitement d'un sommet à l'autre et est donc identique pour tous les sommets (il y en 120). Imaginons des atomes, ou des billes, ayant leurs centres sur ces sommets : cette configuration réalise un modèle parfait d'un empilement de billes d'acier ou, plus physiquement, d'un verre métallique. Nous avons, ce faisant, idéalisé la structure en éliminant le désordre, mais l'espace dans lequel elle est décrite n'est pas notre espace physique.

Dans ce qui suit, après une présentation plus précise des structures de polytopes, nous montre-

rons comment le désordre est la conséquence des « défauts » qu'il faut introduire pour changer à nouveau la courbure de l'espace, c'est-à-dire l'an-nuler, afin de revenir au modèle réel dans notre espace physique, l'espace euclidien. Ces défauts « topologiques » introduisent en certains points des variations de l'ordre local de nature topologique, c'est-à-dire des déformations qui ne sont pas simplement métriques, comme des dilatations ou des compressions de la distance entre atomes, mais des changements plus profonds tels que des variations du nombre d'atomes voisins d'un atome situé sur le défaut (sa coordinance).

Nous allons maintenant tenter de décrire plus en détail les structures globales idéales dans un espace courbe. Nous ne considérerons ici que les empilements compacts de sphères, correspondant aux verres métalliques ; l'application au cas des

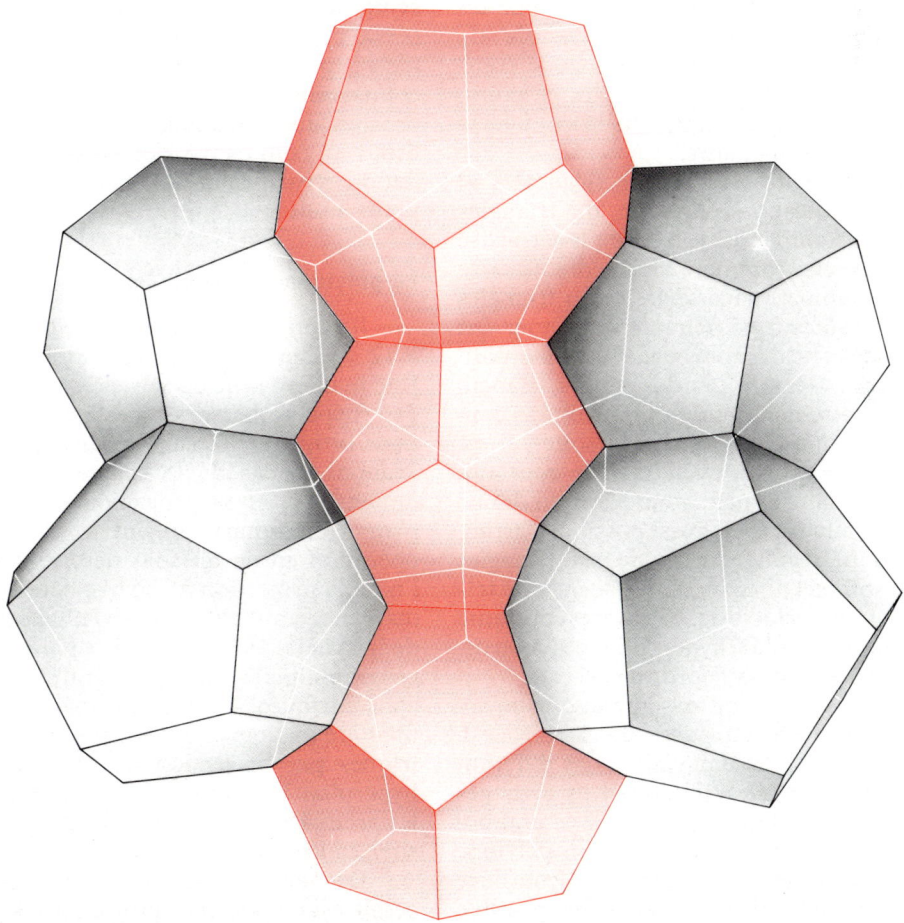

2. PROJECTION DANS L'ESPACE À TROIS DIMEN-SIONS du polytope à 120 cellules : on voit l'arrangement local des dodécaèdres. Le pavage de l'espace euclidien est impossible avec des tétraèdres mais aussi avec des dodécaèdres réguliers. Ces dodécaèdres sont, en revan-che, parfaitement réguliers sur l'hypersphère mais ap-paraissent déformés par la projection. Avec les tétraè-dres réguliers on construit un polytope à 600 cellules.

structures tétracoordonnées (semi-conducteurs amorphes) sera brièvement évoquée plus loin. La première étape consiste à identifier la configuration locale du matériau. Les méthodes « classiques » de détermination structurelle par diffusion des rayons X, des neutrons ou des électrons ne fournissent pas une information complète. Il est néanmoins possible, en alliant l'expérience, la modélisation et des arguments chimiques sur la structure électronique des atomes et des liaisons, d'approcher cet ordre local de manière plus ou moins satisfaisante suivant les cas. Nous avons par exemple associé aux métaux une configuration tétraédrique compacte.

La démarche proposée consiste à engendrer une structure tridimensionnelle où l'ordre local parfait se reproduit sans contraintes. Les cas qui nous intéressent ici sont ceux pour lesquels le motif ne permet pas un pavage parfait de l'espace euclidien ; si l'ordre local est représenté par un polyèdre régulier, il est parfois possible de construire *plusieurs* structures parfaites de courbure différente. Pour bien comprendre ce point, considérons un exemple simple où la configuration locale serait triangulaire.

Plusieurs structures régulières (« idéales ») sont possibles suivant le nombre de triangles communs à un sommet du polyèdre : le tétraèdre (trois triangles par sommet), l'octaèdre (quatre triangles par sommet), l'icosaèdre (cinq triangles par sommet), toutes trois pouvant constituer des pavages d'une surface à courbure constante positive (la sphère). Dans le cas des motifs triangulaires (et contrairement aux motifs tridimensionnels que nous considérerons par la suite), il est possible de paver le plan euclidien (de courbure nulle) avec six triangles par sommet, ce qui donne le réseau triangulaire. Il est aussi possible d'arranger de manière régulière plus de six triangles autour d'un sommet ; l'espace sous-jacent à de tels pavages est une surface de courbure constante négative, appelée le plan hyperbolique. La structure sera imposée par la coordinance.

Revenons au cas d'un assemblage compact (face contre face) de tétraèdres dans l'espace à trois dimensions : les structures idéales diffèrent alors par le nombre de tels tétraèdres arrangés autour d'une arête commune. Lorsque ce nombre est égal à 3, 4 ou 5, on obtient alors un polytope inscrit sur une hypersphère (espace à courbure positive constante) ; il est également possible d'engendrer une structure telle que toutes les arêtes soient communes à six tétraèdres. Un tel pavage est infini et se décrit dans l'espace tridimensionnel hyperbolique. Nous cherchons à mo-

déliser des structures atomiques irrégulières de l'espace euclidien ; dans la seconde étape de cette étude, nous découberons le polytope en introduisant par endroits des changements de configuration que l'on appellera les défauts topologiques du système. Dans l'opération de découbure, les distances entre sites vont subir des déformations qu'il sera important de minimiser pour obtenir une structure conforme à des exemples réels de la physique. Pour aller dans ce sens, une bonne règle à priori est de choisir, parmi toutes les structures idéales associées à un ordre local donné, celle qui minimise la courbure de l'espace (en valeur absolue). Appliqué au cas des tétraèdres, cela nous conduit à préférer le polytope à 600 cellules qui est tel que ses arêtes sont communes à cinq tétraèdres. Notons que si nous sommes plus contraignants au sujet de l'ordre local et que nous imposons la présence d'une symétrie pentagonale locale, ce même polytope (« 600 cellules ») constitue alors la seule structure idéale pour notre problème. De fait, c'est la connaissance préalable d'arrangements locaux proches du pentagone (modèles « pseudo-icosaédraux »), connus par des expériences de détermination structurale, qui, historiquement, a guidé notre étude.

Le polytope à 600 cellules

Il contient 120 sommets de coordinance égale à 12 : chaque sommet est entouré de 12 autres. Une manière utile de se représenter des objets sur des (hyper)sphères est de considérer les projections orthogonales sur des (hyper)plans tangents. Prenons le cas de la sphère habituelle à deux dimensions, et sa projection orthogonale sur le plan (horizontal) tangent au pôle Nord. Cette opération garde un sens descriptif tant que l'on limite la projection à l'hémisphère Nord, un point du plan n'étant alors jamais l'image de deux points de la sphère. Un système de « parallèles » (au sens géographique) se projette en un système de cercles concentriques. À trois dimensions on obtient, de manière analogue, un système de sphères concentriques par projection de l'hypersphère sur un hyperplan. Il est donc possible de représenter ainsi les premières couches de coordinance autour d'un site quelconque de polytope.

De même qu'à deux dimensions, chaque cercle est l'image (par projection) de l'intersection d'un plan horizontal (d'altitude variable) et de la sphère, à trois dimensions, chaque sphère est l'image de l'intersection d'un hyperplan « horizontal » et de l'hypersphère. Quand on examine les sphères de rayon croissant obtenues par intersection du polytope à 600 cellules avec les hyperplans, on trouve successivement sur ces sphères un icosaèdre, un dodécaèdre, un nouvel icosaèdre (où la distance entre sommets est plus grande) et, sur la sphère « équatoriale », une figure appelée icosidodécaèdre *(voir la figure 4)*.

Le polytope « 600 cellules » est un objet extrêmement symétrique. Son groupe de symétrie ne contient pas moins de 14 400 éléments, parmi lesquels on retrouve des opérations connues (inversion, rotation) et d'autres plus exotiques spécifiques à l'hypersphère. Une bonne connaissance de ces symétries est importante : en effet la géométrie des défauts introduits lors du processus de découbure dépend directement du choix d'un élément de symétrie particulier. De plus, si le modèle proposé ici est raisonnable, on s'attend à retrouver dans le matériau réel des arrangements relativement cohérents d'atomes sur quelques distances interatomiques, directement reliés à une symétrie locale du polytope. Par exemple une caractéristique commune à la plupart des structures compactes de sphères dures est qu'il est possible d'y distinguer des séries de tétraèdres empilés de manière quasi linéaire sur des distances valant plusieurs fois le diamètre des sphères ; on peut construire facilement de tels arrangements en accolant faces contre faces des

tétraèdres toujours dans la même direction afin de former une chaîne de ces tétraèdres. Mais, bien sûr, il est impossible de grouper parfaitement plusieurs de ces chaînes *(voir la figure 8)*. En revanche, ces arrangements sont présents de manière parfaite sur le polytope, l'empilement s'effectuant alors non pas en suivant une droite mais selon un grand cercle de l'hypersphère. L'opération de symétrie qui fait décrire successivement tous les sommets de ces tétraèdres est un exemple de symétrie particulière à l'hypersphère, qui combine deux rotations dans des plans complètement orthogonaux (qui ne se croisent qu'au centre de l'hypersphère).

Il serait possible de donner d'autres exemples de relations entre ordre parfait sur le polytope et arrangement imparfait dans la structure euclidienne non cristalline, et ce aussi bien dans le cas des métaux que dans celui des matériaux tétracoordonnés à liaisons covalentes comme le silicium amorphe. Ce n'est pas notre propos de présenter ici l'application du modèle d'espace courbe aux systèmes tétracoordonnés, mais nous allons toutefois présenter brièvement un des polytopes candidat à la structure idéale pour ces matériaux.

Ce polytope s'obtient de manière simple à partir du précédent par l'opération dite de « dualité ». Cette opération consiste à placer des

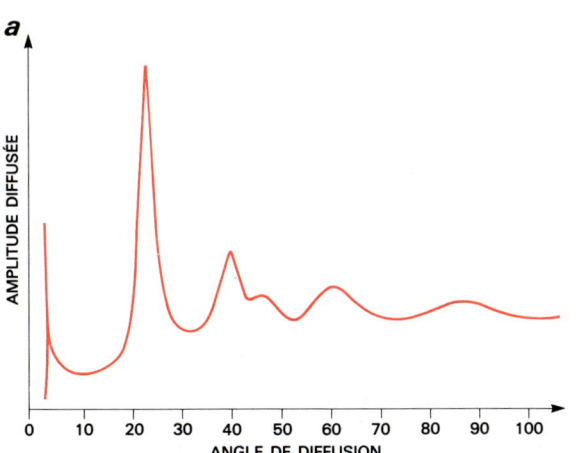

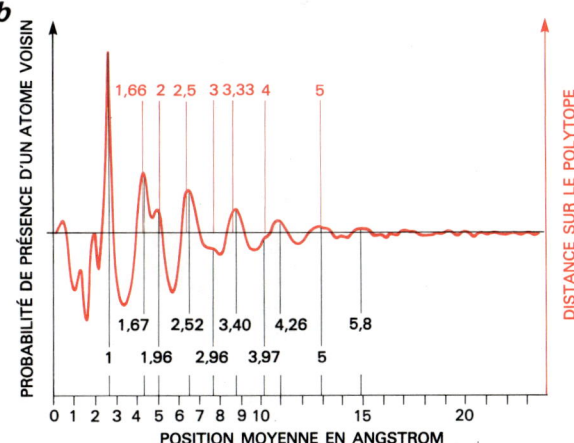

3. DIFFRACTION PAR UN VERRE : nous avons pris l'exemple d'un verre métallique formé de fer pratiquement pur. Cette expérience est due à J.-P. Lauriat d'Orsay. Si on envoie un faisceau de rayons X sur un verre, contrairement à ce qui se passe avec un cristal, on n'observe pas de tache mais des halos diffus. La variation *(a)* de l'intensité diffusée autour de l'axe du faisceau incident oscille en s'amortissant lentement. Une transformation de Fourier (analyse des fréquences d'une fonction) permet d'obtenir la fonction de distri- bution radiale de la figure *b*. Cette fonction définit la densité atomique autour d'un atome, donc les maxima caractérisent les distances moyennes entre atomes *(segments noirs)*. On a représenté en couleur les distances, sur le polytope, entre un atome et ses voisins. La concordance des valeurs obtenues illustre la validité du polytope à structures tétraédriques comme modèle de la structure du fer. Au-dessous du schéma, les distances interatomiques sont représen- tées en angströms.

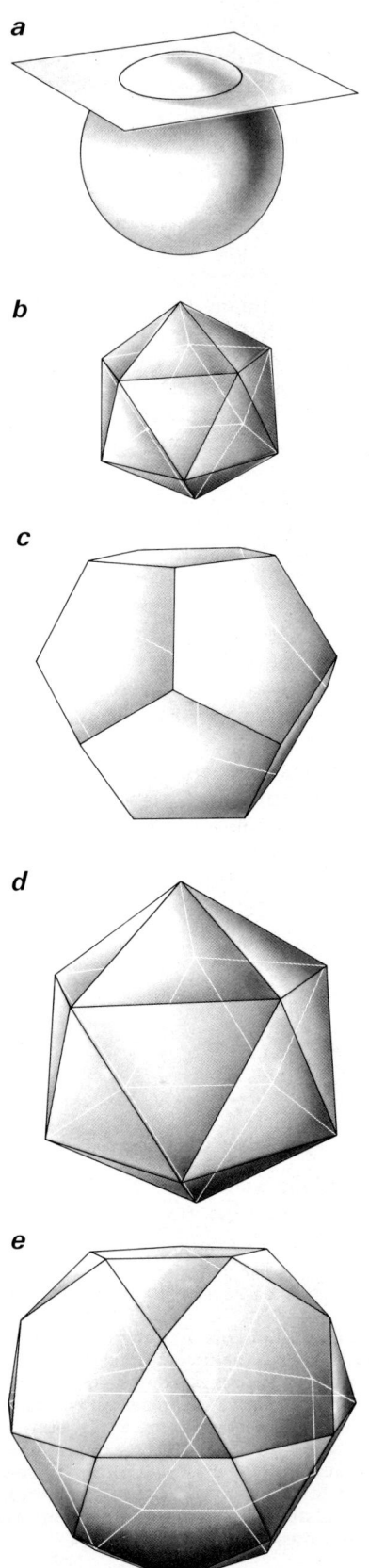

a

b

c

d

e

sommets au centre des cellules du polytope initial et à relier deux de ces sommets par une arête lorsque les deux cellules partagent une face. Les nouveaux sommets, arêtes, faces et cellules qu'ils forment, constituent le polytope dual. La dualité se traduit par le fait que le nombre de sommets (d'arêtes) d'un polytope est égal au nombre de cellules (de faces) de son polytope dual. L'opération de dualité peut se définir également dans le cas plus familier des polyèdres, les points du dual étant placés au centre des faces du polyèdre initial. On vérifie aisément que le tétraèdre est autodual (son dual est également un tétraèdre), que le cube a pour dual l'octaèdre et que l'icosaèdre a pour dual le dodécaèdre. Dans le cas du pavage du plan par des triangles la dualité peut être présentée de façon plus « physique » : plaçons des disques ayant leurs centres sur chacun des sommets de triangles et gonflons tous ces disques afin qu'ils occupent le plus de place possible. Ils prennent la forme d'hexagones dont l'empilement est la structure duale du pavage de triangles. Le dual du polytope « 600 cellules » est le polytope « 120 cellules » qui réalise un empilement de dodécaèdres (trois autour d'une arête) sur l'hypersphère. On peut aussi l'obtenir en gonflant des sphères centrées sur les sommets du polytope « 600 cellules ». Il contient 600 sommets (le nombre de cellules du polytope initial) qui ont chacun quatre voisins (le nombre de faces de chaque cellule du polytope initial). Ce polytope contient un nombre très important de pentagones réguliers, alors que les plus petits cycles de la structure cristalline du silicium sont des hexagones.

4. POUR REPRÉSENTER DANS UN PLAN les caractéristiques d'une surface à deux dimensions (ici une sphère), il est possible de représenter les coupes de cette surface par des plans successifs *(a)*. Le polytope à 600 cellules tétraédriques régulières est un volume de courbure constante qui constitue la surface d'une hypersphère à quatre dimensions. Si l'on coupe cette hypersphère à quatre dimensions par différents « hyperplans » tangents (qui sont ici des volumes à trois dimensions), on obtient les différentes configurations qui entourent un atome donné. Une première coupe de l'hypersphère *(b)* donne un icosaèdre : chaque atome, c'est-à-dire chaque sommet du polytope, est entouré de 12 plus proches voisins (la coordinance de chaque atome est égale à 12). Une deuxième coupe de l'hypersphère *(c)* inclut les seconds voisins de chaque sommet-atome ; ces voisins sont situés aux sommets d'un dodécaèdre (polyèdre à 12 faces). Une troisième coupe *(d)* donne un icosaèdre plus grand et la quatrième un icosidodécaèdre *(e)*.

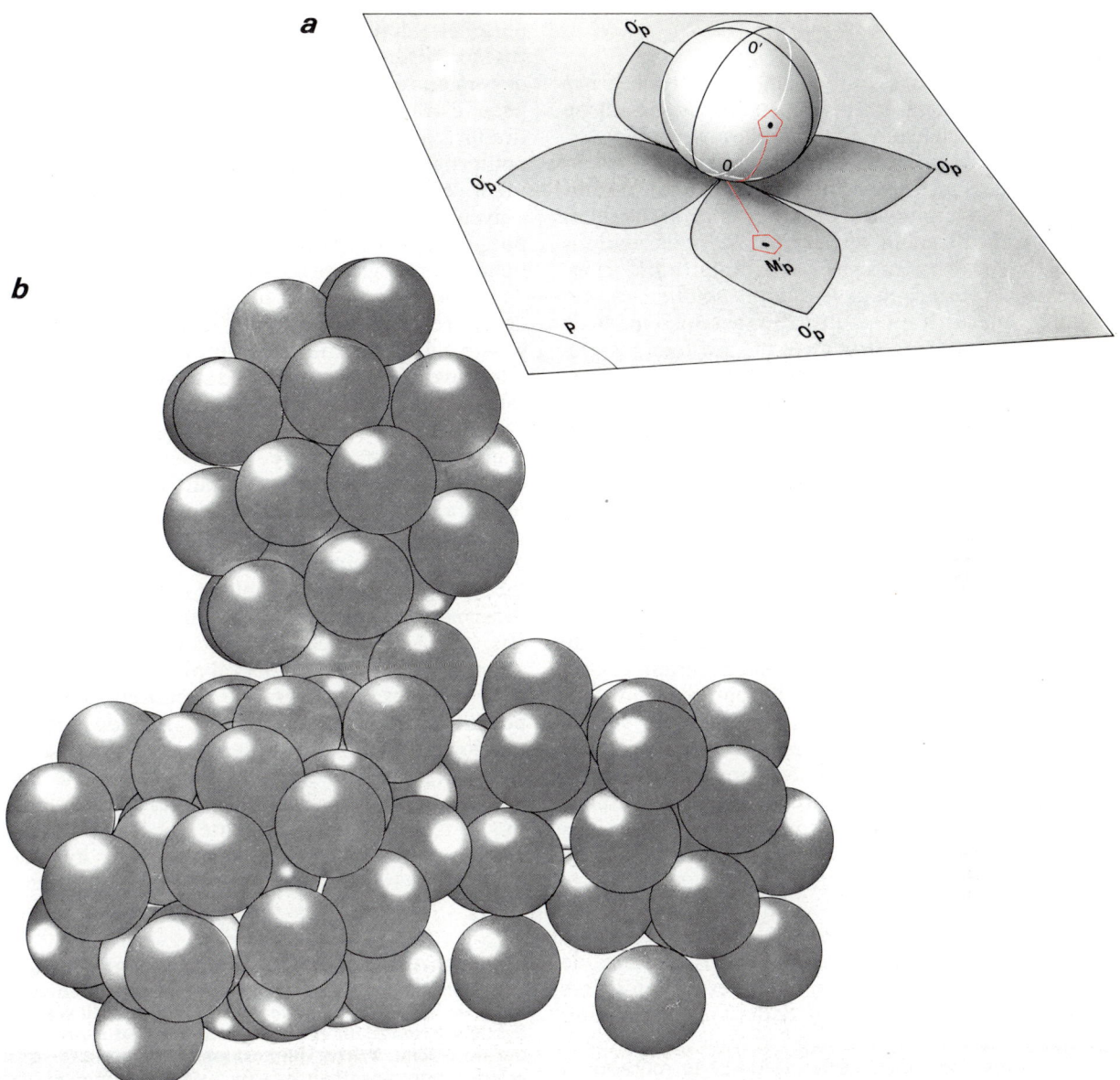

5. LA PROJECTION ÉTOILÉE est un moyen de transférer une structure décrite dans un espace courbe vers un espace plan. À deux dimensions, l'espace de courbure positive constante est une sphère. Nous voulons la projeter sur un plan avec un minimum de déformation locale. Strictement cela est impossible mais nous pouvons procéder comme lorsque l'on épluche une orange : déchirer la peau qui peut alors être mise à plat sur une surface plane. Sur la sphère on définit des lobes que l'on déchire et que l'on applique sur un plan en formant une étoile. L'ordre local, représenté par un pentagone sur la sphère, est projeté sur le plan avec une déformation assez faible, sauf s'il est coupé par une déchirure. À trois dimensions, la procédure est semblable, mais au lieu de lobes déchirés suivant des lignes, il y aura des fuseaux déchirés suivant des surfaces. Après projection, au lieu d'une « étoile » dans un plan, les fuseaux pointeront à partir d'un point commun dans différentes directions de l'espace. La figure *b* a été obtenue à partir d'une hypersphère pavée par un polytope à 600 cellules tétraédriques et 120 sommets. À chaque sommet, un atome est placé. Ensuite cette hypersphère a été divisée en quatre fuseaux qui ont été projetés sur l'hyperplan, c'est-à-dire l'espace euclidien usuel. Les quatre fuseaux ont un point commun au centre de la figure et ils pointent dans quatre directions de l'espace (trois vers l'avant de la figure, le quatrième caché derrière). Ils sont remplis par des atomes comme l'était le polytope de départ. Ces atomes apparaissent comme des grains de raisin empilés de manière dense avec un ordre local proche de celui du polytope ; on voit, par exemple, comment la symétrie pentagonale est quasiment conservée dans les lobes.

Le retour à l'espace euclidien

Les structures qui viennent d'être décrites présentent un caractère un peu abstrait en raison de l'espace non physique où elles sont plongées. D'un certain point de vue, elles sont plus simples que la structure désordonnée réelle du fait de leur grande régularité, mais l'espace courbe introduit une difficulté d'un autre type. Si nous voulons décrire des structures réelles, il faudra déformer l'espace courbe afin de le rendre euclidien, c'est-à-dire « plat ». Il en résultera un accroissement de la complexité des structures qui les fera ressembler aux structures réelles des verres. En fait, nous cherchons à projeter les structures définies dans des espaces courbes sur un espace euclidien, un peu comme le géographe cherche à représenter le globe terrestre sur une carte. Dans les deux cas, les mathématiciens nous apprennent qu'il n'existe pas de projection qui conserve à la fois les formes et les distances. Le géographe cherche un compromis pour obtenir une image globale raisonnable en minimisant autant que possible les variations de distances et de formes. Nous allons faire de même, à une différence près : en géographie, c'est la réalité qui est courbe et la représentation qui est plane, alors que dans notre étude des verres, c'est la représentation qui est courbée, l'objet réel qu'est le matériau vitreux réalisant le compromis. Ce compromis entre l'ordre idéalisé dans l'espace courbe et la nécessité de réduire les distorsions inhérentes au processus de décourbure dépend de la nature précise des liaisons chimiques entre les atomes.

Comment allons-nous effectuer de la façon la plus systématique possible la déformation de l'espace courbe afin de le rendre euclidien ? Vers 1979, un des auteurs (J.-F. Sadoc) a mis au point une première méthode appelée projection étoilée. Donnons une image concrète de cette méthode à deux dimensions : avez-vous essayé d'aplatir sur une table une peau d'orange ? Il est nécessaire de la déchirer en plusieurs lobes et de plaquer les lobes sur la table. Bien sûr, le placage déforme les lobes mais leur aspect reste inchangé, alors que les déchirures entre deux lobes constituent un bouleversement de l'environnement des points de leur voisinage. On retrouve les deux effets des défauts : les distorsions métriques et topologiques.

La même procédure est possible à partir d'une hypersphère. Dans ce cas, après étalement sur notre espace euclidien, l'objet obtenu est formé de plusieurs fuseaux (des volumes) pointant dans diverses directions de l'espace. Comme dans le cas d'une orange, le nombre de fuseaux est un

paramètre dont le choix est libre. À l'intérieur d'un fuseau l'ordre local est conservé à de petites distorsions élastiques près, mais, de même qu'une peau d'orange étalée ne couvre qu'une surface limitée, la projection en fuseaux n'occupe qu'une petite partie de l'espace. Afin de remplir totalement l'espace, plusieurs répliques du même objet doivent être accolées de la façon la plus dense possible. Ainsi apparaissent vraiment les premiers défauts topologiques : ce sont des surfaces internes de coupure, vestiges des déchirures effectuées lors de la création des fuseaux : il n'est pas toujours possible de maintenir la continuité de l'ordre local à la traversée d'une surface d'accolement de deux lobes différents.

L'intérêt principal de cette première description de défauts est de mettre en évidence la correspondance entre les défauts topologiques et les défauts non topologiques que sont les distorsions élastiques. Reprenons l'exemple de la peau d'orange : si nous faisons peu de coupures, les lobes seront difficiles à « aplatir » et d'importantes déformations élastiques apparaîtront ; en revanche, s'il y a beaucoup de coupures, la peau s'appliquera aisément, mais si plusieurs répliques sont accolées, il y aura de nombreuses places perturbées par des déchirures. Peu de défauts topologiques entraînent de grandes distorsions élastiques (avec de grandes fluctuations de distances interatomiques par exemple) et vice versa. Sur la figure 5b est représenté le polytope à 600 cellules après projection « étoilée » le long de quatre directions. Le nombre de fuseaux est donc

6. L'INTRODUCTION DE LA COURBURE explique l'apparition de certains défauts, notamment le changement de la coordinance de certains atomes du réseau. Sur le schéma *a*, un ensemble d'atomes est représenté par un réseau, à deux dimensions, de disques. Chaque atome a une coordinance égale à six (le nombre de ses plus proches voisins). Le réseau dual est représenté à droite par des hexagones accolés qui pavent le plan. On obtient ce réseau en gonflant chaque disque afin qu'il occupe le plus de place possible, les disques prenant alors tous la forme de cellules hexagonales. Le défaut de désinclinaison (*schéma b*) est représenté à droite par une courbure locale que l'on obtient en coupant un disque et en enlevant un secteur de 60 degrés. L'atome central où la courbure est introduite a une coordinance égale à 5. Le second défaut de désinclinaison (*schéma c*) est représenté à droite par une courbure locale introduite par l'ajout d'un secteur de 60 degrés dans un disque. Là encore la coordinance de l'atome varie où la courbure est modifiée : elle n'est plus égale à 6 mais, dans ce cas, égale à 7. Dans ces exemples bidimensionnels, la courbure est concentrée en un point. Un analogue à trois dimensions est représenté sur la figure 7.

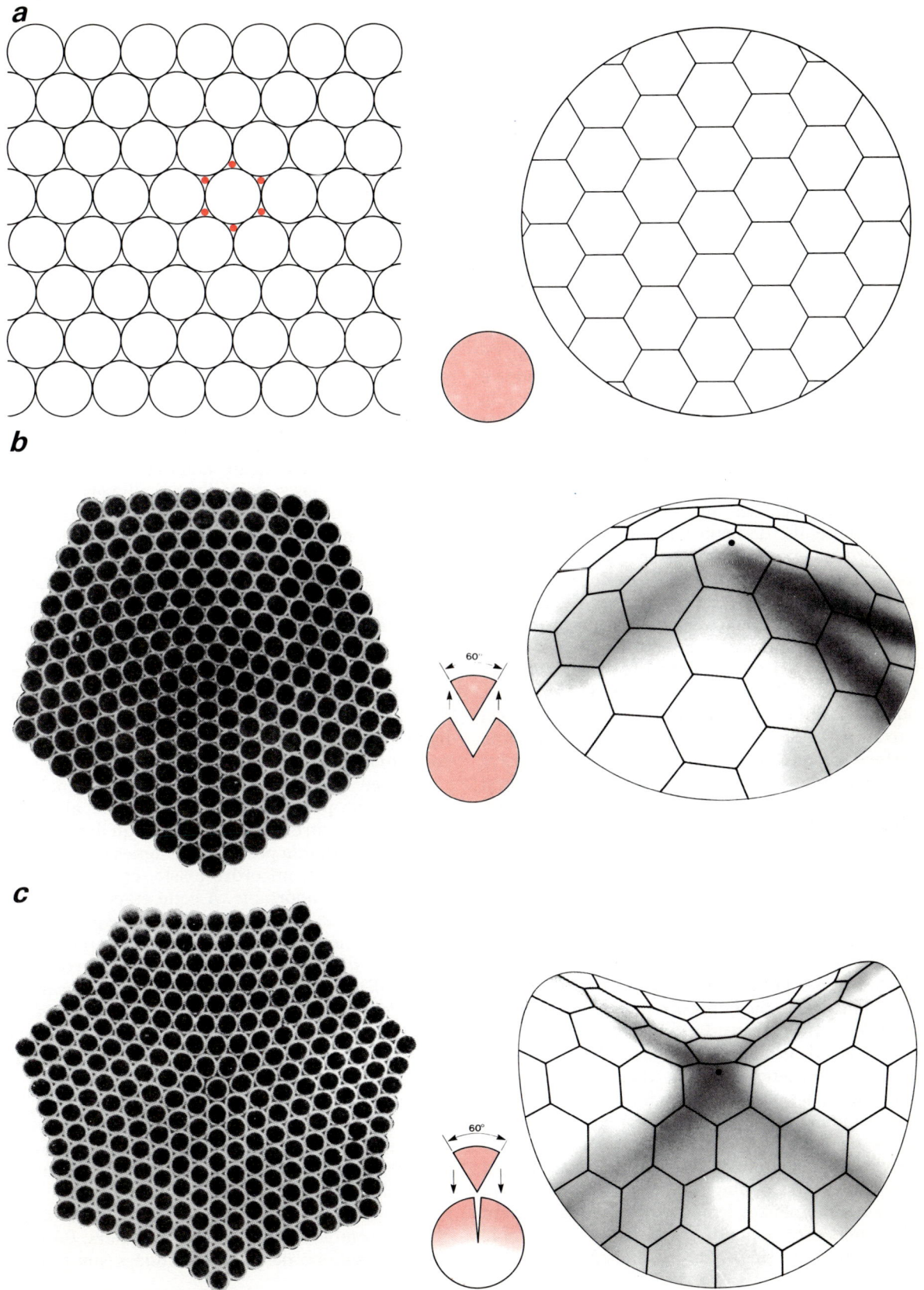

un paramètre libre si la modélisation des structures est limitée à l'étude géométrique. Seules des considérations sur l'énergie des structures ainsi décrites pourraient permettre de préciser ce paramètre.

La ligne de désinclinaison

Bien que pédagogique, et probablement réaliste dans certains cas, ce type de projection est difficile à utiliser systématiquement. Alors, il est intéressant d'introduire cet autre type de défaut qu'est la ligne de désinclinaison. La figure 6 montre comment définir une désinclinaison dans un cristal schématisé par un pavage hexagonal. Le processus permettant de créer ce défaut montre que la désinclinaison est un défaut local lié à la symétrie de rotation. En ce sens, il diffère de la dislocation qui est reliée à une symétrie de translation : la désinclinaison est parfois appelée dislocation de rotation ou disinclinaison.

On peut réaliser une désinclinaison en prenant une feuille de papier, en la coupant suivant une demi-droite, en retirant un triangle, puis en faisant un cône en réajustant les deux bords de la coupure. Cette expérience permet de saisir la relation entre courbure et désinclinaison. Donc, partant d'une surface plane, nous pouvons, en la transformant en cône, introduire localement, ici en un point, l'apex du cône, de la courbure. Suivant la même démarche, il est aussi possible, partant d'une surface courbée, d'obtenir une surface presque plane par introduction successive de désinclinaisons. Plus délicate mais tout aussi efficace, une opération similaire permet de changer la courbure d'un espace à trois dimensions tel que l'hypersurface d'une hypersphère ; dans ce cas, la désinclinaison n'est plus un point mais une ligne.

Dans un polytope formé d'un empilement de dédocaèdres *(voir la figure 7)*, un axe de symétrie d'ordre cinq sera par exemple matérialisé par un fil entrant par la face supérieure d'un dodécaèdre et sortant par la face opposée pour pénétrer dans le dodécaèdre suivant. La figure 7 montre l'effet d'une ligne de désinclinaison engendrée le long de cet axe sur cette série de dodécaèdres : elle transforme les anneaux de cinq sites (les faces « horizontales » des dodécaèdres) en anneaux de six sites, les autres n'étant pas modifiés. Le polytope à 120 cellules contient 600 sommets et uniquement des pentagones. Après l'introduction d'une désinclinaison, le nouveau polytope contient 720 sommets et quelques hexagones. Il est possible d'introduire plusieurs désinclinaisons qui vont

progressivement modifier la courbure de l'espace et, à la limite, annuler cette courbure. Dans ce cas, certains anneaux sont transformés mais leur nombre reste suffisamment limité pour que l'ordre local décrit dans l'espace courbe reste prédominant après l'introduction des lignes de désinclinaison nécessaires à la décourbure totale de l'espace. Dans cet exemple, nous observons comment la présence d'une quantité optimale de désinclinaison permet de construire une structure dans un espace euclidien ayant un ordre local très proche de l'ordre local introduit dans l'espace courbe. L'ordre local de cette structure est donc très proche de celui du verre que l'on cherche à décrire.

Cette structure décourbée peut-elle être non périodique comme dans le cas des verres ? Si les lignes de désinclinaisons forment un réseau de lignes périodiques, la structure est alors cristalline avec une grosse maille contenant plusieurs dizaines d'atomes. Il existe dans la nature de très nombreuses phases cristallines d'alliages métalliques qui nécessitent, pour leur description, des mailles contenant un grand nombre d'atomes. Rappelons que la maille est le motif qui, répété périodiquement, permet de décrire toute la structure. Cela existe même pour des métaux purs : par exemple, le manganèse contient 50 atomes par maille alors qu'un métal plus simple comme le fer ne contient que deux atomes par maille. La méthode géométrique que nous présentons permet de décrire de telles structures cristallines : les lignes de défaut se répètent périodiquement constituant l'ossature de ces alliages.

Si, en revanche, les lignes de désinclinaison ne forment pas un réseau périodique alors la structure est vitreuse. Est-ce à dire qu'il n'y a pas d'ordre régissant la position des lignes de désinclinaison ? En fait, un ordre existe, et l'analyse de cet ordre est importante. À cette étape, il semble que nous ayons repoussé simplement le problème : nous cherchons à décrire l'ordre et le désordre dans une structure atomique, et nous retrouvons un problème similaire, à une échelle plus grande, concernant l'ordre des lignes de désinclinaison. Ceci n'est que le début d'une longue chaîne : nous pouvons décrire le désordre des lignes de désinclinaison, imaginer d'autres défauts séparés par des distances plus grandes introduisant une nouvelle échelle de longueur et ainsi de suite, dans une optique comparable à l'homothétie interne des fractales décrites par B. Mandelbrot. La notion de hiérarchisation des défauts apparaît ainsi très rapidement. Des modèles de structures ainsi obtenus semblent extrêmement réguliers. Ce sont des idéalisations des verres, fondées sur l'hypothèse que l'ordre et le désordre obéissent aux mêmes lois à toutes les échelles. La connaissance parfaite d'une structure vitreuse consisterait à connaître à chaque échelle les lois s'appliquant réellement. C'est encore utopique, mais nous pouvons peut-être déjà, à partir des modèles ainsi décrits, trouver les lois géométriques des structures possibles et puis les tester expérimentalement.

La démarche suivie ici a consisté à effectuer une série d'idéalisations successives partant du matériau désordonné de structure extrêmement complexe pour aboutir à un modèle plus élémentaire. Une telle approche s'accompagne bien sûr de nombreuses simplifications (mais n'est-ce pas le propre de la plupart des théories physiques ?) ; elle doit, pour se justifier, faire la preuve qu'elle permet de faire un tri opérant dans la multiplicité des configurations (telle que le laisserait paraître une « photographie » instantanée des positions atomiques), entre des éléments essentiels (que l'on garde dans le modèle) et des éléments secondaires (que l'on rejette). C'est là une démarche traditionnelle qu'il est intéressant de comparer avec celle suivie dans le cas des solides cristallins. L'étude de ces derniers commence généralement par la détermination structurelle. C'est le domaine du cristallographe qui met en rapport, d'une part,

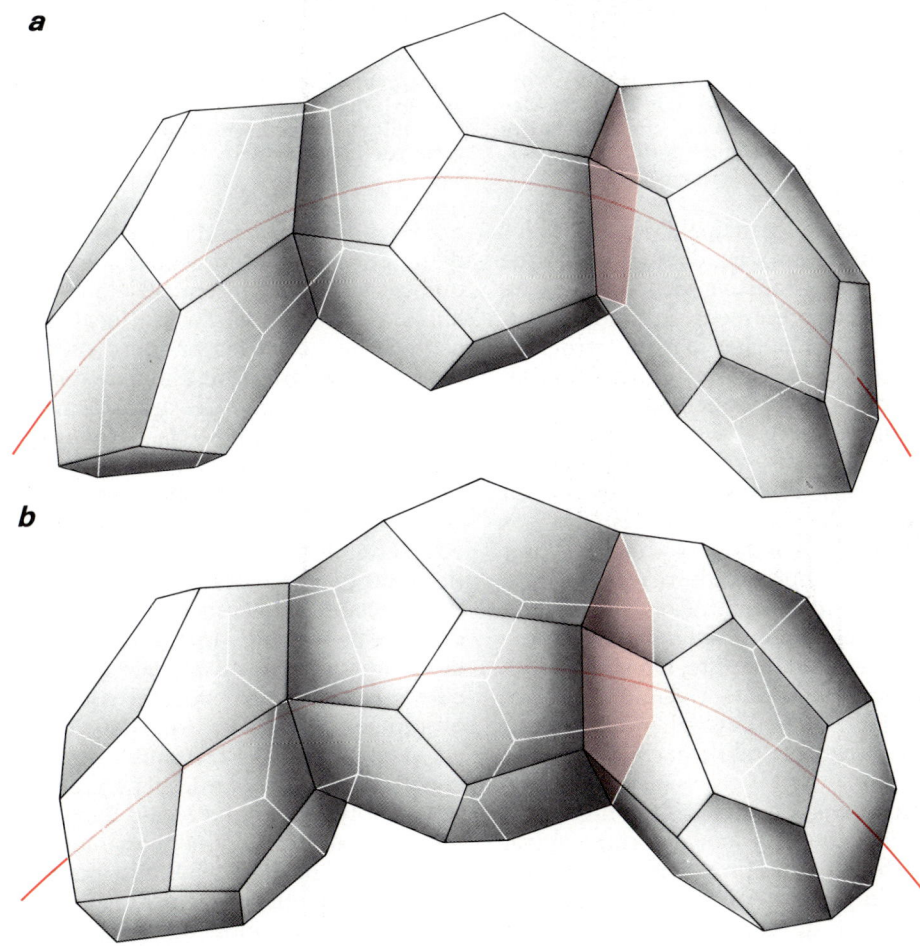

7. UNE DÉSINCLINAISON change la symétrie autour de son axe. Sur cette figure *(a)* est représentée une partie d'un polytope formé par un empilement de dodécaèdres. Un axe de rotation d'ordre 5 est représenté par un arc de cercle pour rappeler que l'espace est courbe, et que les géodésiques sont des cercles. Si une désinclinaison est introduite le long de cette ligne, figure *(b)*, elle transformera la symétrie de rotation d'ordre 5 en symétrie de rotation d'ordre 6. Les polyèdres traversés par la ligne ont alors deux faces opposées qui sont des hexagones, les 12 autres faces étant des pentagones. Les autres polyèdres restent des dodécaèdres, mais leur nombre augmente. Ainsi, le polytope à 120 cellules dodécaédriques devient un polytope contenant 132 dodécaèdres et 10 polyèdres ayant des faces hexagonales.

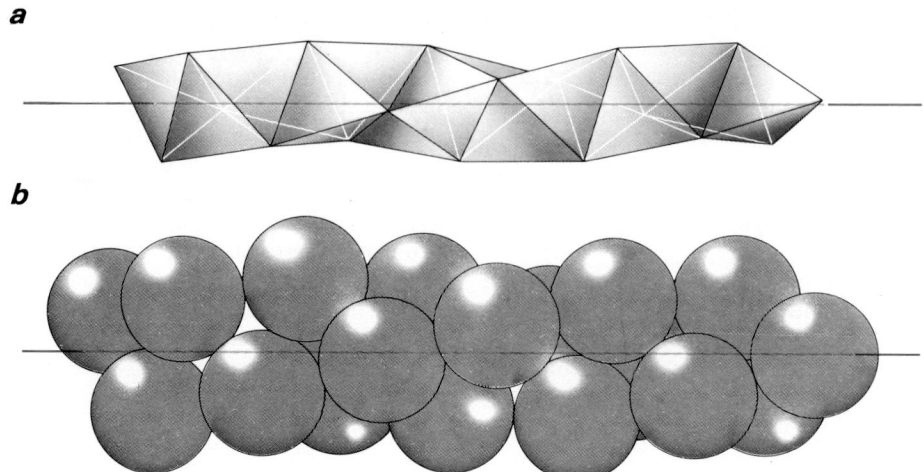

8. UNE CHAÎNE DE TÉTRAÈDRES réguliers s'obtient facilement en accolant faces contre faces des tétraèdres toujours dans la même direction *(a)*. Si des sphères sont placées sur les sommets des tétraèdres, elles forment un empilement compact présentant une symétrie hélicoïdale *(b)*. Cette symétrie hélicoïdale a un analogue pour le polytope à 600 cellules tétraédriques sur l'hypersphère.

l'étude expérimentale (principalement par les techniques de diffraction) et, d'autre part, une connaissance quasi exhaustive des pavages de l'espace euclidien qui présentent un motif répétitif. Caractériser un matériau par sa structure cristalline est très utile mais constitue une idéalisation qui ne correspond pas totalement à la réalité. Cette idéalisation permet par exemple d'analyser les mouvements vibratoires des atomes (qui ne sont en général pas exactement, à un instant donné, aux nœuds du réseau) et de les classifier en modes de vibrations « propres » que l'on sait décrire à partir des propriétés du réseau. Ce n'en reste pas moins une idéalisation car l'on sait bien que le matériau réel contient toujours des imperfections, même en faible quantité. On peut ne pas tenir compte de ces défauts (lacunes, dislocations...) pour décrire certains phénomènes où l'hypothèse du réseau cristallin parfait est alors suffisante.

Dans d'autres cas, c'est le défaut lui-même, l'écart à la périodicité, qui joue un rôle central pour la compréhension des propriétés. Il est donc très important de préciser, au niveau du modèle idéalisé, le domaine de connaissance qu'il peut espérer éclairer. Dans le cas présent, et dans un premier temps, il est nécessaire de développer, en écho à la cristallographie des corps ordonnés, une « amorphographie » des corps non cristallins dans le cadre où s'inscrit le présent modèle d'espace courbe.

L'existence et la relative stabilité de matériaux ayant une structure désordonnée sont en général reliées à la présence d'un ordre local assez bien défini et cependant incompatibles avec la périodique cristalline. La première étape consiste donc, après avoir identifié l'ordre local, à permettre à celui-ci de se propager sans contrainte et de devenir ainsi un ordre à longue distance. Le prix à payer pour une telle transformation est que l'espace sous-jacent à la structure n'est plus euclidien, mais, ici, de courbure positive constante : c'est l'espace sphérique tridimensionnel. Dans la suite de l'étude, ce modèle idéal va servir de référence dans le sens suivant : si des configurations atomiques (dans l'espace réel) présentent une certaine cohérence à courte et moyenne distance peuvent être mises en relation étroite avec des configurations du modèle idéal (le polytope), elles seront alors considérées comme des régions ordonnées de la structure. Dans le cas contraire, elles appartiennent à l'ensemble des défauts topologiques de cette structure, qui permettent de découber le polytope pour revenir dans l'espace euclidien. L'étude des défauts « possibles » est une étape ardue mais nécessaire. Elle a permis de classer ceux-ci en fonction de leur dimensionnalité.

La détermination des défauts « probables » doit procéder d'un bilan énergétique global qui prend en compte les caractéristiques des défauts eux-mêmes (leurs énergies de cœur et d'interaction) ainsi que les distorsions élastiques partout présentes, même dans les régions ordonnées. À température non nulle, il faut tenir compte de la multiplicité des configurations possibles des défauts, c'est-à-dire d'un terme d'entropie.

Les verres de spin et l'étude des milieux désordonnés

8

Les interactions aléatoires entre les moments magnétiques de certains atomes constitutifs des verres de spin leur confèrent des propriétés statiques et dynamiques remarquables ; la théorie de ces propriétés repose sur des notions mathématiques inhabituelles telles que les espaces ultramétriques.

J. Hammann et M. Ocio

Les verres sont des solides, mais à la différence des cristaux, leurs atomes constitutifs ne sont pas arrangés selon des motifs qui se répètent à l'identique pour paver l'espace ; dans un verre, les positions des atomes peuvent former localement des motifs plus ou moins réguliers, mais ceux-ci ne se répètent pas indéfiniment. Par analogie, la dénomination « verres de spin » désigne des systèmes magnétiques où les orientations des moments magnétiques élémentaires (les spins) ne se répètent pas sur de longues distances ; alors que dans un corps ferromagnétique les spins sont parallèles, et dans un corps antiferromagnétique deux spins voisins sont anti-parallèles, dans un verre de spin, les orientations des spins sont aléatoires. L'orientation des moments magnétiques des ions dépend de leur interaction. À basse température, sous l'effet de ces interactions, les spins d'un système quel qu'il soit s'orientent les uns par rapport aux autres selon un arrangement qui minimise leur énergie d'interaction. La structure ferromagnétique correspond ainsi à un arrangement de moments tous parallèles et dans le même sens. La structure antiferromagnétique correspond à un arrangement des spins parallèles les uns aux autres, mais pointant alternativement dans des sens opposés. Dans l'état verre de spin, les orientations des spins sont totalement aléatoires.

L'étude de cet état magnétique s'insère dans un cadre général : l'étude de la matière désordonnée, actuellement le principal pôle d'attraction en physique des solides. Plusieurs facteurs expliquent la fascination que suscitent les systèmes aléatoires. Le facteur le plus évident est l'omniprésence de telles structures : dans la nature, les milieux désordonnés sont de loin les plus répandus ; ce sont aussi les moins bien connus. D'un point de vue pratique, les composés amorphes semi-conducteurs ou ferromagnétiques sont très utilisés, et l'industrie des plastiques et des polymères vitreux s'est développée ces dernières années.

Plus fondamentalement, les modèles théoriques qui décrivent les propriétés des systèmes bien ordonnés de type cristal, s'ils ne peuvent jamais être résolus exactement à cause du grand nombre d'éléments constituant un solide, peuvent être correctement traités par des méthodes statistiques, où l'on tire profit des symétries qui caractérisent un réseau cristallin ; les approximations utilisables dans ces cas ordonnés sont bien définies et leur domaine d'application, parfaitement connu. Il n'en va pas de même pour les systèmes désordonnés où le manque de symétrie complique singulièrement le traitement théorique. Néanmoins les développements récents de la mécanique statistique et les moyens modernes de calcul sur ordinateur ont ouvert de larges possibilités : contrairement à l'intuition première selon laquelle les propriétés de la matière désordonnée seraient complètement imprévisibles, la théorie, et tout particulièrement celle qui a été développée dans l'étude des verres de spin, a prouvé qu'un comportement moyen pouvait être défini, qu'il existait en quelque sorte un ordre caché qui permettait de rendre compte d'un grand nombre de propriétés communes à différents types de systèmes.

Le magnétisme a toujours fourni à la physique des solides des modèles particulièrement appropriés aux études théoriques, essentiellement parce que le système magnétique est simple, « bien défini », en ce sens que ses paramètres pertinents sont connus. L'élaboration de la théorie des transitions de phase, qui s'est beaucoup appuyée sur l'étude expérimentale des composés ferro ou antiferromagnétiques, en est un exemple frappant. Il en est de même de la physique des milieux aléatoires qui a trouvé, dans les verres de spin, des modèles simples présentant les caractéristiques essentielles de ces milieux. Toute la description théorique des verres de spin ne nécessite que la connaissance des interactions aléatoires entre les moments magnétiques localisés. La simplicité de cette description en fait aussi sa généralité : de nombreux cas, moins faciles à étudier en laboratoire, peuvent être envisagés dans cette optique. Nous évoquerons en particulier, à la fin du chapitre l'application aux réseaux de neurones, dont le modèle « verre de spin » éclaire la capacité de mémorisation et de reconnaissance des formes. Du point de vue expérimental enfin, les propriétés magnétiques sont relativement faciles à mesurer grâce aux techniques modernes de magnétométrie, même si, dans les verres de spin, les signaux à détecter sont beaucoup plus faibles que dans les cas classiques du ferromagnétisme.

Les termes de systèmes magnétiques et de paramètres pertinents ont été utilisés jusqu'ici sans que l'on ait précisé les notions qu'ils recouvrent. Venons-y. Un composé magnétique est formé d'un assemblage d'atomes, certains atomes possédant un moment magnétique ; le système magnétique associé à ce composé est l'ensemble de ces moments pourvus de propriétés spécifiques liées à la matrice dans laquelle ils se trouvent. Les paramètres pertinents sont les paramètres nécessaires à la description des propriétés magnétiques du système. Chaque spin se comporte comme un dipôle magnétique qui tend à s'aligner sur le champ magnétique ambiant, sous l'effet d'un couple proportionnel à ce champ et à la valeur du moment du dipôle. Le champ vu par le moment magnétique d'un atome est la somme du champ extérieur appliqué et d'un champ « effectif » créé par tous les autres moments.

À température non nulle, l'agitation thermique a pour effet de réorienter en permanence les spins et, si la température est élevée, l'effet des interactions des spins est négligeable par rapport

à l'agitation thermique : en chaque site, la valeur moyenne, mesurée dans le temps, du spin (vecteur que nous appellerons par la suite polarisation) est nulle. Le système est alors dans une phase paramagnétique ; un champ extérieur appliqué, par exemple celui d'un aimant, crée en chaque site une polarisation parallèle à la direction du champ magnétique extérieur. L'anisotropie introduite est proportionnelle à l'intensité du champ appliqué et inversement proportionnelle à la température.

Si la température est suffisamment basse, l'effet des interactions prédomine par rapport à celui de l'agitation thermique et les spins prennent une polarisation dont l'orientation dépend de la nature de ces interactions : le système apparaît sous une nouvelle phase (ferromagnétique, antiferromagnétique...). Nous allons examiner ce mécanisme dans le contexte des verres de spin.

Les matériaux qui, à l'origine, ont reçu la dénomination de verres de spin, sont des alliages formés d'un métal noble comme l'or, l'argent ou le cuivre ; ils contiennent un métal magnétique (fer, manganèse...) en faible concentration : les exemples les plus cités sont ceux du cuivre-manganèse ou de l'argent-manganèse. Les moments magnétiques du manganèse sont répartis aléatoirement dans la matrice du métal noble. L'interaction dominante entre les moments se fait par l'intermédiaire des électrons de conduction. En fonction de la distance qui les sépare, l'interaction entre deux moments m et m' est soit ferromagnétique, et les moments m et m' tendent à s'orienter parallèlement, soit antiferromagnétique, et les moments m et m' tendent à s'orienter antiparallèlement. La position aléatoire des moments a pour conséquence une distribution aléatoire de leurs interactions.

1. COMPARAISON DES ARRANGEMENTS DE MOMENTS MAGNÉTIQUES et des polarisations dans les états ferromagnétique, antiferromagnétique, paramagnétique et verre de spin. On a représenté dans la colonne de gauche la distribution instantanée des moments magnétiques (spins) et dans la colonne de droite les polarisations, c'est-à-dire la moyenne temporelle des spins. Dans l'état ferromagnétique, les spins *(a)*, représentés à basse température, et les polarisations *(b)* sont tous parallèles. Dans l'état antiferromagnétique à basse température, les spins *(c)* et les polarisations *(d)* sont parallèles, mais de sens opposés deux à deux. Dans l'état paramagnétique, l'orientation des spins *(e)* est aléatoire, mais leur mouvement fait que les polarisations *(f)* élémentaires sont nulles. Dans l'état verre de spin *(g)*, les moments magnétiques ont, à basse température, une orientation fixe, car le système est figé, et les polarisations *(h)* ne sont pas nulles.

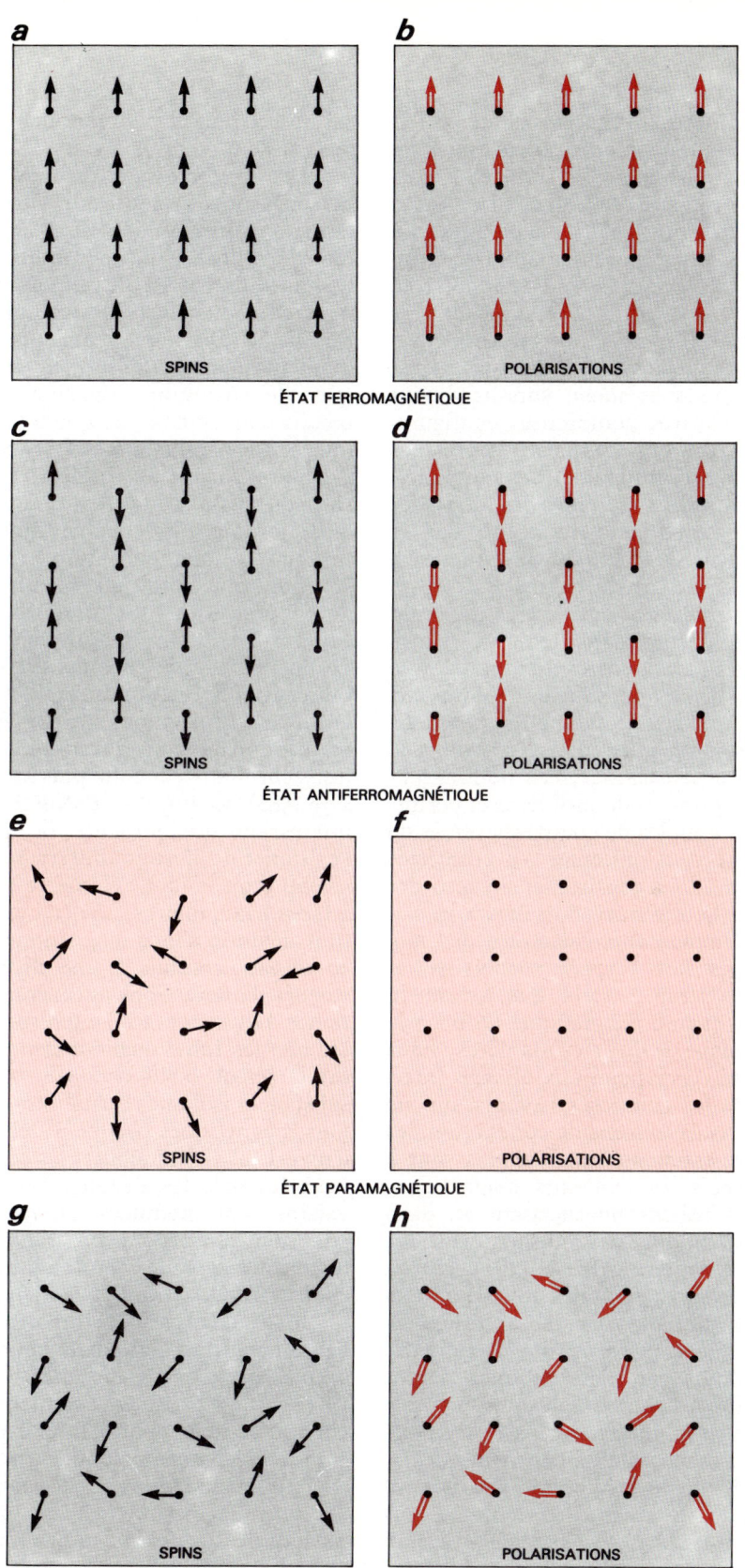

a

b

SPINS

POLARISATIONS

ÉTAT FERROMAGNÉTIQUE

c

d

SPINS

POLARISATIONS

ÉTAT ANTIFERROMAGNÉTIQUE

e

f

SPINS

POLARISATIONS

ÉTAT PARAMAGNÉTIQUE

g

h

SPINS

POLARISATIONS

ÉTAT VERRE DE SPIN

Caractéristiques des verres de spin

Dans ces conditions, les énergies d'interaction de toutes les paires de moments magnétiques ne peuvent être simultanément minimisées. Une configuration est définie par une orientation établie de chacun des moments magnétiques ; à basse température, lorsque les fluctuations thermiques sont faibles, le système tend à adopter la configuration qui correspond à l'énergie la plus basse possible, mais il n'existe aucune configuration où les énergies de liaison de toutes les paires de moments magnétiques soient simultanément minimales ; ainsi de très nombreuses configurations correspondent à des énergies très voisines et proches de l'énergie minimale. Ces configurations peuvent être très différentes les unes des autres, et on quantifie leur différence par le nombre de moments magnétiques qu'il faut réorienter pour passer de l'une à l'autre.

Toutes les propriétés des verres de spin découlent de cette particularité, liée à la répartition aléatoire des interactions et à l'impossibilité de minimiser en même temps l'énergie d'interaction de toutes les paires de moments. Ces deux caractéristiques sont résumées dans les notions de désordre figé et de frustration ; ces notions ont conduit à la généralisation du problème et permis de multiplier les exemples de composés verres de spin : un composé peut présenter les propriétés d'un verre de spin s'il y a coexistence de désordre et de frustration. Le désordre doit être « gelé », c'est-à-dire que l'implantation aléatoire des moments magnétiques dans l'espace ne doit pas se modifier avec le temps, quels que soient la température et le champ magnétique. La frustration peut être obtenue de diverses manières : nous avons vu celle qui correspond aux alliages intermétalliques ; dans les composés isolants, qui ne possèdent donc pas d'électrons de conduction, les interactions entre moments magnétiques sont à courte portée. Seuls les moments magnétiques d'atomes proches voisins interagissent et, dans deux types de situations, des liaisons frustrées apparaissent. La première correspond au cas où des interactions ferromagnétiques entre premiers voisins sont contrariées par des interactions antiferromagnétiques entre voisins plus éloignés. La seconde apparaît dans les systèmes où les moments magnétiques sont couplés antiferromagnétiquement entre premiers voisins et localisés aux nœuds d'un réseau cristallin construit à partir de motifs dont les faces élémentaires possèdent un nombre impair de côtés. L'exemple le plus facile à visualiser est le réseau triangulaire plan (voir la figure 2), où les trois moments magnétiques occupant les sommets d'un triangle équilatéral ne peuvent être simultanément antiparallèles deux à deux.

Les exemples de composés présentant les caractéristiques requises de désordre et de frustration sont très variés. En dehors des alliages intermétalliques, on peut citer quelques isolants typiques. Le cas le plus étudié est incontestablement celui du sulfure d'europium et de strontium $Eu_xSr_{1-x}S$. Les ions d'europium, porteurs des moments magnétiques, et les ions non magnétiques de strontium occupent aléatoirement les nœuds d'un réseau cubique à faces centrées. Des interactions compétitives ferromagnétiques entre premiers voisins et antiferromagnétiques entre seconds voisins stabilisent une structure ferromagnétique dans tous les échantillons dont la concentration en ions europium est comprise entre 55 pour cent et 100 pour cent, mais, au-dessous de 55 pour cent, les échantillons présentent le comportement caractéristique des verres de spin. Le thiospinelle de chrome, de formule chimique $CdCr_{2x}In_{2-2x}S_4$, est un exemple du même type que le sulfure d'europium, mais l'état verre de spin se manifeste à des concentrations d'ions magnétiques (ions chrome) beaucoup plus importantes (jusqu'à $x = 0,85$). Le fluorure $CsNiFeF_6$ est un autre cas intéressant qui présente la frustration liée à l'existence de liaisons antiferromagnétiques sur un réseau dont le motif élémentaire est un polyèdre à faces triangulaires. Le désordre, dû à la répartition aléatoire d'ions magnétiques nickel et fer sur ce réseau, conduit à une distribution de trois valeurs d'interactions antiferromagnétiques différentes. La particularité intéressante de ce composé est que les ions magnétiques ne sont pas dilués sur le réseau qu'ils occupent. À ces exemples de substances isolantes cristallines dans lesquelles les ions magnétiques occupent des sites bien définis d'un cristal, il faut ajouter les composés amorphes dans lesquels les distances entre ions premiers voisins sont modulées, créant une distribution continue d'interactions. Dans cette classe de matériaux on peut citer l'aluminosilicate de manganèse $(Al_2O_3)_{0,1}(MnO)_{0,5}(SiO_2)_{0,4}$.

Cette énumération, incomplète en regard de l'ensemble des composés couramment étudiés, donne une idée de la généralité du concept de verre de spin et de l'ampleur que son étude connaît actuellement. L'intérêt pour les verres de spin a réellement débuté en 1972 après une expérience de susceptibilité magnétique effectuée sur un alliage d'or et de fer par V. Cannella et J. Mydosh. Cette explication a remis en question la

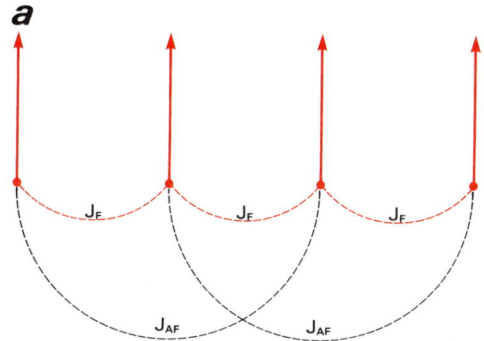

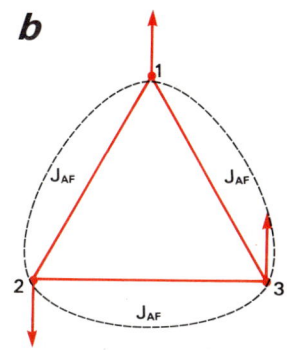

2. DEUX EXEMPLES DE LIAISONS FRUSTRÉES. La frustration naît de la compétition entre des interactions ferromagnétiques et des interactions antiferromagnétiques. Dans l'exemple choisi, les moments magnétiques localisés sur des ions premiers voisins (distance la plus petite entre ions porteurs de moments) sont couplés par des interactions ferromagnétiques J_F qui, de proche en proche, tendent à aligner tous les moments *(a)*. Mais, comme il arrive souvent dans les cas réels, les moments d'ions seconds voisins sont couplés antiferromagnétiquement J_{AF} et ont donc tendance à s'orienter antiparallèlement. On constate que ces liaisons antiferromagnétiques ne sont pas satisfaites et qu'il est ainsi impossible de satisfaire toutes les liaisons simultanément. Un autre type de frustration résulte des interactions antiferromagnétiques sur un réseau de type triangulaire. Sur le schéma *(b)*, les moments des ions placés sur les sommets d'un triangle sont couplés antiferromagnétiquement J_{AF}. Si les liaisons entre les moments 1, 2 et 2, 3 sont satisfaites, la liaison entre 1 et 3 ne pourra pas l'être. Ici encore, il n'existe aucune configuration telle que les trois moments soient antiparallèles deux à deux et où les trois liaisons soient satisfaites en même temps.

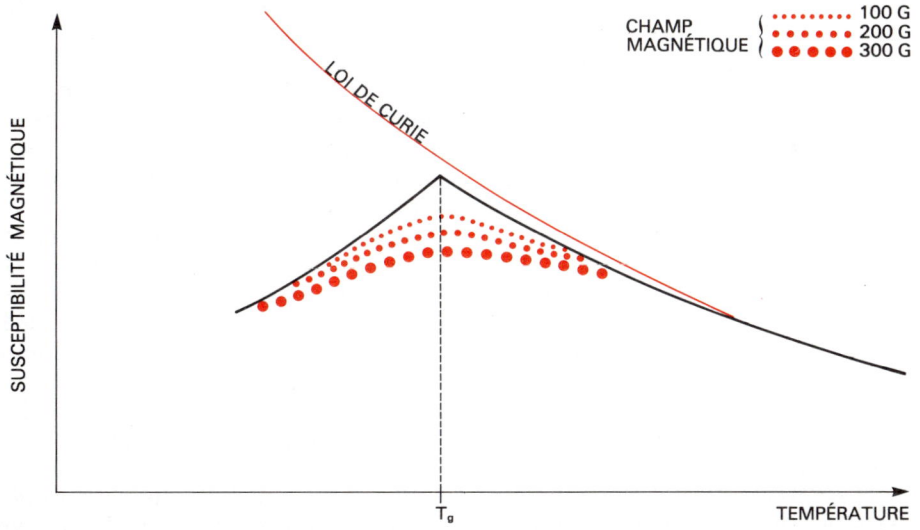

3. LE PIC DE SUSCEPTIBILITÉ ALTERNATIVE à la température de gel T_g du verre de spin suggère l'existence d'une transition de phase. La susceptibilité magnétique de l'échantillon (rapport de la variation d'aimantation par la variation de champ appliqué) est représentée en fonction de la température pour différentes valeurs du champ appliqué. Les courbes présentent un maximum arrondi à la température de gel. À température élevée, les courbes obtenues à différentes valeurs du champ se rejoignent et la susceptibilité varie suivant une loi de Curie, c'est-à-dire proportionnellement à l'inverse de la température. La loi de Curie est caractéristique de l'état paramagnétique ; elle est représentée par la courbe en couleur. La décroissance de la susceptibilité, lorsque la température continue à décroître au-dessous de T_g, signifie que les moments magnétiques ne peuvent plus suivre les variations du champ magnétique appliqué. Les maxima s'affinent lorsque le champ appliqué diminue. La courbe extrapolée à champ nul présente un pic pointu *(tracé en trait plein)*. Ce résultat est important parce qu'il suggère que les moments cessent tous de répondre aux variations de champ magnétique à une température unique bien définie. Ce comportement rappelle les comportements coopératifs caractéristiques des transitions de phase.

description antérieure des propriétés des verres de spin.

Quand on place un échantillon magnétique dans un champ magnétique, l'échantillon s'aimante : sa susceptibilité magnétique est le quotient de la variation d'aimantation de l'échantillon par la variation de champ appliqué qui en est la cause. Les résultats sont représentés sur la figure 3 qui décrit qualitativement la susceptibilité alternative des verres de spin (où le champ magnétique appliqué est alternatif) ; celle-ci, mesurée avec des champs magnétiques appliqués de l'ordre de la centaine d'œrsteds, présente un maximum arrondi à une température T_g appelée température de gel.

Ce type de comportement avait déjà été observé dans divers systèmes : les physiciens l'avaient expliqué en invoquant les effets conjugués des interactions entre moments magnétiques et de l'énergie d'anisotropie (due au fait que dans un cristal les moments magnétiques préfèrent certaines directions). Les interactions auraient couplé des moments qui auraient constitué des « ensembles » répondant en bloc au champ magnétique appliqué alternatif. On appelle ces ensembles des amas. Lorsque la température est supérieure à la température de gel T_g, la susceptibilité résulte du compromis entre les actions contraires du champ appliqué qui tend à aligner les moments et celle de l'agitation thermique qui tend à les désorienter : c'est le régime paramagnétique dans lequel la susceptibilité décroît avec la température suivant la loi de Curie en $1/T$. Au voisinage de la température T_g interviendrait le fait que les moments possèdent des directions d'orientation privilégiées dans le cristal. Les différents amas rigides de moments couplés réagiraient au champ magnétique appliqué avec une certaine « viscosité », d'autant plus importante que leur volume serait plus grand. Au-dessous de la température T_g, ces ensembles ne pourraient plus suivre les variations trop rapides du champ, et la susceptibilité aurait donc tendance à diminuer. Dans cette interprétation, le maximum observé devrait être très large, car tous ces amas n'auraient pas la même taille. Chaque amas « gèlerait » à une température différente et T_g ne serait que la mesure de la valeur moyenne des températures de gel individuelles des ensembles.

Les résultats de V. Cannela et J.A. Mydosh mettaient cette explication en défaut : dans l'alliage étudié, le maximum devient d'autant plus aigu que le champ diminue, et la courbe extrapolée à champ nul *(voir la figure 3)* présente un maximum pointu avec une discontinuité de pente. C'est le pic de susceptibilité des verres de spin. Si la théorie des amas de spins décrit correctement les propriétés de certains matériaux, elle est caduque dans le cas des verres de spin. Dans ceux-ci, l'ensemble des moments magnétiques cesse de suivre la variation rapide du champ, au-dessous d'une température de gel bien nette : le comportement observé est caractéristique d'un phénomène coopératif, et la température de gel est une température critique liée à une transition de phase. Cette idée a été le vrai point de départ de l'étude systématique des verres de spin, tant du point de vue théorique qu'expérimental.

Aspects statiques : transition de phase

La notion de transition de phase suscite beaucoup d'intérêt parce qu'elle décrit un aspect tout à fait général du comportement de la matière. Un matériau donné existe dans des états très différents, selon la température et les contraintes extérieures : l'observation très banale des trois états (vapeur, liquide et solide) de l'eau en est une illustration courante ; le passage d'un état à un autre est une transition de phase et ce changement est brutal.

Tout matériau est formé d'un très grand nombre d'éléments constitutifs identiques. Si l'on connaît les interactions entre ces éléments ainsi que la statistique à laquelle ils obéissent (c'est-à-dire la probabilité que ces éléments aient une énergie donnée à température fixée), on sait prévoir les conditions d'existence des différentes phases ainsi que les paramètres déterminant le passage d'une phase à l'autre.

Les phases se différencient en général par des symétries différentes. La phase la plus désordonnée, qui est aussi la plus symétrique (ou isotrope), apparaît à haute température. Lorsque la température diminue, on atteint une température critique, à partir de laquelle la valeur d'un paramètre physique du système passe de zéro à une valeur finie ; le paramètre qui caractérise la nouvelle phase est appelé le paramètre d'ordre. L'apparition d'une valeur non nulle de ce paramètre abaisse la symétrie du système ; en effet les symétries qui changent la valeur du paramètre d'ordre ne font plus partie du groupe de symétrie de la nouvelle phase plus ordonnée : il y a brisure de symétrie à la transition.

À la température de transition T_c, certaines grandeurs thermodynamiques, comme la chaleur spécifique ou la susceptibilité magnétique, ont un comportement particulier qu'on appelle une singularité. Ces grandeurs, dites critiques, divergent (tendent vers l'infini) lorsque la température T approche la température de transition T_c, selon des lois du type $(T - T_c)^{-\gamma}$, où les exposants γ ne dépendent ni des valeurs des interactions entre les éléments du matériau ni de la configuration structurale de celui-ci, mais uniquement de deux paramètres : le nombre de dimensions du matériau et le nombre de degrés de liberté de ses éléments constitutifs (par exemple, une chaîne de spins est de dimension un et chaque spin peut avoir trois degrés de liberté). Donc le comportement critique a un caractère d'universalité : il ne dépend pas autrement de la nature du matériau. C'est un aspect important de la théorie des transitions de phase.

Pour mieux illustrer cette propriété fondamentale, considérons l'exemple typique de la transition ferromagnétique. Au cours de cette transition, le système passe d'un état paramagnétique, où tous les moments élémentaires fluctuent et sont, à un instant donné, orientés aléatoirement, à un état ferromagnétique où la probabilité que les moment soient orientés suivant une direction privilégiée de l'espace devient non nulle et augmente au fur et à mesure que la température décroît. Le paramètre d'ordre est l'aimantation M du système (somme vectorielle de toutes les polarisations des spins) : l'aimantation M, nulle dans la phase paramagnétique, devient non nulle à la transition. La susceptibilité magnétique dM/dH à champ appliqué H nul, dite susceptibilité initiale, est une des grandeurs thermodynamiques caractéristiques qui diverge, lorsque la température T tend vers T_c, suivant une puissance de la différence $T - T_c$. L'exposant critique γ de cette loi ne dépend, dans le cas d'un échantillon à trois dimensions par exemple, que du nombre de degrés de liberté des moments magnétiques de cet échantillon. Lorsque les moments individuels ne peuvent s'orienter que selon une seule direction de l'espace (mais avec les deux sens sur cette direction), on retrouve un modèle qui a été bien étudié théoriquement, le modèle d'Ising.

Cette présentation de la notion de transition de phase permet de comprendre pourquoi la description du gel du verre de spin en termes de transition de phase apparaît comme une gageure. Quel type d'ordre peut-on définir dans un système dans lequel les orientations des moments restent absolument aléatoires ? Quel type de brisure de symétrie peut justifier l'existence d'une véritable transition ? Quel est le paramètre d'ordre ?

Les nombreux travaux théoriques publiés depuis la première observation d'un pic de susceptibilité répondent à ces questions ; nous indiquerons les nouvelles expériences qu'ils ont suscitées.

Dans la figure 1, qui présente schématiquement l'état verre de spin, la valeur moyenne du module des polarisations est un paramètre non nul. Comme ce paramètre est nul dans la phase paramagnétique, il peut caractériser l'apparition de la phase verre de spin lorsque la température atteint la température de gel T_g. Malheureusement une mesure d'aimantation (somme des vecteurs de polarisation) ne permet pas de déterminer ce type de valeur moyenne, mais les théoriciens ont montré que les variations de cette moyenne au voisinage de la température de transition étaient proportionnelles à la susceptibilité dite non linéaire. La susceptibilité non linéaire est la différence entre la susceptibilité dM/dH initiale (à champ nul) et le quotient M/H. On peut développer cette susceptibilité en fonction des puissances successives du champ magnétique. Des mesures ont montré que le premier terme de ce développement diverge (devient infini) dans les verres de spin lorsque la température s'approche de la température de transition par valeurs supérieures : elles ont constitué les premières vraies preuves de

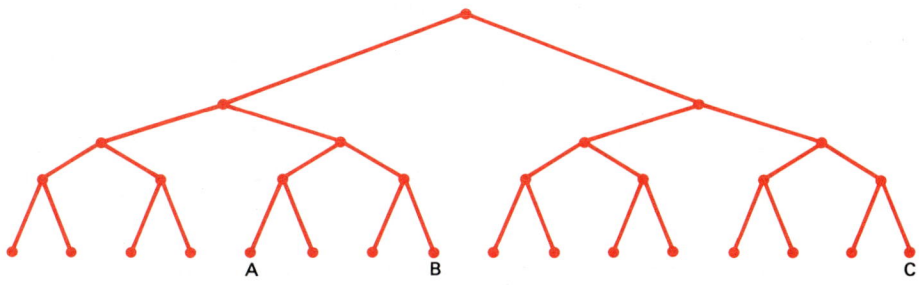

4. UNE DISTANCE ULTRAMÉTRIQUE apparaît naturellement dans les arbres généalogiques. La distance de deux points d'un même niveau est égale au nombre de niveaux qui séparent ces deux points de leur premier ancêtre commun. Ainsi la distance $d(A,B)$ des deux points A et B est égale à 2, celle des deux points B et C, $d(B,C)$, ainsi que celle des points A et C, $d(A,C)$, est égale à 4.

l'existence d'un comportement critique. D'après la théorie, ce premier terme doit se comporter comme la dérivée du paramètre d'ordre du verre de spin par rapport au carré du champ magnétique extérieur : cette quantité diverge donc suivant une loi de puissance en fonction de l'écart à la température de transition T_g.

Au-dessous de la température T_g, il existe un grand nombre d'états d'équilibre correspondant à des énergies très voisines qu'il est impossible de décrire individuellement. On introduit alors une grandeur q qui mesure le degré de similitude de deux états du système ; cette grandeur q dépend du nombre de réarrangements de moments ma-

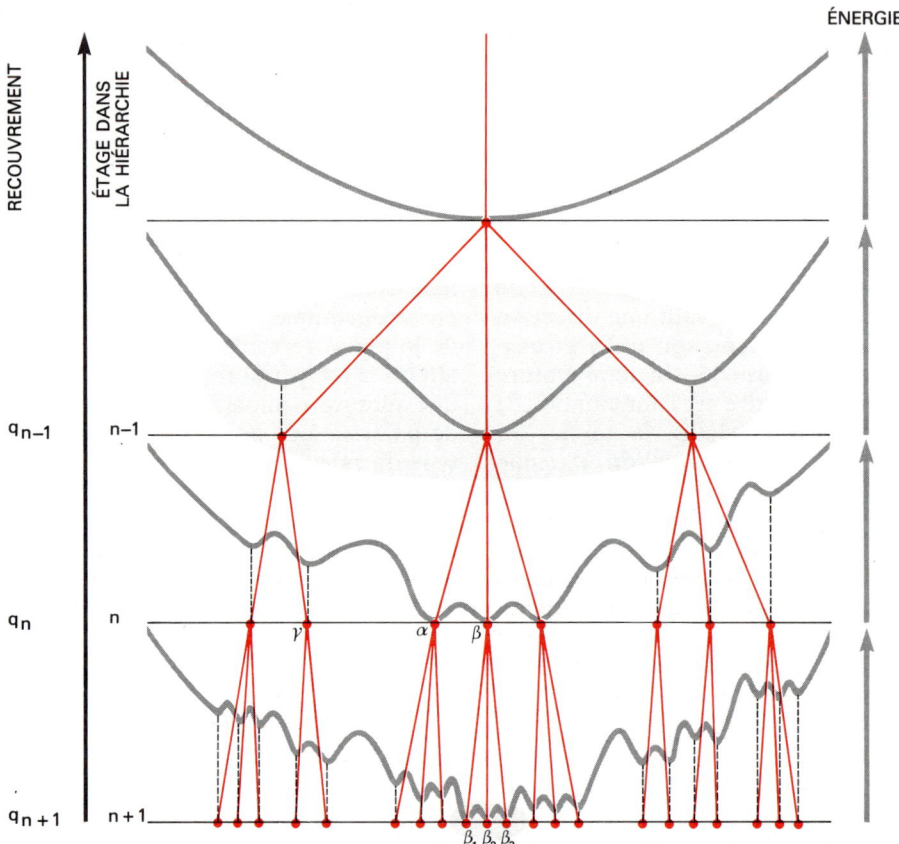

5. ULTRAMÉTRICITÉ de l'espace des états d'équilibre et autosimilarité : l'arbre généalogique *(en couleur sur la figure)* est une représentation possible de l'espace ultramétrique formé par des états d'équilibre dans un verre de spin. Chaque extrémité de branche correspond à un état : par exemple, au niveau n, les états α, β, γ, etc. Le recouvrement entre deux états est d'autant plus faible qu'il faut remonter loin dans l'arbre pour leur trouver un ancêtre commun. On observe la propriété caractéristique suivant laquelle, soit les recouvrements pris deux à deux de trois états quelconques sont tous égaux, soit deux d'entre eux seulement le sont et le troisième est supérieur aux deux autres. Par exemple, il faut remonter au niveau $n - 1$ pour trouver l'ancêtre commun aux états α et β du niveau n sur la figure, mais au niveau $n - 2$ pour les couples α, γ et β, γ. Le recouvrement est un indice de proximité entre deux états : plus il est grand, plus les états sont semblables, plus la « distance » qui les sépare (nombre de spins

qu'il faut retourner pour passer de l'un à l'autre) est faible. On peut logiquement penser que plus deux états sont proches, plus la barrière d'énergie qui les sépare est faible puisque, corrélativement, plus le nombre de spins retournés est faible. Ces considérations qualitatives montrent que la propriété d'ultramétricité peut être la conséquence d'une propriété d'autosimilarité. Sur la figure, on a représenté en noir une structure hiérarchique de puits de potentiel correspondant aux états. À chaque niveau i on ne distingue que les états dont le recouvrement est inférieur à une valeur donnée q_i (distance supérieure à la valeur correspondante). Ainsi au niveau $n + 1$ correspondant au recouvrement q_{n+1}, les états β_1, β_2 et β_3 sont différenciés, alors qu'ils ne l'étaient pas au niveau n. Plus la température est basse, plus le niveau d'observation est fin (q_i élevé). Les états du niveau n sont une microstructure des états des niveaux antérieurs. À l'échelle n, la microstructure est « similaire » à la macrostructure des niveaux antérieurs.

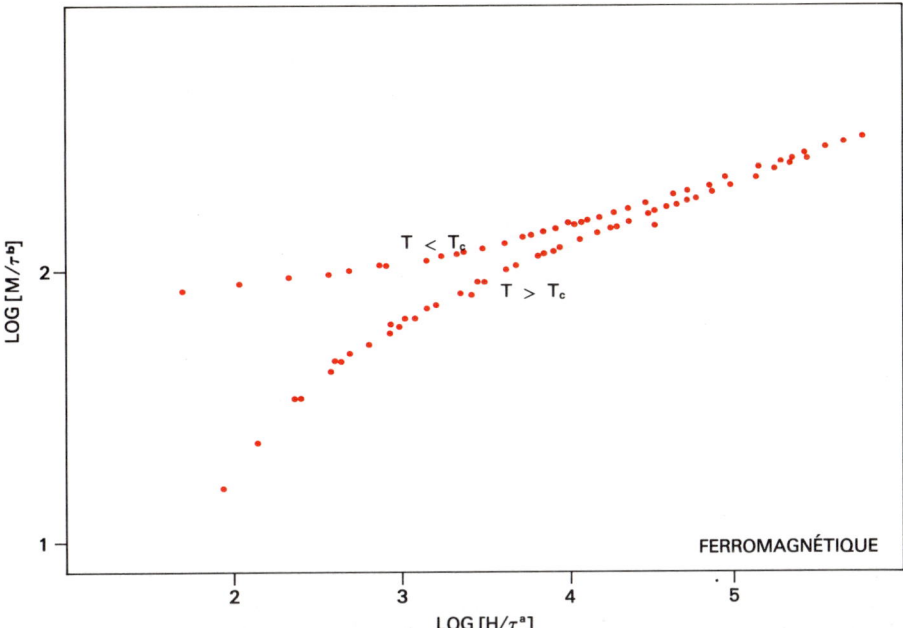

6. UNE COURBE D'ÉTAT unique regroupe, dans le cas d'un ferromagnétique, toutes les valeurs de l'aimantation mesurées, au voisinage de la température de transition, en fonction du champ magnétique appliqué et de la température. Pour établir cette courbe, on analyse les résultats expérimentaux en fonction de deux variables réduites. La première est le quotient de l'aimantation M par une puissance de la température réduite τ ($\tau = (T - T_c)/T_c$, où T est la température de la mesure et T_c la température de transition). La seconde est le quotient du champ magnétique H par une autre puissance de la température réduite τ. Les deux exposants a et b figurant dans ces variables réduites définissent complètement l'ensemble des exposants critiques. La courbe d'état obtenue présente deux branches correspondant au cas où la température de mesure T est plus grande que la température de transition et au cas où elle est plus petite.

gnétiques nécessaires pour passer d'un état à l'autre : plus les états sont voisins, et donc plus ils sont similaires, plus q est grand. On dit que la grandeur q mesure le recouvrement entre deux états.

Une propriété remarquable de l'espace des états d'équilibre découle des théories actuelles : si l'on choisit au hasard trois états d'équilibre, leurs recouvrements q sont soit tous les trois égaux, soit deux d'entre eux seulement sont égaux et le troisième est plus grand que les deux premiers. Cette propriété définit une certaine structure topologique de l'espace des états d'équilibre ; introduite en mathématiques depuis le début du siècle, elle caractérise les espaces appelés ultramétriques. Une représentation d'un tel espace est donnée dans les figures 4 et 5. Elle a la configuration d'un arbre généalogique où l'extrémité de chaque branche représente un état d'équilibre. Dans cette représentation, le recouvrement q entre deux états est d'autant plus petit que le niveau auquel il faut remonter dans l'arbre pour leur trouver un ancêtre commun est plus élevé : deux états sont d'autant plus différents que leur ancêtre commun est plus éloigné.

Une autre propriété remarquable concerne les énergies associées aux différents états. Lorsqu'on considère les énergies des configurations magnétiques, les états d'équilibre correspondent à des minima. Mais le fond d'un grand minimum fait apparaître, quand on le regarde de plus près, un certain nombre de minima plus petits. Lorsqu'on regarde l'un quelconque de ces petits minima en augmentant encore la définition, on découvre une nouvelle structure fine de ce minimum, comparable à celle du départ. Cette propriété d'auto-similarité des minima d'énergie n'est encore qu'une hypothèse, mais elle est fortement étayée par le comportement dynamique des verres de spin *(voir la figure 5)*.

Quel est maintenant le paramètre d'ordre ? C'est, dans ces théories, non pas une grandeur macroscopique, mais une fonction qui dépend de la distribution des recouvrements entre états d'équilibre. Ce paramètre d'ordre ne peut être mesuré directement, mais il est néanmoins possible d'étudier expérimentalement une grandeur scalaire Q le caractérisant. Q est reliée à l'aimantation du système, relevée en fonction de la température, lorsqu'un champ magnétique continu H est préalablement appliqué à une température supérieure à la température de gel T_g *(voir la courbe de la figure 8)*. Au-dessus de la température T_g, Q est équivalente à la susceptibilité non linéaire dont le comportement a déjà été décrit. Au-dessous de T_g, Q correspond à la différence entre l'aimantation et l'extrapolation à basse température de l'aimantation linéaire. Q joue, dans le verre de spin, le même rôle que l'aimantation M dans un corps ferromagnétique. Les théoriciens ont montré par ailleurs que le carré du champ est, dans le verre de spin, l'équivalent du champ dans une substance ferromagnétique.

L'existence d'une transition de phase a pu alors être confirmée par la mise en évidence de la loi d'échelle décrivant le comportement de Q autour de la température T_g. Cette loi stipule qu'il existe une fonction unique (fonction d'échelle) reliant les deux variables réduites suivantes : la première correspond au quotient de Q par une puissance de la température réduite $(T–T_g)/T_g$; la seconde est le quotient du carré du champ par une autre puissance de la température réduite. On évalue les deux exposants en vérifiant l'unicité de la fonction d'échelle obtenue en traçant, en fonction des variables réduites, toutes les courbes d'aimantation relevées en fonction du champ magnétique et de la température au voisinage de T_g. Des deux exposants ainsi définis, on déduit l'ensemble des exposants critiques du système. Les figures 6 et 7 montrent la fonction d'échelle tracée dans le cas d'un verre de spin isolant, comparée à celle d'un ferromagnétique. Il est assez remarquable de constater la similitude entre les courbes expérimentales et de pouvoir interpréter de façon aussi fine les résultats obtenus dans des systèmes désordonnés qui, au départ, semblent extrêmement complexes.

Les exposants critiques ont été mesurés pour différents composés. Dans le cas des composés intermétalliques, les valeurs trouvées peuvent être réparties en deux classes d'universalité, comme dans les systèmes tridimensionnels ordonnés. La situation est actuellement moins claire dans le cas des isolants, où les valeurs d'exposants sont relativement dispersées.

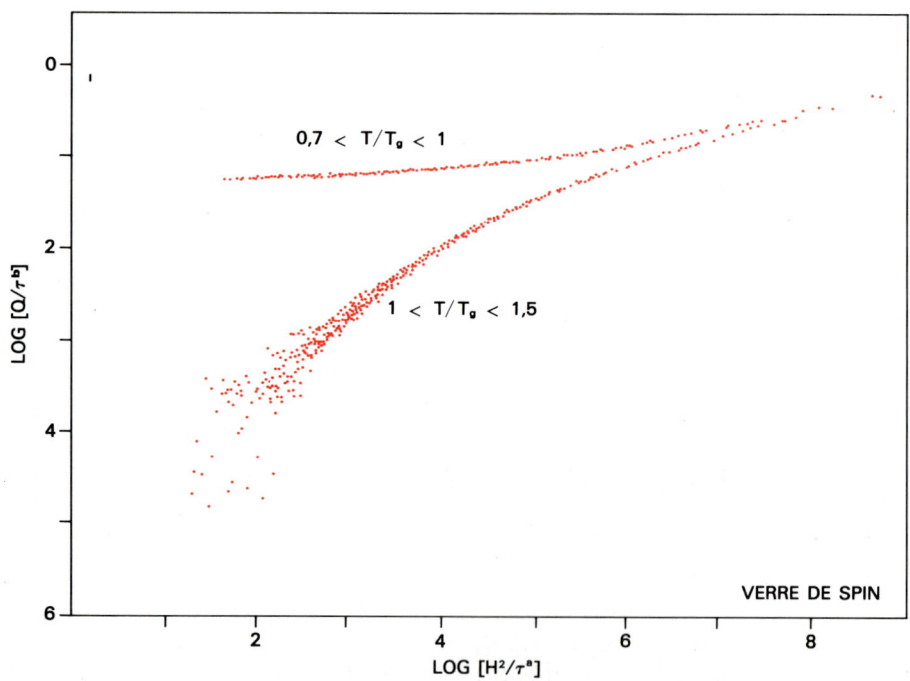

7. DANS LE CAS D'UN VERRE DE SPIN, on retrouve le même type de fonction d'état. L'aimantation M est remplacée par une grandeur Q ayant le comportement du paramètre d'ordre. Le champ H est remplacé par son carré H^2. La grandeur Q correspond, au-dessus de la température de transition, à la différence entre M/H, l'aimantation mesurée divisée par le champ, et la susceptibilité initiale (dM/dH à champ nul).

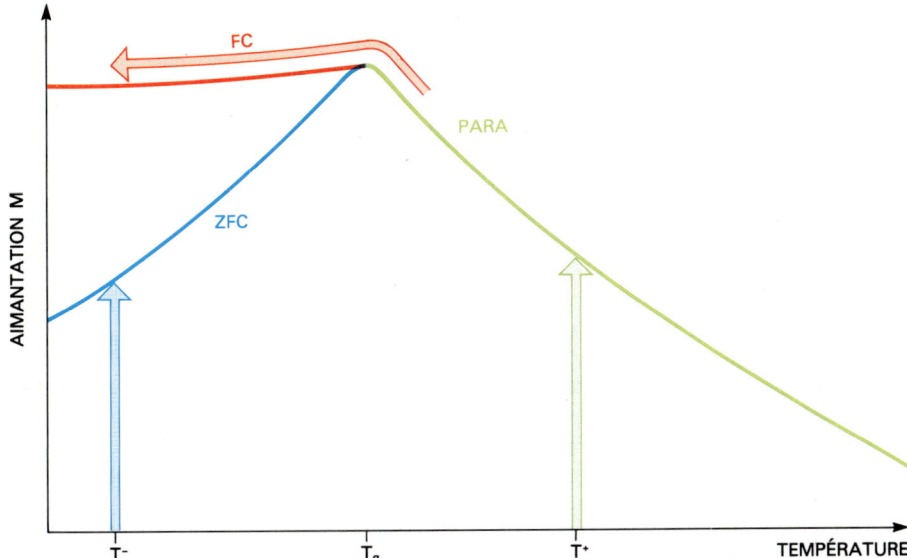

8. LA PRÉSENCE D'HYSTÉRÈSE est une manifestation de l'existence de la phase verres de spin. Lorsque au-dessus de la température de transition T_g (par exemple T^+) on applique un champ H, une aimantation apparaît instantanément *(flèche verte)*. Le matériau est dans la phase paramagnétique et son aimantation suit une loi de Curie-Weiss ; elle varie comme l'inverse de la température *(courbe verte)*. Lors d'un refroidissement sous champ depuis l'état paramagnétique, l'aimantation reste constante au-dessous de la température T_g *(courbe rouge)*, aussi longtemps que le champ est appliqué. On appelle *F.C.* (pour *field cooled*) l'aimantation obtenue dans ces conditions. Si l'échantillon est préalablement refroidi en dessous de T_g, sous champ nul, l'établissement du champ (par exemple à la température T^-) est instantanément suivi de l'apparition d'une aimantation inférieure à l'aimantation *F.C.* *(flèche bleue)*. On appelle *Z.F.C.* l'aimantation obtenue. Cette aimantation n'est pas stable et relaxe vers l'aimantation *F.C.*

Aspects dynamiques

Les propriétés dynamiques des verres de spin sont beaucoup plus proches de celles des systèmes sans transition de phase tels que les verres classiques ou les polymères, que de celles des phases magnétiques classiques. Elles sont caractérisées par des temps de relaxation (temps d'établissement de l'équilibre après modification des conditions extérieures) extrêmement grands et des effets de vieillissement qui occultent les relaxations intrinsèques.

La dynamique d'un système est l'ensemble des lois qui régissent ses évolutions temporelles. Lors de ces évolutions, le système tend à occuper les états stables d'énergie libre minimale. Cette relaxation est simple quand il n'y a qu'un minimum d'énergie : partant de n'importe quelle configuration, le système évoluera toujours vers le même état stable qui le définira complètement. C'est ce qui se passe notamment dans la phase paramagnétique, quand la température du système est supérieure à T_g. Si plusieurs minima existent et s'il faut passer par des configurations de haute énergie (c'est-à-dire franchir des barrières d'énergie) pour évoluer de l'un à l'autre, l'état stable d'arrivée dépendra de la configuration de départ. Le système est dit non ergodique s'il existe des barrières d'énergie qui ne pourront être franchies, même dans la limite des temps infinis. Quand les minima se déduisent les uns des autres par des opérations de symétrie connues, on est ramené au problème d'un seul minimum : tel est le cas dans les milieux ordonnés classiques. Dans les systèmes aussi complexes que les verres de spin, nous avons vu qu'il existe un nombre infini de minima dont le nombre ne peut être réduit par aucune symétrie de structure et, corrélativement, une distribution quasi continue de hauteurs de barrière entre ces minima *(voir la figure 5)*. Comme le temps moyen nécessaire au système pour sauter une barrière donnée croît exponentiellement avec la hauteur de celle-ci, son évolution est gouvernée par une distribution très large de temps de relaxation. Son comportement dynamique s'étend sur des temps extrêmement longs. En laboratoire, les temps de relaxation que l'on peut mesurer ne constituent qu'une fenêtre très réduite par rapport à la largeur de la distribution de ces temps.

Relaxation à temps longs

Une des premières manifestations des propriétés dynamiques de la phase verre de spin est la présence, au-dessous de la température de gel T_g, d'une très importante hystérèse. Dans une phase magnétique classique (ne comportant qu'un seul domaine), l'application d'un champ magnétique produit instantanément (dans des temps de l'ordre de 10^{-11} seconde) une aimantation qui reste constante à température fixée, tant que le champ est appliqué, et qui s'évanouit avec la même rapidité quand le champ est supprimé. Dans la phase verre de spin, l'aimantation correspondant à un champ donné dépend de l'histoire thermique du matériau avant et après établissement du champ (*voir la figure 8*). Quand l'aimantation a été créée au-dessus de la température de gel, dans la phase paramagnétique, et que le matériau a été ensuite refroidi au-dessous de la température de gel, l'aimantation est à peu près constante dans toute la phase basse température et dépend peu des évolutions thermiques ultérieures : à une température donnée, elle a toujours la même valeur quelles que soient les variations thermiques subies entre deux mesures. On appelle cette aimantation l'aimantation *F.C.*, pour *field cooled*. Si le matériau a été refroidi en champ nul au-dessous de la température de gel, l'établissement ultérieur du champ magnétique entraîne une aimantation appelée *Z.F.C.*, pour *zero field cooled*. L'aimantation *Z.F.C.* est inférieure à l'aimantation *F.C.* et augmente avec la température jusqu'à rejoindre la valeur *F.C.* à la température de gel T_g ; elle dépend aussi des variations de température ultérieures à l'application du champ.

L'évolution temporelle des deux types d'aimantation et leur réponse à une variation de champ sont très différentes. L'aimantation *Z.F.C.* est réversible : elle s'annule quasi instantanément après coupure du champ magnétique si celui-ci a été établi pendant un laps de temps très court ; lorsque le champ est maintenu, elle relaxe très lentement vers la valeur *F.C.* Au contraire l'aimantation *F.C.* est stable mais non réversible : après coupure du champ, elle diminue quasi instantanément jusqu'à une valeur correspondant à la différence des aimantations *F.C.* et *Z.F.C.* ; c'est l'aimantation thermorémanente (M_{TRM}). Cette dernière continue ensuite à relaxer très lentement

vers zéro : expérimentalement on a observé que l'aimantation M_{TRM} peut n'avoir relaxé que de la moitié de sa valeur initiale, même après une semaine ! L'existence de ces larges gammes de temps de relaxation est une propriété générale des systèmes désordonnés ; les systèmes ordonnés présentent quant à eux un (ou quelques) temps caractéristique bien défini(s), conduisant à une relaxation exponentielle, en général très rapide par rapport aux échelles de temps évoquées ici.

Dans le cas des verres de spin, la dynamique n'est pas stationnaire, ce qui signifie que les processus qui la déterminent évoluent au cours du temps. Les relaxations lentes qui suivent l'établissement de l'aimantation *Z.F.C.* ou l'annulation du champ à partir de l'état *F.C.* mettent ce phénomène en évidence. Intéressons-nous, par exemple, à la relaxation de l'aimantation thermorémanente $M_{TRM}(t)$. On trempe l'état *F.C.* en passant brusquement, sous champ magnétique, d'une température supérieure à la température T_g, à la température de travail, inférieure à T_g. Puis on laisse le système sous champ pendant un temps t_w (*waiting time*), on annule le champ et on mesure M_{TRM} en fonction du temps t_{obs}, compté à partir de l'extinction du champ.

Les résultats montrent à l'évidence que l'état *F.C.* n'est pas un état d'équilibre, puisque au cours du temps passé dans cet état, les processus qui déterminent la dynamique évoluent, donnant lieu à une relaxation qui dépend de t_w. Ce phénomène, auquel on donne le nom de vieillissement, est commun à un grand nombre de structures désordonnées, et ses effets sur les propriétés mécaniques des polymères vitreux comme le chlorure de polyvinyle ont été étudiés très en détail. Là, le vieillissement présente un caractère d'universalité, que révèle l'étude de l'évolution de la déformation sous contrainte. Par transformations d'échelle sur le temps et la température, on peut réduire toutes les déformations sous contrainte à une forme unique, la loi de Kohlrausch (ou exponentielle étirée) $\exp{-(\xi/\tau_0)^\beta}$, où ξ est un temps réduit calculé à partir de la variable $t/(t_w + t)$, et où β est de l'ordre de $1/3$. La relaxation de l'aimantation thermorémanente dans les verres de spin ne possède malheureusement pas ce caractère d'universalité, comme le montre la figure 9. Elle peut être décrite par le produit de deux types de réponses, l'une stationnaire (indépendante du temps t_w), l'autre représentant le vieillissement (dépendante de t_w). La relaxation stationnaire est en général correctement représentée par une loi de puissance du temps $t^{-\alpha}$, où α est un exposant petit et dépendant de la température. La relaxation du vieillissement, prépondérante quand t_{obs} est supérieure à t_w, dépend de t_w selon une loi d'échelle temporelle identique à celle des polymères vitreux ; sa forme est aussi une loi de Kohlrausch, mais dont l'exposant β varie avec la température.

La réponse sinusoïdale

Une autre expérience importante est la mesure de la réponse à une excitation sinusoïdale pure. Dans un système linéaire (un système est linéaire si sa réponse à la somme de deux

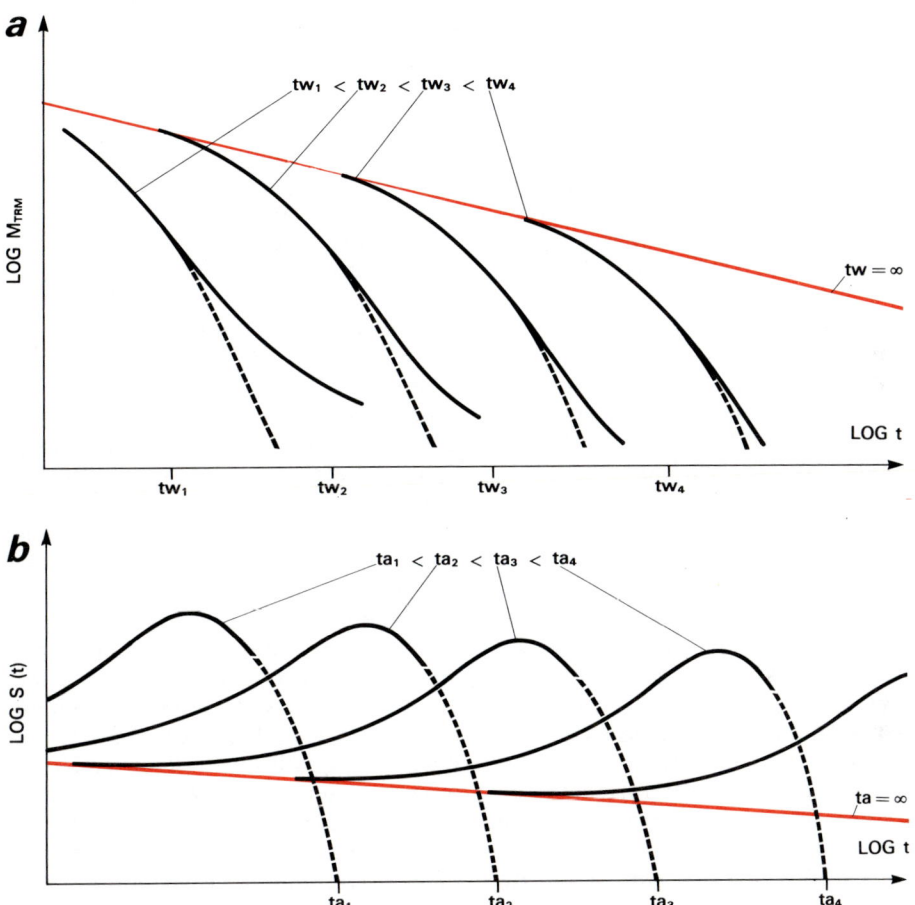

9. L'AIMANTATION THERMORÉMANENTE M_{TRM} est l'aimantation qui persiste après coupure du champ à partir de l'état *F.C.* On observe sa décroissance à des temps t_{obs} comptés à partir de l'instant où le champ est annulé. La forme de la décroissance *(a)* dépend fortement du temps t_w *(waiting time)* qui s'est écoulé entre la trempe sous champ permettant d'obtenir l'état *F.C.*, et la coupure du champ. Tant que $t_{obs} \ll t_w$, la relaxation est indépendante de t_w, de la forme $t^{-\alpha}$, où α est très faible et dépendant de la température. Ensuite, les courbes quittent leur partie commune, et cela d'autant plus tard que t_w est plus grand. La relaxation invariante à $t_{obs} \ll t_w$ est donc la relaxation correspondant à l'équilibre thermodynamique, puisqu'elle reste seule quand t_w tend vers l'infini. Le paramètre temporel qui conditionne en fait ce vieillissement du processus de relaxation est l'âge du système,

t_a, égal à $t_w + t_{obs}$. On peut tracer à des âges donnés, à partir de la pente logarithmique de la relaxation *S(t)*, la distribution des temps de relaxation dans le système aux âges t_a successifs *(b)*. La forme de la distribution reste invariante sur le diagramme Log Log, la partie à $t \ll t_a$ représentant la distribution à l'équilibre. On peut faire subir aux courbes de $M_{\mathrm{TRM}}(t)$ la transformation d'échelle qui correspond à la conservation d'un âge constant $t_a = t_w$. On obtient des courbes *(pointillés sur la figure a)* qui correspondent à l'évolution d'un système décrit par la distribution de temps de relaxation correspondant à l'âge t_w. Toutes les courbes sont identiques, elles sont seulement décalées les unes par rapport aux autres. Ces courbes correspondent à une relaxation de type Kohlraush (ou exponentielle étirée) $\exp - (t/t_0)^\beta$, où les valeurs de t_0 et β dépendent de la température.

excitations est égale à la somme des réponses individuelles), cette réponse est directement reliée à la relaxation que nous venons d'évoquer : comme on peut décomposer mathématiquement toute évolution temporelle en une somme de contributions élémentaires sinusoïdales pures (cette opération est connue sous le nom de transformation de Fourier), la connaissance de la réponse d'un système linéaire à toutes les fréquences pures permet donc de calculer sa réponse à toutes les formes d'excitation. Elle permet entre autres de retrouver la loi de relaxation de l'aimantation thermorémanente.

On soumet le matériau à un champ variant sinusoïdalement avec le temps, et on analyse l'aimantation résultante. Si le système est linéaire, son aimantation est aussi sinusoïdale pure de même période, mais elle est d'autant plus déphasée que les temps de relaxation propres du système sont grands par rapport à cette période. On distingue deux parties de la réponse, l'une, χ', en phase avec le champ et l'autre, χ'', en quadrature. La figure 10 illustre un comportement typique des verres de spin. Tout d'abord la susceptibilité en phase χ' présente un pic en fonction de la température. Quand la fréquence diminue, ce pic se décale vers les basses températures en devenant de plus en plus aigu. Dans la phase verre de spin, la susceptibilité χ' est d'autant plus faible que la fréquence est plus grande ; d'autre part, la susceptibilité en quadrature χ'' apparaît et elle est d'autant plus importante que la fréquence est plus élevée. Cela montre la viscosité de la phase verre de spin qui dissipe d'autant plus que la fréquence est plus grande. Les variations de χ' et χ'' en fonction de la fréquence diffèrent fortement de celles des systèmes classiques, comme le laisse prévoir l'existence de larges distributions de temps caractéristiques, déduite des mesures de relaxation.

Fluctuations libres

L'arsenal des mesures basse fréquence du comportement collectif de la phase verre de spin s'est récemment enrichi d'une nouvelle technique extrêmement puissante. Il s'agit de l'étude des fluctuations libres de l'aimantation, où l'on observe le matériau à l'équilibre sans excitation d'aucune sorte. On mesure dans cette technique le bruit magnétique spontané de l'échantillon.

Tout électronicien sait prévoir l'importance du bruit de Johnson d'un montage électronique en appliquant le fameux théorème de Nyquist, qui relie la fluctuation de tension aux bornes d'un élément électrique passif, à la valeur de sa résistance. Le théorème de Nyquist est la première forme historique d'une relation très générale de la thermodynamique statistique connue sous le nom de théorème de fluctuation-dissipation. (Un système à l'équilibre n'est pas immuable et il évolue perpétuellement autour de son état d'équilibre ; on appelle ces évolutions les fluctuations.) Ce théorème établit une relation entre les fluctuations d'un système à l'équilibre thermodynamique et sa viscosité. Ces deux grandeurs ont en effet en commun qu'elles sont toutes deux une conséquence des interactions aléatoires du système étudié avec le milieu dans lequel il baigne (par exemple, le système de spins est soumis aux vibrations thermiques du réseau atomique). Dans un système magnétique, la viscosité est le rapport de la susceptibilité en quadrature χ'' par la fréquence. Le théorème de fluctuation-dissipation n'est évidemment applicable qu'à des systèmes ergodiques, car les ensembles de configurations explorées lors des fluctuations libres et lors de la réponse à une excitation (mesure de χ'') doivent être les mêmes. De plus, il ne prend la forme simple ci-dessus que dans les systèmes à dynamique linéaire.

Les mesures de fluctuations magnétiques sont très délicates et ne sont possibles que depuis le développement des techniques modernes de magnétométrie à effet Josephson, qui permettent de détecter des champs magnétiques de l'ordre de 10^{-11} gauss (le champ magnétique terrestre vaut environ 0,5 gauss). Ces mesures sont bien adaptées aux études de systèmes désordonnés où la susceptibilité en quadrature est en général importante à basse fréquence. En effet, si la susceptibilité χ'' est indépendante de la fréquence (cas limite d'une distribution uniforme de temps de relaxation), le bruit correspondant varie comme l'inverse de la fréquence et de fortes contributions sont donc attendues à basse fréquence.

La figure 11 donne un exemple typique de spectres d'aimantation relevés dans les verres de spin à l'équilibre et après un temps de vieillissement suffisant pour que les fluctuations soient stationnaires dans toute la gamme de fréquences. Elles sont en parfait accord avec les valeurs déduites, par la relation de fluctuation-dissipation, des résultats de mesure de la susceptibilité en quadrature χ''. Cela peut paraître étonnant puisque nous connaissons le caractère non ergodique des verres de spin, que révèlent leurs différences de comportement selon que leur trempe a été effectuée sous champ magnétique ou à champ nul. Comment la relation de fluctuation-dissipation peut-elle décrire le comportement de tels matériaux ? On peut seulement avancer quelques hypothèses. Les deux mesures reliées par la relation de fluctuation-dissipation sont des mesures de fréquences qui obéissent aux mêmes contraintes temporelles : une mesure effectuée à une fréquence donnée a une durée caractéristique qui est l'inverse de cette fréquence. On peut alors penser que les ensembles de configurations explorées dans différentes mesures avec des échelles de temps

équivalentes ont, bien que disjoints, des propriétés locales similaires. Ceci pourrait être dû à la propriété déjà évoquée d'autosimilarité de l'espace des états *(voir la figure 5)*, propriété tout à fait compatible avec l'ultramétricité qui résulte des théories de champ moyen évoquées dans la section concernant les aspects statiques.

Les trois types d'expériences qui viennent d'être décrits ont permis de donner une image cohérente des propriétés dynamiques lentes des

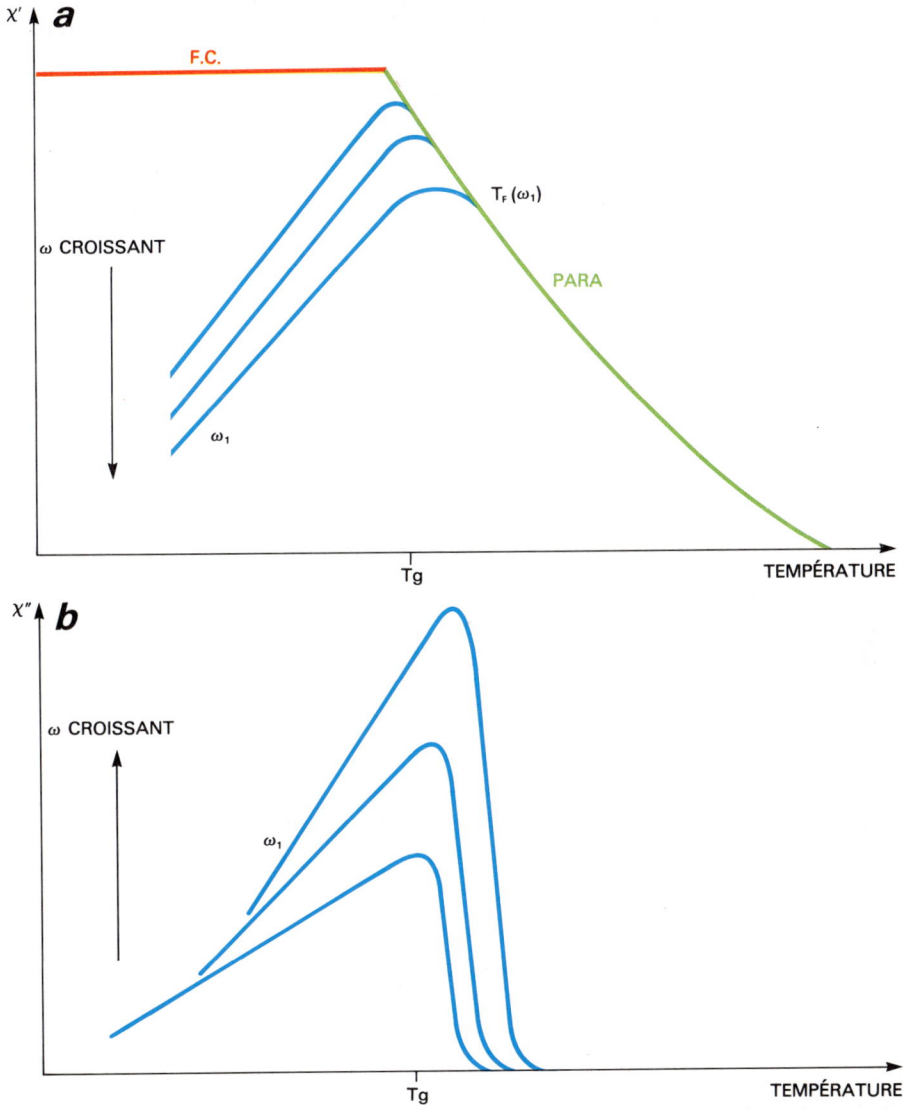

10. LA RÉPONSE (C'EST-À-DIRE L'AIMANTATION) à un champ magnétique de fréquence ω des divers systèmes verres de spin varie sous l'effet de certaines caractéristiques des matériaux étudiés, mais un comportement schématique peut être dégagé. À haute température, le matériau est paramagnétique : la susceptibilité suit la loi de Curie. Le matériau quitte ce comportement à une température $T_F(\omega)$ qui diminue quand ω diminue. Cela se traduit par un maximum de la susceptibilité en phase $\chi'(\omega)$ à $T_F(\omega)$ *(schéma a)*, et par une susceptibilité en quadrature $\chi''(\omega)$ *(schéma b)* non nulle au-dessous de $T_F(\omega)$ avec un front de montée très aigu à $T_F(\omega)$. La susceptibilité χ'' correspond à la dissipation.

verres de spin. Mais il reste, en s'appuyant sur leurs résultats, à développer une théorie globale qui puisse interpréter à la fois l'ensemble des propriétés statiques et dynamiques de ces systèmes.

Modèle de mémoire associative

L'intérêt des verres de spin dépasse très largement le cadre des études des propriétés magnétiques de la matière. Ils ont inspiré toute une veine moderne de la mécanique statistique et montré les connexions profondes entre les comportements d'un grand nombre de systèmes complexes. Les outils conceptuels mis au point ont été appliqués dans des domaines très divers, qui vont des problèmes d'optimisation à la biologie. Le cas le plus fascinant est celui des mémoires associatives, ou réseaux de neurones, que nous allons évoquer.

On peut, dans un modèle simplifié, considérer un neurone comme un élément présentant deux états (actif ou inactif) ; cet élément est muni d'un certain nombre d'entrées (connexions synapti-

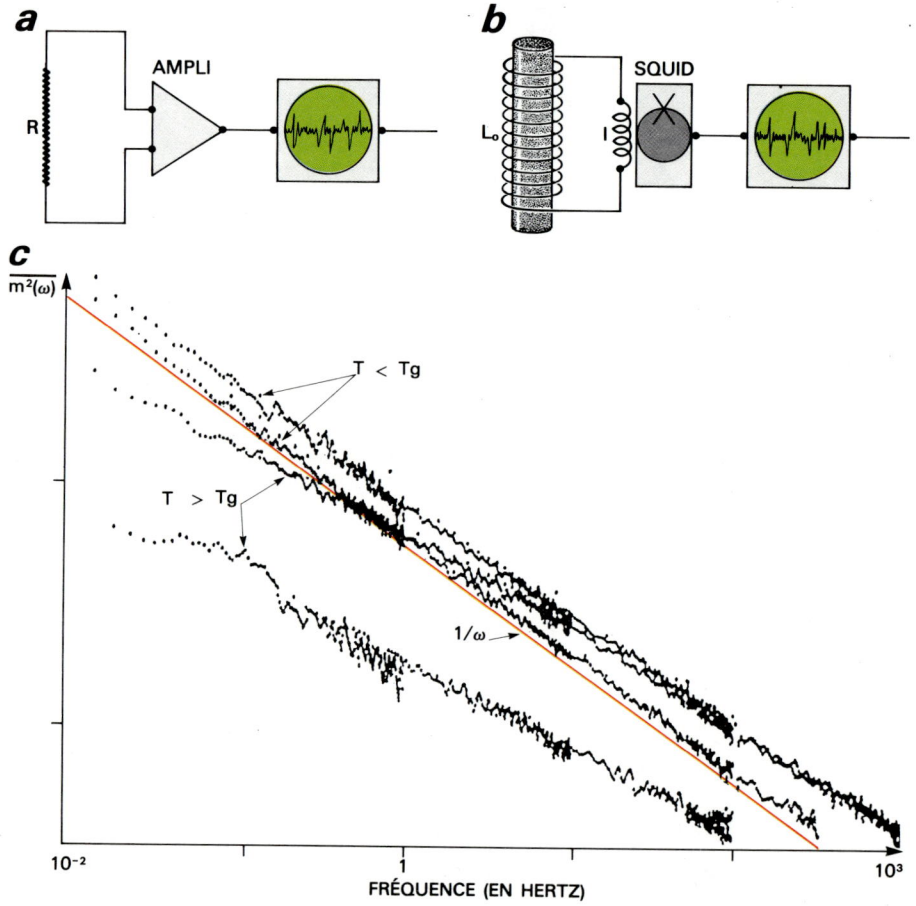

11. LE THÉORÈME DE FLUCTUATION-DISSIPATION est une conséquence des processus élémentaires d'échange d'énergie cinétique (thermique) entre un système et le milieu dans lequel il baigne. Sa forme la plus commune est le théorème de Nyquist, qui relie l'énergie des fluctuations de tension par unité de bande de fréquence (densité spectrale) aux bornes d'une résistance R à la valeur de celle-ci *(a)*. Généralisé au cas magnétique, il établit que la densité spectrale des fluctuations d'aimantation $m^2(\omega)$ est proportionnelle à la susceptibilité en quadrature de phase, et inverse- ment proportionnelle à la fréquence. La fluctuation d'aimantation induit une fluctuation de flux dans un circuit supraconducteur couplé par la self-inductance L_0 à l'échantillon, et par la self-inductance l à un magnétomètre à effet Josephson (SQUID) *(b)*. La densité spectrale d'aimantation dans les verres de spin varie en fonction de la fréquence, à peu près comme $1/\omega$ *(c)*. L'analyse des déviations par rapport à $1/\omega$ montre que $m^2(\omega)$ varie exactement comme $\chi''(\omega)/\omega$, ce qui signifie que la relation de fluctuation-dissipation est respectée.

ques) et d'une sortie (axone), qui véhicule le signal correspondant à l'état du neurone. Le signal de sortie d'un neurone est transmis aux entrées de ceux qui l'entourent par l'intermédiaire des synapses. Le rôle d'une synapse est de fournir aux entrées de certains neurones un signal dérivé du signal de sortie d'un autre neurone. On modélise le rôle des synapses en considérant que chaque neurone reçoit un signal d'entrée obtenu en additionnant les signaux de sortie de tous les autres, chacun pondéré par un coefficient synaptique qui dépend du couple émetteur-récepteur. Un neurone est actif ou inactif selon que la somme des cristaux synaptiques est supérieure ou inférieure à un seuil caractéristique. On voit à l'évidence la similitude avec un modèle d'Ising, où chaque spin peut avoir deux orientations et où les interactions de deux spins ont des valeurs aléatoirement distribuées. Nous avons vu qu'un tel système présente des états stables vers lesquels il évolue de lui-même à partir de n'importe quelle configuration proche.

On peut bâtir une mémoire électronique sur ce modèle. L'apprentissage se fait alors non pas en assignant, à un certain nombre des éléments de la mémoire, une valeur correspondant à l'information à stocker, mais en donnant à chaque coefficient synaptique une valeur calculée à partir de l'information (l'image) à mémoriser. Ainsi l'état stable de la mémoire entière correspond à l'information exacte, mais, à la différence d'une mémoire adressable, la mémoire associative a une dynamique de reconnaissance de l'information. Supposons que nous imposions à tous les neurones une image légèrement différente de l'image mémorisée et que nous laissions ensuite le système évoluer. Il retournera à l'état stable et restituera l'image exacte. On peut maintenant aller plus loin

et superposer l'apprentissage d'un nombre d'images d'autant plus grand que le nombre de neurones est grand. Il y aura des limitations évidentes : deux images trop proches interféreront et seront confondues ; les erreurs de restitution augmenteront avec le nombre d'images stockées, jusqu'à une transition vers un état « verre de spin » où la restitution deviendra impossible, les états stables devenant aléatoires (tout au moins par référence aux images stockées). On pourra, par l'application de seuils synaptiques, obtenir seulement la perte des informations les plus anciennes par exemple.

Ce modèle est un outil puissant de reconnaissance des formes et d'association d'images, et ses mécanismes profonds ont beaucoup de similitudes avec ceux qui régissent le fonctionnement de la mémoire vivante.

Les verres de spin, sous cet angle, sont tout simplement la réalisation physique d'une mémoire saturée ou d'une mémoire où toute connaissance préalable des états stables (images pour la mémoire) est perdue. Mais nous avons vu que les outils de la thermodynamique statistique permettent néanmoins une connaissance globale des propriétés de ces systèmes et des lois qui les régissent. Ainsi des phénomènes aussi étranges en apparence que, d'un côté, les propriétés de la matière dite inerte, de l'autre des propriétés proches des facultés, qu'on attribue d'ordinaire à la matière vivante, semblent se prêter à la même analyse.

L'histoire des sciences nous a, il est vrai, habitués à d'étranges détours. Les précurseurs de la thermodynamique classique ne cherchaient qu'à analyser le rendement des machines thermiques ; pourtant, ce faisant, ils établirent les bases d'une science dont les lois s'appliquent à tous les phénomènes naturels, y compris la vie.

La convection

La circulation spontanée de matière dans un fluide chauffé est un phénomène familier que l'on comprend en démêlant les relations complexes entre température, viscosité, tension superficielle et autres caractéristiques du fluide.

Manuel Velarde et Christine Normand

La convection est un phénomène familier : elle se traduit notamment par les rouleaux qui troublent un potage chaud, les mouvements de l'air nécessaires au tirage d'une cheminée ou encore le miroitement de l'air chaud au-dessus d'une route goudronnée. Le même type d'écoulement convectif est responsable des courants océaniques et de la circulation atmosphérique ; à une plus grande échelle encore ce sont ces mouvements de convection qui donnent naissance aux mouvements de la photosphère du Soleil.

Certains nuages se forment lorsque de l'air humide et chaud s'élève en un panache convectif et c'est une soudaine inversion de température qui, dans des villes comme Los Angeles ou Madrid, provoque quelquefois une pollution créée par un brouillard enfumé qui ne peut être dissipé par le mode de transport convectif ordinaire. D'autres exemples nous sont moins familiers ou sont moins aisés à observer : ainsi l'influence de la convection s'exerce aussi bien sur une couche de peinture qui sèche que sur la dissémination des gaz et particules dans les poumons. On pense aussi que la convection dans le manteau terrestre est la force motrice de la dérive des continents.

Les phénomènes de convection les plus élémentaires pourraient être interprétés par une formule lapidaire : la chaleur monte. Dans les cas les plus simples, les mouvements convectifs apparaissent lorsqu'un fluide (un liquide ou un gaz) est chauffé par le bas : la partie inférieure du fluide se dilate et devient moins dense que les couches qui la surplombent. La partie inférieure plus chaude et plus légère a tendance à s'élever tandis que la partie supérieure plus froide a tendance à s'enfoncer ; ce phénomène était déjà connu au XVIIIᵉ siècle. Il semble surprenant qu'il ait fallu si longtemps pour parvenir à une description quantitative de la convection. En fait, même les systèmes les plus simples et qui sont le siège de vigoureux mouvements convectifs, n'ont pas encore été résolus mathématiquement de façon rigoureuse. On peut entrevoir la nature des difficultés théoriques en considérant à nouveau le cas simple d'une couche de fluide chauffé par le

1. LES CELLULES DE CONVECTION de forme polygonale caractéristique apparaissent spontanément quand une mince couche de fluide est chauffée par le bas. L'évolution de l'arrangement cellulaire sur un intervalle de temps de quelques heures est retracée sur les photographies ; sur la photographie du bas, le réseau cellulaire est bien établi. Au début, les cellules sont des « rouleaux » allongés qui longent les bords latéraux de la couche ; les rouleaux cèdent ensuite la place à des polygones, qui tendent à prendre la forme d'hexagones réguliers de structure indépendante de la forme des bords. Dans chaque cellule polygonale, le fluide monte par le centre et redescend à la périphérie. L'écoulement est induit principalement par des forces associées à la tension superficielle, et dans la plupart des fluides, il prend cette forme seulement si la surface supérieure est libre. Les photographies ont été prises au laboratoire de l'un des auteurs (M. Velarde) à l'Université de Madrid. Le fluide est de l'huile aux silicones contenant des paillettes d'aluminium en suspension pour visualiser l'écoulement.

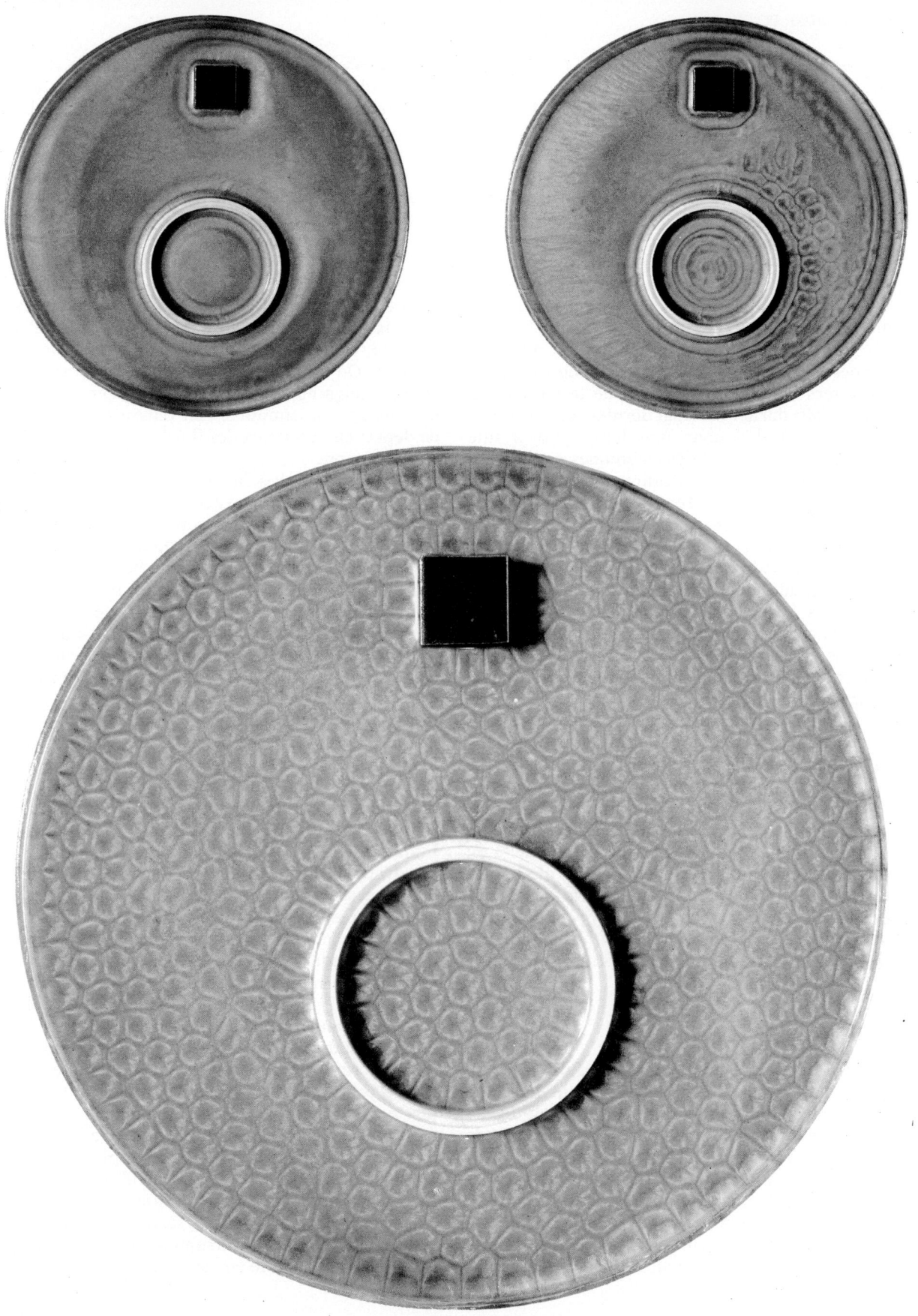

bas. La force qui induit le mouvement convectif dans un tel fluide est la poussée d'Archimède, s'exerçant sur la partie chaude, et l'ordre de grandeur de cette force est déterminé par la différence de température entre le haut et le bas de la couche. La complexité du problème apparaît lorsque l'on sait que la répartition de température est fortement modifiée par le mouvement convectif lui-même qui transporte la chaleur de bas en haut dans la couche. Ainsi la force qui produit le mouvement est modifiée par le mouvement lui-même.

Bien que les solutions exactes de tels problèmes n'existent pas encore, des progrès importants vers une théorie générale de la convection ont été faits durant les vingt dernières années. Ces progrès sont dus pour une large part à une adaptation des idées et des techniques mathématiques développées dans d'autres domaines de la physique, notamment l'étude des transitions de phases, des matériaux ferromagnétiques et des supraconducteurs. Ces méthodes permettent d'analyser la stabilité de divers types d'écoulement dans le fluide et de prédire les modes les plus probables. Les résultats théoriques ne sont encore que des approximations, mais dans certains cas, elles se révèlent excellentes. Sur ces bases, on pourra peut-être expliquer un jour ce qui se passe dans un potage qui mijote.

Le type de transport convectif que nous allons examiner ici est dénommé convection naturelle ou encore convection libre : ce terme signifie que l'écoulement est la réponse à des forces agissant à l'intérieur du fluide. Cette force est le plus souvent la gravité, mais il existe des situations où un autre agent, tel que la tension superficielle ou un champ électromagnétique, joue un rôle important, parfois même déterminant. Cette convection est qualifiée de naturelle par opposition à la convection forcée où l'écoulement est induit par une force externe par l'intermédiaire d'une pompe ou d'une turbine par exemple.

Le temps des pionniers

Une des plus anciennes descriptions de la convection naturelle date de 1790, elle est due à Benjamin Thompson, comte Rumford ; il décida de se pencher sur le phénomène de transport de la chaleur après avoir observé le refroidissement d'un gâteau aux pommes. Certains mécanismes convectifs de la circulation atmosphérique avaient été déjà publiés et un certain nombre de comptes rendus anecdotiques vinrent s'ajouter à la littérature sur ce sujet au cours du XIXe siècle. Toutefois,

c'est seulement aux alentours de 1900 que des recherches systématiques furent entreprises. Le travail expérimental le plus remarquable fut celui de Henri Bénard ; cependant Bénard étudiait un système convectif plus compliqué qu'il ne le pensait et dont la véritable nature ne fut reconnue qu'assez récemment. Les observations de Bénard et leur récente interprétation seront reprises un peu plus loin.

Le théoricien de la convection fut, au début du XXe siècle, lord Rayleigh. Parmi ses derniers travaux figure un article sur la convection, publié en 1916, et qui tente d'expliquer les résultats de Bénard. On sait maintenant que la théorie de lord Rayleigh ne s'applique pas au système étudié par Bénard ; néanmoins, son œuvre est le point de départ de la plupart des théories modernes sur la convection.

On peut aborder la théorie de lord Rayleigh dans le contexte d'une expérience modèle avec un fluide dont les propriétés sont plus simples que celles des gaz ou liquides véritables ; dans cette expérience, une mince couche de fluide, confinée entre deux plaques polies rigides et horizontales, remplit complètement l'espace entre les plaques de façon à ce qu'il n'y ait pas de surface libre. On dit qu'une couche est mince quand elle est beaucoup plus large que profonde (la profondeur est égale à l'espacement entre les plaques) ; on suppose que la couche est mince pour pouvoir négliger l'influence des bords des plaques. Le cas idéal est celui où la couche s'étend à l'infini dans la direction horizontale ; en pratique, une couche de quelques centimètres de long sur quelques millimètres de haut est assimilable à une couche infinie.

L'appareil est chauffé par le bas de sorte que la température du fond de la couche est constante et uniforme. De la même manière, la chaleur s'échappe par la partie supérieure de la couche, de sorte que la température est là aussi constante et uniforme mais inférieure à celle de la partie inférieure. Il s'ensuit évidemment que la différence de température entre le haut et le bas est aussi constante et uniforme. En outre, le gradient de température, c'est-à-dire la variation de température par unité de hauteur, est linéaire, c'est-à-dire que le graphe représentant la température en fonction de la hauteur est une droite. Il faut encore ajouter quelques hypothèses simplificatrices. L'une d'elles précise que la gravité est la seule force agissant à l'intérieur du fluide ; comme les expériences les plus faciles à réaliser sont à petite échelle, le champ de gravitation sera quasiment uniforme dans tout le volume. Le fluide doit aussi

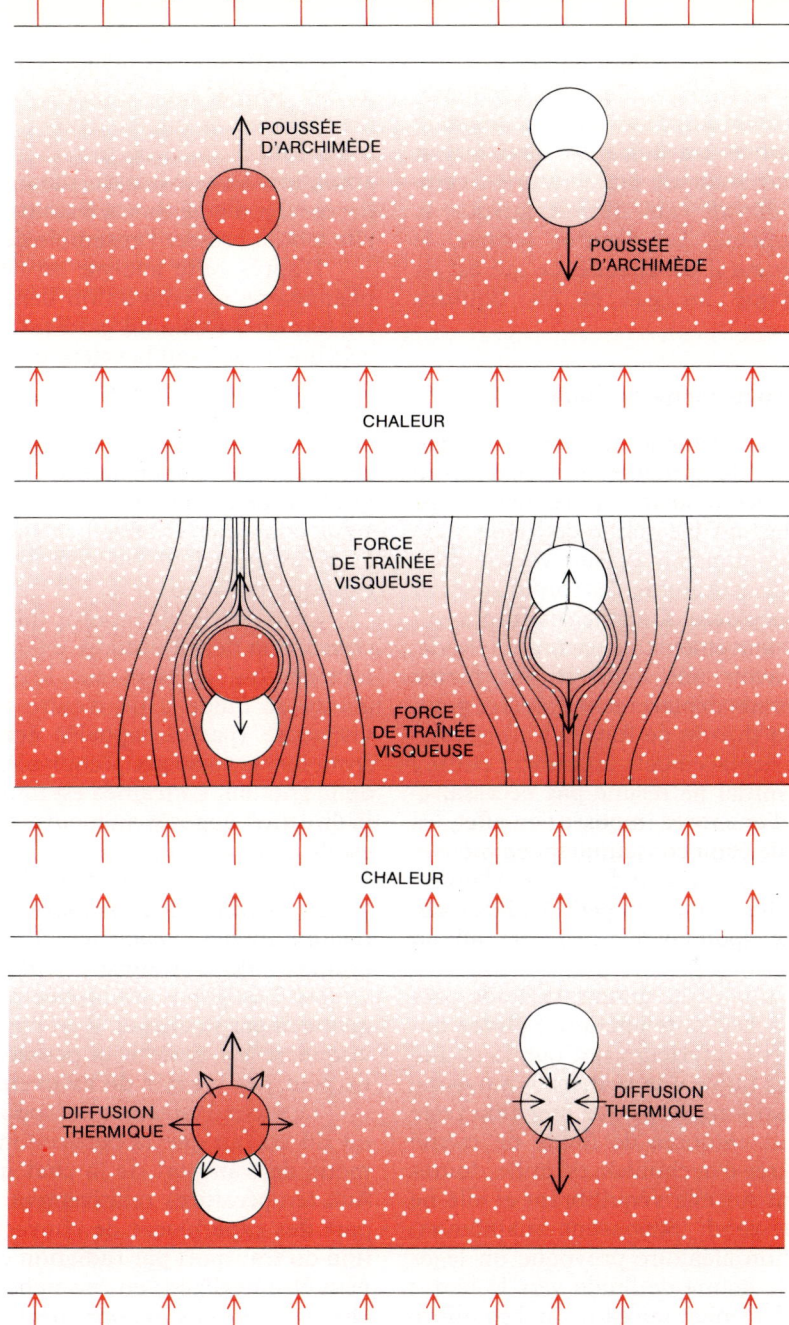

2. UNE RUPTURE DE L'ÉQUILIBRE DES FORCES
est nécessaire pour permettre un écoulement convectif.
Ces forces peuvent être analysées dans le cadre d'une
expérience modèle où une mince couche de fluide,
maintenue entre deux plaques rigides, est chauffée par
le bas ; ce type de chauffage induit un gradient de
température et de densité. Si l'on déplace légèrement
vers le haut une goutte de fluide chaud placée
initialement près du fond de la couche, elle pénètre
dans une région où la densité moyenne est plus élevée :
elle est soumise à une poussée d'Archimède dirigée
vers le haut. Si l'on déplace vers le bas une goutte de

fluide froid situé près du sommet de la couche, elle
est plus lourde que son environnement et s'enfonce.
La poussée d'Archimède doit vaincre la force de
traînée visqueuse et la diffusion de la chaleur, qui
tend à égaliser la température de la goutte déplacée
avec celle de son environnement. L'importance relative de ces facteurs est mesurée par le nombre de
Rayleigh. La convection commence quand la poussée
arrive à vaincre les effets dissipatifs de la traînée
visqueuse et de la diffusion de la chaleur, autrement
dit lorsque le nombre de Rayleigh dépasse une valeur
critique.

être incompressible ; pour les liquides, si la profondeur n'est pas trop grande, cette hypothèse est réaliste. Enfin on suppose dans ce modèle qu'une seule propriété du fluide est directement affectée par la variation de température : cette propriété est la densité, qui décroît lorsque la température augmente. En d'autres termes, le fluide se dilate quand il est chauffé, ce qui est en général exact pour les gaz et les liquides ordinaires.

Le déplacement d'une goutte de fluide

Une excellente méthode théorique permet d'étudier les effets du gradient de température dans cette expérience modèle. La première étape consiste à imaginer qu'une goutte de fluide a été déplacée de sa position initiale soit vers le haut soit vers le bas, puis à examiner les forces agissant sur cette goutte déplacée. Ce sont ces forces qui déterminent les mouvements ultérieurs du fluide. La goutte peut avoir une taille et une forme quelconques mais son déplacement doit être petit. (Formellement, la théorie de Rayleigh n'est valable que pour des déplacements infiniment petits.) Le déplacement initial ne résulte pas nécessairement de l'action d'une force imposée ; en effet, les molécules du fluide étant constamment en mouvement, leurs positions fluctuent de façon aléatoire, et on peut s'attendre à ce qu'un petit déplacement donné apparaisse spontanément si l'on attend assez longtemps.

Considérons une petite goutte de fluide près du fond de la couche : la température élevée qui règne dans la partie inférieure fait que la goutte a une densité plus faible que la densité moyenne de la couche. Aussi longtemps que la goutte reste immobile, elle est entourée de fluide de même densité, et la poussée d'Archimède est nulle : toutes les forces agissant sur elle s'équilibrent et elle ne monte ni ne descend. Supposons maintenant qu'une perturbation aléatoire provoque un léger déplacement de la goutte de fluide vers le haut : quel effet ce déplacement aura-t-il sur l'équilibre des forces ? Dans sa nouvelle position la goutte est entourée de fluide plus dense et plus froid : la poussée d'Archimède est alors dirigée vers le haut et la goutte tend à s'élever. La force ascendante est proportionnelle à la différence de densité et au volume de la goutte. Ainsi un déplacement initial du fluide chaud vers le haut crée des forces qui amplifient le mouvement ascendant. On pourrait refaire la même analyse avec un léger déplacement vers le bas d'une goutte de fluide dense et froid située près du sommet de la couche.

En se déplaçant vers le bas, la goutte pénètre dans un environnement de densité moyenne plus faible ; plus lourde que son entourage, elle a tendance à s'enfoncer et la perturbation initiale est ainsi amplifiée. La convection naturelle est le résultat de ces écoulements ascendants et descendants : elle tend à brasser l'ensemble de la couche fluide.

D'après cette analyse on devrait observer le phénomène de convection dans un fluide toutes les fois qu'il existe un gradient de température et cela quelle que soit la valeur de ce gradient. Même en présence d'un gradient infinitésimal, n'importe quel mouvement aléatoire, ascendant de fluide chaud ou descendant de fluide froid, semble suffisant pour établir un écoulement. En vérité, le gradient de température doit atteindre un certain seuil pour que l'écoulement convectif s'amorce. L'apport principal de lord Rayleigh est d'avoir expliqué pourquoi il en était ainsi.

Lord Rayleigh montra qu'une théorie de la convection devait prendre en compte deux autres facteurs qui agissent sur le mouvement d'une goutte de fluide. L'un d'entre eux est la traînée visqueuse (parfois appelée également force de frottements visqueux), l'équivalent, pour un fluide, de la friction. La traînée est toujours dirigée dans la direction opposée au mouvement et sa grandeur est déterminée en partie par une propriété intrinsèque du fluide, la viscosité de cisaillement, qui mesure la résistance au mouvement relatif de deux régions fluides adjacentes. À faibles vitesses, la grandeur de la traînée est proportionnelle à la viscosité du fluide multipliée par le rayon de la goutte et par sa vitesse. Il est clair que si la traînée visqueuse est égale à la poussée d'Archimède, il ne peut pas y avoir de mouvement.

Le second facteur qui s'oppose à la convection est dû au fait que la convection n'est pas le seul mode de transport de la chaleur dans un fluide. Aux températures relativement basses de la plupart des expériences de convection, la contribution du transport par radiation est si faible qu'elle peut être négligée ; en revanche la diffusion de la chaleur n'est pas toujours négligeable, elle tend à diminuer le gradient de température qui donne naissance à l'écoulement convectif. On conçoit l'effet de la diffusion de la chaleur en considérant à nouveau une goutte de fluide chaud que l'on déplace de sa position d'équilibre vers le haut, dans un environnement plus froid. Comme les molécules dans la goutte chaude ont une vitesse moyenne supérieure à celle du fluide plus froid qui les entoure et que les molécules traversent librement la frontière qui délimite la goutte, un grand nombre d'échanges de molécules a pour effet d'égaliser les vitesses moyennes des deux populations. En d'autres termes, la chaleur s'échappe de la goutte chaude déplacée : la goutte de fluide se refroidit tandis que son environnement se réchauffe, jusqu'à obtention de l'équilibre par égalisation des températures. Pour une goutte de fluide froid déplacée vers le bas, le flux de chaleur est dans la direction opposée, de l'environnement chaud vers la goutte froide. Dans un cas comme dans l'autre, quand la différence de température est réduite, la poussée d'Archimède qui en résulte l'est aussi.

Le temps nécessaire pour qu'une goutte de fluide se mette en équilibre thermique avec son environnement dépend de la diffusivité thermique du fluide. La durée de ce processus est inversement proportionnelle à la constante de diffusivité thermique et directement proportionnelle à la surface de la goutte. Quand ce temps de diffusion thermique est égal au temps nécessaire pour que la goutte se déplace d'une longueur caractéristique (son diamètre par exemple), la poussée est nulle. Autrement dit, si le fluide ne se déplace pas plus vite qu'il ne perd de la chaleur par diffusion,

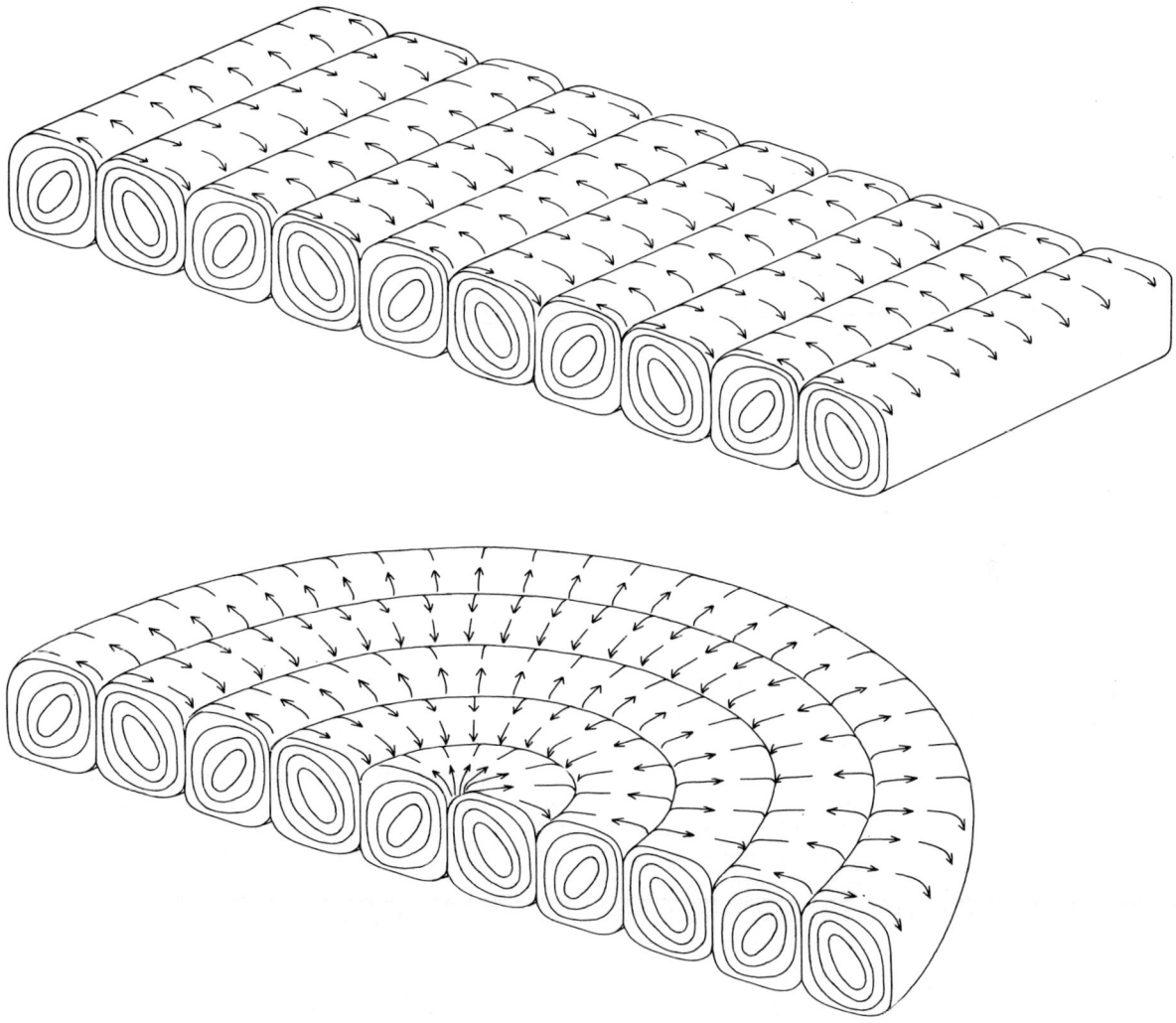

3. LES CELLULES EN FORME DE ROULEAUX sont une configuration stable quand la convection est induite par des forces de pesanteur et non par la tension superficielle. Le motif élémentaire de l'arrangement cellulaire est formé de deux rouleaux qui tournent en sens opposé : la largeur de ce motif est deux fois la hauteur de la couche de fluide. La courbure des rouleaux dépend fortement des conditions aux limites : dans un récipient rectangulaire les rouleaux sont alignés parallèlement aux petits côtés ; dans un récipient cylindrique ils forment des anneaux concentriques. Habituellement on n'observe un arrangement convectif stable en forme de rouleaux que lorsque le fluide n'a pas de surface libre.

l'écoulement convectif n'est pas entretenu. La chaleur que l'on fournit au système à travers la plaque inférieure est alors transportée à travers la couche de fluide par conduction et diffusion sans mouvement d'ensemble du fluide.

L'analyse de lord Rayleigh démontre que la seule existence d'un gradient de température n'est pas suffisante pour assurer l'établissement d'un écoulement convectif. Il faut aussi que la poussée résultant de ce gradient dépasse les effets dissipatifs de la traînée visqueuse et de la diffusion de la chaleur. En d'autres termes, l'énergie potentielle gravitationnelle libérée par la chute du fluide plus dense et l'ascension du fluide plus léger doit être supérieure à l'énergie dissipée par traînée ou diffusion de la chaleur. La relation entre ces effets opposés s'exprime par un rapport sans dimension : la force de poussée divisée par le produit de la traînée visqueuse (qui est aussi une force) et du taux de diffusion de la chaleur (ce taux est un nombre égal au temps nécessaire pour que la chaleur diffuse, divisé par le temps nécessaire pour que la goutte monte, dans une cellule de convection par exemple). La valeur de ce rapport est la même quel que soit le système d'unités adopté. Ce rapport s'appelle aujourd'hui le nombre de Rayleigh ; la convection commence lorsque le nombre de Rayleigh dépasse une valeur critique.

Nombre de Rayleigh et surface potentielle

La signification du nombre de Rayleigh peut être établie plus précisément grâce à l'étude de la stabilité des divers modes d'écoulement possibles dans le fluide. Il est commode pour étudier la stabilité de définir une courbe potentielle ou une surface potentielle, qui représente l'énergie du système en fonction d'une certaine variable. Le système se trouve en général dans un état d'énergie minimale, qui correspond au point le plus bas de la surface potentielle.

Il est assez facile d'imaginer ce qu'est une surface potentielle : c'est par exemple un bol hémisphérique avec une bille à l'intérieur. À l'état d'équilibre la bille reste immobile au fond du bol, où son énergie potentielle gravitationnelle est la plus basse. Quand une perturbation aléatoire déplace légèrement la bille, elle revient toujours vers sa position d'équilibre ; elle peut, lors de son mouvement, dépasser sa position d'équilibre et osciller de part et d'autre, mais l'effet dissipatif des frottements amortira finalement les oscillations et, à un temps ultérieur, la bille sera à nouveau immobile au point d'énergie minimale. Parce qu'une bille placée au fond d'un bol retourne à

sa position initiale si on l'en écarte, on dit que l'équilibre est stable.

On peut fabriquer un autre modèle de surface potentielle en retournant le bol hémisphérique et en plaçant avec précaution la bille à son sommet. Cette position est aussi un état d'équilibre dans le sens où toutes les forces agissant sur la bille s'équilibrent ; en l'absence de toute perturbation la bille reste immobile indéfiniment. En fait au bout d'un certain temps, une influence extérieure quelconque (par exemple, un courant d'air ou un camion qui passe) détruira cet équilibre précaire. À la suite d'une telle perturbation la bille ne retourne pas à son point d'équilibre mais au contraire s'en éloigne de plus en plus. Aussi petite que soit la perturbation initiale, la bille s'éloignera de son point de départ : la perturbation est amplifiée, et un tel état d'équilibre est instable.

Il existe une troisième possibilité : la bille peut aussi être placée sur une surface plane. Dans ce cas, lorsqu'on déplace la bille, elle ne retourne pas à sa position d'origine mais ne s'en éloigne pas non plus. Elle reste simplement en équilibre dans sa nouvelle position. Tout point d'une surface potentielle plane représente un état de stabilité neutre ou marginale.

Une étude plus approfondie de cette surface potentielle modèle en forme de bol suggère que la stabilité absolue d'un système ne peut être démontrée qu'en testant sa réponse à toutes les perturbations possibles. Par exemple, une bille dans un bol revient au centre après une perturbation infinitésimale, ou même finie mais petite. Toutefois, elle ne retournera pas à son point de départ si la perturbation est assez forte pour la projeter hors du bol. Comme l'on doit tester un nombre infini de perturbations possibles, prouver qu'un équilibre est stable est une tâche formida-

4. LA STABILITÉ D'UN SYSTÈME PHYSIQUE est établie en fonction de sa réponse à une perturbation arbitraire, tel qu'un petit déplacement d'une bille sur une surface. Si la surface est concave la bille retourne à sa position d'équilibre et on dit que la position est une position d'équilibre stable. Sur une surface convexe la bille peut être placée en équilibre au sommet, mais là l'équilibre est instable : la moindre perturbation est amplifiée car l'énergie potentielle de la bille diminue quand elle roule vers le bas. Sur une surface plate la bille ne revient pas à sa position de départ mais ne s'en éloigne pas non plus : l'équilibre est neutre. Un système peut être stable par rapport à certaines perturbations seulement : c'est le cas d'une surface ayant des régions concaves et des régions convexes. Dans un fluide une condition nécessaire à l'établissement de la convection est que la répartition d'une propriété telle que la densité ou la tension superficielle soit instable.

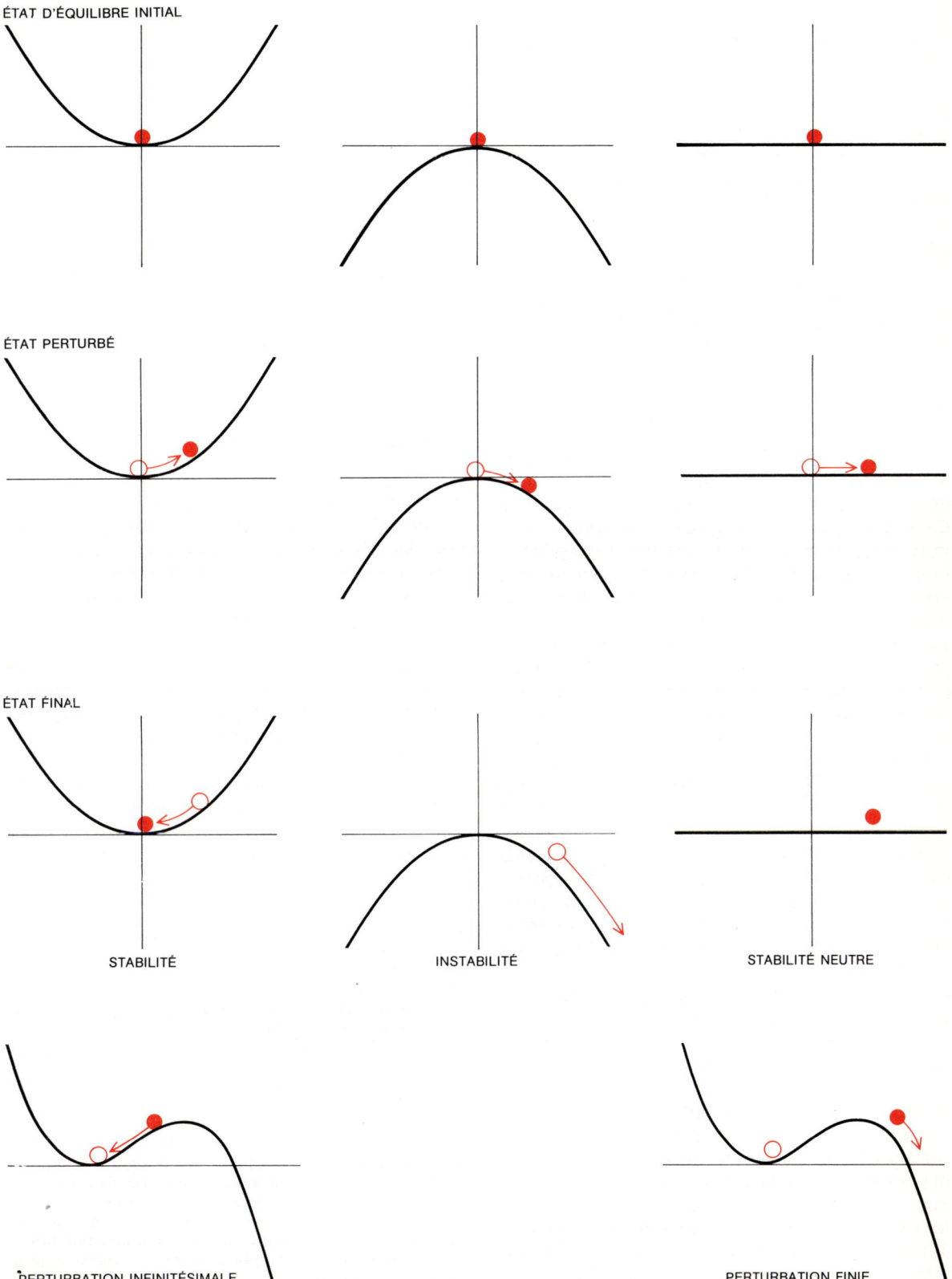

ÉTAT D'ÉQUILIBRE INITIAL

ÉTAT PERTURBÉ

ÉTAT FINAL

STABILITÉ

INSTABILITÉ

STABILITÉ NEUTRE

PERTURBATION INFINITÉSIMALE

PERTURBATION FINIE

ble ; l'instabilité, au contraire, est démontrée dès qu'on a mis en évidence une seule perturbation capable de croître spontanément.

On peut utiliser ces notions pour aborder le problème de la convection. On montre aisément qu'une couche de fluide au repos, chauffé uniformément par en bas, est dans un état d'équilibre, même en négligeant les forces de rappel visqueuses et la diffusion de la chaleur. La partie la plus légère du fluide est recouverte de matériau plus dense, et l'énergie potentielle gravitationnelle peut être réduite en échangeant ces positions : mais en l'absence de perturbations, toutes les forces agissant sur une goutte de fluide sont en équilibre. La question fondamentale en théorie de la convection est : l'équilibre est-il stable ou instable ou présente-t-il l'état de stabilité neutre ? Autrement dit, la théorie doit préciser la forme de la surface potentielle.

La valeur du nombre de Rayleigh détermine la courbure de la surface potentielle. Si le nombre de Rayleigh est égal à zéro, parce que le gradient de température et la poussée d'Archimède sont nuls, l'état de repos est manifestement stable et la concavité de la surface potentielle est tournée vers le haut, comme l'intérieur d'un bol. Pour mettre le fluide en mouvement il faut lui apporter de l'énergie. Si le nombre de Rayleigh est très grand, au contraire, et que la poussée d'Archimède surpasse tous les effets dissipatifs, le fluide peut réduire son énergie totale en établissant un écoulement convectif. N'importe quelle perturbation de l'équilibre stationnaire sera amplifiée : la concavité de la surface potentielle est alors tournée vers le bas, comme celle d'un bol renversé.

Pour des raisons de continuité, il existe une certaine valeur du nombre de Rayleigh, compris entre ces deux limites, pour laquelle la poussée d'Archimède et les forces dissipatives sont égales. C'est le nombre de Rayleigh critique : il correspond à la surface potentielle de stabilité neutre (qui est plate).

Lorsque le nombre de Rayleigh croît à partir de zéro (par exemple parce que le gradient de température augmente) la concavité de la surface potentielle est d'abord tournée vers le haut puis elle s'aplatit progressivement ; au nombre de Rayleigh critique elle est parfaitement plate et, le nombre de Rayleigh continuant à croître, la surface devient convexe. L'état de repos ne deviendra instable que si la valeur critique est dépassée. Pour l'expérience modèle décrite précédemment, les calculs indiquent un nombre de Rayleigh égal à 1708. Dans une expérience typique de laboratoire, où le fluide est une couche d'huile aux

silicones de quelques millimètres d'épaisseur, le nombre de Rayleigh critique est atteint pour un gradient de température de quelques degrés Celsius.

Cette expérience modèle qui est à la base de la théorie de lord Rayleigh comporte nombre d'hypothèses simplificatrices et certaines d'entre elles sont fausses. La théorie est néanmoins remarquable et prédit avec exactitude les conditions nécessaires à l'établissement de la convection dans les fluides réels. Par exemple, d'après les expériences de Peter Silveston de l'Université de Colombie britannique et d'Ernest Koschmieder de l'Université du Texas à Austin, le nombre de Rayleigh critique est égal à 1700 ± 50, ce qui est en bon accord avec la valeur théorique.

Un problème difficile : la croissance de la convection

L'équilibre entre la poussée d'Archimède et les forces dissipatives définit un critère pour l'établissement de la convection, mais qu'observe-t-on dans l'expérience modèle une fois l'écoulement amorcé ? La théorie de Rayleigh ne nous renseigne que bien peu, et même les théories plus complètes que l'on examinera plus loin sont incapables d'expliquer toutes les propriétés d'un écoulement convectif établi. Si la description de l'évolution de l'écoulement convectif est encore aujourd'hui mathématiquement impossible, on peut néanmoins en donner une description qualitative.

Dans une couche de fluide chauffée uniformément par le bas, le gradient de température doit être le même pour tous les points sur une même horizontale et il doit en être de même pour la

5. LA STABILITÉ D'UN FLUIDE par rapport à la convection induite par la pesanteur dépend de la valeur du nombre de Rayleigh. Quand ce nombre est sous critique, toute perturbation est amortie ; quand ce nombre dépasse la valeur critique, toute perturbation croît. Le système est plus sensible à des perturbations correspondant à un certain nombre d'ondes, ou à une certaine échelle de longueur égale à deux fois la hauteur de la couche de fluide. La différence entre la valeur du nombre de Rayleigh à un moment donné et sa valeur critique détermine la valeur du paramètre λ : dans la théorie proposée par lord Rayleigh la vitesse de l'écoulement convectif est une fonction exponentielle de λ. Si λ est négatif, la vitesse décroît vers zéro ; si λ est égal à zéro, la vitesse reste constante ; si λ est positif, la vitesse croît continûment. Quand λ est un nombre complexe et a une partie imaginaire non nulle, l'écoulement oscille : ce phénomène est connu sous le nom de surstabilité.

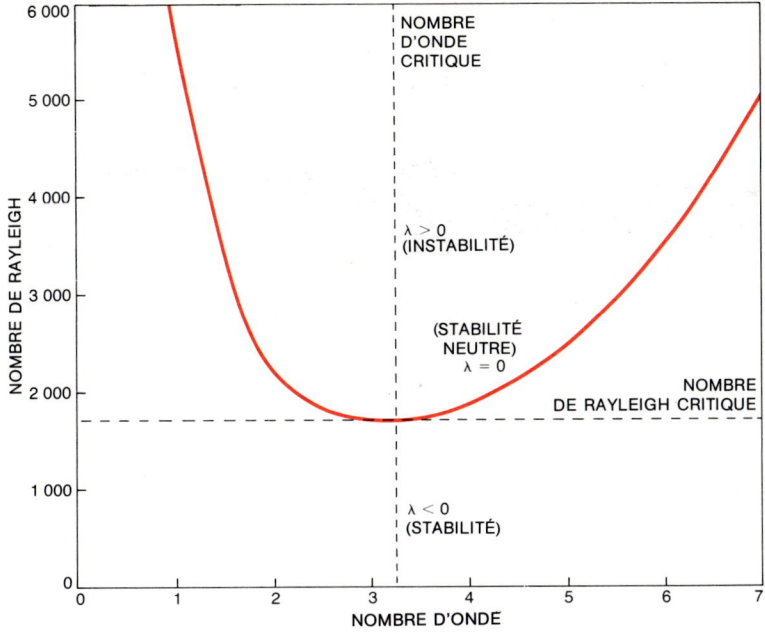

NOMBRE D'ONDE CRITIQUE

λ > 0 (INSTABILITÉ)

(STABILITÉ NEUTRE) λ = 0

NOMBRE DE RAYLEIGH CRITIQUE

λ < 0 (STABILITÉ)

NOMBRE DE RAYLEIGH

NOMBRE D'ONDE

PERTURBATION

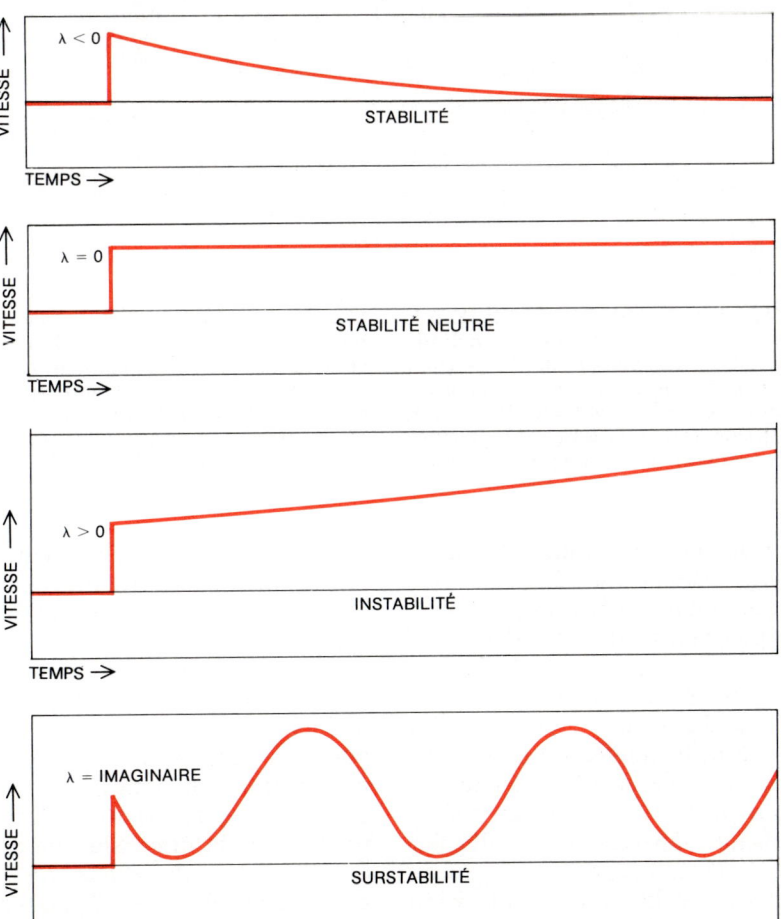

λ < 0

VITESSE

STABILITÉ

TEMPS

λ = 0

VITESSE

STABILITÉ NEUTRE

TEMPS

λ > 0

VITESSE

INSTABILITÉ

TEMPS

λ = IMAGINAIRE

VITESSE

SURSTABILITÉ

TEMPS

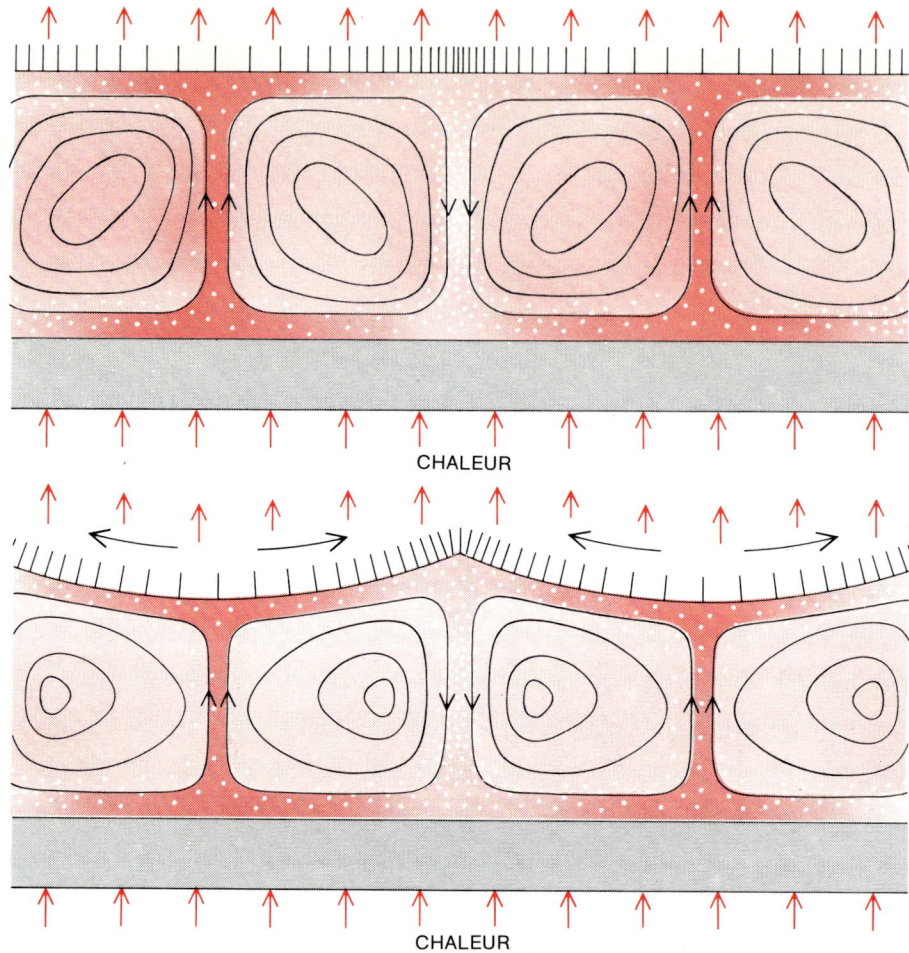

CHALEUR

CHALEUR

6. DES VARIATIONS DE TENSION SUPERFICIELLE modifient le mode de transport convectif dans un fluide ayant une surface libre. La valeur de la tension superficielle varie avec la température ; la tension est plus élevée là où le fluide est le plus froid. De ce fait, toute différence de température le long de la surface s'accompagne d'un gradient de tension superficielle. L'état de repos est instable quand le gradient est assez fort pour vaincre les effets dissipatifs de la viscosité et de la diffusion de la chaleur. La valeur de la tension est représentée par la densité des hachures. Le fluide est tiré le long de la surface vers les régions froides où la tension superficielle est supérieure et il est remplacé par du fluide chaud issu du bas.

poussée d'Archimède qui en résulte. Quand le nombre de Rayleigh critique est dépassé et que l'état de repos devient un état d'équilibre instable, le fluide chaud a pourtant tendance à s'élever et le fluide froid a partout tendance à s'enfoncer. Évidemment, les deux mouvements ne peuvent pas se produire simultanément : en un point quelconque le fluide peut monter ou descendre, mais il ne peut pas se déplacer à la fois dans les deux directions au même endroit et au même moment. Cette difficulté apparente est résolue par la brisure spontanée de la couche en un réseau de cellules convectives où le fluide circule selon

une trajectoire fermée à l'intérieur de chaque cellule. Grâce à des arguments théoriques, on peut évaluer les dimensions préférentielles des éléments individuels du réseau convectif. Ces arguments découlent des différences de sensibilité de l'état de stabilité marginale pour des perturbations d'échelles de longueur différentes. On doit faire attention ici à ne pas confondre l'amplitude d'une perturbation, qui dans l'expérience modèle correspond au déplacement vertical de la goutte de fluide, avec la dimension de la perturbation qui est reliée à la taille de la goutte. Pour que la théorie de Rayleigh donne des résultats exacts, l'amplitude doit toujours être infiniment petite, tandis que la dimension peut être aussi grande que le permet la taille du système.

On a coutume d'exprimer la taille d'une perturbation en terme de nombre d'onde, qui est l'inverse d'une longueur. Cette habitude reflète le fait que la géométrie d'une perturbation est généralement compliquée, et que sa taille n'est pas définie clairement et de façon unique : la perturbation peut cependant être décomposée en un spectre de modes fondamentaux, ou fréquences spatiales, tout comme un son complexe peut être décomposé en tonalités pures. Un nombre d'onde représente la contribution d'une certaine échelle de longueur à une fluctuation aléatoire. Les grands nombres d'onde correspondent aux petites fluctuations.

La stabilité de l'état de repos est plus susceptible d'être détruite par des perturbations ayant un certain nombre d'onde que par d'autres. Imaginons une expérience où l'on mesurerait le nombre de Rayleigh critique dans un fluide dont on contrôlerait les fluctuations de façon à ce qu'elles soient toujours caractérisées par un seul nombre d'onde. Une telle expérience montrerait que l'instabilité commence plus tôt quand le nombre d'onde correspond à des perturbations dont la dimension horizontale est environ égale à deux fois la hauteur du fluide. Pour des nombres d'onde plus petits ou plus grands, il faut des conditions plus restrictives (un plus grand nombre de Rayleigh) pour induire la convection. La valeur calculée de 1708 du nombre de Rayleigh critique est la valeur pour laquelle les fluctuations ont une taille optimale.

La sensibilité du fluide à des perturbations ayant une taille bien déterminée implique que ces perturbations sont amplifiées avant n'importe quelles autres quand la couche devient instable. Par conséquent on peut s'attendre, quand la convection commence, à ce que les dimensions du motif cellulaire soient de même grandeur. Il n'est pas évident que cette propriété persiste une fois la convection bien établie ; en fait il en est ainsi tant que le nombre de Rayleigh ne dépasse pas trop la valeur critique.

Le nombre d'onde spécifie la dimension globale du motif mais pas sa forme détaillée ; on peut imaginer des cellules convectives de forme différente correspondant au même nombre d'onde. Le motif cellulaire que l'on observe effectivement dépend fortement de la géométrie du récipient dans lequel on fait l'expérience. Le motif ne peut être déduit d'après les principes de base, mais des règles empiriques donnent des prédictions qualitatives relativement bien confirmées.

Dans des expériences telles que l'expérience modèle décrite ici, où les surfaces supérieures et

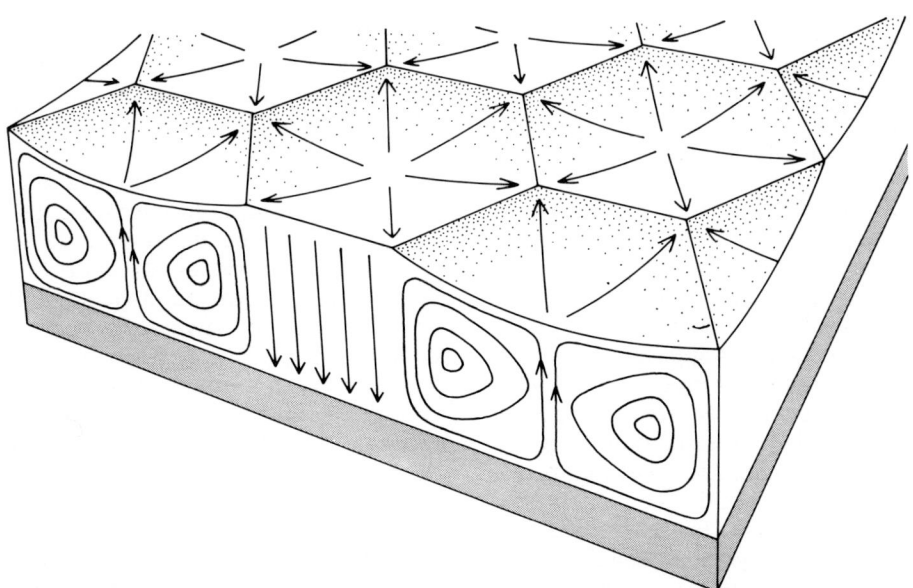

7. EN SURFACE, UNE TELLE MOSAÏQUE de cellules hexagonales caractérise la convection induite par un gradient de tension superficielle. Là où la tension est la plus importante la surface se plisse de façon à réduire sa surface apparente. Dans le centre de chaque cellule, là où le fluide monte, la surface est creusée ; le fluide s'écoule en surface puis redescend par les bords de la cellule.

inférieures sont constituées de plaques rigides, l'élément de base du motif cellulaire est un « rouleau » qui a une forme tubulaire allongée. Le fluide chaud monte le long d'un bord du rouleau, tourne en arrivant à la surface supérieure où il perd sa chaleur et plonge ensuite vers le fond de la couche le long du bord opposé. L'écoulement transporte ensuite le fluide le long de la paroi inférieure où il est à nouveau réchauffé. Deux rouleaux adjacents ont des sens de rotation opposés.

Vue en coupe, la forme d'un rouleau est approximativement carrée : la hauteur est égale à la largeur et la hauteur est bien sûr déterminée par la profondeur de la couche du fluide. Ainsi les proportions du rouleau sont constantes et sa taille dépend de la hauteur de la couche du fluide. Comme le motif élémentaire est formé de deux rouleaux tournant en sens contraires, la taille du motif élémentaire est égale à la largeur de deux rouleaux : elle est donc égale à deux fois la hauteur du fluide en accord avec les prédictions de l'analyse en nombre d'onde.

La projection planaire du motif cellulaire (son aspect vu de dessus) est en grande partie déterminée par la forme du récipient ; des détails de ce genre n'entrent pas dans cette version élémentaire de la théorie et la projection planaire ne peut être prévue aisément ; l'expérience montre que si le récipient est rectangulaire, les rouleaux ont tendance à s'aligner parallèlement aux petits côtés. La largeur de chaque rouleau, et par là leur nombre, est déterminée par la hauteur de la couche. Dans un récipient cylindrique, les rouleaux sont disposés en anneaux concentriques.

Comme on l'a signalé plus haut, lord Rayleigh s'inspira des observations expérimentales de Bénard. On sait aujourd'hui que la théorie de Rayleigh ne s'applique pas au système convectif étudié en 1900 par Bénard. Les conditions expérimentales utilisées par Bénard différaient de façon subtile mais cruciale de celles décrites ici et l'importance du changement apparaît immédiatement lorsqu'on étudie l'arrangement cellulaire adopté par l'écoulement convectif. Dans la convection de type Bénard, les rouleaux, dont la géométrie dépend de celle du récipient, peuvent apparaître de façon transitoire quand l'écoulement vient juste de commencer, mais ils se transforment rapidement en un arrangement cellulaire plus compliqué : une mosaïque de polygones à la surface du fluide. Au début les polygones sont assez irréguliers, le nombre de côtés variant entre quatre et sept, le nombre moyen étant égal à six. En régime convectif bien établi, l'arrangement est presque parfait, constitué d'hexagones réguliers disposés comme dans un rayon de ruche. Le centre de chaque cellule hexagonale est constitué d'une région de fluide chaud qui monte puis s'étale à la surface supérieure et s'enfonce lorsqu'il atteint le pourtour de la cellule, là où les cellules adjacentes se rejoignent.

L'influence de la tension superficielle

Dans les expériences de Bénard, comme dans l'expérience modèle décrite plus haut, le fluide forme une couche mince chauffée par le bas ; la différence cruciale réside dans les conditions aux limites (pour la vitesse et la température) sur la partie supérieure de la couche qui est ouverte à l'air libre et non plus en contact avec une surface solide. Cette surface étant libre, la tension superficielle modifie l'écoulement : en effet, la tension superficielle est le facteur dominant dans la convection de Bénard : il est plus important que la poussée d'Archimède. Par conséquent il n'y a rien de surprenant à ce que la théorie de Rayleigh, dans laquelle on a supposé explicitement que la poussée d'Archimède était la seule force agissante, ne convienne plus pour expliquer ce nouveau type de convection. Les prédictions de la théorie de Rayleigh sont erronées même pour des quantités aussi fondamentales que le gradient de température nécessaire pour initialiser un écoulement convectif. Il faut attendre 1958 pour qu'une nouvelle théorie due à J. Pearson se fasse jour.

La tension superficielle est la force de cohésion qui tend à minimiser la surface d'un fluide. Ainsi par exemple une goutte de fluide prend une forme sphérique sous l'influence de la tension superficielle, car cette configuration minimise la surface d'un volume donné. On peut se représenter la tension comme un réseau de fils élastiques tendus dans toutes les directions sur la surface libre. Lorsqu'en un point quelconque les forces exercées par les divers fils ne sont plus en équilibre, la surface de la couche se déplace vers la région où la tension est la plus grande jusqu'à ce qu'un nouvel équilibre s'établisse. Le mouvement de la surface est communiqué à l'intérieur du fluide par l'intermédiaire de la viscosité de cisaillement.

La tension superficielle agit comme force motrice dans un écoulement convectif car la tension varie avec la température. Comme la densité, la tension superficielle diminue quand la température augmente : une variation de température à la surface du liquide s'accompagne d'une variation de tension superficielle ; la tension superficielle est plus forte dans les régions froides que dans les régions chaudes. Si le gradient de tension superficielle donne lieu à un déséquilibre des forces en présence, un écoulement apparaît.

L'établissement de l'instabilité convective dans le système de Bénard est analysé de la même façon que l'établissement d'un écoulement induit par la poussée d'Archimède. Supposons qu'une goutte de fluide chaud soit déplacée vers le haut sous l'action de quelque fluctuation aléatoire. Que ce mouvement soit ou non entretenu par les forces de pesanteur, il sera suivi d'effet à la surface de la couche, élevant légèrement la température et de ce fait réduisant la tension superficielle dans la portion de surface située directement au-dessus de l'endroit où la fluctuation a pris naissance. Néanmoins, les forces à la surface restent en équilibre parce que la surface environnante tire également sur cette région dans toutes les directions. Pour induire l'écoulement, il faut qu'une seconde perturbation provoque un déplacement horizontal d'un petit élément de surface dans la zone de moindre tension. Les forces de tension agissant sur l'élément déplacé sont alors en déséquilibre, et si le gradient de tension superficielle est suffisant, le déplacement est amplifié. L'élément de surface est alors tiré dans la région plus froide où la tension est plus grande, et il

entraîne une partie interne du fluide avec lui. Une autre quantité de liquide est alors extraite des couches sous-jacentes plus chaudes, renforçant les gradients superficiels de température et de tension. Pendant ce temps le fluide, qui s'est refroidi au cours de son trajet à travers la surface libre, commence à sombrer et le motif cellulaire s'établit.

Comme dans la convection induite par la pesanteur, l'existence d'un gradient de température ne suffit pas à assurer l'entretien de l'écoulement convectif ; ce gradient doit pouvoir surmonter les effets dissipatifs de la traînée visqueuse et de la diffusion de la chaleur. L'équilibre de ces forces dans le système de Bénard est exprimé par un autre nombre sans dimension, auquel on a donné le nom du chercheur italien du XIXᵉ siècle C. Marangoni. La formule donnant le nombre de Marangoni est la même que celle donnant le nombre de Rayleigh, à ceci près que la poussée d'Archimède est remplacée par la force de tension superficielle ; en d'autres termes, le nombre de Marangoni est le quotient du gradient de tension superficielle par le produit de la traînée visqueuse et du taux de diffusion de la chaleur. La convection de Bénard apparaît lorsque le nombre de Marangoni excède une certaine valeur critique.

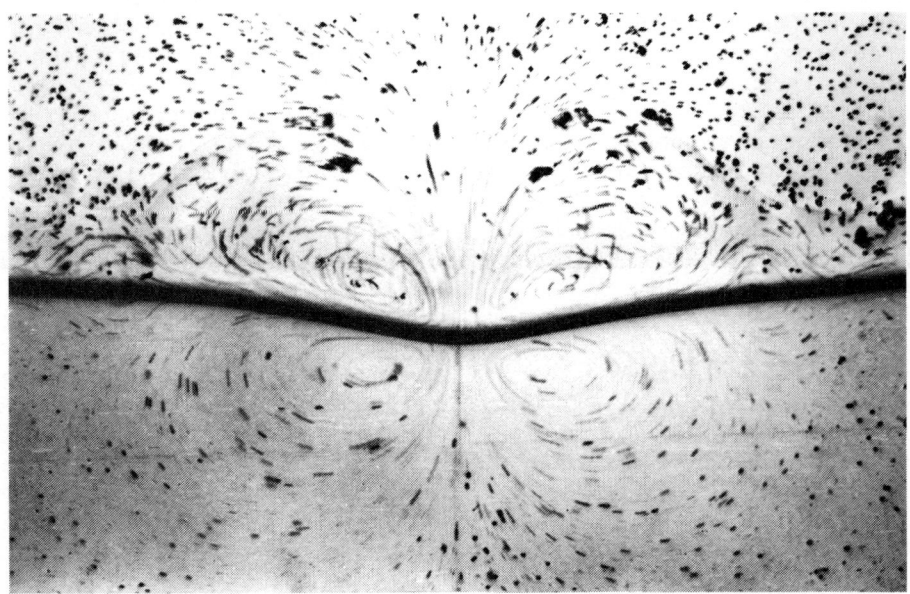

8. UN PANACHE ASCENDANT de fluide chaud crée un gradient de tension superficielle le long de l'interface entre deux liquides. La dépression dans la surface marque le point de tension minimale, et le fluide est tiré le long de la surface vers la gauche et la droite de part et d'autre de ce point. L'écoulement de l'ensemble du fluide est engendré par la traction en surface. C'est un mécanisme analogue qui opère dans un fluide dont une surface est ouverte à l'air libre. La photographie a été prise par H. Linde. On utilise ici des particules de matière plastique en suspension dans les liquides pour visualiser l'écoulement.

Un trait caractéristique de la convection induite par des gradients de tension superficielle est qu'elle modifie le profil de la surface. Les régions où la tension superficielle est importante tendent à se plisser de façon à réduire leur surface libre. Les conséquences de cet effet sont contraires à l'intuition : au centre des cellules de Bénard, là où le fluide monte, la surface est en dépression ; aux bords de la cellule, là où le fluide descend, la surface est relevée. Les forces de gravitation s'opposent à la formation de fronces en surface, car l'énergie potentielle gravitationnelle est minimale pour une surface plate. On voit ainsi que l'interaction de la gravité avec la tension superficielle est subtile et complexe. Une théorie incorporant à la fois les forces de pesanteur et de tension superficielle a été formulée en 1964 par D. Nield de l'Université d'Auckland (Nouvelle-Zélande).

La prédominance de la tension superficielle dans la convection de Bénard est aujourd'hui indubitable : les cellules de convection hexagonales qui caractérisent la prédominance de la tension superficielle apparaissent même lorsque la couche de fluide est chauffée par le haut plutôt que par le bas. Dans ces conditions le gradient de densité s'oppose à un écoulement convectif, les forces résultant du gradient de tension superficielle devant alors le surmonter. On a aussi observé des écoulements convectifs dus à la tension superficielle dans des expériences faites lors de deux missions spatiales d'*Apollo* où la pesanteur était négligeable. La théorie de Rayleigh et les théories qui en sont inspirées donnent des approximations pour les conditions nécessaires à l'établissement de la convection. Mais que se passe-t-il juste après l'apparition d'un écoulement ? Les explications sont à l'heure actuelle beaucoup moins satisfaisantes lorsqu'il s'agit de décrire des mouvements convectifs bien établis.

Dans la théorie de Rayleigh la vitesse de l'écoulement est donnée par une fonction exponentielle : la vitesse est égale à $e^{\lambda t}$. Dans le facteur $e^{\lambda t}$ le temps t (mesuré en secondes à partir d'un certain instant choisi comme référence) est multiplié par un coefficient, λ, déterminé par le nombre de Rayleigh. Les prédictions de la théorie peuvent être répertoriées suivant l'évolution de cette expression en fonction des différentes valeurs que peut prendre λ.

Si le nombre de Rayleigh est inférieur au nombre de Rayleigh critique, λ est négatif. De ce fait la vitesse de l'écoulement en fonction du temps est donnée par des puissances négatives de e de plus en plus élevées ; dans ces conditions la valeur de l'exponentielle tend vers zéro. En d'autres

termes, la vitesse s'annule, et tout mouvement aléatoire du fluide est amorti. Quand le nombre de Rayleigh est exactement égal à sa valeur critique, λ vaut zéro, et donc l'exposant λt demeure égal à zéro. Tout nombre élevé à la puissance zéro est égal à 1 : la perturbation n'est ni amortie ni amplifiée, mais conserve sa valeur initiale.

Chacune de ces prédictions est en accord avec l'intuition et avec l'analyse de la stabilité de la couche de fluide. Une valeur de λ négative correspond à un état de repos stable ; la valeur λ nulle caractérise la stabilité marginale. L'interprétation de la théorie devient cependant douteuse lorsque le nombre de Rayleigh est plus grand que sa valeur critique et que λ est positif. C'est justement la condition pour qu'un écoulement convectif apparaisse.

Quand λ est positif, l'exposant de e croît continuellement avec le temps et la croissance est exponentielle. Si λ est égal à $+1$ et si la vitesse initiale vaut un centimètre par seconde, une seconde après elle vaudra 2,7 centimètres par seconde et au bout de deux secondes elle atteindra 7,4 centimètres par seconde. La vitesse croît sans limitation, ce qui aboutit rapidement à des prédictions absurdes ; par exemple, on prévoit des courants convectifs qui atteindraient la vitesse de la lumière en moins d'une demi-minute.

La dépendance de la vitesse de l'écoulement en fonction de λ a été exposée ici dans une version simplifiée. En général, λ est un nombre complexe, ayant à la fois une partie réelle et une partie imaginaire (en facteur de cette dernière figure la racine carrée de -1). Jusqu'ici, nous avons seulement considéré la variation de la partie réelle de λ. Quand la partie imaginaire n'est pas nulle, des écoulements oscillants apparaissent : c'est ce qu'on appelle la surstabilité. On a observé de tels courants à caractère oscillatoire dans des fluides réels, et ils forment une sous-classe intéressante des phénomènes convectifs. Cependant, dans le modèle de base de la théorie de Rayleigh, la partie imaginaire de λ est nulle et on est toujours en présence d'une croissance exponentielle pure.

La croissance de la vitesse de l'écoulement convectif ne peut évidemment pas continuer très longtemps suivant le mode exponentiel. Pour cette raison, les prédictions de la théorie de Rayleigh ne peuvent être considérées comme réalistes que si le nombre de Rayleigh est proche de sa valeur critique (quand λ est petit) ou seulement pendant un court intervalle de temps après l'établissement de la convection (lorsque t est petit). L'origine physique de ces limites réside dans les hypothèses simplificatrices choisies au cours de l'élaboration de la théorie. En particulier, on a supposé que le gradient de température reste constant et n'est pas affecté par l'écoulement convectif : cette hypothèse est clairement contraire aux faits ; au fur et à mesure que le fluide chaud s'élève dans la partie supérieure plus froide de la couche, la différence de température entre les parois inférieure et supérieure diminue. La poussée d'Archimède est réduite en proportion ; l'écoulement se freine de lui-même. Ce mécanisme d'autolimitation n'apparaît cependant pas dans la formulation mathématique de la théorie de Rayleigh où le gradient de température est supposé constant quelle que soit la vitesse de l'écoulement, et où la poussée d'Archimède entretient en permanence une accélération qui ne faiblit jamais.

Étant donné ce défaut, il peut sembler surprenant que la théorie de Rayleigh fournisse des résultats acceptables dans toutes les situations. Elle ne peut le faire que parce qu'une autre hypothèse est vérifiée, à savoir que la goutte de fluide ne subit que des déplacements infiniment petits. Si cette condition est remplie, l'hypothèse d'un gradient de température constant est tout à fait acceptable. Un mouvement d'amplitude finie mais faible ne produira qu'une petite variation de la distribution de température, de sorte que les prédictions de la théorie seront encore approximativement valables. Il n'en reste pas moins vrai que lorsqu'on applique la théorie de Rayleigh à un écoulement bien établi, ces hypothèses sont violées et l'évolution du système calculée sur ces bases fait apparaître des quantités infinies, donc non physiques.

Le modèle de Landau

Une théorie de la convection exploitable en régime convectif bien établi devrait tenir compte d'une manière ou d'une autre de la boucle d'asservissement par laquelle l'écoulement modifie lui-même la force qui lui a donné naissance. Il n'existe pas de méthode exacte pour résoudre ce problème, mais il existe de meilleures approximations que la théorie de Rayleigh. Celle que nous allons exposer repose sur les idées introduites en 1935 par le théoricien russe Lev Landau, qui développa cette théorie pour décrire certains types de transition de phase, telle que l'apparition de l'aimantation dans les métaux ferromagnétiques. En collaboration avec V. Ginzburg, un autre physicien soviétique, il étendit cette théorie à la description de la supraconductivité dans les métaux. Ces phénomènes ont certains traits communs avec la convection. Plus spécialement

ils requièrent la description simultanée des fluctuations dans la structure sur plusieurs échelles de longueur. Quand la théorie de Landau est adaptée au problème de la convection, elle incorpore la théorie de Rayleigh comme première approximation.

La théorie doit fournir une équation du mouvement du fluide, c'est-à-dire une loi régissant la vitesse et l'accélération d'une goutte de fluide pour un certain type de conditions aux limites. On pourrait donner tout de suite l'équation du mouvement, mais la signification de la théorie de Landau apparaît plus clairement si on définit d'abord une surface potentielle, à partir de laquelle on peut trouver l'équation du mouvement. (L'équation du mouvement s'en déduit alors : c'est simplement l'équation qui donne la pente de la surface potentielle.)

La surface potentielle peut être vue comme un paysage vallonné, où la hauteur au-dessus ou au-dessous d'un certain plan de référence représente l'énergie relative du système fluide. La tendance de l'énergie à prendre une valeur minimale implique que le point représentant l'état du système glisse au fond d'une vallée dès qu'il le peut. Un axe dans le plan de référence définit une ligne de vitesse nulle ; des déplacements vers la droite ou la gauche de cette ligne correspondent à des vitesses croissantes positives (dirigées vers le haut dans l'expérience de Rayleigh) ou négatives (dirigées vers le bas) d'une certaine goutte de fluide. La position du point représentatif du système le long de l'axe de vitesse nulle mesure l'écart entre la valeur réelle du nombre de Rayleigh et sa valeur critique : on désignera cette différence par ΔR. Ainsi la valeur de ΔR et de la vitesse V définissent un point dans le plan de référence ; la hauteur de la surface potentielle en ce point représente l'énergie du système dans cet état.

Il est nécessaire d'examiner en détail l'équation qui spécifie la topographie de la surface représentant l'énergie potentielle du système. L'équation peut s'écrire comme la somme d'une série infinie de termes, chaque terme de la série correspondant à une puissance plus élevée de la vitesse. Le premier terme est quadratique : $-1/2\ \Delta R\ V^2$. Dans le terme suivant la vitesse apparaît au cube (V^3), dans le suivant à la puissance quatre (V^4), et ainsi de suite. Chacune de ces puissances croissantes de la vitesse est précédée d'un coefficient mesurant sa contribution à la forme de la surface.

Comme on pouvait s'en douter, il est impossible de calculer la somme de la série infinie (même si l'on disposait de méthodes formelles pour le faire) car les coefficients de tous les termes ne sont pas connus. En général cependant, on s'attend à ce que les coefficients deviennent d'autant plus petits que la puissance de V à laquelle on s'intéressera sera grande. Il y a donc un certain espoir d'obtenir une précision raisonnable même avec une série tronquée, c'est-à-dire dont les termes au-dessus d'une certaine puissance de V ont été négligés. Si la vitesse n'est pas trop grande, la contribution de ces termes plus élevés sera faible ; en particulier si V vaut moins de 1 dans un certain système d'unités, les puissances élevées de V convergeront vers zéro et l'approximation sera bonne.

On peut considérer la théorie de Rayleigh comme une telle série tronquée, dans laquelle on aurait seulement retenu le premier terme, c'est-à-dire $- 1/2 \Delta R\, V^2$. L'énergie potentielle est mesurée sur un axe perpendiculaire à l'axe des vitesses et à l'axe ΔR. La surface d'énergie potentielle qui correspond à cette expression quadratique possède deux lobes, chacun d'eux ayant une section verticale parabolique (la section est perpendiculaire à l'axe où l'on mesure ΔR) ; un des lobes a sa concavité dirigée vers le haut, l'autre vers le bas. Il ressort clairement de l'équation que toutes les fois où V vaut zéro (c'est-à-dire partout le long de l'axe de vitesse nulle), l'énergie relative vaut zéro. Si le nombre de Rayleigh est sous critique, et ΔR négatif, la surface d'énergie potentielle remonte de chaque côté de l'axe ΔR et l'énergie est croissante pour toutes les valeurs positives de la vitesse. En d'autres termes, l'état de repos est un minimum de la surface potentielle, un état d'équilibre stable. Quand le nombre de Rayleigh dépasse sa valeur critique, et donc que ΔR est positif, la situation est opposée : la surface retombe de part et d'autre de l'axe de vitesse nulle qui est maintenant une ligne d'équilibre instable et d'énergie maximale (*voir la figure 9*).

Ces propriétés de la surface sont justement celles que prévoit l'analyse élémentaire de la stabilité présentée plus haut et elles illustrent à la fois la force et la faiblesse de la théorie de Rayleigh. Dans le voisinage immédiat de l'origine, où à la fois ΔR et V sont petits, le comportement du système peut être correctement déduit à partir des changements de courbure de la surface. Lorsque ΔR est légèrement négatif, le fluide revient à l'état de repos quand une petite perturbation l'en écarte ; si ΔR est légèrement positif, la perturbation est amplifiée et un écoulement convectif apparaît. Quand le nombre de Rayleigh a exactement la valeur critique, et donc que ΔR

vaut zéro, la surface est plate et une fluctuation aléatoire de la vitesse n'est ni amortie ni amplifiée. Pour les grandes valeurs de ΔR et de V, cependant, nous sommes à nouveau confrontés à un problème qui nous est maintenant familier. La surface potentielle s'incurve vers les valeurs infinies de la vitesse, ce qui a pour résultat un accroissement illimité de la vitesse.

La théorie de Landau remédie à ce défaut en retenant des termes supplémentaires de la série infinie. En effet, une amélioration majeure apparaît en prenant seulement quelques termes de plus dans la formule définissant l'énergie potentielle. Dans l'expérience modèle sur laquelle repose la théorie de Rayleigh, le choix des termes est limité pour des raisons de symétrie. Dans cette expérience la nature de l'écoulement reste inchangée quand le système est refroidi par le haut au lieu d'être chauffé par le bas ou encore si on change le sens de toutes les vitesses. Cette invariance fait que la surface potentielle doit être symétrique par rapport à l'axe de vitesse nulle ; une surface possédant une telle symétrie est représentée seulement par des puissances paires de la vitesse (telles que V^2, V^4, etc.). Quel que soit l'exposant, V et $- V$ une fois élevés à une puissance paire donnent le même résultat, tandis que les résultats sont de signes opposés quand l'exposant est un nombre impair. Il s'ensuit que tous les termes où V est élevé à une puissance impaire (tels que V^3, V^5 etc.) ont leur coefficient égal à zéro.

On obtient des résultats intéressants en ajoutant un terme de plus au terme quadratique dans le potentiel de Landau, à savoir le terme quartique $1/4\ V^4$. La topographie de la surface potentielle est ensuite déterminée par la valeur de l'expression $- 1/2 \Delta R\, V^2 + 1/4\ V^4$. Quand ΔR est négatif, la surface ressemble encore beaucoup à la surface quadratique plus simple, si ce n'est que l'énergie croît plus rapidement en fonction de la vitesse. Quand ΔR est positif, la forme de la surface est modifiée de façon significative. L'énergie décroît de chaque côté de l'axe de vitesse nulle mais ne continue pas indéfiniment à décroître ; en réalité, l'énergie atteint une valeur minimale et ensuite croît à nouveau avec la vitesse : la profondeur du minimum d'énergie et la vitesse pour laquelle le minimum est atteint augmentent lorsque ΔR croît.

Pour un domaine limité de nombres de Rayleigh et de vitesses, cette version relativement simple de la théorie de Landau donne des prédictions réalistes. Comme auparavant, lorsque ΔR était négatif, toute fluctuation aléatoire de la vitesse est amortie et l'état stationnaire est l'état d'énergie minimal et un état d'équilibre stable.

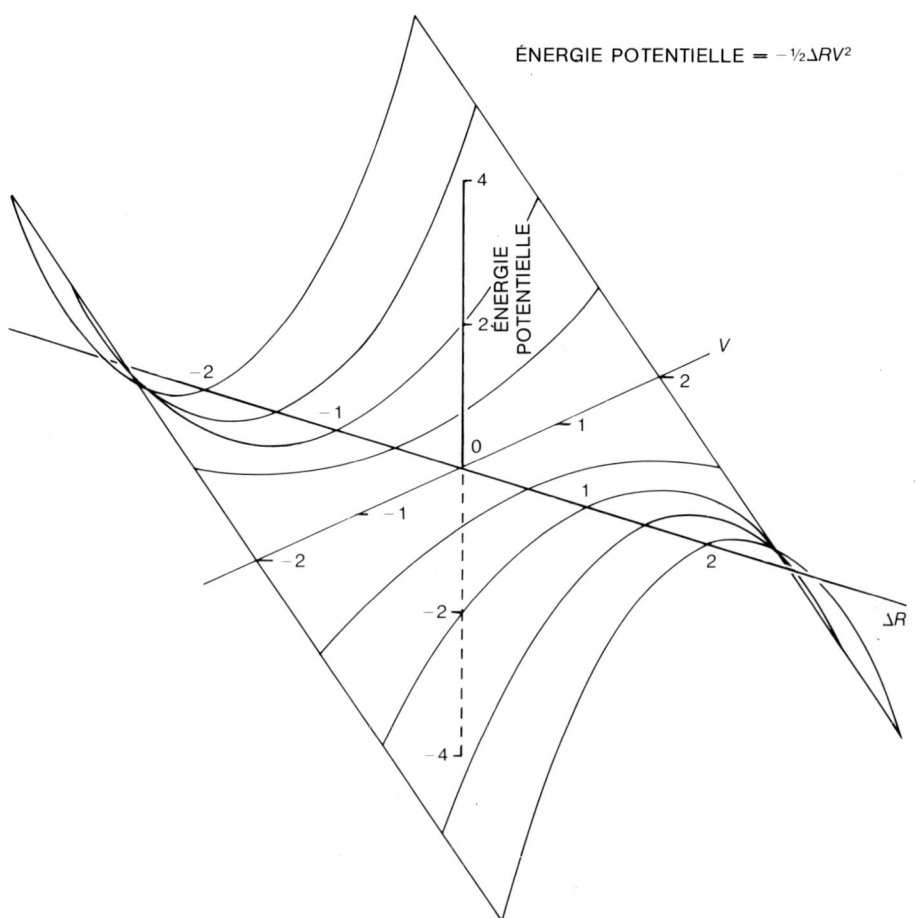

ÉNERGIE POTENTIELLE $= -\frac{1}{2}\Delta RV^2$

9. LA SURFACE POTENTIELLE associée à la théorie de Rayleigh définit l'énergie relative du fluide pour n'importe quelle combinaison du nombre de Rayleigh et de la vitesse. La surface est une fonction quadratique de la vitesse dans laquelle le coefficient ΔR est la différence entre la valeur du nombre de Rayleigh et la valeur critique. Quand ΔR est négatif, l'axe de vitesse nulle représente l'état d'énergie minimale et un écoulement convectif n'est entretenu que par un accroissement de l'énergie. Quand ΔR est positif, la pente de la surface est inversée et l'axe de vitesse nulle représente un état d'équilibre instable ; le fluide a alors la possibilité de réduire son énergie en établissant un écoulement convectif. Le principal défaut de la théorie de Rayleigh est qu'une fois l'écoulement amorcé la vitesse continue à croître sans limitation.

Pour les valeurs supercritiques du nombre de Rayleigh la perturbation va croître, mais cette fois le taux de croissance n'est plus illimité. Quand la vitesse atteint une certaine valeur finie, déterminée par la valeur de ΔR et correspondant au minimum de la surface d'énergie potentielle, un nouvel état d'équilibre stable est atteint. Tout écart à cette valeur de la vitesse est ensuite amorti.

La théorie de Landau incorporant les termes quadratique et quartique permet d'éviter quelques-uns des écueils les plus marquants de la théorie de Rayleigh, mais c'est encore une approximation qui n'est valable que pour de faibles valeurs de la vitesse. Quand V est grand, les puissances élevées de V contribuent de façon non négligeable même si elles sont précédées d'un petit coefficient ; pour cette raison une théorie qui néglige tous les termes de puissance plus élevés ne peut représenter avec exactitude la forme de la surface potentielle loin de l'axe de vitesse nulle. De plus, dans beaucoup de systèmes convectifs, il existe une direction privilégiée, ce qui détruit la propriété de symétrie de la surface potentielle et nécessite l'introduction des puissances impaires de V dans l'équation.

Simplicité mathématique et réalité physique

La théorie de Rayleigh et celle de Landau s'appuient toutes deux sur des expériences modèles dans lesquelles la plupart des propriétés physiques du fluide ont été considérées comme constantes. Les vrais fluides sont rarement aussi simples et les liens entre les différentes propriétés peuvent être très enchevêtrés. Dans le modèle on a, par exemple, supposé que seule la densité variait en fonction de la température ; or, en réalité, dans la plupart des fluides, la viscosité et la diffusivité thermique varient aussi avec la température. Puisque ces quantités entrent dans la définition du nombre de Rayleigh R, les variations peuvent avoir une grande influence sur le seuil de la convection et sur son évolution ultérieure. On a aussi supposé le fluide incompressible : comme beaucoup de fluides réels sont compressibles, la pression devient une variable significative qui modifie la densité et bien d'autres propriétés. Une relation compliquée relie la température et la viscosité. En général, la viscosité décroît lorsque la température augmente, mais en même temps l'énergie dissipée par les forces visqueuses apparaît sous la forme de chaleur et élève ainsi la température.

Une théorie qui tiendrait compte de toutes les relations connues entre les propriétés d'un fluide ne serait guère maniable. En décrivant un fluide réel par un modèle mathématique, on doit chercher un compromis optimal entre la complexité du fluide et la complexité de la théorie. On peut illustrer la nécessité de ce compromis par quelques exemples choisis dans le monde extérieur au laboratoire.

Dans l'atmosphère terrestre, on observe des phénomènes convectifs à différentes échelles. Le gradient de température entre les tropiques et les pôles induit une circulation globale que l'on peut décomposer en au moins trois grandes cellules convectives dans chaque hémisphère. La déformation de cet arrangement convectif provoquée par la rotation de la Terre donne naissance aux vents alizés des tropiques et aux vents d'Ouest dominant dans les zones tempérées. Un réchauffement local de l'atmosphère près de la surface de la Terre engendre des écoulements convectifs de moindre échelle, les tempêtes par exemple. Les cumulus qui se forment quand de l'air chaud s'élève et se refroidit, et de ce fait devient sursaturé d'humidité, résultent souvent du brassage convectif de l'atmosphère.

Une analyse théorique de la convection atmosphérique doit tenir compte de la grande compressibilité de l'air, qui provoque un gradient de densité même lorsque la température ne varie pas en fonction de l'altitude. Une description rigoureuse de la circulation atmosphérique doit inclure aussi le réchauffement par compression de l'air lorsqu'il descend dans une région où la pression est plus élevée. La viscosité et d'autres propriétés de l'air varient en fonction de la pression et de la température, et la présence de vapeur d'eau qui dégage de la chaleur lorsqu'elle se condense constitue un autre facteur de complexité. Les nuages, dont la formation résulte d'un écoulement convectif, sont eux-mêmes instables par rapport à d'autres mouvements convectifs : le sommet du nuage est refroidi par déperdition de chaleur dans l'espace et est réchauffé à sa base par les radiations émises par le sol. Si ces effets sont assez importants une cellule convective peut s'établir à l'intérieur du nuage.

Malgré ces complications, les mouvements convectifs dans l'atmosphère présentent souvent les mêmes traits caractéristiques que les expériences plus simples de laboratoire. Les formations nuageuses, qui forment des alignements que l'on appelle des boulevards de nuages, sont produites par des cellules du genre rouleaux ; des photographies prises par satellite révèlent parfois l'existence de réseaux de cellules polygonales qui s'étendent sur des milliers de kilomètres carrés. En règle générale, cependant, on ne peut pas extrapoler les résultats des expériences de laboratoire à l'échelle atmosphérique. Les cellules de convection en laboratoire sont toujours à peu près aussi hautes que larges, tandis que les cellules atmosphériques sont beaucoup plus larges (d'un facteur atteignant parfois 50). De plus, le sens de l'écoulement dans les expériences à petite échelle est toujours le même (en laboratoire l'écoulement est descendant dans le milieu de chaque cellule) tandis qu'on observe les deux sens d'écoulement, ascendant et descendant, au milieu des cellules de convection atmosphériques.

La convection dans les océans offre aussi un large éventail de phénomènes convectifs à diverses échelles : de quelques mètres à la taille des océans eux-mêmes. Le plus simple de ces écoulements a une explication immédiate. Parce que les radiations solaires de certaines longueurs d'onde pénètrent jusqu'à une dizaine de mètres à l'intérieur de l'océan, l'eau est chauffée à une profondeur considérable. D'un autre côté, le refroidissement provient presque exclusivement de l'évaporation et de la perte de chaleur par conduction et radiation dans l'atmosphère, tous ces phénomènes étant pour l'essentiel localisés en surface. De ce

$$\text{ÉNERGIE POTENTIELLE} = -\tfrac{1}{2}\Delta R V^2 + \tfrac{1}{4}V^4$$

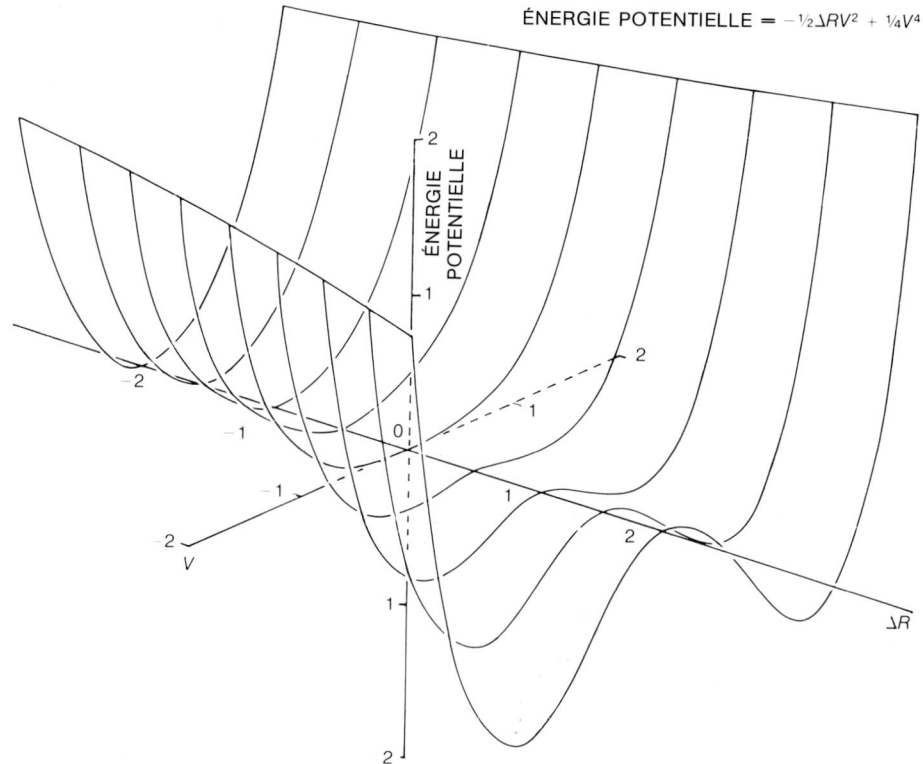

10. LA THÉORIE DE LANDAU définit une surface potentielle plus réaliste en incluant des termes supplémentaires dans l'équation qui définit la surface. Dans le cas le plus simple, un terme quartique, ou du quatrième ordre, est ajouté au terme quadratique de la théorie de Rayleigh. L'état de repos devient à nouveau instable quand ΔR est plus grand que zéro, mais la vitesse ne croît plus indéfiniment : il existe une vallée de la surface potentielle correspondant à une valeur finie de la vitesse. La théorie prévoit qu'un nouvel équilibre sera atteint pour une valeur de la vitesse qui minimise l'énergie totale. Une telle théorie fut proposée en 1937 par L. Landau pour décrire certaines transitions de phase dans des matériaux magnétiques ; elle a été adaptée récemment au problème de la convection.

fait, la chaleur est introduite dans les océans à un niveau inférieur à celui où elle est perdue, et une couche d'eau de plusieurs mètres de profondeur peut devenir convectiblement instable.

La compressibilité de l'eau de mer est faible et n'a d'influence sur le mouvement convectif qu'aux très grandes profondeurs ; mais une autre variable a une importance capitale : c'est la salinité. La densité de l'eau de mer varie non seulement en fonction de la température mais aussi en fonction de la concentration des sels dissous : la densité croît avec la salinité. Le résultat est que deux facteurs indépendants peuvent établir un gradient de densité. L'action réciproque de ces facteurs donne lieu à des mouvements convectifs d'un genre nouveau que l'on n'observe pas en présence d'un gradient unique.

Si la température la plus élevée règne au fond de la couche et la plus forte salinité près de la surface, les deux gradients agissent dans le même sens et favorisent la convection. Quand les gradients de température et de salinité agissent en sens opposés, des effets plus subtils entrent en jeu. Si de l'eau chaude et salée recouvre de l'eau douce et froide, le gradient de température favorise la stabilité mais le gradient de salinité la détruit. Même lorsque les deux gradients antagonistes se combinent pour donner une densité uniforme, la convection peut parfois apparaître pour des raisons dues aux effets dissipatifs qui agissent différemment sur les deux gradients. En effet, le gradient de température est atténué par la diffusion de la chaleur, tandis que le gradient de salinité est atténué par la diffusion moléculaire des molécules de sel et d'eau ; la diffusion de la chaleur est de beaucoup la plus rapide, souvent d'un facteur 100.

Initialement on peut ajuster la température

et la salinité des deux couches pour qu'elles aient la même densité. Si une goutte de fluide chaud et salé est déplacée vers le bas dans la couche douce et froide, elle perd sa chaleur bien avant que la diffusion moléculaire ne réduise de façon notable sa salinité. Il en résulte un accroissement de sa densité et le mouvement est amplifié.

La configuration inverse, où du liquide doux et froid recouvre du fluide chaud et salé, entraîne parfois le phénomène oscillatoire connu sous le nom de « surstabilité ». Une goutte d'eau chaude et salée, à la suite d'une légère ascension se refroidit mais conserve à peu près la même concentration saline ; en conséquence, elle devient plus dense qu'elle n'était au départ et elle « coule » au fond de la couche. En fait, elle peut dépasser sa position d'origine et continuer à osciller de part et d'autre de cette position. Les oscillations sont amorties ou amplifiées, selon les valeurs respectives des deux gradients.

L'un des systèmes convectifs les plus complexes est celui qui opère à l'intérieur du manteau terrestre ; ses mouvements créent une chaîne de failles au fond de la mer et éloignent les continents les uns des autres à la surface du globe terrestre. La chaleur qui induit l'écoulement n'est pas libérée par une surface mais plutôt par tout le volume : ce flux de chaleur résulte principalement de la désintégration des éléments radioactifs ; le gradient de température naît du fait que le système ne perd de la chaleur qu'en surface, de sorte que la température croît en profondeur. Le gradient est sans doute assez fort pour induire la convection, mais les propriétés du système sont si compliquées et les mesures dans le manteau terrestre si difficiles que la forme et les dimensions de l'arrangement cellulaire convectif sont très mal connues. La viscosité croît rapidement avec la profondeur et à une certaine profondeur dans la région convective le matériau subit une transition de phase cristalline.

À bien plus petite échelle, on observe un phénomène convectif intéressant et d'une complexité considérable dans une pellicule de peinture ou de laque qui sèche. Ici la force motrice n'est pas la pesanteur mais la tension superficielle

(tout comme dans les expériences de Bénard). Le mécanisme responsable de l'écoulement est l'évaporation du solvant à la surface libre de la pellicule. Si une quelconque perturbation accroît le taux d'évaporation dans une région, cette région va se refroidir, ce qui accroît sa tension superficielle. De plus la tension superficielle des pigments de coloration ou de toutes autres grosses molécules de la pellicule de peinture est habituellement plus grande que la tension du solvant, si bien qu'un déficit en solvant élève la tension superficielle indépendamment de la température. Le liquide est entraîné le long de la surface vers les régions où la tension superficielle est élevée ; de là il s'enfonce vers la base de la pellicule et recommence un nouveau cycle. Lorsque la concentration du solvant baisse, la viscosité croît et, à la fin, le nombre de Marangoni tombe au-dessous de sa valeur critique et la convection s'arrête.

Les cellules convectives dans les pellicules de peinture ont souvent une forme hexagonale, ou au moins une forme polygonale proche de l'exagone régulier idéal. L'écoulement peut provoquer une « hémorragie » des pigments, qui se manifeste, une fois la pellicule sèche, par une irrégularité dans la coloration. Dans certains cas le réseau tridimensionnel des cellules de convection reste gelé dans la pellicule sèche. On notera que ce phénomène n'est pas toujours indésirable : les peintures martelées acquièrent cette texture par ce procédé.

La généralité et l'importance du concept de convection sont clairement illustrées par ces exemples divers incluant le brassage spontané de l'atmosphère terrestre et des océans et la circulation de peinture dans une pellicule de quelques dizièmes de millimètre d'épaisseur. Pour pouvoir établir les théories qui décrivent ces mouvements dans un fluide, il faut beaucoup d'hypothèses simplificatrices et même ainsi, elles sont encore loin d'être simples. Il est par conséquent tout à fait remarquable que ces théories, régies par une poignée de nombres sans dimensions tels que les nombres de Rayleigh et de Marangoni, puissent rendre compte de phénomènes d'échelles aussi différentes.

La croissance fractale

Les fractales sont des structures mathématiques très fines, ramifiées et arborescentes, qui modélisent des phénomènes naturels, tels que la cristallisation des solides ou le déplacement des bulles d'air dans les fluides.

Leonard Sander

L'étude de la matière à l'échelle macroscopique est d'une complexité déroutante : chaque parcelle de matière contient un nombre énorme (en gros, le nombre d'Avogadro : 10^{23}) d'atomes et de molécules disposés selon des arrangements compliqués et désordonnés. On a des informations précises sur les cristaux parfaits et les liquides qui s'écoulent uniformément, car leur structure est régulière à grande échelle ; mais qu'il s'agisse d'écoulements turbulents de fluide, de dépôt de particules métalliques dans une cuve à électrolyse ou de formation des chaînes de montagnes, l'explication des structures ainsi obtenues défie l'entendement.

Depuis dix ans, les scientifiques ont beaucoup progressé dans cette étude des formes naturelles. Le concept révolutionnaire de fractale (Benoît Mandelbrot, du Centre de recherche Thomas Watson d'IBM, a forgé ce terme et lui a attribué le genre féminin) est au cœur de toutes ces nouvelles idées. Une fractale est un être géométrique de forme extrêmement découpée et ramifiée : elle est caractérisée par la propriété que, si l'on agrandit un détail du motif, on retrouve le motif tout entier ; celui-ci présente en effet la même structure quelle que soit l'échelle d'observation (mètre, millimètre, micromètre...). B. Mandelbrot a émis l'hypothèse que beaucoup de systèmes désordonnés ont cette structure fractale.

On a de plus en plus de raisons de penser que les structures fractales sont intimement liées aux formes naturelles. Les « amas de percolation » sont des structures fractales qui modélisent l'infiltration d'un liquide dans une matière solide, par exemple quand de l'eau s'infiltre dans le sol ou percole entre des grains de café moulus. La suie, les colloïdes et certains polymères seraient aussi des fractales. On retrouve également les fractales dans le déplacement des bulles d'air dans un liquide visqueux tel que l'huile, la croissance de certains cristaux ainsi que dans les décharges électriques du type éclair. On pense que certaines structures aléatoires comme celles des nuages et des rivages côtiers sont elles aussi de type fractal.

Comme il semblait de plus en plus évident que les fractales existaient dans la nature, les scientifiques ont recherché les principes de leur formation. En 1981, nous avons, avec Thomas Witten, de la compagnie *Exxon*, proposé un mécanisme de croissance fractale dit d'agrégation par diffusion limitée. Nous avons trouvé un type particulier de fractale qui correspondrait à une croissance désordonnée et irréversible. Ce modèle simple, facile à programmer, nous éclaire sur la formation de toute une série de fractales existant dans la nature.

La dimension fractale

Quelles sont les propriétés d'une fractale ? Les mathématiciens avaient étudié ces objets fractals bien avant B. Mandelbrot, mais ils les avaient considérés comme des cas « pathologiques » de courbes continues mais dépourvues de tangente en tout point et qui ne présentaient guère d'intérêt. Pour le commun des mortels, une fractale type n'a pourtant rien de monstrueux : elle évoque au contraire la forme naturelle d'un cristal de glace. On obtient un objet fractal en répétant systématiquement un même motif géométrique : examinons par exemple la fractale du bas de la figure 2, constituée de cinq motifs identiques ; construisons ensuite cinq répliques du motif tout entier et continuons de la sorte indéfiniment. La figure ainsi obtenue est invariante par changement d'échelle : n'importe quel fragment, de diamètre égal au tiers de celui du motif entier, est une copie conforme de celui-ci (à la réduction d'échelle près). L'invariance par changement d'échelle (par dilatation) est une caractéristique de « symétrie » des fractales, tout comme l'invariance par rotation est caractéristique d'une sphère.

On attribue à une fractale un nombre qu'on appelle sa dimension fractale. Contrairement à l'acception courante du terme, cette dimension n'est pas un entier mais un nombre réel. Par exemple, la fractale que nous venons de construire est de dimension 1,46 : cette figure est intermédiaire entre une ligne droite (de dimension 1) et un plan (de dimension 2). Plus une fractale plane remplit le plan, plus sa dimension est proche de 2. La fractale représentée sur la figure 1 a été engendrée par un procédé d'agrégation par diffusion limitée : sa dimension fractale est égale à 1,71 ; cet objet est statistiquement (et non parfaitement) invariant par dilatation. Sa densité, comme celle de toutes les fractales, décroît lorsque sa taille augmente.

La dimension fractale d'un être physique est indépendante des détails de sa formation ; on dit qu'une propriété de ce type est « universelle », car elle est une caractéristique à grande échelle, où les détails sont moyennés et, par conséquent, éliminés. Ce n'est donc pas parce qu'un modèle simple néglige en majeure partie la complexité d'un système réel qu'il n'en décrit pas correctement les propriétés globales.

Le modèle d'agrégation par diffusion limitée établit un lien très intéressant entre les fractales et les mécanismes de croissance. Ces derniers sont de nature très diverse ; par exemple, un cristal parfait croît en fonction d'un critère d'équilibre : il « essaie » plusieurs configurations avant de choisir l'état correspondant à la structure la plus stable. Avant qu'une molécule ne se fixe au cristal, elle doit généralement chercher la zone la plus favorable parmi un grand nombre de sites possibles. La formation d'un tel cristal est donc très lente et sujette à de constants réarrangements.

Cette lenteur n'est, en fait, pas toujours la règle et la plupart des systèmes physiques n'ont pas le « loisir d'attendre » : la croissance des systèmes vivants, par exemple, ne repose pas sur un critère d'équilibre thermodynamique et il en va de même pour les fractales étudiées dans ce chapitre. (Il existe cependant des croissances fractales fondées aussi sur une recherche d'équilibre, que nous n'envisagerons pas ici.)

L'agrégation par diffusion limitée

On peut faire croître un amas en ajoutant à chaque étape une particule qui se fixe à l'amas dès qu'elle entre en contact avec lui et donc avant qu'elle ne tente d'autres essais. Ce processus de croissance par agrégation ne repose sur aucun critère d'équilibre, puisqu'il interdit toute forme de réarrangement. L'état obtenu est hors d'équilibre thermodynamique. Supposons à présent que les particules se dirigent vers le noyau selon une marche aléatoire, au sens où chaque étape de sa progression est indépendante des étapes précédentes (mouvement brownien) : chaque particule choisit au hasard la nouvelle direction et la longueur à parcourir à chaque étape. (En dimension 1, vous effectuez, par exemple, une marche aléatoire en tirant à pile ou face votre déplacement d'un pas en avant ou en arrière.) Nous avons appelé agrégation par diffusion limitée ce type de croissance où les particules suivent des marches aléatoires.

La simulation de la croissance de petits amas peut se faire sur un ordinateur personnel. Au départ, on place une particule en un point donné de l'écran et une autre à une certaine distance de la première ; cette dernière est programmée pour effectuer une série de pas aléatoires (mouvement brownien simulé) jusqu'à ce que sa distance à la particule initiale soit égale au diamètre de la particule : elle s'y agglutine alors. Quant cette seconde particule est fixée à la première, on en place une troisième assez loin de l'amas embryonnaire, et on recommence. D'après les simulations

1. UNE STRUCTURE FRACTALE apparaît dans une simulation par ordinateur du phénomène d'agrégation par diffusion limitée. On a envoyé, l'une après l'autre, quelque 50 000 "particules" à partir d'une zone extérieure à celle qui est représentée ici. Elles devaient se diriger vers le centre en suivant une marche aléatoire et se sont rassemblées progressivement en formant un amas qui s'est développé. Les couleurs indiquent l'ordre d'arrivée des particules : les blanches sont arrivées les premières et les vertes les dernières.

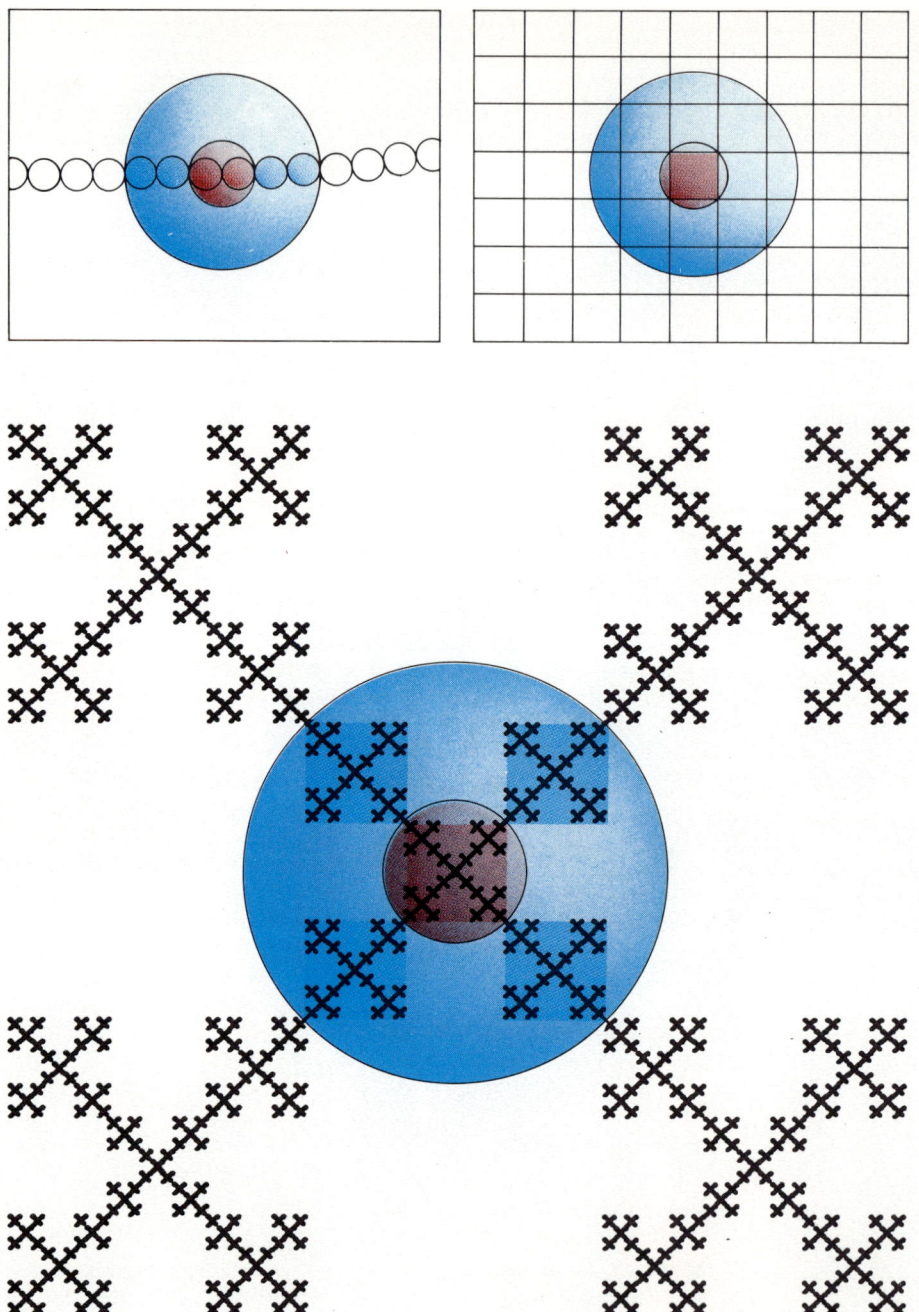

2. LA DIMENSION FRACTALE diffère d'une dimension ordinaire : elle n'est pas un nombre entier mais un nombre réel quelconque. On détermine la dimension fractale d'un objet en comptant le nombre moyen de motifs répétés contenus dans une sphère de rayon *r* centrée en un point donné de l'objet. Le nombre de motifs fondamentaux est égal au produit d'une constante C par le rayon élevé à la puissance D, où D est la dimension ($N = C \times r^D$). La dimension d'une droite est bien sûr égale à 1 : si on triple le rayon de la sphère, on triple le nombre de motifs qui y sont contenus *(en haut à gauche)*. Dans le cas d'un objet ordinaire (non fractal) de dimension 2, si on triple le rayon de la sphère, on multiplie le nombre de motifs par 9 *(en haut à droite)*. En revanche, si on triple le rayon d'une sphère centrée sur un objet fractal de dimension 1,46 *(en bas)*, on multiplie le nombre de motifs par 5. Autrement dit, le nombre de motifs répétés augmente plus vite que pour une droite et moins vite que pour un fragment de matière ordinaire. En ce sens, on peut dire que cet objet fractal est intermédiaire entre une droite et un plan.

réalisées sur ordinateur, les amas construits selon cet algorithme seraient de type fractal.

S'il est facile de décrire et de simuler l'agrégation par diffusion limitée, il reste beaucoup de mystères à éclaircir. Pourquoi obtient-on ainsi des formes fractales plutôt que des agrégats informes et sans propriété d'échelle ? Pourquoi voit-on rarement apparaître des boucles ? Y a-t-il une relation entre la dimension fractale et la dimension de l'espace où a lieu le phénomène ? Ces questions préoccupent les physiciens d'autant plus que les outils conceptuels utilisés habituellement par les mathématiciens se révèlent inadéquats.

En revanche, on arrive à interpréter, d'un point de vue qualitatif, certaines caractéristiques importantes de ce type d'agrégation. Si l'amas initial est petit et sa surface peu accidentée, il peut se faire que plusieurs particules se fixent, purement par hasard, sur une même zone de la surface. Ce phénomène induit la formation, sur cette surface, de petites bosses ou des trous dus à une sorte de « bruit » dans le comportement des particules.

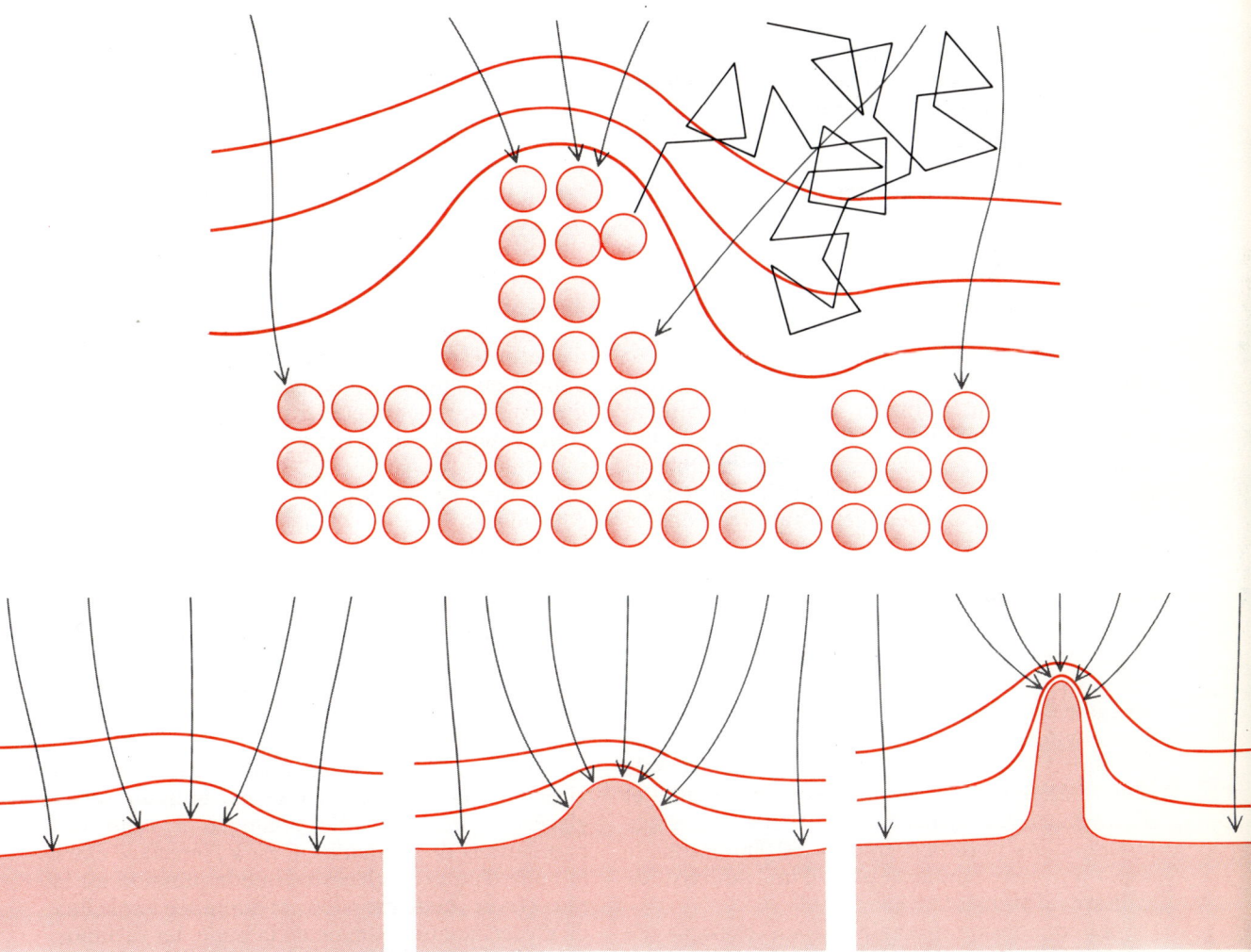

3. LA CROISSANCE DES OBJETS FRACTALS est simulée ici dans le cas d'une agrégation par diffusion limitée. On commence par construire un amas au contour lisse, sur lequel viennent se fixer des particules. Sur la frontière apparaissent alors de petites bosses et des trous dus au « bruit » introduit par le comportement statistique des particules incidentes *(à gauche)*. On a dessiné en trait noir le trajet aléatoire suivi par une particule incidente. Chaque ligne de couleur correspond à une densité moyenne constante de particules et les lignes grises représentent le courant créé par le flux moyen. Les bosses se développent plus vite à la surface que les trous *(en bas)*, car une particule incidente se fixe en général près du sommet d'une bosse : avant de s'engager dans un trou, elle a toutes les chances de se fixer au bord. Comme les particules se déposent près du sommet d'une bosse, celle-ci augmente de taille et le trou voisin a de moins en moins de chances d'être comblé. Aussi, le contour de l'amas, lisse au départ, devient rapidement très accidenté.

Dans ce cas, les bosses se développent plus vite que les trous, car une particule se déplaçant au hasard en venant de l'extérieur a toutes les chances de se fixer près du sommet d'une bosse avant de s'engouffrer dans un trou : la bosse devient de plus en plus pointue, puisque les particules se fixent près de son sommet, et les trous ont alors de moins en moins de chance d'être comblés. Autrement dit, la moindre aspérité à la surface de l'amas a fortement tendance à s'accentuer : c'est ce qu'on appelle l'instabilité de croissance. Les parties saillantes se développent et se divisent en formant des structures probablement de type fractal. On ne connaît pas tous les détails de ce processus, mais il est certain que la richesse et la complexité des amas obtenus par diffusion limitée proviennent des effets conjugués de la croissance et du « bruit » statistique.

Les recherches intensives des cinq dernières années sur l'agrégation par diffusion limitée sont très encourageantes : on constate en effet que, dans nombre de processus naturels, les particules se déplacent au hasard avant de se fixer sur un site : Robert Brady et Robin Ball ont montré, en 1984, que l'agrégation par diffusion limitée décrivait convenablement la façon dont les ions métalliques se déposent par diffusion dans une solution électrolytique. Un ion ne se fixe certainement pas exactement comme le prévoit l'algorithme de simulation, mais cela ne semble avoir d'incidence, ni sur la structure d'ensemble, ni sur la dimension fractale.

Par exemple, la structure fractale de la figure 1, réalisée par ordinateur, s'apparente remarquablement à celle du dépôt de zinc par électrolyse (voir la figure 6, en haut à gauche). La dimension fractale de ce dépôt d'atomes de zinc est égale à 1,7, valeur qui se rapproche remarquablement de la dimension fractale, égale à 1,71, de la figure 1 (c'est presque trop beau). Cet exemple illustre également les propriétés d'universalité et d'invariance par changement d'échelle : alors que la simulation porte sur environ 50 000 points, le dépôt de zinc contient plus d'un milliard de milliards d'atomes !

La dimension fractale est un exemple de propriété universelle : on s'est aperçu qu'en modifiant l'algorithme de simulation de façon qu'une particule ait une certaine probabilité de rebondir sur l'amas au lieu de s'y fixer, on retrouvait la même dimension fractale ; cette règle, ainsi que bien d'autres plus compliquées qui apparaissent dans des situations réelles, entraîne un épaississement des branches de l'amas, mais ne modifie pas la dimension fractale.

La croissance par digitation visqueuse

Il est facile de se convaincre que l'agrégation par diffusion limitée décrit le dépôt d'un métal sur une électrode et bien d'autres phénomènes, comme par exemple la digitation visqueuse : pour mettre en évidence ce phénomène, on utilise une cuve de Hele-Shaw, mise au point au XIXᵉ siècle par l'ingénieur naval britannique Henry Hele-Shaw. Cette cuve contient un fluide visqueux, par exemple de la glycérine, placé entre deux plaques parallèles. Si l'on injecte entre les plaques un fluide moins visqueux, de l'air par exemple, la glycérine est déplacée, une bulle d'air apparaît et se répand en formant des excroissances digitiformes.

Ce phénomène est d'un grand intérêt pratique, en particulier pour la récupération du pétrole par la technique d'injection d'eau dans un gisement, car la digitation nuit à un bon rendement de la récupération. À moins d'utiliser des moyens très sophistiqués, on ne peut ainsi repousser vers les puits que la faible quantité de pétrole situé aux bords du gisement.

Les structures géométriques produites par digitation ressemblent beaucoup à celles qu'on obtient en simulant une agrégation par diffusion limitée. D'où vient cette similitude ? D'après Lincoln Paterson, de l'Organisation de recherche scientifique et industrielle du Commonwealth (Australie), ces systèmes sont fondamentalement équivalents.

La croissance par diffusion limitée est due à un flux de particules qui se dirigent vers l'amas en suivant une marche aléatoire : ces particules proviennent plus souvent de populations denses (extérieures à l'amas) que de populations clairsemées. Plus précisément, le flux provenant d'une population extérieure à l'amas est proportionnel à la densité de celle-ci.

Dans le cas de la croissance par digitation visqueuse, la pression exercée par le fluide sur la glycérine joue un rôle analogue à celui des populations de particules. C'est à l'interface entre la bulle d'air et la glycérine que la pression est la plus élevée ; cette pression est diminuée par le flux de glycérine qui s'éloigne de la bulle. La variation de ce flux est proportionnelle à la variation de la pression à l'extérieur de la bulle. La croissance est dite digitiforme parce que le fluide s'échappe plus facilement à partir de telles protubérances en forme de doigts ; comme la frontière se déplace lorsque le fluide s'échappe, ces doigts s'allongent de plus en plus. L'instabilité de la croissance qui en résulte est analogue à celle d'une croissance par diffusion limitée.

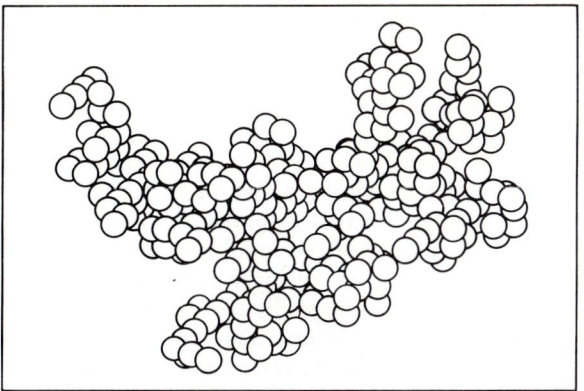

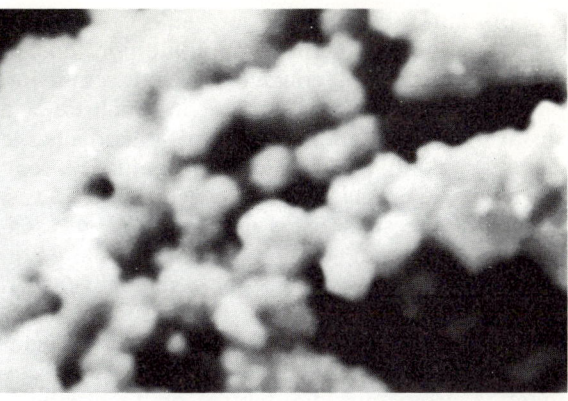

4. L'AGRÉGATION PAR DIFFUSION LIMITÉE, effectuée ici par simulation spatiale, donne naissance à une fractale de dimension 2,4 *(à gauche).* Cette structure s'apparente à celle d'un amas de cuivre photographié au microscope à balayage *(à droite),* qui est de la même dimension.

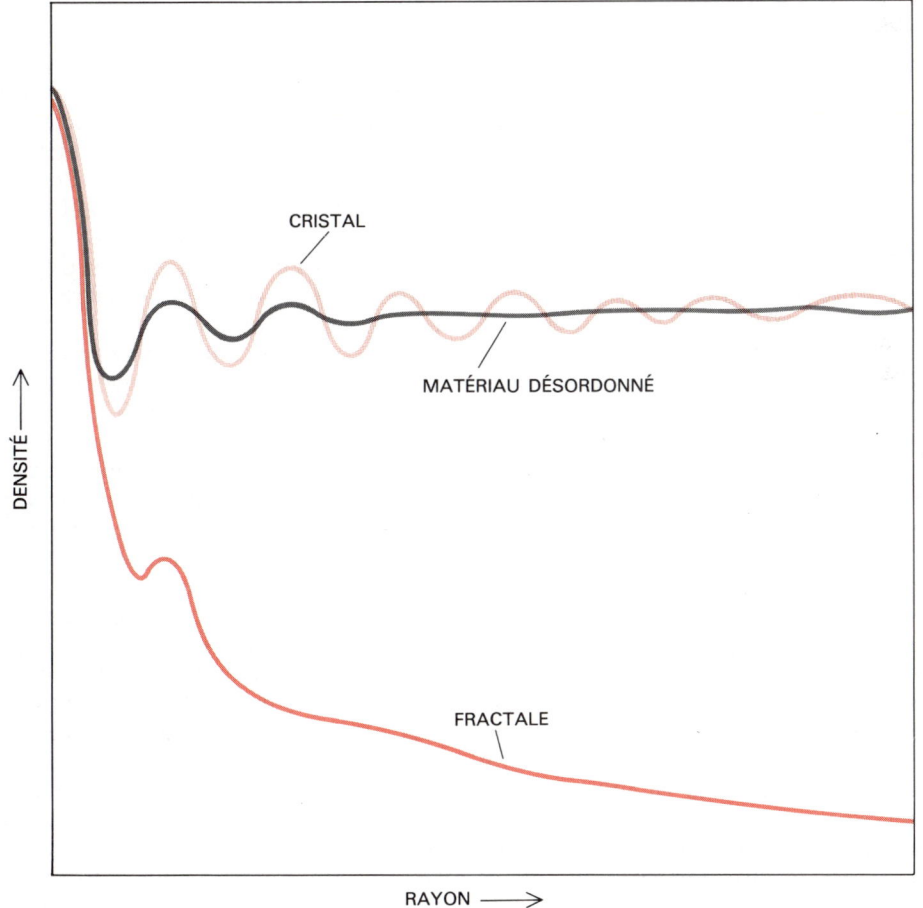

5. LA DENSITÉ D'UNE FRACTALE décroît lorsque sa taille augmente, alors que celles des cristaux ordonnés et des matériaux amorphes convergent vers des constantes.

Un autre phénomène présente les mêmes caractéristiques : lorsqu'on applique une tension à une électrode en contact avec une émulsion photographique ou une poudre fine répartie à la surface d'un isolant, on obtient une décharge électrique dont le schéma de propagation ressemble à celui d'un éclair *(voir la figure 6, en bas à gauche)*. Cette structure s'appelle figure de Lichtenberg, du nom du physicien allemand du XVIIIe siècle, Georg Christoph Lichtenberg. En 1984, un groupe de chercheurs de la société suisse *Brown et Boveri* a montré que l'algorithme d'agrégation par diffusion limitée modélisait correctement la croissance des figures de Lichtenberg.

Supposons que la tension soit suffisamment forte au voisinage de l'électrode pour altérer une petite zone de l'émulsion et créer un canal conducteur d'électricité. À l'extérieur de ce canal, il y a un champ électrique dont l'intensité est égale au taux de variation de la tension en divers points de matériau. Le groupe de *Brown et Boveri* a émis l'hypothèse raisonnable que la croissance du canal a lieu le plus probablement là où le champ électrique est le plus intense, c'est-à-dire aux extrémités de la décharge. Ces extrémités continuent donc à pousser et à proliférer, de sorte qu'on voit se dessiner une structure fractale.

Un modèle mathématique

Le dépôt d'un métal sur une électrode, la croissance par digitation visqueuse ou encore l'élaboration d'une figure de Lichtenberg sont décrits par le même type d'équations aux dérivées partielles. On peut se faire une bonne idée des principes sous-jacents de ce modèle mathématique en considérant par analogie une feuille de caoutchouc tendue le long de ses quatre côtés et au milieu de laquelle une fractale s'enfonce à mesure qu'elle se développe.

La probabilité qu'une particule se déplace aléatoirement en un point donné, la pression régnant dans une cuve de Hele-Shaw et la tension exercée au voisinage d'un canal de décharge électrique sont des fonctions harmoniques qui sont solutions des mêmes équations aux dérivées partielles. La surface décrite par une fonction harmonique solution de telles équations a une courbure moyenne nulle : si elle s'incurve « vers le haut » dans une direction, elle s'incurve aussi « vers le bas » dans la direction perpendiculaire (un peu comme une selle de cheval). La feuille de caoutchouc dans laquelle s'enfonce une fractale est elle aussi de courbure nulle. Si l'on considère la profondeur en chaque point de la feuille comme

une fonction exprimant une probabilité, une pression ou une tension, sa pente à l'extrémité de la fractale est égale à la vitesse de croissance. La pente est maximale au voisinage des extrémités les plus développées, où la fractale croît le plus fortement. À chaque étape, les extrémités poussent en enfonçant la feuille de caoutchouc.

Existe-t-il d'autres applications de ces modèles ? Les structures ramifiées des vaisseaux sanguins, des voies respiratoires et des récifs coralliens peuvent rappeler les formes fractales engendrées par le phénomène d'agrégation par diffusion limitée. À ma connaissance, aucun des travaux de modélisation de ces processus réalisés jusqu'à présent n'a explicitement utilisé la géométrie fractale. Il reste à savoir si les méthodes fractales seront utiles pour étudier les phénomènes de croissance en biologie.

On a également eu recours à l'agrégation par diffusion limitée pour décrire d'autres systèmes physiques, tels que la cristallisation de films amorphes. Une version généralisée de ce modèle, l'agrégation amas par amas, décrit correctement la structure des colloïdes et des aérosols tels que la suie. Paul Meakin, de la Société *Du Pont de Nemours*, et Max Kolb, Rémi Jullien et Robert Bobet, de l'Université Paris-Sud, à Orsay, ont montré que dans ces processus de nombreux amas peuvent se former, se déplacer eux-mêmes et s'associer. En résumé, les modèles d'agrégation sont extrêmement utiles pour décrire les systèmes et les processus physiques.

Notons cependant que les fractales ne sont pas la panacée : on ne les retrouvera certainement pas dans toutes les formes étalées qui existent dans la nature. Les cristaux de glace, par exemple, ne sont probablement pas des objets fractals. Ce sont bien sûr des formes complexes, mais leur symétrie est beaucoup plus prononcée que celle des amas obtenus par diffusion limitée ; c'est pourquoi on les rattache à une famille de cristaux appelés les dendrites. La magnifique structure macroscopique d'un cristal de glace reflète l'anisotropie microscopique sous-jacente des réseaux hexagonaux où sont arrangés les atomes. Mais alors, pourquoi le zinc, qui a lui aussi une structure hexagonale, se dépose-t-il dans une cuve à électrolyse suivant un principe fractal *(voir la figure 6, en haut à gauche)* ? La réponse est que la croissance se fait lentement et hors équilibre, mais si lentement que les ramifications gomment l'anisotropie du réseau. Quand on augmente la vitesse de croissance en augmentant la tension électrique imposée dans la cuve, on biaise le mouvement brownien des particules et l'anisotropie commence à se faire sentir : on obtient une structure dendritique, analogue à celle d'un cristal de glace *(voir la figure 6, en bas à droite)*. Plusieurs groupes de chercheurs étudient actuellement les mécanismes de transition entre structures fractales et dendritiques.

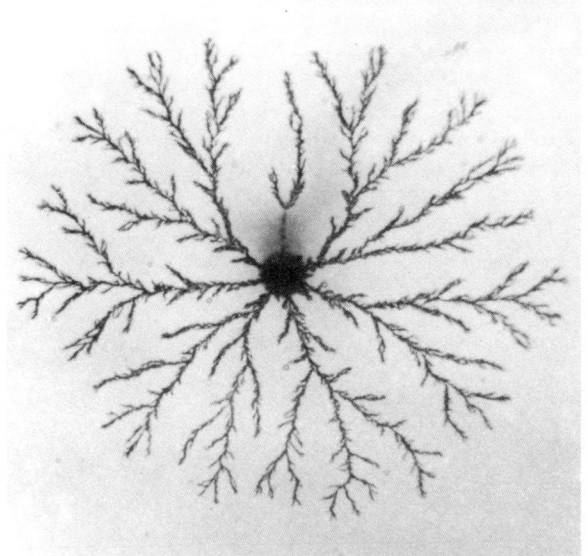 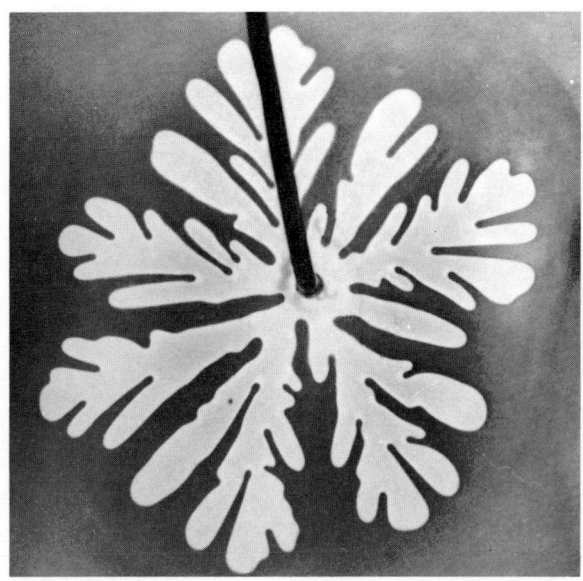

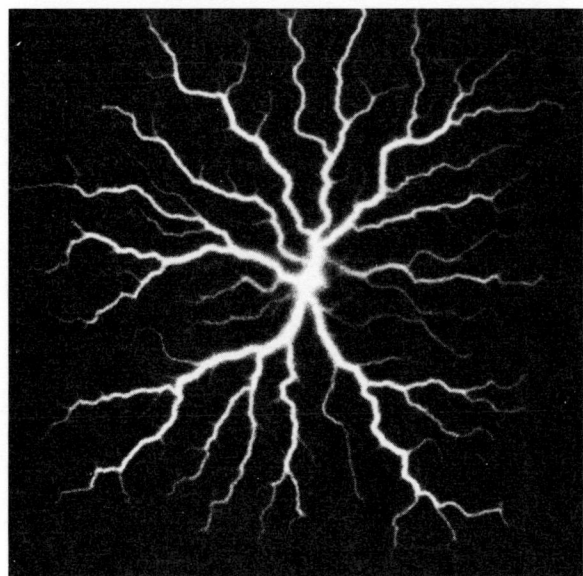 

6. DES FRACTALES NATURELLES semblent se développer suivant le principe de l'agrégation par diffusion limitée. On voit ici un dépôt de zinc produit dans une cuve à électrolyse *(en haut à gauche)*, une structure digitiforme engendrée par une bulle d'air injectée dans de la glycérine *(en haut à droite)* – la ligne épaisse qui se trouve au centre correspond à un tube d'amenée d'air – et une figure de Lichtenberg créée par une décharge électrique *(en bas à gauche)*. On a représenté, en bas à droite, comment se développe l'amas de zinc lorsqu'on augmente la tension dans la cuve à électrolyse : la croissance fractale est remplacée par une structure dendritique analogue à celle d'un cristal de glace. David Grier a fourni les images des dépôts de zinc et Eshel Ben-Jacob, de l'Université du Michigan, l'image de la digitation visqueuse. La figure de Lichtenberg a été réalisée par L. Niemeyer, H. Wiesmann, et Luciano Pietronero, de l'Université de Groningue.

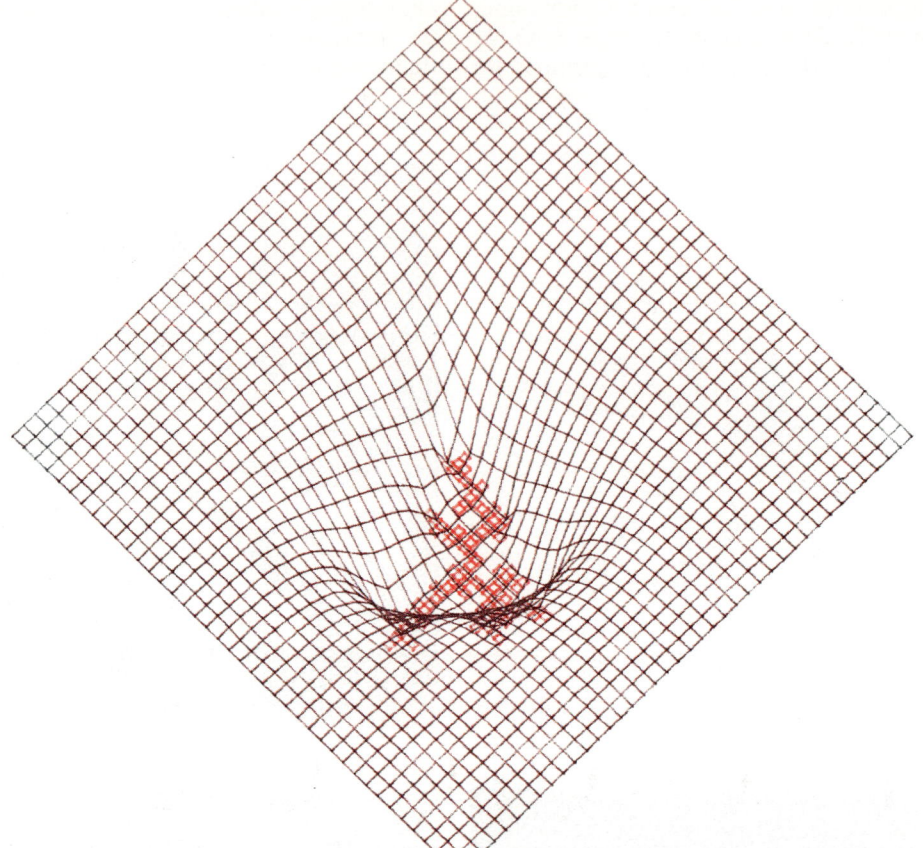

7. UNE FEUILLE DE CAOUTCHOUC TENDUE suivant ses quatre côtés, au milieu de laquelle une fractale s'enfonce en croissant, constitue un modèle simple d'agrégation par diffusion limitée. La fractale croît plus vite aux points de la feuille où l'enfoncement est le plus prononcé, qui correspondent aux extrémités de la fractale. Á l'étape suivante, les extrémités se développent et la fractale continue à s'enfoncer.

La vitesse de réaction associée à une fractale

Nous avons considéré jusqu'à présent un mécanisme particulier de croissance qui produit des fractales, à savoir l'agrégation par diffusion limitée. A-t-on déjà su utiliser concrètement ce type d'information ? Par exemple, les propriétés d'échelle permettent-elles de comprendre certaines caractéristiques physiques des amas, autres que leur géométrie ?

Il semble que ce soit le cas. Raoul Kopelman et ses collègues, de l'Université du Michigan, ont étudié par exemple certaines réactions chimiques qui ont lieu dans les amas de percolation (qui sont des fractales formées en situation d'équilibre). Ils ont montré que la réaction se comporte de façon singulière si elle se limite à l'amas : la vitesse de réaction varie avec le temps, contrairement à ce qui se passe habituellement. La raison fondamentale est que les espèces chimiques qui se déplacent au hasard sur une fractale ne diffusent pas aussi bien que dans un espace moins contraignant. Il leur est plus difficile de se rencontrer mutuellement, car elles sont piégées dans une structure remplie d'impasses.

La vitesse de réaction associée à une fractale dépend à la fois de la dimension fractale et de la façon dont les espèces chimiques se déplacent dans l'amas. Shlomo Alexander, de l'Université de Jérusalem, et Raymond Orbach, de l'Université de Californie à Los Angeles, ont introduit un nouveau paramètre, la dimension spectrale ; c'est une combinaison des deux facteurs qui permet de décrire la diffusion et la dynamique d'une fractale. Même si on n'a pas encore trouvé expérimentalement une dimension spectrale aux fractales associées à des phénomènes instables, on a d'excellentes raisons de penser qu'elle existe. La géométrie fractale devrait à l'avenir ouvrir de nouvelles voies à la physique.

La physique
de la matière hétérogène

Pour rendre compte et prévoir les changements des propriétés des matériaux hétérogènes d'origines très diverses en fonction de leur composition, on utilise des modèles où les modifications de comportement des matériaux sont liées à des effets géométriques de portée générale.

Étienne Guyon

A travers les âges de pierre, de bronze, de fer, l'histoire de l'humanité suit fidèlement les progrès réalisés dans l'élaboration et l'utilisation des matériaux. Les hommes ont assez naturellement d'abord utilisé les matériaux complexes naturels à leur disposition, puis des alliages dont la richesse de comportement reflète les propriétés associées des divers éléments et, parallèlement, des métaux d'extrême pureté pour profiter au mieux de leurs propriétés spécifiques. Après avoir largement exploré la riche panoplie des éléments de leurs combinaisons et des traitements qui permettent souvent d'allier légèreté, dureté, tenue en température..., la métallurgie moderne se tourne résolument vers l'utilisation de structures fortement hétérogènes formées de substances aux propriétés très contrastées et qui ressemblent parfois à des matériaux naturels tels que les bois. Cette importance des composites provient autant de la raréfaction des minerais que devront remplacer en partie les polymères organiques, que de l'originalité des comportements que présentent ces structures : du ski de frêne ou d'hickory aux structures complexes de bois plaqués et aux skis modernes en résine renforcée de fibres de carbone ou de verre, en passant par le ski métallique, il y a toute une progression que les skieurs ont su apprécier.

Cette science ou encore cet art des composites – car il y a encore un large empirisme dans l'optimisation des propriétés recherchées – touche la physique de l'état solide mais aussi tous les domaines des sciences de la nature où l'on voit coexister, dans des matériaux hétérogènes, des phases solides, liquides et gazeuses. Le tableau 5 présente un ensemble de tels systèmes pour lesquels une phase en faible concentration est dispersée à l'intérieur de l'autre. En variant la concentration relative des diverses phases, on obtient des systèmes bien différents : les propriétés d'un vent de sable ont peu à voir avec celles d'un tas de sable ! Un tel tableau qualitatif doit manifestement être précisé par un paramètre quantitatif, par exemple la composition en volume : lorsque les concentrations des espèces en présence sont comparables, la notion même de phase dispersée et de phase dispersante qui la contient perd son sens. Dans l'exemple du sable, ou plus généralement d'un milieu poreux, coexistent deux ensembles infinis, solide et fluide, finement imbriqués l'un dans l'autre.

Arrêtons là cette énumération de systèmes, que nous pouvons baptiser, de façon générale et un peu abusive, « matière en grains », pour poser la question suivante qui motive actuellement nos recherches : à travers la diversité des systèmes physiques ou physicochimiques, existe-t-il des correspondances qui permettent des descriptions parallèles et donc qui autorisent des outils de recherche communs expérimentaux ou théoriques ? Ce chapitre s'appliquera à donner des éléments de réponse à ces questions, en s'appuyant avant tout sur la reconnaissance des effets géométriques du désordre dont la présentation des effets de concentration du sable nous a donné un avant-goût. En termes plus précis, nous chercherons à prévoir les changements de comportements qualitatifs (liés aux modifications géométriques de structures) qui interviennent autour de certaines concentrations d'une phase dans l'autre.

La distinction entre les systèmes hétérogènes que nous nous proposons de regarder et les mélanges peut être établie, par exemple, à partir de mesures de points de fusion. L'existence de plusieurs points de fusion dans l'exemple de composites solides traduit le fait que le mélange des phases en présence dans ce dernier cas n'est pas très intime et respecte l'autonomie de chacune des phases. En revanche, la dispersion d'un mélange entraîne l'existence de grandes aires de contact qui jouent un rôle propre, souvent essentiel dans l'utilisation de la matière en grains.

Ces différents systèmes présentent en commun des types d'arrangements géométriques relatifs, grains d'une phase dans l'autre, réseaux de fibres..., arrangements ordonnés ou non, systèmes compacts ou dilués qui modifient les propriétés du système global.

Comment prendre en compte le rôle de la géométrie dans l'évaluation des propriétés moyennes de systèmes très divers ? Par propriétés moyennes nous entendons des quantités, définies sur un volume suffisamment grand, et indépendantes des détails des « grains » individuels de matière. La conductivité thermique est un exemple d'une telle propriété moyenne : cette conductivité est mesurée par le coefficient de proportionnalité entre le flux de chaleur qui passe à travers un matériau et la différence de température entre ses extrémités. On peut la mesurer aussi bien pour un barreau de fer, qui est un corps pur, que pour une brique isolante, qui est un composite, bien que les modes de transfert de la chaleur et la structure de ces matériaux soient très différents. De façon générale, il existe tout un ensemble de paramètres qui permettent de caractériser la matière en grains en gardant la signification qu'ils ont dans les corps purs. On appelle ces termes « coefficients de transport » pour exprimer le fait qu'ils mesurent une proportionnalité entre un « flux » (le flux de chaleur dans notre exemple) et une « force » qui est à l'origine de ce flux (dans le cas indiqué, la différence de température). À côté du transport de la chaleur, nous rencontrerons le transport des charges électriques que mesure le coefficient de conductivité électrique. De façon moins évidente, on peut faire entrer dans cette catégorie de paramètres la viscosité d'un liquide ou les modules élastiques d'un solide qui mesurent l'effica-

cité du transport de la quantité de mouvement : quand on déplace, l'un par rapport à l'autre, les éléments d'un matériau, c'est le transport de proche en proche de la quantité de mouvement qui contrôle la valeur des forces s'opposant à ces déplacements relatifs.

Ces coefficients permettent d'analyser comment la matière en grains réagit à des sollicitations externes et intéressent au premier chef l'utilisateur de ces matériaux. Mais, à travers cette première approche en termes de transport, nous pouvons deviner que le degré de désordre de la matière en grains va déterminer de façon assez comparable des propriétés de transport différentes dans un même matériau, voire des matériaux différents, à la condition que ces matériaux présentent des géométries de même nature permettant d'envisager une similitude des chemins utilisés pour le « transport ».

1. À PARTIR D'UN GRILLAGE CONDUCTEUR PLAN totalement connecté *a*, on coupe au hasard une fraction $q = 1-p$ de brins. Le grillage prend successivement l'aspect de *b* ($q = 0,3$), *c* ($q = 0,45$), *d* ($q = 0,55$), *e* ($q = 0,7$), *f* ($q = 0,8$). La suppression d'un petit nombre de brins conducteurs diminue la conductance du grillage d'une manière progressive (proportionnellement à la proportion de brins coupés) tant que ces coupures sont assez éloignées entre elles. L'amas infini de percolation *(en rouge)* qui représente la fraction du grillage qui va jusqu'aux bords supérieur et inférieur où pourraient être placées deux électrodes, occupe la plus grande partie du réseau. Quand la proportion de brins coupés augmente, le chemin devient plus tortueux ; les boucles qu'il forme sont plus larges *(c)* et il existe de nombreux bras morts qui ne sont reliés à l'amas que par une seule extrémité. En coupant en *(c)* un seul brin sensible *(tel que celui désigné par une croix)*, on passe à un état isolant : on est en dessous du seuil de percolation. Le caractère critique de la percolation est associé à la fragilité de l'amas de percolation autour de la valeur du seuil p_c. Lorsqu'on augmente la proportion de liens coupés, les amas finis de percolation *(en noir)*, constitués par les ensembles connectés de brins, deviennent de taille de plus en plus petite. Cette expérience permet d'évaluer plusieurs comportements critiques en percolation. Reprenons la lecture de ces grillages en remontant de *f* vers *a*. La taille moyenne des amas finis augmente indéfiniment lorsque la probabilité p_c s'approche, par valeurs inférieures, de p_c, valeur pour laquelle apparaît un amas de taille « infinie » (dans un modèle lui-même infini). Le pourcentage des brins qui appartiennent à l'amas infini, nul au-dessous du seuil p_c puisque cet amas n'existe pas, augmente continûment à partir de zéro au-dessus de p_c. Il augmente plus vite que n'augmente la conductivité électrique dans un tel grillage, car les bras morts, qui sont comptés dans la taille de l'amas, ne contribuent pas au passage du courant. La conductivité dépend en revanche, de façon cruciale, des brins sensibles *(comme celui indiqué par une croix)*, les passages obligatoires du courant non doublés par d'autres boucles du réseau.

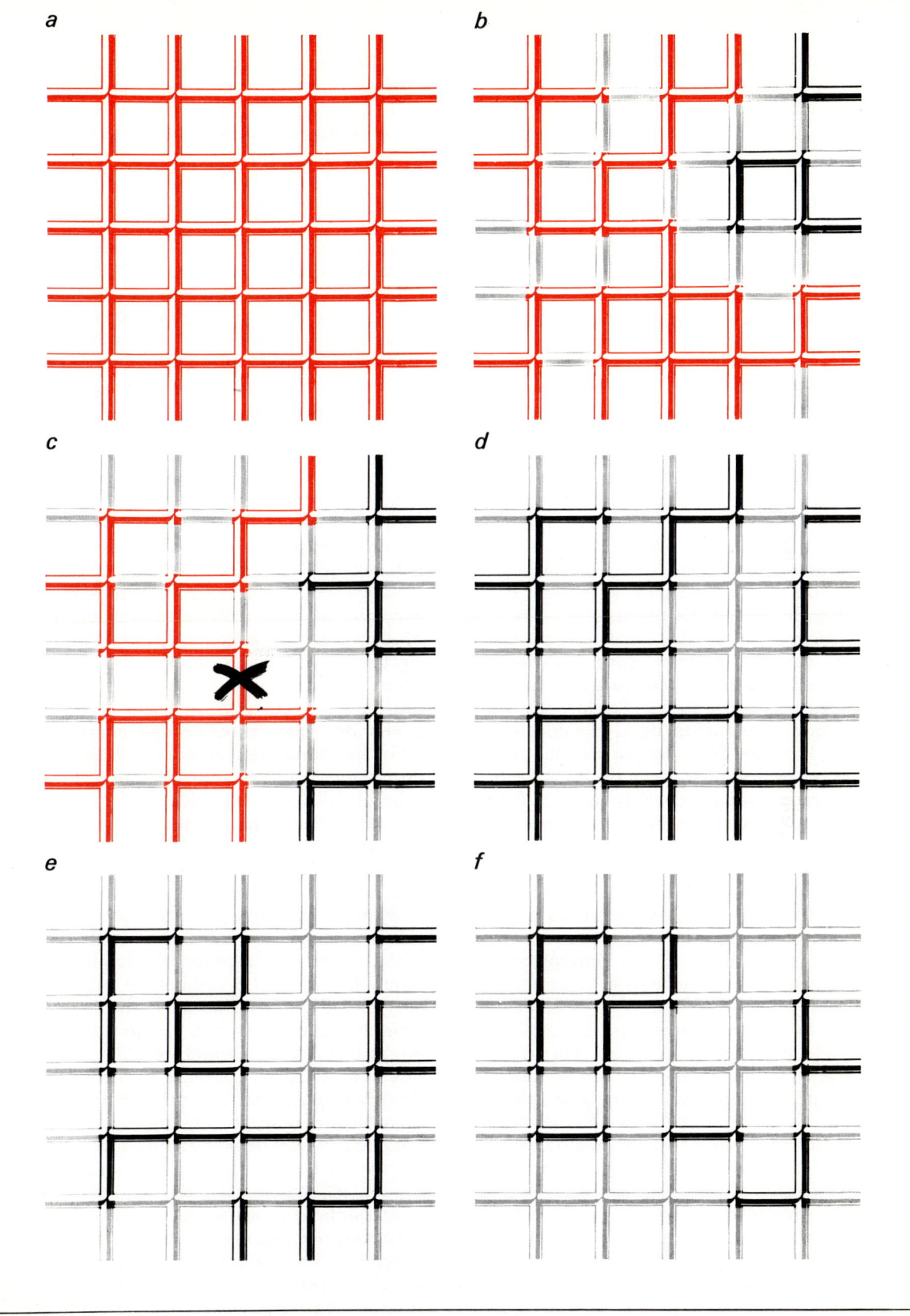

La conductivité d'un composite solide

L'exemple des composites solides illustre l'influence de la géométrie. Comparons les propriétés électriques d'un mélange fait de matériaux A et B de conductivités très différentes (transport de courant) et les propriétés mécaniques d'un mélange de même géométrie fait de composants de propriétés élastiques très différentes (transport de la quantité de mouvement). Pour cela, nous utilisons la géométrie la plus simple possible d'un composite, celle d'un contreplaqué fait de couches alternées de matériaux A et B. Que vaut la conductance électrique ou le module élastique d'un tel composite ? La solution comparée de ces deux problèmes est proposée sur la figure 2.

Examinons d'abord le problème électrique : la géometrie du problème de transport du courant est radicalement changée selon que nous plaçons les électrodes – entre lesquelles on applique la différence de potentiel – soit perpendiculairement *(a)*, soit parallèlement *(b)* aux couches ; ces configurations correspondent à un réseau de conducteurs en parallèle dans le premier cas, en série dans le second. La conductance électrique est la somme des conductances électriques des couches dans le premier cas ; la résistance, c'est-à-dire l'inverse de la conductance, la somme des résistances dans le second. Sur la figure 3, nous avons porté la variation de la conductance du mélange, pour ces deux comportements, en fonction de la fraction en volume de la phase B, p_B, pour un rapport de conductivité de A et B égal à $1/10$. Ces deux courbes limites distinctes encadrent un domaine : c'est à l'intérieur de ce domaine que s'inscriront toutes les variations de conductivité en fonction de la concentration pour des géométries variées. La solution du problème électrique nous permet de déduire celle des propriétés mécaniques d'un contreplaqué fait d'une alternance de couches A et B de propriétés élastiques différentes. Dans l'exemple de la figure 2c, la même déformation est appliquée à l'ensemble des couches (ce qui correspond à l'application d'une même tension à toutes les couches de l'exemple 2a). Dans l'exemple de la figure 2d, la même force pressante se transmet d'une couche à la suivante (un même courant dans l'exemple 2b). La correspondance entre déplacement et tension d'une part, force et courant de l'autre, permet d'appliquer aux propriétés mécaniques des systèmes hétérogènes des résultats obtenus sur des modèles électriques. Nous continuerons par la suite à utiliser ce dernier type de modèles électriques.

Il est possible de raffiner ce premier modèle en imaginant d'autres géométries simples plus proches de la réalité d'un mélange au hasard que des couches parallèles. Les courbes limites *c* et *d* de la figure 3, qui enserrent un domaine plus étroit, sont donc meilleures que les précédentes et ont été obtenues par Z. Hashin et S. Shrikman ; la géométrie utilisée pour établir ces deux courbes rappelle celle qui fut utilisée pour les premiers travaux sur le sujet, il y a plus de 100 ans. Clausius et Mossotti se préoccupaient alors de la valeur de la constante diélectrique d'un mélange de grains sphériques diélectriques A noyés dans une matrice ; Z. Hashin et S. Shrickman ont étudié le problème de la susceptibilité magnétique d'un matériau hétérogène ; dans ces deux situations, les physiciens cités ont utilisé le même modèle que celui de la conductivité électrique.

Le principe du calcul de ces courbes limites tient de la greffe chirurgicale : supposons que nous voulions calculer l'effet de grains sphériques de plomb noyés dans une matrice de cuivre (meilleur conducteur) sur la conductivité électrique du mélange. Pour cela, nous imaginons la séquence suivante : partant d'un barreau de cuivre homogène dans lequel règnent un courant et un champ électriques uniformes, nous excisons un volume ayant la forme des grains sphériques et nous retirons (!) le cuivre à l'intérieur de ces volumes. L'effet des vides entraîne une modification des lignes de courant tout autour des sphères ainsi que du champ électrique qui règne à l'intérieur des sphères vides ; dans ces vides de forme sphérique, le champ électrique modifié est uniforme. Nous rajoutons alors, dans ces vides, les grains de plomb sur lesquels agit le champ constant. Cette opération de superposition des problèmes pour réaliser le système physique est permise parce que les relations que nous recherchons entre le champ électrique et le courant sont de simple proportionnalité (linéaire). Le résultat de cette opération correspond aux courbes *(c)* et *(d)* de la figure 3. Dans le cas de la courbe *(c)*, on a des grains de plomb de forme sphérique noyés dans une matrice de cuivre, et dans le cas de la courbe *(d)*, des grains de cuivre noyés dans une matrice de plomb. Il est possible de raffiner ces approches pour tenir compte de façon de plus en plus précise des informations qu'on peut avoir sur le désordre du milieu, mais il est sans doute intéressant, à ce stade, de noter que les courbes limites en elles-mêmes constituent des réalisations possibles de systèmes hétérogènes : les matériaux « contreplaqués » en couches superposées sont déjà un exemple concret, mais « l'enrobage » est une solution que l'on

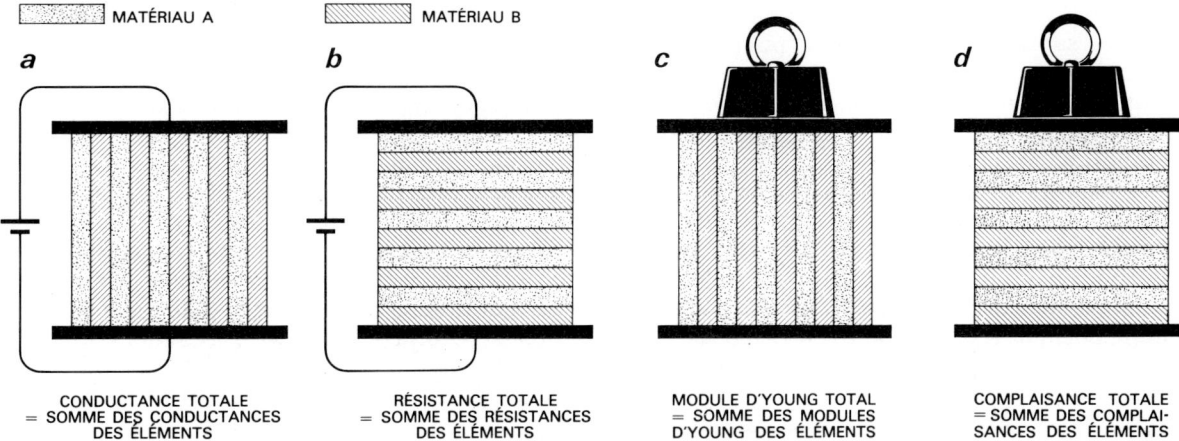

MATÉRIAU A   MATÉRIAU B

a   *b*   *c*   *d*

CONDUCTANCE TOTALE
= SOMME DES CONDUCTANCES
DES ÉLÉMENTS

RÉSISTANCE TOTALE
= SOMME DES RÉSISTANCES
DES ÉLÉMENTS

MODULE D'YOUNG TOTAL
= SOMME DES MODULES
D'YOUNG DES ÉLÉMENTS

COMPLAISANCE TOTALE
= SOMME DES COMPLAI-
SANCES DES ÉLÉMENTS

2. DANS UN PREMIER MODÈLE, nous étudierons les propriétés électriques ou élastiques d'un composant constitué de couches parallèles alternées de matériaux purs *A* et *B*. Le problème électrique est plus classique et fait ressortir le rôle de l'orientation des couches. Dans la configuration *(a)*, les couches *A* et *B* sont « en parallèle » et sont toutes soumises à la même tension : la conductance du composite est alors la somme des conductances des deux types d'éléments. Dans la configuration *(b)*, les couches *A* et *B* sont « en série » et sont toutes soumises au même courant : la résistance du composite est la somme des résistances du composite est la somme des résistances. Le composite élastique dans la configuration *(c)* est aussi en parallèle : chacun de ses éléments est soumis à la même déformation. La force totale est la somme des efforts résistants sur les deux types d'éléments : le module de Young *E* qui mesure le rapport des forces sur les déformations est la somme, pondérée par les surfaces des éléments, des modules des deux composants. Dans le cas « série » *(d)*, c'est l'effort total que l'on retrouve au niveau de chaque couche. Les déformations s'ajoutent, ainsi que les « complaisances », lesquelles sont proportionnelles aux inverses des modules élastiques.

rencontre aussi dans de nombreux systèmes physiques où les effets d'interface tendent à séparer les grains de *A* de ceux de *B*. Les couches minces granulaires que l'on obtient en projetant sur un support de verre un mélange de métal et d'isolant réalisent souvent des géométries qui ressemblent à celle du modèle de Clausius et Mossotti. La figure 7 donne la structure en grains d'un film de *cermet* (céramique diélectrique et métal) obtenu dans le cas d'un mélange de germanium (qui est le diélectrique) et d'aluminium, où l'on voit des grains diélectriques de taille régulière enrobés de métal. Des matériaux de ce type présentent un grand intérêt dans la réalisation de couches absorbantes pour l'énergie solaire. La richesse de leurs propriétés optiques peut être décrite à partir d'une extension du modèle de sphères enrobées calculé par Maxwell-Garnett à la fin du siècle dernier.

Topologie et conductivité

Deutscher et son équipe, à Tel Aviv, ont clairement montré que les propriétés électriques de tels cermets dépendaient très fortement de la géométrie du mélange telle que les clichés de micrographie permettent de les analyser. Dans le cas du mélange de plomb et de germanium *(bas de la figure 7)*, on ne retrouve plus une structure en grains, mais un ensemble d'amas de forme et de largeur variables, plus semblable à celle que donnerait une projection au hasard de taches sur un plan. Le changement de topologie entraîne des changements dans la loi de variation de la conductivité électrique du cermet avec la teneur en volume, p, de la phase conductrice. Tant que p reste inférieure à une fraction volumique critique p_c, le film est un isolant électrique. Au-delà de p_c, la conductivité électrique du mélange augmente continûment à partir de zéro, jusqu'à celle d'un film métallique pur pour $p = 1$. Dans le cas du film d'aluminium et de germanium, cette transition est due à une réorganisation profonde de la géométrie. De façon assez brutale on passe, lorsque p croît, d'une phase isolante faite de grains métalliques enrobés d'isolant à une phase conductrice de grains isolants noyés dans une phase continue métallique. Une telle transformation métallurgique dépend, de façon détaillée, des interactions à l'intérieur de chaque phase et aux interfaces, et nous intéresse peu dans le cadre de notre présentation générale. En revanche, la transition de l'état isolant à conducteur se fait, dans le cas du mélange de plomb et de germanium, sans qu'il y ait une réorganisation d'ensemble, par simple substitution d'un faible pourcentage de germanium par du plomb conducteur à l'intérieur d'une structure aléatoire de même type, lorsque la fraction volumique de plomb passe au-dessus de la fraction critique.

Reprenons la méthode des courbes limites qui nous avait permis de cerner la valeur de la conductance électrique d'un mélange aléatoire lorsque le « contraste », entre les valeurs des conductances des phases en présence, restait faible (10). Lorsque le contraste est fort, comme dans le cas du Pb-Ge (par exemple, un rapport de 1 000 000), le modèle des courbes limites devient très mauvais. Dans la figure 4, les courbes limites inférieures (b) et (d) sont confondues avec l'axe de conductivité nulle : quand on place en série des couches conductrices et isolantes, ou encore quand on enrobe tous les grains conducteurs de matière très isolante, le matériau dans son ensemble est un isolant ! D'autre part, les courbes limites supérieures (a) et (c) ne montrent pas le seuil d'apparition de conduction que donnent les expériences (courbe f) : l'isolant est toujours complète-

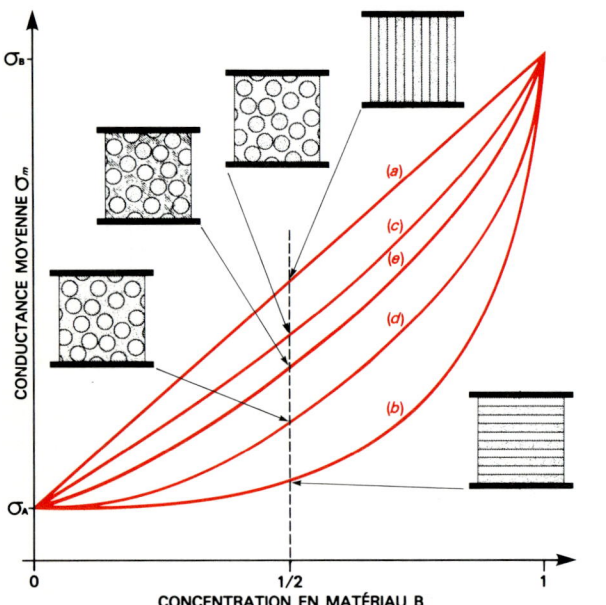

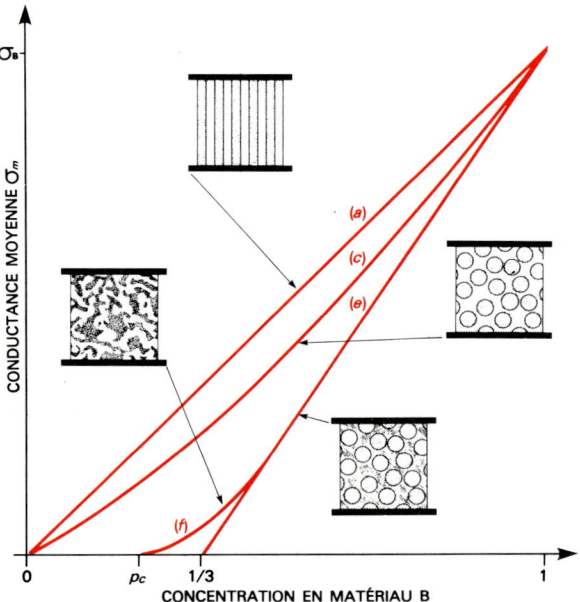

3. CES GRAPHIQUES DONNENT LA CONDUCTANCE σ_m d'un mélange de deux conducteurs A et B, en fonction de leurs concentrations respectives, dans le cas particulier où le rapport de conductance σ_B/σ_A est égal à 10. À l'aide de divers modèles, on cherche à élaborer des variations de conductance moyenne qui reflètent celles des matériaux composites réels. Le pourcentage en volume de la phase B, p_B, varie de zéro à un, tandis que celui de A varie de un à zéro. La courbe extrême (a) traduit l'additivité des conductances de conducteurs en parallèle et (b) celle de leur résistance. Les courbes plus resserrées (c) et (d) correspondent respectivement à l'enrobage de grains de la phase A par la phase B et à l'enrobage de B par A (en respectant les pourcentages de A et B). La courbe médiane (e) résulte d'un modèle tenant mieux compte de l'environnement aléatoire des grains des matériaux et où les grains de A et de B sont tous entourés d'une phase moyenne de composition intermédiaire dont la conductivité est justement celle que l'on veut déterminer ; pour cette raison, la dernière méthode est dite « autocohérente ».

4. CES VARIATIONS DE CONDUCTANCE MOYENNE, en fonction de la concentration, sont notablement différentes de celles de la figure 3, car dans ce cas, A est un isolant dont la conductance est beaucoup plus faible, par exemple un millionième, que celle de B. Les deux courbes inférieures disparaissent ; en fait, elles sont confondues avec l'axe $\sigma_m = 0$: en effet, le fait d'intercaler des couches A isolantes entre les couches B ou encore d'enrober les grains conducteurs de B par l'isolant A, rend isolants les composites ainsi réalisés. En revanche, le modèle autocohérent (e) prédit un comportement plus conforme à des expériences sur des modèles de structures aléatoires où la conductance, nulle au-dessous d'un seuil (ici égal à 1/3), croît continûment pour des fractions en volume de B supérieures. Les expériences de simulation numérique sur des réseaux périodiques, mais où la distribution des éléments A et B est aléatoire, donnent une courbe (f) voisine de celle du modèle autocohérent. En revanche, la valeur la plus faible du seuil et, surtout, l'apparition plus lente de la conductivité du mélange au-dessus du seuil sont caractéristiques des modèles de percolation.

PHASE DISPERSÉE \ PHASE DISPERSANTE	SOLIDE	LIQUIDE	GAZ
SOLIDE	COMPOSITES – MÉLANGES DE POUDRES FRITTÉS	SUSPENSIONS SOLS SOLUTIONS COLLOÏDALES	POUSSIÈRES FUMÉES
LIQUIDES	ÉMULSIONS SOLIDES	ÉMULSIONS	BROUILLARDS AÉROSOLS
GAZ	INCLUSIONS OU CAVITÉS DANS SOLIDES	MOUSSES	

5. LES MATÉRIAUX HÉTÉROGÈNES sont de natures variées. Ils sont ici classés en fonction de la matière dispersante, le « solvant », et de la matière dispersée, le « soluté ». Une telle classification est une première approche, mais elle est nettement insuffisante : elle doit être complétée par les concentrations des phases en présence et la géométrie de la structure du matériau hétérogène.

ment court-circuité par le conducteur dans le montage parallèle ou dans le montage où l'isolant est enrobé par le conducteur (courbe limite *c*).

Une amélioration majeure des modèles consiste à traiter sur un pied d'égalité les grains conducteurs et isolants du cermet et à considérer que chaque grain est enrobé d'un milieu moyen et qui a justement la conductivité du mélange... que l'on cherche à mesurer. Ce moyen de calcul semble comparable à la méthode consistant à attraper un oiseau en lui mettant du sel sur la queue, mais il n'en est rien car l'on dispose d'une condition de cohérence interne. Si la conductivité moyenne, fonction de la composition, a été correctement choisie, la présence de grains conducteurs et isolants dispersés dans le milieu moyen ne modifie pas « en moyenne » les lignes de courant qui circulent dans le milieu homogénéisé. Cette méthode autocohérente est très classique en physique des solides, en particulier dans l'étude d'alliages désordonnés, et ses développements profitent actuellement à l'étude du transport électrique et des propriétés mécaniques de systèmes composites. Sous sa forme la plus simple introduite en 1930 par le physicien allemand

Bruggeman, elle permet d'améliorer les courbes limites de conductivité, en ce sens qu'elle prévoit les phénomènes de seuil critique. Dans le cas du mélange à faible rapport de conductivité *(voir la figure 3)*, la courbe *e* calculée par cette méthode est en très bon accord avec des expériences portant sur des mélanges aléatoires de matériaux. Dans le cas d'un mélange conducteur-isolant *(voir la figure 4)*, la courbe *e* montre un seuil de conduction au-dessus duquel la conductivité croît continûment jusqu'à celle du métal pur. Cette variation est très voisine d'un calcul fait par ordinateur sur un réseau aléatoire dans des conditions comparables... « à une petite queue près ». Cette queue qui apparaît pour des faibles valeurs de conductivité se traduit, dans le modèle sur ordinateur, par un abaissement de la valeur du seuil par rapport au modèle autocohérent et par un démarrage plus lent de la conductivité au-dessus du seuil réel p_c.

Le modèle de percolation

En fait, cette « petite queue » est associée de façon tout à fait fondamentale au modèle de percolation introduit, en 1957, par les mathémati-

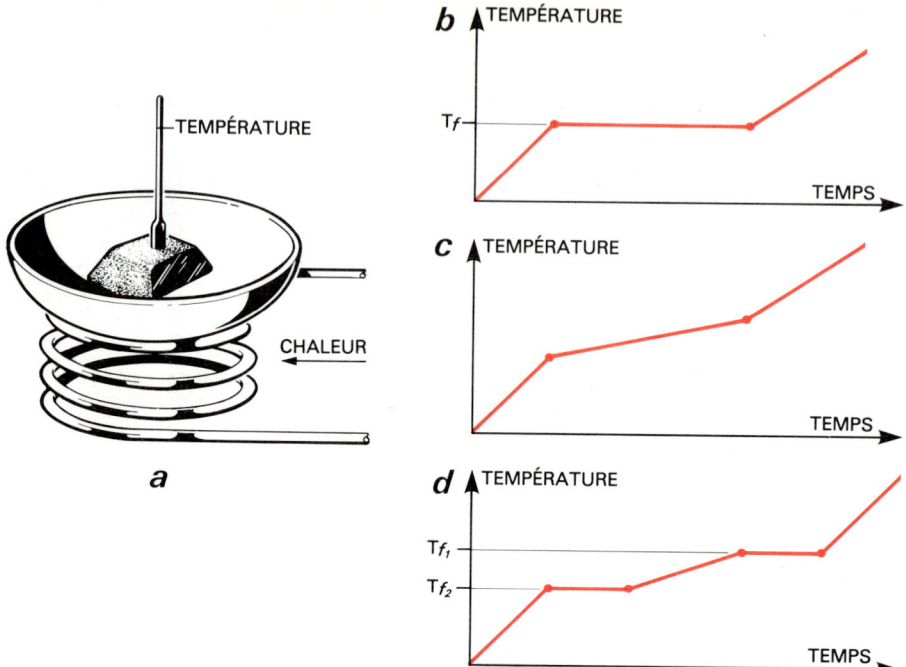

**6. LA DISTINCTION ENTRE CORPS PUR ET MÉ-
LANGE** fut une des distinctions les plus fortes établies
parmi les premiers chimistes. Dans le langage contem-
porain, nous disons que le corps pur est formé de
molécules toutes identiques, alors qu'un mélange
contient plusieurs types de molécules intimement
brassées : le fer est un corps pur, alors que le bronze
est un alliage (mélange) de cuivre et d'étain. Pour
distinguer pratiquement entre ces deux cas, il est
commode de mesurer le point de fusion du spécimen.
Pour un corps pur, la température de fusion est repérée
(a), quand on chauffe le spécimen à un taux constant,
par un palier de température T_f parfaitement défini *(b)*.
Pour un mélange *(c)*, la fusion est progressive et étalée
sur un large intervalle (qui peut atteindre 10 ou même
100 degrés). Ce test est universellement utilisé pour
vérifier la pureté des produits chimiques, mais il arrive
que la mesure fasse apparaître un troisième comportement *(d)*, où l'on voit deux points de fusion T_{f1}, T_{f2} bien
séparés : on en conclut alors que le système est formé
de grains des deux espèces *A* et *B* et que les grains *A*,
par exemple, sont suffisamment gros pour que leur
fusion ne soit pas affectée par les atomes *B* du
voisinage. Ce système est hétérogène.

ciens anglais S. Broadbent et J. Hammersley, pour
rendre compte de certaines propriétés de transport
dans des systèmes désordonnés. Qu'à « petit effet on
rattache une grande cause », n'est à coup sûr pas une
exception en sciences. L'histoire des transitions de
phases en physique, à laquelle s'apparente le phénomène de percolation, nous a donné un exemple
historique analogue. Certaines déviations observées dans un petit domaine de température au
voisinage d'un point de changement de phase, négli-
gées pendant 70 ans, ont été à l'origine de certains
des plus importants développements en physique
de la matière condensée concernant « les phénomènes critiques » dans les 30 dernières années.

Nous passerons le reste de cette présentation à
montrer les caractéristiques du modèle de percolation, ses possibilités et ses limitations. Par percolation, on entend généralement un phénomène
physique qui se traduit, pour une certaine concen-

tration d'un des composants de la structure, par
l'établissement d'un chemin continu. Nous pouvons préciser cette notion à partir du modèle
simple de la figure 1. Partant d'un réseau périodique de liens conducteurs, un grillage de fils soudés,
par exemple, on coupe progressivement des brins
pris au hasard. La conductivité électrique de
l'ensemble diminue continûment avec le pourcentage p de brins conducteurs – ou actifs. Elle
s'annule pour une valeur p_c, le seuil de percolation, fonction de la nature géométrique du réseau
(réseau à maille carrée, hexagonale, etc.). C'est une
variation de ce type que décrit la courbe *(f)* de la
figure 4. Mais l'évolution de la géométrie du réseau
de brins connectés permet d'évaluer d'autres
paramètres de percolation dont l'étude se révèle
souvent plus simple que celle de la conductivité.
Au-dessous du seuil de percolation (pour un
pourcentage p inférieur à p_c), coexistent des amas

connexes de forme quelconque dont la taille moyenne augmente lorsqu'on s'approche du seuil de percolation, c'est-à-dire lorsque le nombre de brins coupés diminue. Au seuil p_c apparaît pour la première fois, si on a utilisé un réseau de très grande taille, un réseau continu s'étendant « à l'infini » dans différentes directions de l'espace. Cet amas infini de percolation est la structure qui assure le passage d'un courant électrique continu à travers un réseau de grande taille. Au-dessus de p_c, cet amas, qui était infiniment fragile juste à p_c, se renforce en incorporant progressivement des éléments d'amas finis. On constate simultanément une diminution de la taille moyenne des amas de taille finie et une augmentation de la fraction de brins conducteurs attachés à l'amas infini. Enfin on précise la description géométrique du milieu par la notion d'une échelle de longueur, très supérieure à la longueur d'un brin lorsqu'on est près de p_c : cette longueur mesure la dimension

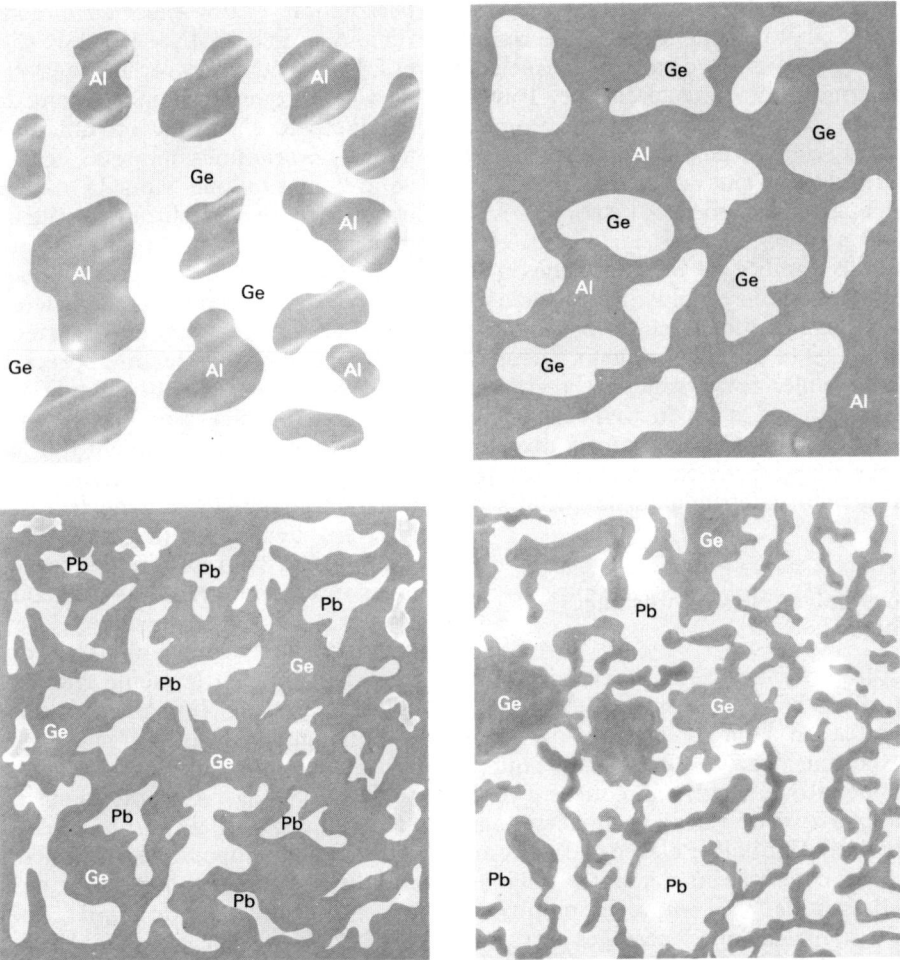

7. L'AUGMENTATION DE LA TENEUR EN MÉTAL CONDUCTEUR d'un mélange « cermet » – céramique métal – transforme le mélange isolant en un mélange conducteur. Les dessins représentent schématiquement le résultat de clichés de microscopie électronique. Dans le cas d'un mélange d'aluminium (conducteur) et de germanium (céramique diélectrique), on a une structure en grains d'une phase conductrice enrobée de céramique ; autour d'une concentration voisine de **50 pour cent**, la structure « s'inverse » (passage de la structure de gauche à la structure de droite). L'apparition de conductivité est, dans ce cas, due à cette modification de structure qui dépend de la métallurgie de ces deux phases. Le mélange plomb-germanium *(en bas)* ressemble beaucoup plus à un mélange de grains déposés au hasard. L'apparition de la conductivité (en fait pour une teneur volumique en plomb de l'ordre de **20 pour cent**) est due à la formation de chemins aléatoires continus dans le matériau, qui autorisent le passage du courant.

moyenne des amas finis de percolation ou encore le pas moyen du grillage à larges mailles réalisé, juste au-dessus de p_c, par l'amas infini de percolation.

Cette longueur de corrélation joue un rôle crucial dans la compréhension des phénomènes observés autour du seuil de percolation, car toutes les informations relatives à la nature du réseau ou à son désordre, et qui sont à une échelle plus petite que cette longueur, sont moyennées et jouent un rôle secondaire dans l'étude de la percolation près du seuil de percolation. Utilisons une analogie pour clarifier ce point. Dans une photographie, le grain du papier photo donne la limite de résolution d'une image ; tous les détails à une échelle plus fine sont moyennés à cette échelle. Tout se passe, lorsqu'on s'approche du seuil p_c, comme si le grain devenait de plus en plus large, les détails de l'image de plus en plus moyennés. Précisons cette notion à partir de la mesure de conductivité. La valeur du seuil p_c dépend de la nature du réseau : plus le nombre de brins attachés à un nœud du réseau sera élevé, plus il sera facile de réaliser un grillage continu avec un pourcentage de brins conducteurs donné et plus la valeur du seuil p_c sera faible. En revanche, la rapidité avec laquelle augmente la conductivité électrique, un peu au-dessus de p_c, disons de un à dix pour cent au-dessus de p_c, peut être caractérisée par une loi universelle indépendante des détails du réseau.

Les variations universelles au voisinage du seuil critique

On peut traduire la variation au voisinage du seuil à l'aide d'une loi de puissance $\sigma = \sigma_0 (p-p_c)^t$ où σ_0 est de l'ordre de la conductivité d'un brin unique. L'exposant t, qui serait égal à 2 pour la force parabolique que suggère la courbe f de la figure 4, caractérise cette variation universelle au voisinage du seuil. Une valeur élevée de l'exposant indique que la conductivité s'établit « difficilement » au-dessus de p_c, comme le montre la figure 8. Ce sont quelques passages rares et obligatoires pour le courant, placés au hasard dans le réseau, qui contrôlent le transport du courant, un peu comme l'existence de quelques rétrécissements de voies de circulation donne la limite de fluidité du trafic urbain. Les voies en impasse raccordées au réseau principal (les bras morts du problème de percolation) n'aident pas à améliorer la circulation en régime permanent et les bouts de voies plus larges n'auront pas une grosse influence sur le trafic. En percolation, la conducti-

vité croît plus lentement que la taille de l'amas infini parce que seule une petite fraction de ce réseau intervient dans l'écoulement au voisinage du domaine critique.

Dans ce domaine, où la conductance électrique du système est faible, le modèle de percolation est un peu aux antipodes des modèles de milieu moyen dans lesquels on donne une description d'un milieu homogénéisé ; c'est au contraire la grande hétérogénéité du milieu, lorsqu'on le regarde dans son ensemble, qui va caractériser son comportement critique au voisinage du seuil de percolation p_c. Une expérience modèle particulièrement simple, réalisée par J.-P. Clerc, G. Giraud et J. Roussenq à l'Université de Provence, a permis de vérifier que le comportement universel de la conductivité électrique est obtenu dans des systèmes désordonnés tels que ceux que l'on rencontre en pratique dans la nature. Dans cette expérience, on remplit un récipient, en désordre, d'un mélange de billes (plastique ou verre) identiques entre elles, à ceci près qu'une fraction p de ces billes a été recouverte d'une très mince couche de cuivre qui les rend conductrices sans que cet enrobage affecte de façon appréciable leur rayon ou leur masse. On peut donc considérer que les billes conductrices sont réparties aléatoirement dans le volume du récipient qui les contient. La variation de la conductivité pour une série d'échantillons réalisés dans des conditions analogues en augmentant la probabilité p est donnée sur la figure 8 et reproduit les caractéristiques qui avaient été montrées sur la courbe (f) de la figure 4 : seuil d'apparition de conductivité, comportement critique au-dessus du seuil avec un exposant t qui est le même que pour une couche épaisse de cermet évaporée, variation continue de la conductivité jusqu'à la valeur que prend un système comprenant 100 pour cent de billes conductrices. Dans ce problème se superposent l'effet du désordre de *position* des billes (désordre qui rendrait impossible un calcul direct de la conductivité du récipient plein de billes conductrices) et le désordre de *composition* se traduisant par la présence aléatoire d'objets conducteurs ou isolants. Ce dernier type de désordre est seul important dans l'évaluation du comportement critique que mesure la valeur de l'exposant t. Si nous avions (laborieusement !) rangé les billes dans le récipient en assurant un empilement régulier périodique tout en continuant à déterminer au hasard la nature conductrice ou isolante de chaque bille, nous aurions trouvé exactement la même valeur de t, bien que la valeur de p_c eût été différente. À l'autre extrême, on a pu utiliser un remplissage au hasard avec des objets de forme et de taille très irrégulières, à condition que la distribution soit la même pour isolants et conducteurs, et obtenir aussi la même loi critique. Il est donc naturel d'étudier ce phénomène à partir du cas le plus simple d'un système périodique, qui se prête facilement à des études par ordinateur, sans que cette simplification n'affecte la généralité du problème.

L'expérience réalisée par le bac rempli de billes modélisait un problème dans l'espace à trois dimensions ; celle du grillage plan périodique de la figure 1 dont on coupe progressivement les brins conducteurs, un réseau à deux dimensions. Ce changement de dimension de l'espace se traduit par une modification des caractéristiques critiques du modèle de percolation, en particulier de la valeur de l'exposant t. De façon très générale, le changement de dimension de l'espace modifie notablement les propriétés des systèmes liées à la géométrie. Dans l'espace, au-dessus du seuil de percolation, l'amas continu de billes cuivrées peut coexister dans une large gamme de concentrations avec un autre ensemble continu fait de billes isolantes. Au contraire, dans le plan, lorsqu'on réalise un ensemble continu aléatoire de très grande taille à partir de billes d'un des types, on supprime, par là même, toute possibilité de

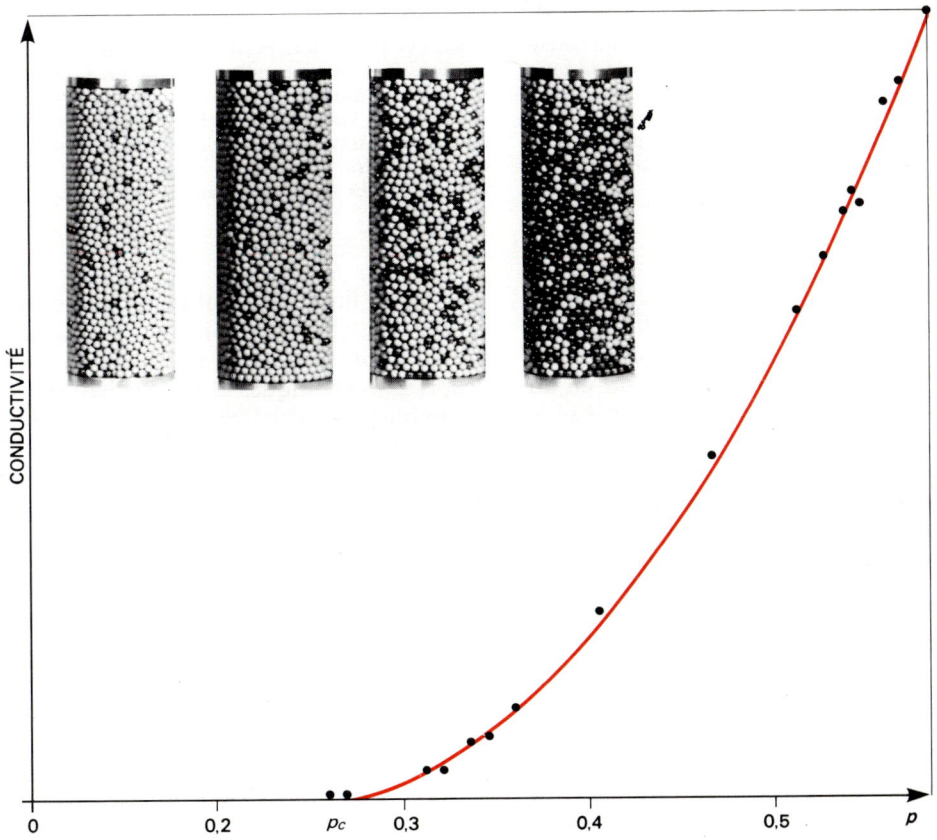

8. POUR ÉVALUER LES VARIATIONS DE CONDUCTIVITÉ d'un mélange aléatoire de billes conductrices et non conductrices, on utilise un récipient fermé à ses extrémités supérieure et inférieure, rempli en proportion p de billes cuivrées *(en noir)* et en proportion q de billes nues *(en blanc)* $(q = 1 - p)$. La variation de la conductivité en fonction de la proportion p de billes conductrices montre la même forme de variation que d'autres systèmes de mélanges de conducteur et d'isolant. La courbe continue donne un ajustement de la variation de la conductivité au-dessus du seuil p_c, exprimé par une loi de puissance. Cette variation, au-dessus du seuil de percolation, où un premier chemin s'établit entre les électrodes, est universelle : elle ne dépend que de la proportion p-p_c de billes conductrices et non de l'arrangement ordonné ou non des billes dans le récipient. Les proportions de billes conductrices sont respectivement, de gauche à droite, 0,05 ; 0,25 ; 0,32 ; 0,8. Sur les photographies, le chemin conducteur n'apparaît pas, car il est à l'intérieur du volume du récipient. Des simulations sur ordinateur de ce type d'expérience ont donné des résultats identiques. Ces photos et la courbe nous ont été aimablement communiquées par G. Giraud.

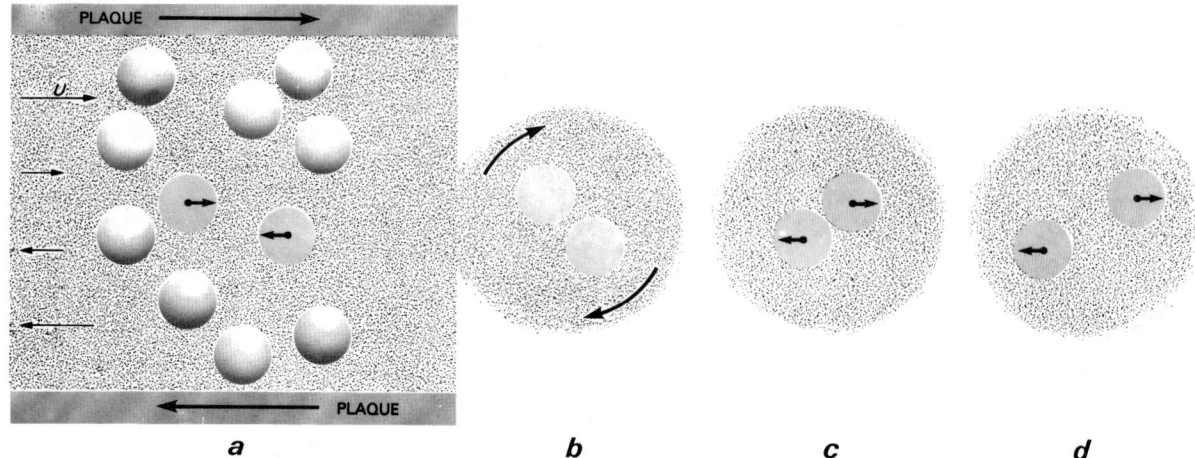

a   *b*   *c*   *d*

9. UNE SUSPENSION DE BILLES flottant librement dans un liquide est soumise à un cisaillement obtenu en déplaçant, l'une par rapport à l'autre, les deux plaques qui contiennent le liquide *(a)*. Portons notre attention sur les deux billes qui vont, compte tenu de la circulation des autres billes entraînées par le liquide, inexorablement se rencontrer *(b)*. Lors de cette collision, ces billes tournent l'une autour de l'autre *(c)* et restent ainsi en contact pendant un temps fini avant de se désolidariser *(d)*. **C'est l'existence de ces contacts durables, à l'opposé des chocs élastiques instantanés de deux boules type « boule de billard dans l'air », qui est à l'origine du modèle d'amas utilisé pour rendre compte de la rhéologie des suspensions.**

réaliser un ensemble continu avec les billes de l'autre type qui complèterait le remplissage du plan. En d'autres termes, l'existence, dans le plan, d'un chemin continu, sépare l'espace plan en au moins deux parties disjointes, ce qui n'est pas le cas dans l'espace.

La structure de l'amas infini elle-même, juste au-dessus du seuil, dépend également du nombre de dimensions du système. Dans l'espace, on peut se le représenter comme un filet dont chaque macrobrin est constitué d'un ensemble d'éléments du réseau initial, ce filet étant très lâche juste au-dessus du seuil et ses mailles devenant de plus en plus serrées lorsqu'on augmente la probabilité *p*. Malheureusement cette description probablement satisfaisante à trois dimensions, très bonne dans les espaces théoriques de dimension supérieure (à six dimensions, on s'attend à ce que les modèles simplifiés de champ moyen que nous avons mentionnés plus haut correspondent à celui de la percolation), ne rend pas bien compte de ce qui se passe pour la percolation dans un plan *(voir la figure 11)*. Dans cette limite, B. Mandelbrot, inventeur du concept d'espace fractal, et ses collaborateurs à IBM, ont suggéré qu'une telle représentation où, à différentes échelles inférieures à la longueur des macrobrins, existent des structures de forme indépendante de l'échelle, pouvait bien rendre compte de la géométrie de l'amas de percolation dans un plan.

Amas finis, filet infini à macrobrins finis, espace fractal, nous avons là des modèles géométriques dont on sait maintenant évaluer les propriétés statistiques et, en particulier, celles qui s'appliquent au voisinage du seuil de percolation. Il reste à voir, dans chaque cas, de quelle façon ces modèles géométriques rendent compte de la géométrie des systèmes réels donc, en fin de compte, de quelle façon ils vont nous permettre d'établir les lois de comportement de ces milieux. Nous allons donc abandonner les mesures de conductivité qui nous ont guidés dans notre prise de contact avec la matière en grains et en reprendre l'exploration, à travers des exemples en science de la nature, où l'on rencontre, à une échelle supra-atomique, plusieurs phases de propriétés physiques (pas nécessairement la conductivité !) très contrastées. Ainsi la lignine, qui est le tissu connexe du bois, joue un rôle comparable à la fibrine, armature du caillot sanguin, ou aux fibres de carbone des matériaux composites de synthèse. Dans les roches poreuses telles que le grès ou dans les matériaux frittés obtenus en comprimant très fortement des ensembles de grains, l'espace des vides autant que la nature des contacts entre phases sont des espaces continus qui déterminent les propriétés mécaniques de l'ensemble. Enfin dans l'hydrodynamique de phases liquides pénétrant un milieu poreux, la géométrie complexe de l'espace des pores entre dans la définition de propriétés globales telles que sa perméabilité.

À travers ces divers exemples, nous retiendrons deux exemples modèles qui mettent en avant les caractéristiques particulières autour d'une valeur critique d'un paramètre, lequel joue le rôle de la concentration p dans les exemples précédents : la distribution de deux fluides dans un milieu poreux et celle d'une suspension de particules placées dans un écoulement.

Des exemples concrets de matière en grains

« Percolare » veut dire « filtrer », et la première application de la percolation suggérée dans le travail original de S. Broadbent et J. Hammersley est la perméation d'un fluide à travers un milieu poreux. Si on arrivait à bloquer progressivement une fraction q de canaux d'un milieu poreux, on constaterait que sa perméabilité (une mesure du débit de liquide pouvant passer par unité de temps à travers le milieu sous une perte de charge donnée) décroît continûment et atteint la valeur zéro pour un pourcentage critique de pores coupés ; cette décroissance suit la même loi critique, c'est-à-dire correspond à la même valeur d'exposant t, que la conductance électrique de l'ensemble des billes représentées sur la figure 8. Il n'est pas facile de réaliser ce blocage progressif des pores du milieu, mais nous pouvons réaliser le même effet critique dans un système réel un peu différent ; nous prenons pour cela un matériau poreux dans lequel coexistent deux phases non miscibles comme un mélange d'huile et d'eau dont l'une, M, mouille les parois du poreux, l'autre, NM, ne mouille pas. Il existe, aux surfaces de séparation, des ménisques courbés ; à l'équilibre, la pression du côté convexe du liquide NM est supérieure d'une valeur P à celle du côté du liquide M ; P est d'autant plus grand que le rayon du canal, à l'endroit où est le ménisque, est petit. Si le matériau poreux est initialement imbibé du liquide M, il pourra être chassé par le liquide NM seulement si celui-ci est injecté avec une surpression suffisante P. Plus précisément, tant que P reste inférieur à une valeur P_c, seuls les plus larges canaux qui sont en contact avec la face d'injection sont remplis du liquide NM. Au seuil P_c apparaît pour la première fois un chemin percolant qui s'étend sur des distances très grandes à travers le substrat poreux, fait d'un mélange de canaux de rayons différents mais de diamètres plus grands ou égaux à celui que définit la valeur de la pression critique P_c. Le problème de drainage du fluide non mouillant par le fluide mouillant s'apparente ainsi au problème de percolation de liens tel que le réalise la série de grillages de la figure 1 : la surpression P joue le rôle de la probabilité qu'un brin soit conducteur. Ainsi on pourrait s'attendre à ce que la perméabilité relative que présente le poreux à la phase mouillante augmente au-dessus de la surpression critique P_c comme $(P - P_c)^t$, l'analogue de la variation en $(P - P_c)^t$ du problème électrique. Cette analogie entre percolation et drainage dans un système à deux phases, et que nous avons suggérée avec Pierre-Gilles de Gennes à l'École de physique et chimie, il y a cinq ans, a fait l'objet d'études détaillées sur des systèmes modèles. L'expérience de R. Lenormand, à Toulouse, décrite sur la figure 11, en donne un exemple et en souligne les limitations. On a utilisé dans cette expérience un réseau périodique fait de traits gravés de largeur aléatoire. L'augmentation de la pression capillaire conduit à l'apparition d'un chemin continu qui va d'un bout à l'autre du modèle lorsque la pression P dépasse une certaine valeur critique P_c, suggérant bien l'analogie avec le problème de percolation. Cependant lorsqu'une poche de fluide mouillant est totalement entourée de fluide non mouillant (cas de la figure 11g), elle restera bloquée quelle que soit la pression supérieure appliquée. Cet enrobage de grandes poches est bien plus efficace dans ce modèle à deux dimensions qu'à trois dimensions, où l'apparition d'un grand volume d'une phase isolé par l'autre est très peu probable et où on réalise probablement un plus grand nombre de petites poches que l'on ne peut chasser. Dans un cas comme dans l'autre, cette contrainte fait que le taux de saturation du milieu poreux au fluide non mouillant reste inférieur à 100 pour cent, quelle que soit la pression appliquée. Une compréhension de ce phénomène dépasse le cadre de la percolation où l'on peut substituer, librement et indépendamment les uns des autres lorsqu'on varie la probabilité p, les liens d'un type par ceux d'un autre type. La figure 11h montre un autre exemple de formation de poches. En augmentant puis en diminuant la surpression capillaire – en faisant suivre le drainage du fluide mouillant par une imbibation par ce même fluide –, on isole cette fois-ci le fluide non mouillant de sa face d'injection. Il y a donc de très forts effets d'hystérésis dans les cycles de pression des systèmes réels. De tels effets de topologie ont une importance considérable en récupération assistée du pétrole, où l'on cherche à chasser des goudrons très lourds retenus dans les gisements poreux pétrolifères, en injectant une saumure dans le milieu. La fraction de poches représente dans ce cas les goudrons qui

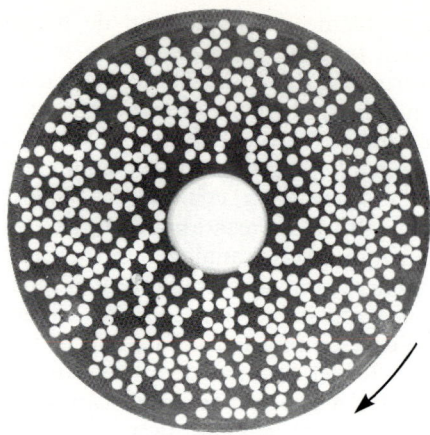

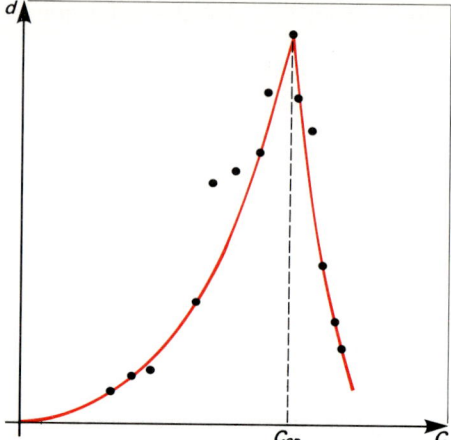

10. VUE INSTANTANÉE DE DESSUS d'une suspension bidimensionnelle de sphères *(cercles blancs)* à la surface supérieure d'un liquide *(à gauche).* La suspension de sphères est soumise au cisaillement dû à la rotation du cylindre extérieur, le cylindre intérieur restant fixe. Les mesures permettent de déterminer la taille moyenne d des amas et aussi le coefficient de friction qui est proportionnel au couple visqueux s'exerçant sur les cylindres. La courbe en couleur montre l'augmentation de la taille moyenne d des amas avec la concentration C, jusqu'à une valeur critique C_{cr} où apparaît un amas s'étendant d'un cylindre à l'autre. Cette transition est aussi associée à une modification notable du profil de vitesse (écoulement « bouchon »). L'augmentation de coefficient de friction (non représenté), dû à la viscosité entre le liquide et les amas hydrodynamiques de billes, croît aussi comme la taille d des amas de ces billes. Courtoisie du groupe des systèmes désordonnés (Université de Provence).

piégés après l'opération. Ce problème dépasse le cadre de ce chapitre ; son étude dépend de façon cruciale des effets physicochimiques aux interfaces entre les différents milieux. Nous le mentionnons pour souligner l'extrême importance que représente pour le milieu pétrolier – dans un autre contexte aussi, pour les hydrologues – une meilleure connaissance de la géométrie locale et globale du milieu géologique et des phases fluides qu'il contient. La percolation est bien susceptible d'apporter quelques éclairages originaux à ce problème.

L'étude des suspensions de grains solides dans un liquide est un autre exemple de matière en grains mais où, cette fois, l'organisation entre les grains n'est pas due à leur empilement compact mais aux effets hydrodynamiques dus aux déplacements relatifs entre les grains et le liquide. Le problème d'une suspension diluée d'un solide dont la concentration est de quelques pour cent, et pour laquelle les interactions ne sont pas trop importantes, a été traité en premier lieu par Einstein, en 1905, dans son travail sur le mouvement brownien. On peut traiter, en ce cas, la suspension dans son ensemble comme un liquide unique (une seule phase) dont la viscosité augmente proportionnellement à la teneur en particules solides. La loi qui exprime cette augmenta-

tion de viscosité ressemble à celle que donnerait l'augmentation de conductivité due à l'introduction d'une faible concentration d'objets bons conducteurs dans un milieu de plus faible conductivité. Mais le problème ici est plus complexe, car la distribution des objets en suspension dépend des mouvements relatifs du fluide et des solides, mouvements dont les effets ont une très longue portée. Ce serait une tâche théorique formidable que d'essayer de calculer de front une telle distribution et ainsi de caractériser le comportement de suspensions plus concentrées, disons contenant de 15 à 30 pour cent de grains en suspension. Une fois de plus, nous devons avoir recours à l'expérience et à l'observation du désordre pour tourner la difficulté.

Une série de travaux remarquables de S. G. Masson et de son équipe à Montréal, portant sur des suspensions de sphères passives (de densité très voisine de celle du fluide), a permis heureusement de mettre en évidence un changement qualitatif de comportement de ces suspensions lorsqu'on en augmente la concentration. Ils ont montré que le profil de vitesse de l'écoulement d'un tel liquide dans un tube, écoulement de forme parabolique pour des faibles teneurs en solide, est modifié complètement lorsque la concentration en particules dépasse un taux volumique de l'ordre de 0,2 : il devient plat dans la majeure partie du tube, sauf au voisinage des parois. On parle alors d'écoulement bouchon. Dans ce cas, les lois usuelles de l'hydrodynamique et le concept même de viscosité perdent leur sens. Le système n'est plus, à l'échelle macroscopique, un liquide.

Que se passe-t-il donc au-dessus de cette concentration ? Récemment, une tentative d'explication fondée sur la percolation a été proposée par Pierre-Gilles de Gennes. L'observation fondamentale est la suivante : deux sphères contenues dans un liquide soumis à un cisaillement peuvent rester en contact pendant un temps fini *(voir la figure 9)*. L'origine des contacts durables est facile à comprendre : deux sphères placées dans des régions voisines mais de vitesse un peu différente peuvent se rejoindre et rester en contact pendant un « certain » temps, durant lequel elles tournent

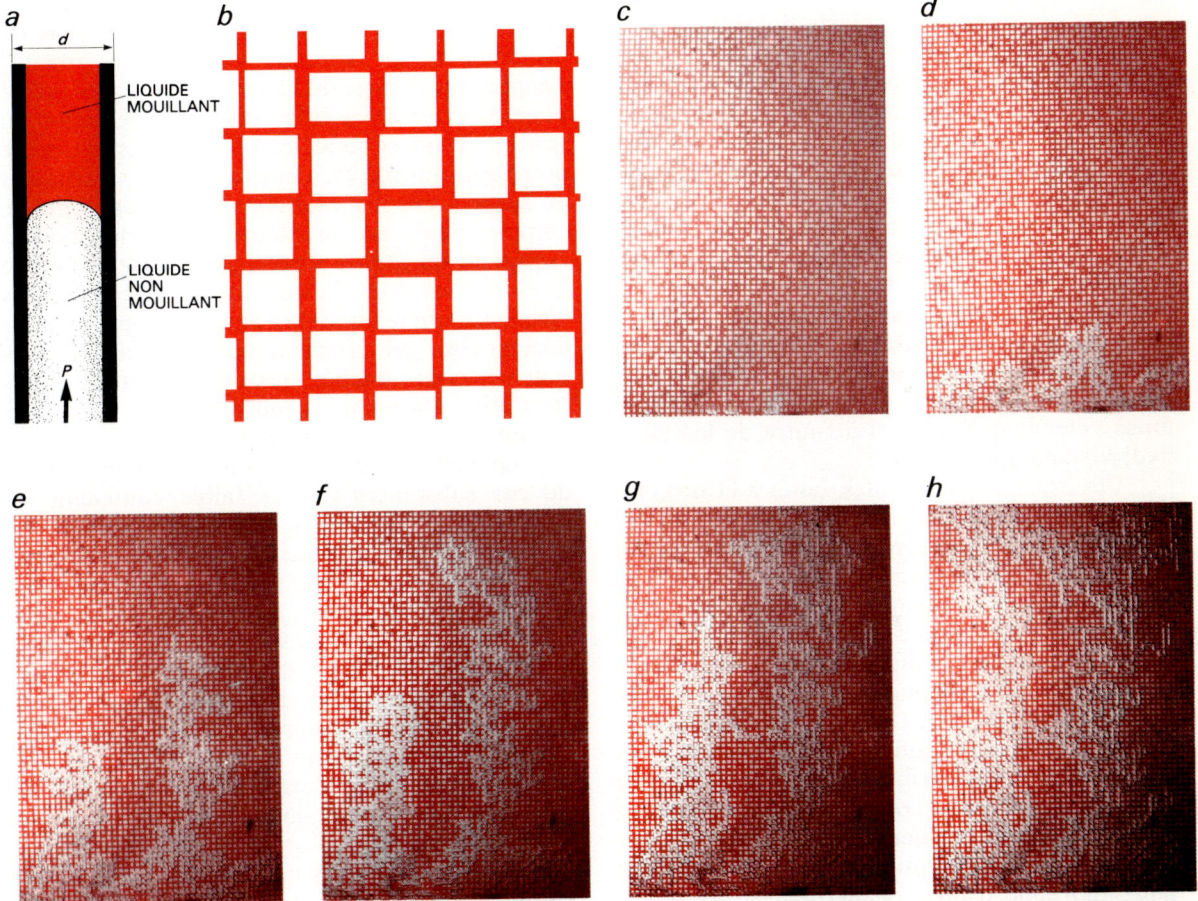

11. DANS CES EXPÉRIENCES DE DRAINAGE, on cherche à évacuer un liquide mouillant *(en rouge)* par un liquide non mouillant *(en blanc).* Dans un conduit *(a),* le liquide non mouillant ne chasse le liquide mouillant que si la surpression P excède une valeur critique P_c, fonction des tensions superficielles des deux liquides et du diamètre des conduits. En *(b),* on a schématisé le réseau bidimensionnel utilisé dans l'expérience, réseau où la largeur des conduits est distribuée de façon aléatoire ; on a représenté sur ce croquis le réseau rempli de liquide mouillant. Sur les figures *(c), (d), (e), (f), (g)* et *(h),* on observe la pénétration du liquide non mouillant dans le réseau bidimensionnel ; la surpression P, croissante de *(c)* à *(h),* reste voisine de la valeur critique P_c pour le diamètre moyen des conduits, et est appliquée à partir du bas. Le phénomène de percolation apparaît sur la figure *(g)* : il correspond à l'établissement d'un chemin continu de liquide non mouillant. Sur les figures *(g)* et *(h),* on observe la formation d'îlots de fluides non mouillants *(domaines blancs entourés de rouge)* ; quelle que soit la pression appliquée, on ne pourra évacuer le liquide mouillant contenu dans ces îlots. Ce phénomène est important, car il limite la récupération assistée du pétrole où l'on chasse le brut du matériau poreux aléatoire par injection, sous pression, d'eau. (Reproduit avec l'aimable autorisation de R. Lenormand.)

l'une autour de l'autre. L'existence de ces contacts durables montre la différence profonde entre un gaz de sphères dures et une suspension de sphères dures. Pour un gaz, les collisions ressemblent à celles des boules de billard : les boules ne sont en contact que pendant un temps infiniment court. En revanche, pour une suspension cisaillée, les mouvements sont dominés par la friction sur le liquide ambiant et les boules ne rebondissent pas l'une sur l'autre.

L'existence de ces contacts durables agit de façon importante sur les propriétés mécaniques globales. Une percussion appliquée sur une bille d'un amas de billes en contact va se transmettre aux autres comme dans un solide. À basse concentration, il n'existe que des sphères isolées ou encore des paires de sphères en contact. Lorsque la concentration augmente, des amas de plus grande taille vont se former. Cette croissance d'amas rappelle donc celle que l'on rencontre en percolation et pose la question suivante : peut-on rapprocher le changement qualitatif de régime d'écoulement de suspensions assez concentrées à un seuil de percolation dû à la formation d'un amas s'étendant d'un bord à l'autre de la cellule hydrodynamique ?

Des expériences récentes, faites à l'Université de Provence, apportent des éléments de réponse à ces questions. Une suspension bidimensionnelle est réalisée à la surface d'un liquide soumis au cisaillement dû à la rotation relative de deux cylindres concentriques (flux de couette). La figure 10 reproduit la distribution instantanée de particules pour une concentration de sphères en surface de 40 pour cent. Ces amas ne sont pas figés. Des sphères peuvent quitter les amas, d'autres s'y attacher, mais la distribution moyenne de taille de ces amas pour une concentration c donnée est indépendante de la valeur du cisaillement appliqué. La figure 10 montre la croissance de cette taille moyenne d'amas de particules en contact avec la concentration c. À la croissance de taille d'amas est associée une croissance parallèle des effets visqueux au-dessous du seuil. La valeur c_{cr} est celle où apparaît pour la première fois un amas qui s'étend d'un bord à l'autre de la cellule d'écoulement. Au-dessus de cette concentration, si l'on soustrait cet amas que nous qualifions d'infini bien que sa taille soit limitée à celle de la cellule, on trouve que les amas finis restants ont une taille qui diminue. Cette variation rappelle fortement celle des amas du modèle de percolation tels qu'ils peuvent être construits à partir de la figure 1.

Des poreux aux gels

Il reste beaucoup à faire pour compléter cette description ; l'importance pratique des problèmes posés, par exemple pour le transport de minerais suspendus dans un liquide ou celui de la rhéologie complexe du sang, justifie l'important effort actuel ; cet effort vise à élucider la géométrie des amas hydrodynamiques et, en particulier, à déterminer la structure de l'amas qui est responsable de la structure de l'écoulement bouchon dans les écoulements en volume. Un modèle possible s'appuie sur l'image du filet à mailles lâches utilisé pour décrire l'amas infini dans la percolation en volume. Dans ce modèle, à chaque instant existe un réseau continu dû à une fraction des particules en suspension. À l'intérieur de ce réseau circule, comme dans un problème de perméation à l'intérieur du milieu poreux que réalise ce filet, le liquide et les amas finis qui forment une « soupe » visqueuse. Un tel modèle a aussi été appliqué pour décrire les gels formés par certains réseaux polymériques attachés en volume dont les industries alimentaires nous fournissent de nombreux exemples (le yaourt, la gelée...).

Le comportement mécanique très particulier de ces substances (solide faible contenant un liquide en suspension), qui en fait tout l'intérêt en agro-alimentaire, repose lui aussi sur la coexistence d'un réseau solide infini (un amas infini comme en percolation) et d'une soupe de polymères en suspension dans un solvant. Si l'analogie entre suspension et gélation souligne la richesse des correspondances qui ont pu être proposées entre des domaines différents de la physique et de la physiochimie, il reste à évaluer, de façon plus détaillée sur chaque exemple, la géométrie du désordre en fonction de ses caractéristiques de préparation. Nous ne connaissons pas encore la distribution des suspensions de particules en volume soumises à différentes sollicitations (cisaillement, sédimentation lorsque leur densité est différente de celle du liquide suspendant). Dans le cas des gels, la cinétique de la réaction influence sans doute la formation du maillage du gel, tout comme le remplissage des grains d'un poreux contrôlait la géométrie d'un liquide le pénétrant partiellement.

Nous balbutions encore sur la compréhension de ces systèmes ; ainsi l'art de la préparation de composites de propriétés variées est très en avance sur notre compréhension du rôle de la géométrie relative des fibres et de la résine polymérique qui les contient.

La matière ultradivisée

*La plupart des peintures, des encres, des produits alimentaires sont des colloïdes,
dispersions de grains solides dans un liquide, ou encore émulsions d'un liquide
dans un autre. Cet état ultradivisé de la matière est très instable,
et pour le maintenir, il faut protéger les particules : on incorpore des polymères flexibles,
qui forment un manteau autour de chaque grain.*

Pierre Gilles de Gennes

Dans le domaine de la matière ultradivisée, les Égyptiens ont été, comme souvent, des précurseurs ; ils utilisèrent dès 2500 environ avant notre ère un procédé ingénieux pour fabriquer leur encre : celle-ci était faite avec du noir de fumée, c'est-à-dire des grains de carbone obtenus par combustion et maintenus en suspension dans l'eau. Sans traitement spécial une telle suspension est instable : le noir de fumée sédimente au fond ; si l'on ajoute de la « gomme arabique » (un polymère extrait de l'acacia), la dispersion de noir de carbone devient stable et l'encre est utilisable. On peut même la déshydrater et fabriquer un bâtonnet solide que les Égyptiens plaçaient dans un réservoir (ressemblant beaucoup aux cartouches des stylos à bille modernes). Lorsqu'ils avaient besoin d'encre, ils plongeaient ce bâtonnet dans de l'eau et obtenaient « instantanément » l'encre fluide dont ils avaient besoin.

Il est courant, aujourd'hui encore, d'utiliser un produit solide dispersé dans une solution, c'est-à-dire sous forme fluide. Citons notamment les grains de pigment minéraux (le minium orange, le sulfure de cadmium jaune ou l'oxyde de zinc blanc) dispersés dans l'eau ou dans une huile, les particules de polystyrène en suspension, ou encore les « ferrofluides », particules magnétiques suspendues dans un liquide organique. Les ferrofluides ont des propriétés étonnantes, comme l'illustre la figure 4.

Dans d'autres cas, le but est de mélanger un liquide (une huile) à un autre (de l'eau). L'huile n'est pas soluble dans l'eau, mais on sait réaliser une émulsion d'huile dans l'eau sous forme de fines gouttelettes en agitant vigoureusement le mélange et en stabilisant le système par des additifs ; la mayonnaise, par exemple, est une émulsion. Dispersions et émulsions sont des exemples de colloïdes : une matière ultradivisée dont les constituants sont des grains ou des gouttes – d'une taille de l'ordre du micromètre – en suspension dans un solvant.

Les colloïdes naturels sont légion : le lait, la sève de l'hévéa sont des émulsions, mais la chimie nous permet d'en créer bien d'autres. Dès 1857, Faraday fabriquait de l'or colloïdal ; il faisait réagir du phosphore sur du chlorure d'or dans un solvant, le sulfure de carbone : il obtenait ainsi une suspension rouge « de la couleur du rubis », stable grâce à un effet de charge : les grains d'or se chargent et se repoussent alors entre eux. Lorsque Faraday ajoutait à cette suspension du chlorure de sodium (du sel) la solution devenait bleue : là, les particules d'or s'agglutinaient et formaient ce que l'on appelle un floc. La lumière ne se propage pas du tout de la même façon dans le milieu agrégé (le floc) que dans un milieu natif (à grains séparés), ce qui est à l'origine du changement de couleur.

Faraday a rapidement découvert une contre-mesure à la floculation : lorsqu'il ajoutait de la gélatine à une suspension colloïdale rouge, celle-ci devenait résistante : l'addition de sel ne provoquait plus de changement de couleur. Cet exemple montre qu'un polymère (la gélatine) peut stabiliser un colloïde. À l'époque, cette stabilisation n'était qu'une curiosité de laboratoire ; de nos jours, elle est à l'origine de développements industriels importants. Ainsi, D. Osmond, travaillant pour la firme ICI, a montré (entre 1965 et 1975) comment stabiliser des particules de polystyrène en suspension dans des solvants organiques ; dans ces solvants, les particules ne portent pas de charge et il faut envisager un autre type de stabilisation : D. Osmond utilise des polymères dont une moitié s'attache aux grains alors que l'autre moitié flotte en solution. Cette découverte a été le point de départ de nouveaux produits de peinture et de revêtement.

Nous venons de décrire quelques mécanismes de stabilisation de la matière ultradivisée : lorsque les particules mises en solution sont chargées, les charges de même signe se repoussent et ces répulsions électrostatiques empêchent les particules de s'agglutiner. Lorsque les particules ne sont pas chargées, elles risquent de s'agglomérer si elles ne sont pas tenues à distance les unes des autres par une couche protectrice. Nous allons voir que l'on comprend (depuis peu) certaines facettes du comportement des particules neutres en solution et surtout le mode de fixation des polymères qui empêchent la floculation.

La matière divisée est instable

Deux molécules neutres, séparées par une distance r, subissent une attraction à longue distance inversement proportionnelle à la sixième puissance de cette distance : c'est l'attraction de Van der Waals. Une loi en $1/r^6$ paraît de décroissance rapide, mais si l'on additionne toutes ces attractions entre molécules, l'énergie d'attraction entre deux grains de rayon R (contenant un très grand nombre de molécules) séparés par une faible distance a, est considérable. L'agitation thermique, qui aurait tendance à disperser les particules en suspension, est tout à fait insuffisante pour vaincre les forces d'attraction de Van der Waals entre grains : deux grains non protégés se lient fortement et ce phénomène induit la floculation. Si l'on veut réaliser une dispersion ou une émulsion, il faut contrebalancer les interactions de Van der Waals.

Quand les grains sont en suspension dans l'eau, leur surface s'ionise au contact des ions contenus dans l'eau et porte des charges électriques. Les répulsions électrostatiques entre charges l'emportent alors sur l'attraction de Van der Waals : les grains ne s'attirent plus et le colloïde est stable. Ce phénomène a pourtant certaines limites comme nous l'avons vu à propos des expériences de Faraday. Les particules colloïdales formées avec des oxydes sont en général chargées négativement dans l'eau ; si l'on ajoute à la solution du sel, il y a dans l'eau des ions Na^+ et des ions Cl^- et les particules colloïdes attirent les ions Na^+ qui forment une couronne autour du grain dont la charge apparente est alors diminuée, les répulsions électrostatiques entre grains diminuent et l'attraction de Van der Waals l'emporte ; c'est ce mécanisme qui faisait passer la solution de Faraday du rouge au bleu. Cet effet est gênant, car beaucoup de systèmes utiles ou pratiques doivent souvent supporter la présence de sels, par nature ionisables.

Par ailleurs, il est souvent nécessaire de disperser des grains dans un liquide organique (et non plus dans l'eau), aucune charge n'apparaît alors à leur surface : aucune stabilisation électrique n'est, dans ce cas, susceptible d'empêcher la floculation. Il est donc impératif de trouver d'autres formes de protection ; c'est ici qu'interviennent les polymères en longues chaînes, tels que le polystyrène (soluble dans les solvants organiques) ou le polyoxyéthylène (soluble dans l'eau). Grâce à eux, on construit autour de chaque grain une sorte d'auréole diffuse (*voir la figure 2*). Il est fondamental que ces auréoles soient peu denses : si elles étaient compactes, on aurait seulement dilaté les grains et les interactions de Van der Waals entre auréoles redonneraient une catastrophe attractive. Quand les auréoles sont peu concentrées et que deux grains se rapprochent pour mettre en contact leurs auréoles, celles-ci se repoussent même si elles sont peu denses ; la répulsion entre polymères domine les forces de Van der Waals.

D'où vient cette répulsion ? Nous traitons ici de polymères neutres (non chargés), c'est-à-dire que le phénomène n'est pas de nature électrique. Si le liquide ambiant est ce que les chimistes appellent un bon solvant de la chaîne polymère, chaque unité de la chaîne (chaque monomère), préfère s'entourer de solvant plutôt que de s'approcher d'un autre monomère : une auréole a donc tendance à s'entourer de molécules de solvant et à repousser une autre auréole.

Les trois modes de fixation du polymère

Encore faut-il que le polymère qui protège un grain se fixe à sa surface ! Dans un certain nombre de cas, un polymère soluble se lie spontanément en de nombreux points à la surface des grains :

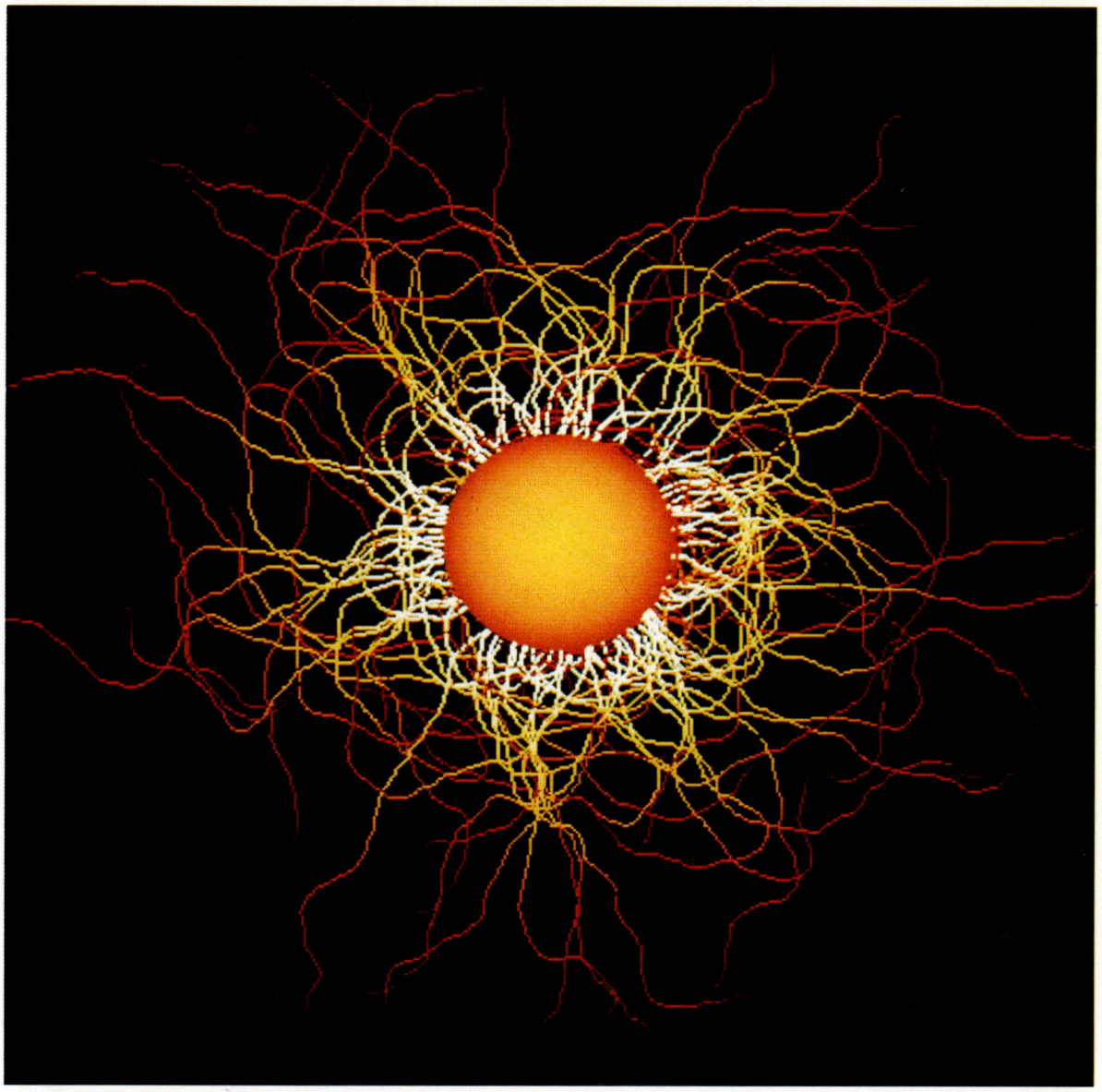

1. CETTE AURÉOLE de polymère autour d'un grain de polymère a été synthétisée par Jean-François Colonna au Laboratoire LACTAMME (École polytechnique et CCETP). Les filaments représentent les macromolécules adsorbées sur la particule colloïdale qui est au centre de l'image. Des particules (latex, pigments de peinture...) ne sont généralement pas stables en solution : au lieu de rester dispersées au sein de la solution elles coalescent, c'est-à-dire qu'elles s'agglutinent et précipitent. Or il est très souvent nécessaire d'obtenir une dispersion stable (une peinture par exemple) ; pour que la solution ne flocule pas on entoure les grains d'une auréole peu dense de macromolécules. Ces macromolécules créent un encombrement stérique tel qu'elles empêchent les particules de se rapprocher trop près les unes des autres. Deux auréoles diffuses de macromolécules adsorbées se repoussent et stabilisent la solution colloïdale. Dans cette représentation, où les chaînes macromoléculaires d'égale longueur se répartissent de façon aléatoire, il apparaît clairement que la densité de monomères au voisinage de la couche adsorbante est beaucoup plus importante que vers l'extérieur. (Par souci de clarté nous n'avons pas respecté l'échelle : l'épaisseur de la couche adsorbée est souvent égale au dixième environ du diamètre du grain sur lequel elle est fixée.)

on dit qu'il y a adsorption. Il arrive parfois que cette adsorption n'ait pas lieu spontanément : il faut alors souder une extrémité de la chaîne à la surface du grain, par un processus chimique.

Par exemple, si la macromolécule a un chlore situé en bout de chaîne, celui-ci peut se combiner à l'hydrogène d'un groupement hydroxyle du support et former une molécule HCl qui est éliminée. La chaîne prend la place de l'hydrogène et se trouve ainsi fixée sur le grain. C'est le processus de greffage qui conduit à des systèmes robustes, mais qui est souvent délicat et coûteux. Selon le taux de greffage l'aspect de l'auréole peut être très varié *(voir la figure 3)*.

Enfin, il est parfois intéressant d'utiliser un copolymère séquencé : un tel copolymère est formé de deux chaînes soudées en un point ; une partie de la chaîne est insoluble et son affinité pour le grain est telle qu'elle adhère au grain ; nous l'appellerons l'ancre. La deuxième partie, la bouée,

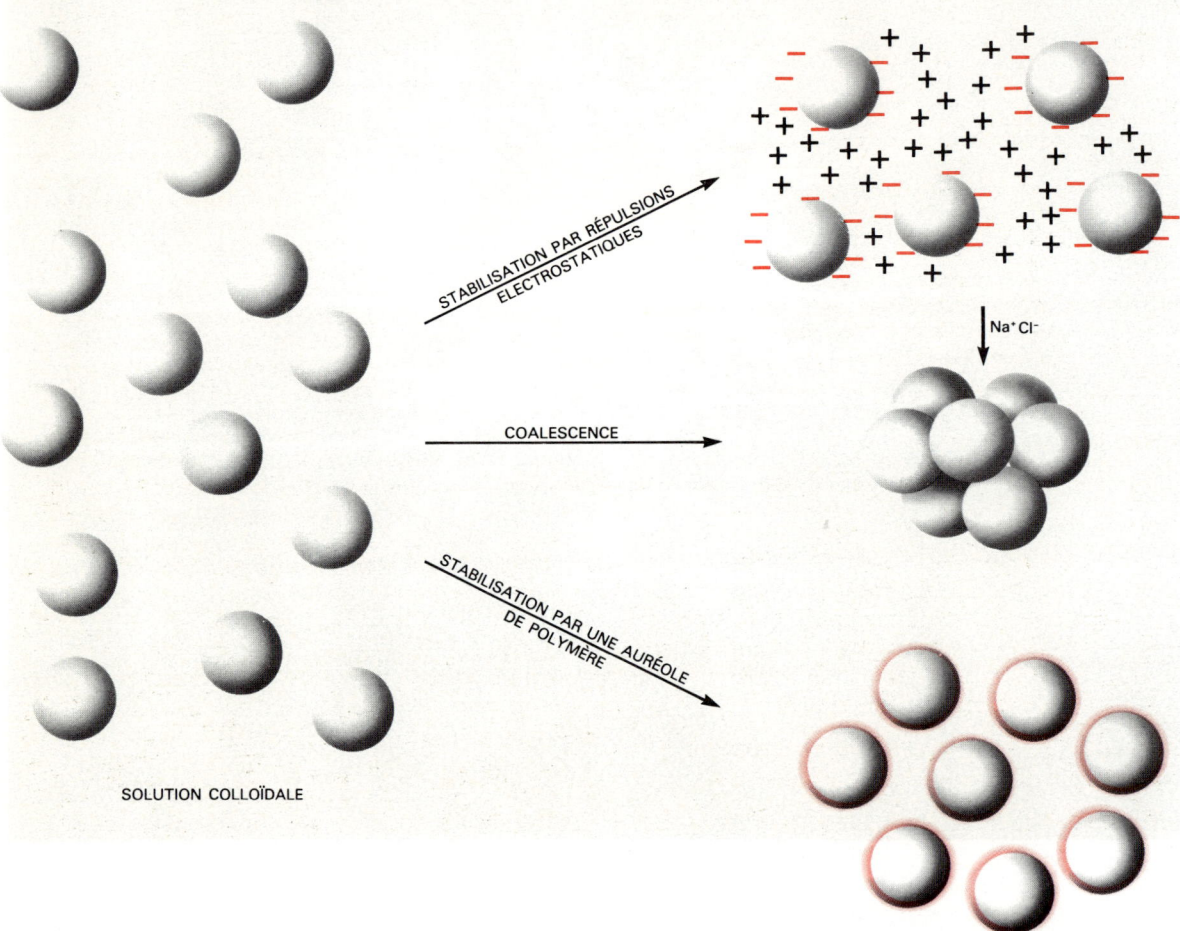

2. **LA STABILITÉ** d'une solution colloïdale dépend de plusieurs facteurs. Lorsque des grains (pigments minéraux, particules de polystyrène...) sont en solution dans l'eau, des charges (en général négatives) apparaissent à leur surface ; les répulsions électrostatiques entre charges l'emportent sur les forces attractives de Van der Waals : les grains se repoussent et la solution colloïdale est stable. Si l'on ajoute à la suspension du sel, qui dans l'eau se dissocie en ions Na^+ et Cl^-, les ions Na^+ sont attirés par les grains chargés négativement. Les répulsions électrostatiques sont masquées et les grains s'attirent sous l'influence des forces attractives de Van der Waals. La solution colloïdale flocule : les grains se rassemblent et précipitent. Dans certaines applications (les peintures par exemple), il faut réaliser la dispersion des particules dans un solvant organique. Aucune charge n'apparaît alors à la surface des grains, qui sont dans ce cas soumis aux seules forces attractives de Van der Waals. Pour compenser ces forces, on entoure chaque grain d'une auréole peu dense de macromolécules. Les monomères constituant ces macromolécules s'entourent de préférence de molécules de solvant et non pas de monomères d'autres grains ; il y a répulsion entre les auréoles diffuses et donc répulsion entre les particules colloïdales : la dispersion est stable.

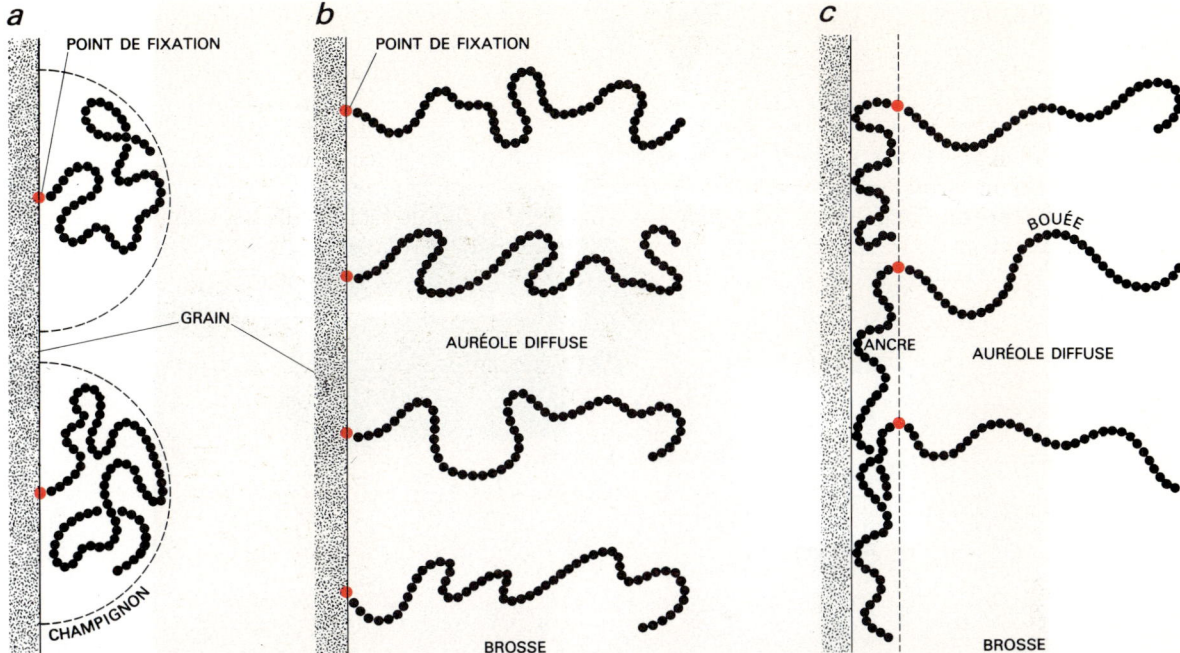

3. TROIS TYPES DE FIXATION des chaînes par une extrémité. En *(a)*, le greffage est peu dense, les chaînes sont espacées et leurs configurations rappellent des champignons sur une souche. En *(b)*, le greffage est plus dense et les chaînes s'allongent : on dit qu'elles forment une brosse. On utilise également, dans certaines applications, un copolymère séquencé *(c)*, formé de deux chaînes soudées : une partie du copolymère est insoluble et précipite facilement à la surface du grain : c'est « l'ancre » ; l'autre partie, bien soluble, est la « bouée » qui forme la brosse. Dans les deux derniers cas il se forme une auréole diffuse.

est soluble et réalise une auréole diffuse (c'est-à-dire peu dense) autour du grain. Dans l'eau, l'ancre est, par exemple, une chaîne aliphatique, la bouée, du polyoxyéthylène ou des polyacrylamides. Cette méthode a été mise au point par D. Osmond.

Les couches adsorbées sont self-similaires

Dans tout ce qui suit nous nous intéresserons seulement au cas des molécules adsorbées. On a su très tôt que les couches de polymère adsorbées sont très diffuses. L'une des preuves les plus directes de ce caractère diffus vient des mesures d'écoulement : soit, par exemple, un capillaire très fin (quelques micromètres de rayon) ; quand ce capillaire est tapissé par un polymère adsorbé, le rayon apparent déterminé en écoulement est plus petit : la différence entre ces deux rayons définit l'épaisseur hydrodynamique de la couche adsorbée qui atteint parfois 1000 angströms. Les polymères se fixent donc à un grain pour le protéger, en l'entourant d'une couche diffuse ; mais quelle est l'organisation interne de cette couche ?

La structure de la couche diffuse a engendré un effort théorique considérable, mais ce n'est que récemment qu'une image simple s'est dégagée. Pour simplifier les dessins (comme sur la figure 7 par exemple) nous représentons les macromolécules par des segments rectilignes ; une solution homogène apparaît dès lors dans cette représentation, comme un grillage tridimensionnel. Plus la concentration c (le nombre de monomères par centimètre cube de solution) est grande, plus le grillage est « serré », c'est-à-dire plus la maille est petite. Plus précisément, nous savons, par l'étude des solutions, que la maille (ξ) de ce grillage est égale à la concentration élevée à la puissance moins quatre tiers ($\xi = $ constante $c^{-4/3}$).

Après avoir rappelé notre conception pour une solution homogène, passons au cas des chaînes adsorbées. Nous utilisons cette notion de grillage, mais, ici, comme la solution n'est plus homogène au voisinage de la paroi du colloïde, la maille n'est pas constante *(voir la figure 7)*. À chaque distance z de la paroi adsorbante, la dimension de la maille locale du réseau (du grillage) est égale à z : le réseau est donc de plus en plus compact (le grillage est de plus en plus serré) lorsque l'on se rapproche de la surface

a

b

4. UN FERROFLUIDE est une solution colloïdale dont les propriétés sont étonnantes. Une telle solution contient des particules magnétiques et possède les propriétés d'un aimant solide : un jet de ferrofluide est dévié par un champ magnétique (*a*) et cette solution colloïdale peut engendrer des forces appréciables d'origine magnétique. Quand on applique à une telle solution suffisamment concentrée un champ magnétique uniforme, perpendiculaire à la surface du fluide et dont l'intensité est supérieure à une valeur critique, le ferrofluide présente une instabilité en forme de pics qui se hérissent à sa surface (*b*). (Ces clichés nous ont été fournis par A. Martinet, du Laboratoire de physique des solides à Orsay.)

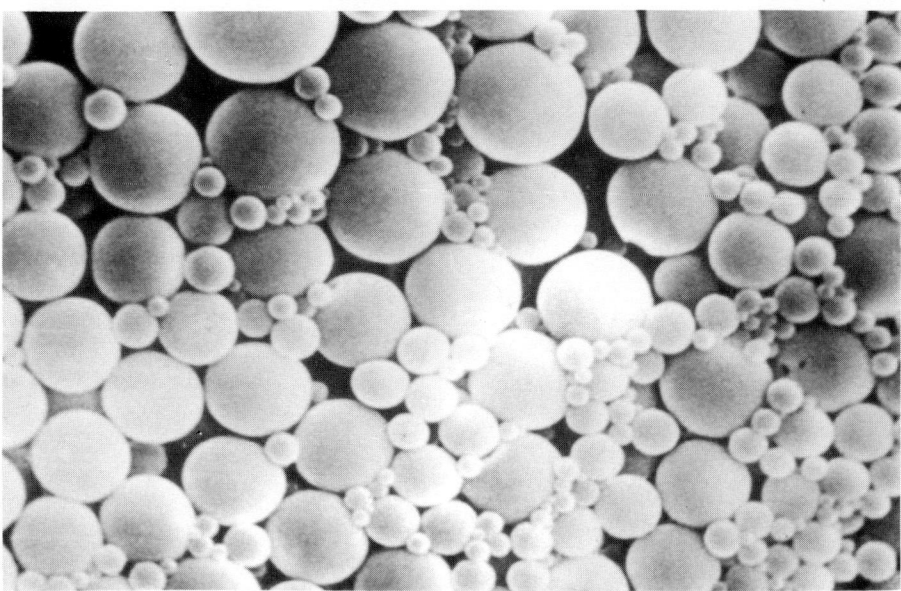

5. UNE MATIÈRE PLASTIQUE EN SUSPENSION : ici des grains de polystyrène sont dispersés dans l'eau. Les diamètres des particules que la Société *Rhône-Poulenc* synthétise sont de l'ordre de 0,3 à 1 micromètre. La photographie montre les particules telles qu'elles s'arrangent immédiatement après évaporation de l'eau : lorsque l'on étale une peinture à l'eau, il se forme une pellicule de particules de « latex » qui s'agglutinent très régulièrement : ces particules bloquent le pigment contre la paroi à recouvrir et s'y adsorbent en même temps que le solvant (l'eau) s'évapore. Ce polymère qui joue le rôle de liant doit adhérer tout aussi bien au support qu'au colorant et bien résister au vieillissement. Ce cliché est dû à Jean-Claude Daniel, du Centre de recherches de la Société *Rhône-Poulenc* à Aubervilliers.

d'adsorption, c'est-à-dire de la surface du grain de colloïde. Au voisinage de la surface de la particule colloïdale, la concentration est élevée, la maille est petite, mais à mesure que l'on s'éloigne du grain, les mailles s'élargissent.

Il est impossible de distinguer la structure géométrique du grillage telle qu'elle se présente près du grain (les quelques premières mailles) d'un agrandissement de cette structure ; la structure est « self-similaire » ou invariante par dilatation. Nous allons étudier de façon un peu plus détaillée les relations qui lient la maille de ce réseau et la concentration en monomères adsorbés. Dans la couche adsorbée ξ = constante $c^{-3/4}$. Mais z étant la distance à la surface du grain on a $z = \xi$ = constante $c^{-3/4}$; on en déduit le profil de concentration en monomères en fonction de la distance à la surface : c = constante $z^{-4/3}$. La concentration en monomères décroît donc très lentement lorsque l'on s'éloigne de la particule colloïdale, et ceci a des conséquences expérimentales sur lesquelles nous reviendrons.

La règle de self-similarité précédemment énoncée n'est exacte que dans certaines limites : le processus ne peut pas continuer indéfiniment ni vers les échelles petites (on obtiendrait un grillage trop « serré ») ni vers les échelles grandes. Généralement, on doit s'arrêter, du côté des échelles petites, à la taille a d'un monomère (quelques angströms). Du côté des grandes échelles, la limite est simplement la taille R_F d'une chaîne isolée. Une chaîne mise en solution adopte une configuration dite en pelote.

La longueur R_F est le rayon d'une telle pelote en solution, que les travaux de D. Flory (sanctionnés par un prix Nobel) ont permis de comprendre. Plus le nombre N de monomères par chaîne est élevé, plus R_F est grand. D. Flory a montré que R_F = constante $N^{3/5}$.

Dans l'expérience d'écoulement à l'intérieur d'un capillaire, que nous mentionnons plus haut, l'épaisseur hydrodynamique est égale à l'échelle maximale R_F. On a également réussi récemment à sonder expérimentalement les échelles intermédiaires grâce à des techniques telles que l'ellipsométrie ou surtout la diffraction de neutrons.

Une surface plane réfléchit la lumière, mais il existe un angle d'incidence bien particulier, l'angle de Brewster, pour lequel le coefficient de réflexion s'annule (lorsque la lumière est polarisée dans le plan d'incidence). Ce phénomène d'extinc-

a

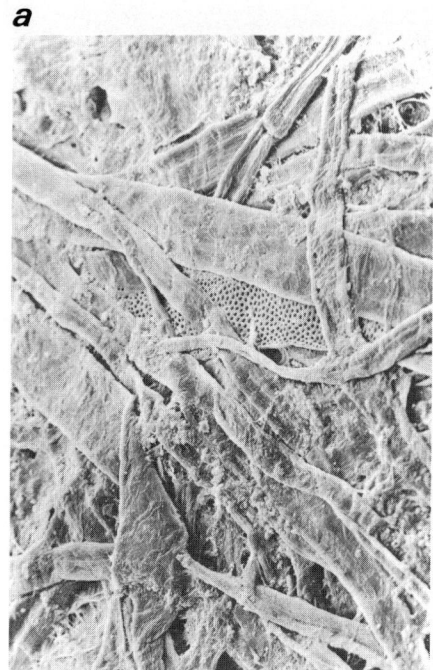

b

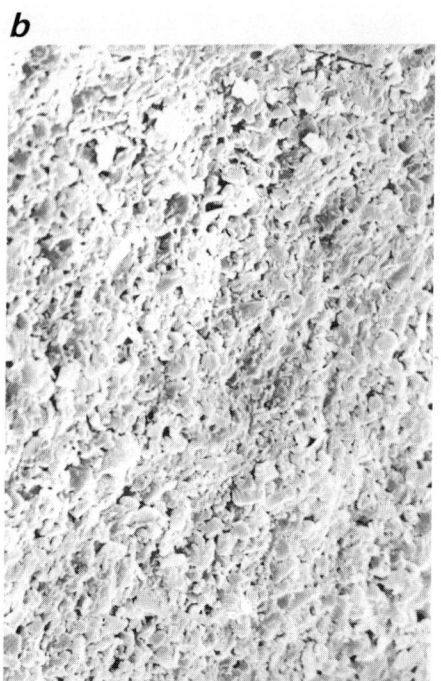

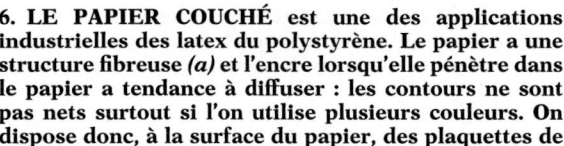

6. LE PAPIER COUCHÉ est une des applications industrielles des latex du polystyrène. Le papier a une structure fibreuse *(a)* et l'encre lorsqu'elle pénètre dans le papier a tendance à diffuser : les contours ne sont pas nets surtout si l'on utilise plusieurs couleurs. On dispose donc, à la surface du papier, des plaquettes de kaolin liées au papier par du latex dont les particules coalescent et assurent la tenue mécanique de la couche *(b)*. Ces plaquettes hexagonales guident l'encre qui, quelle que soit sa couleur, pénètre dans le papier en suivant toujours le même chemin : les contours sont nets. **(Clichés de J.-C. Daniel, *Rhône-Poulenc*).**

tion disparaît aussitôt que la surface est recouverte d'une couche adsorbée : la lumière qui est réfléchie (la réflexion résiduelle) à l'angle de Brewster dépend principalement de la densité de la couche de recouvrement, c'est-à-dire du nombre de monomères par centimètre carré dans la couche. Une étude complète, faite par J.-C. Charmet à l'École de physique et chimie de Paris, montre qu'il existe en plus un terme correctif contribuant à la réflexion résiduelle et que ce terme est lié au premier moment $\bar{z}$ de la distribution $c(z)$. Ce premier moment est une combinaison complexe des plus grandes échelles (R_F) et des plus petites (*a*). On trouve $\bar{z} \sim a^{1/3} R_F^{2/3}$. Une équipe japonaise (Kawaguchi et ses collaborateurs) a réalisé diverses mesures tout à fait en accord avec ce résultat théorique.

Cette méthode de l'ellipsométrie ne mesure que le terme $\bar{z}$ relié au profil de concentration $c(z)$.

T. Cosgrove, à Bristol, et L. Auvray et J.-P. Cotton, à Saclay, ont commencé à utiliser une autre technique : la diffusion des neutrons qui peut déterminer toute la courbe $c(z)$; les chercheurs de Saclay ont réussi à travailler, en 1986, sur des chaînes de polydiméthylsiloxane longues, pour lesquelles le domaine de self-similarité (entre *a* et R_F) est grand ; ils ont montré que la décroissance de la concentration en monomères au fur et à mesure que l'on s'éloigne de la surface d'adsorption est très lente et que la concentration c est bien décrite par la relation que nous avons déjà énoncée : $c = $ constante $z^{-4/3}$.

Nous avons vu comment un polymère se fixe sur une particule colloïdale, quelle est l'organisation des monomères dans une auréole ; il nous reste à comprendre comment interagissent deux auréoles et pourquoi elles ont un effet stabilisant.

La mesure des forces entre objets rapprochés

On sait aujourd'hui, grâce à un effort considérable, mesurer les forces entre deux plaques de mica lorsque la distance entre ces plaques décroît jusqu'à moins de un nanomètre. La machine utilisée est due à J. Israelashvili ; elle a été mise au point à Cambridge dans le laboratoire de D. Tabor et il n'est pas exagéré de dire qu'elle a bouleversé la science des colloïdes. Elle nous permet, en particulier, de comprendre plus quantitativement comment les polymères adsorbés protègent une surface et cela, grâce à une série de belles expériences réalisées par J. Klein, à Cambridge et à l'Institut Weizmann, en Israël. J. Klein a notamment travaillé avec un polymère hydrosoluble, le polyoxyéthylène ; on réalise d'abord l'adsorption du polymère sur deux plaques de mica très écartées, en les plongeant dans une solution de polyoxyéthylène. Lorsque le polymère est adsorbé sur le mica, on rapproche les plaques très lentement (pour obtenir un bon équilibre) ; J. Israelashvili a montré que, dans ces conditions (bon solvant et couches saturées), l'interaction des plaques est toujours répulsive et augmente rapidement lorsque la distance entre les deux plaques décroît : c'est le polymère adsorbé qui est responsable de cette répulsion. Qu'en est-il sur le plan théorique ? Les prédictions ont beaucoup fluctué

dans ce domaine, mais depuis cinq ans quelques lois se dégagent.

Il faut tout d'abord distinguer deux situations possibles ; dans le premier cas on aurait un équilibre thermodynamique complet à chaque position des plaques : les chaînes seraient libres de sortir ou de pénétrer dans l'espace limité par les plaques de mica (les chaînes s'adsorbent ou se détachent de la surface du mica). Dans ce premier cas, la théorie prévoit une attraction entre plaques. En réalité, les chaînes de polymères sont bloquées et ne peuvent quitter librement la région située entre les plaques ; les molécules n'arrivent pas à ramper le long des plaques pour s'échapper : dans ce second cas, la théorie prévoit alors que les deux plaques se repoussent : c'est bien ce qu'observe J. Klein.

Examinons la structure de deux couches adsorbées, constituées de chaînes longues, les couches étant en contact l'une avec l'autre : ici

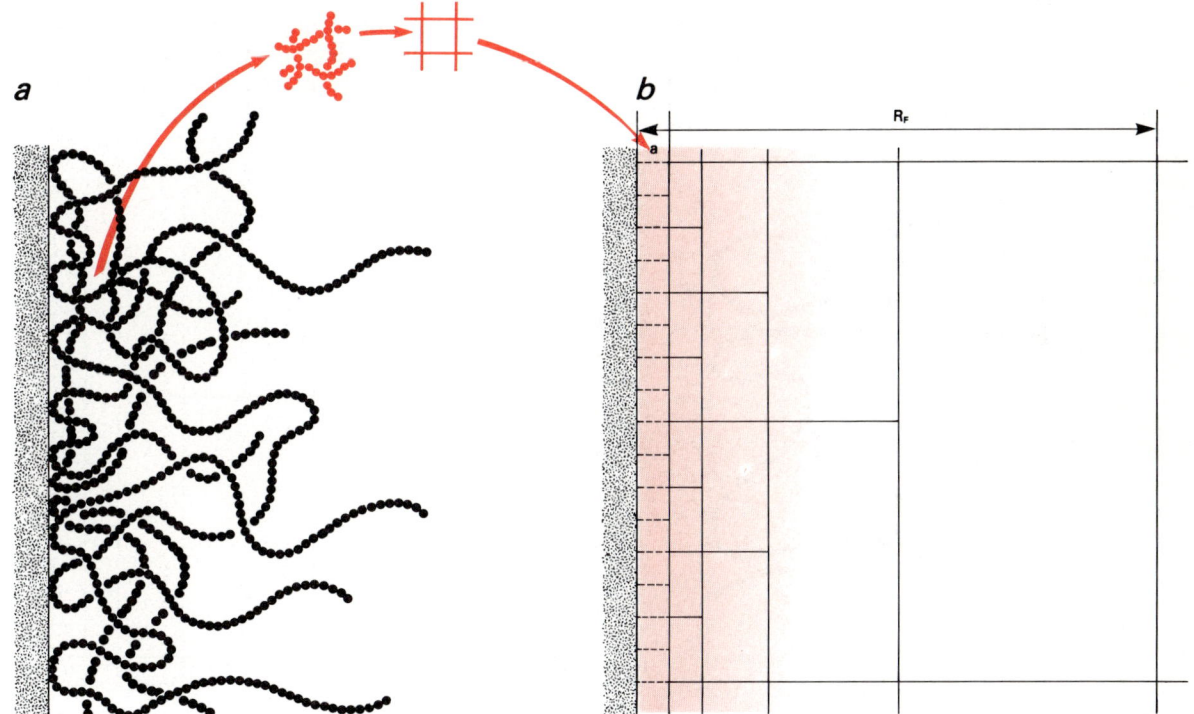

7. LA STRUCTURE SELF-SIMILAIRE d'une auréole diffuse de polymères autour d'un grain, récemment mise en évidence, permet d'expliquer beaucoup de phénomènes de surface dans une solution colloïdale. La répartition des macromolécules adsorbées sur le grain est relativement désordonnée *(a)* et la structure self-similaire *(b)* idéalise cette structure de façon simplifiée mais fidèle : les segments rectilignes remplacent les segments curvilignes des molécules. Au voisinage de la surface du grain, le nombre de monomères est élevé : les traits sont rapprochés, la maille du grillage est serrée. Plus on s'éloigne de la surface, plus la maille du grillage s'élargit. La caractéristique d'une telle structure self-similaire est que la structure géométrique des premières mailles du grillage est identique à un agrandissement de cette structure. La concentration en monomères décroît très lentement lorsque l'on s'éloigne de la particule.

encore la structure de chaque couche est self-similaire ; la taille de la plus grande maille est égale maintenant à la moitié de la distance entre plaques *(voir la figure 8)*. La loi théorique de répulsion entre plaques est alors particulièrement simple : on sait que la pression osmotique d'une solution de polymère est égale à kT/ξ^3, où ξ^3 est le volume de la maille. Le côté de la maille la plus grande est $\xi = H/2$ (H étant la distance entre plaques). La force de répulsion entre plaques varie donc comme $1/H^3$. Qualitativement, l'accord de cette loi avec les expériences de J. Klein est raisonnable.

Les effets de pontage

Il arrive pourtant que, contrairement à ce que laissent prévoir les principes exposés ci-dessus, des polymères neutres, flexibles, adsorbés sur des grains en présence d'un bon solvant, provoquent la floculation.

Il est probable que ces cas spéciaux correspondent à un mécanisme de pontage *(voir la figure 8)*. Lors d'un tel processus, une molécule de polymère est adsorbée simultanément à la surface de deux

grains. Elle constitue un pont entre les deux grains qui ne peuvent plus se séparer.

Le pontage est habituellement long à s'établir, car dans la région dense de chaque couche adsorbée, les molécules sont figées dans un état vitreux ; aux Pays-Bas, Cohen Stuart et ses collègues ont récemment mis en évidence, grâce à de jolies expériences, ce caractère vitreux. Ils ont étudié des couches de polymères adsorbées à la surface libre d'un solvant : lorsqu'un polymère est adsorbé, les propriétés mécaniques de la surface deviennent celles d'un « gel », très fragile puisqu'il ne représente que quelques couches atomiques.

Ce gel, ou système vitreux, est un système qui est figé et difficile à déformer ; les premières couches adsorbées ne sont donc pas fluides et, par conséquent, les mouvements des chaînes tout près des parois sont fortement freinés.

Si toutefois on a affaire à un polymère qui n'est pas vitreux à la température ordinaire ou si l'on réalise l'adsorption alors que les grains sont déjà rapprochés, on peut établir des pontages entre grains. Une question fondamentale est, dès lors, de prévoir le nombre de ponts par unité de surface réalisables entre deux grains situés à une dis-

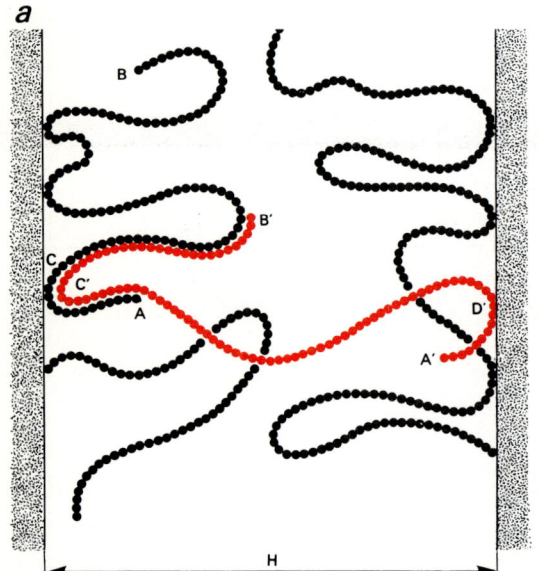

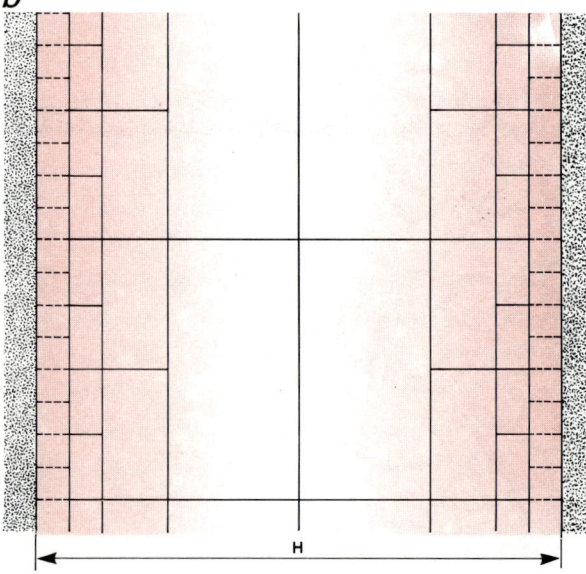

8. L'INTERACTION DE DEUX GRAINS de colloïde a été mesurée récemment, par J. Klein, entre deux plaques de mica recouvertes de polymères adsorbés *(a)*. La structure des polymères est self-similaire tant à la surface de la plaque gauche qu'à celle de la plaque droite. Lorsque les deux couches adsorbées sont au contact, la taille de la maille maximale est comparable à la moitié de la distance entre les plaques. Lorsque les molécules ne peuvent pas s'échapper de la région

entre plaques, les plaques se repoussent. D'après ce résultat, des grains entourés d'auréoles diffuses ne devraient pas floculer : il arrive parfois que dans des conditions théoriquement idéales, les grains se rassemblent quand même. On invoque alors un mécanisme de pontage *(b)* : une macromolécule est adsorbée simultanément sur deux grains ; on obtient un pont-ressort entre les points C' et D'. Si ces ponts sont nombreux, la solution flocule.

tance *H*, en équilibre thermodynamique. La réponse, ici encore, nous est imposée par la structure self-similaire de la figure 8. D'après cette construction, la distance minimale entre deux ponts est égale à *H/2*. Chaque connexion entre plaques correspond donc à une surface *(H/2)²*; le nombre de pontages est donc proportionnel à $1/H^2$. Cette loi reste à vérifier expérimentalement.

Comment peut-on détecter la présence de tels pontages ? Grâce à leurs effets mécaniques. Si on tire sur les plaques, chaque pont joue d'abord le rôle d'un ressort élastique liant les deux grains; puis il doit céder si l'on tire fort. Ainsi les propriétés d'adhérence entre deux grains nous renseignent sur les phénomènes de pontage, problèmes abordés très récemment (1985).

Grâce à de belles expériences de R. Varoqui et de ses collaborateurs à Strasbourg, on commence à comprendre comment une molécule entre et sort d'une couche. Une analyse théorique vient aussi d'être élaborée. Tous ces progrès devraient nous conduire à une meilleure compréhension de l'établissement des pontages.

L'état colloïdal a longtemps été l'état mystérieux de la matière, celui qui touchait le plus à la magie : pourquoi un ciment refuse de prendre, pourquoi une mayonnaise est ratée... Aujourd'hui, on a progressé de deux façons : par une connaissance des effets de charge (depuis 1940) et par une connaissance des « auréoles » de polymère (depuis 1975 environ). Il reste bien des inconnues : nous avons cité le mécanisme subtil du pontage, sur lequel presque tout reste à faire. Mais la science des colloïdes est maintenant une science confirmée, intéressante pour l'industrie et attrayante pour les jeunes chercheurs.

Auteurs Bibliographie

LE MOUVEMENT BROWNIEN

Bernard LAVENDA est professeur de chimie physique à l'Université de Camerino depuis 1980.

Jean PERRIN, *Les Atomes*, Ed. Gallimard, 1970.
Selected Papers on Noise and Stochastic Processes, sous la direction de Nelson Wax, Dover Publications, Inc., 1954.
Albert EINSTEIN, *Investigations on the Theory of the Brownian Movement*, sous la direction de R. Fürth, traduit par A. D. Cowper, Dover Pub, 1956.

LA MÉMOIRE DES ATOMES

Richard BREWER et Erwin HAHN sont respectivement chercheur à la Société IBM et professeur de physique à Berkeley. R. Brewer est également professeur de physique à l'Université de Stanford.

W. RHIM, A. PINES et J. WAUGH, *Time-Reversal Experiments in Dipolar-Coupled Spin Systems* in *Phys. Rev. B*, vol. 3, n. 3, pp. 684-695, 1er fév. 1971.
R. G. BREWER, *Coherent Optical Spectroscopy* in *Aux frontières de la spectroscopie laser-Frontiers in Laser Spectroscopy*, sous la direction de Roger Balian, Serge Haroche et Sylvain Liberman, North-Holland Pub. Co., 1977.
A. SCHENZLE, M. MITSUNAGA, R. G. DeVOE et R. G. BREWER, *Microscopic Theory of Optical Line Narrowing of a Coherently Driven Solid* in *Physical Review A*, vol. 30, n° 1, pp. 325-335, juillet 1984.

LE CHAOS

James CRUTCHFIELD, Doyne FARMER, Norman PACKARD et Robert SHAW ont commencé à travailler sur les systèmes chaotiques alors qu'ils étaient étudiants à l'Université de Californie. J. Crutchfield est chercheur à Berkeley. D. Farmer travaille depuis 1982 au Laboratoire de Los Alamos. N. Packard travaille au département de physique et au centre de recherche informatique de l'Université d'Illinois, à Urbana-Champaign.

N. PACKARD, J. CRUTCHFIELD, J. FARMER et R. SHAW, *Geometry from a Time Series* in *Physical Review Letters*, vol. 45, n° 9, pp. 712-716, 1er sept. 1980.
R. ABRAHAM et C. SHAW, *Dynamics : The Geometry of Behavior*, Aerial Press, P.O. Box 1360, Santa Cruz, Calif. 95061, 1982-1985.
H. SCHUSTER, *Deterministic Chaos : An Introduction*, VCH Publishers, Inc., 1984.
P.S. de LAPLACE, *Essai philosophique sur les probabilités*, Ch. Bourgois Éd., 1986.

DÉTERMINISME ET PRÉDICIBILITÉ

David RUELLE est professeur de physique théorique à l'Institut des hautes études scientifiques de Bures-sur-Yvette depuis 1964.

René THOM, *Halte au hasard, silence au bruit* in *Le Débat*, n° 3, pp. 119-132, juillet-août 1980.
Ilya PRIGOGINE et Edgar MORIN, *Réponses à René Thom* in *Le Débat*, n° 6, pp. 104-130, novembre 1980.
Ivar EKELAND, *Le Calcul, l'imprévu*, Éditions du Seuil, 1984.
Universality in Chaos, sous la direction de Predsag Cvitanović, Adam Hilger Ldt, mai 1984.

DÉTERMINISME ET CHAOS

Vincent CROQUETTE est chercheur au Commissariat à l'énergie atomique de l'Orme des Merisiers à Gif-sur-Yvette. Ses recherches portent sur l'apparition de la turbulence dans un fluide en convection de type Rayleigh-Bénard.

M. MAY, *Nature*, vol. 261, p. 458, 10 juin 1976.
Douglas HOFSTADTER, *Jeux mathématiques. Pour la Science*, n° 53, p. 16, mars 1982.
V. ARNOLD, *Méthodes mathématiques de la mécanique classique*, Moscou, Éditions Mir.
V. ARNOLD et A. AVEZ, *Problèmes ergodiques de la mécanique classique*, Éditions Gauthier-Villars.
R. ABRAHAM et J. MARSDEN, *Foundations of Mechanics*, The Benjamin Cummings Publishing Company, Inc.

LES PHÉNOMÈNES DE PHYSIQUE ET LES ÉCHELLES DE LONGUEUR

Kenneth WILSON est professeur de physique à l'Université Cornell et prix Nobel de physique.

Kenneth G. WILSON, *The Renormalization Group and Bloc Spins : The Boltzmann Medal Address.* Publishing House of the Hungarian Academy of Sciences.
K. G. WILSON, *Critical Phenomena in 3.99 Dimensions* in *Physical*, vol. 73, n° 1, pp. 119-128, 1er avril 1974.
Michael E. FISHER, *The Renormalization Group in the Theory of Critical Behavior* in *Reviews of Modern Physics*, vol. 46, n° 4, pp. 597-616, octobre 1974.
Kenneth G. WILSON, *Renormalization Group Methods* in *Advances in Mathematics*, vol. 16, n° 2, pp. 170-186, mai 1975.
Kenneth G. WILSON, *The Renormalization Group : Critical Phenomena and the Kondo Problem* in *Reviews of Modern Physics*, vol. 47, n° 4, pp. 773-840, octobre 1975.
Pierre PFEUTY et Gérard TOULOUSE, *Introduction au groupe de renormalisation et à ses applications*, Presses universitaires de Grenoble.

UN ORDRE CACHÉ DANS LA MATIÈRE DÉSORDONNÉE

Jean-François SADOC et Rémy MOSSERI sont respectivement maître-assistant à l'Université d'Orsay et chargé de recherches au CNRS. J.-F. Sadoc a reçu en 1983 le prix Winter-Klein de l'Académie des sciences pour ces travaux sur les verres. R. Mosseri travaille au Laboratoire de physique des solides du CNRS à Meudon-Bellevue. Il a passé sa thèse de doctorat d'État en décembre 1983 ; celle-ci porte sur la modélisation topologique et la structure électronique des semiconducteurs amorphes.

H.B.M COXETER, *Regular Polytopes*, Dover, 1973.
Maurice KLEMAN, Jean-François SADOC, Journal de Physique Lettre, tome 40, p. 569.
Praveen CHAUDHARI, Bil GIESSEN et David TURNBULL, *Les Verres métalliques* in *Pour la Science*, n° 32, p. 68, juin 1980.
J.-F. SADOC et R. MOSSERI, *Philosophical Magazine B*, tome 45, p. 467.

LES VERRES DE SPIN ET L'ÉTUDE DES MILIEUX DÉSORDONNÉS

J. HAMMANN et M. OCIO ont débuté respectivement au Service de physique des solides du Centre d'études nucléaires de Saclay en 1964 et au Commissariat à l'énergie atomique en 1966.

M. MÉZARD, *La Physique statistique des verres de spin*, Images de la physique, 1985.
M. OCIO, H. BOUCHIAT et Ph. MONOD, *Le Bruit magnétique des verres de spin*, Aspects de la recherche, Université Paris Sud, 1986.
R. RAMMAL et J. SOULETIE, *Magnetism of Metals and Alloys*, North-Holland, Amsterdam, Éditions Cinor, 1982, p. 379.
C. Y. HUANG, *Journal of Magnetism and Magnetic Material*, n° 51, p. 1, 1985.

LA CONVECTION

Manuel VELARDE et Christiane NORMAND ont collaboré sur le sujet de cet article depuis 1974, alors qu'ils travaillaient tous deux à la division physique théorique du Centre de recherche nucléaire de Saclay. M. Velarde est actuellement professeur de mécanique statistique et directeur du département de physique des fluides à l'Université de Madrid.

S. CHANDRASEKHAR, *Hydrodynamic and Hydromagnetic Stability*, Oxford University Press, 1961.
C. L. STONG, *The Amateur Scientist* in *S.A.*, vol. 216, n° 1, p. 124, janvier 1967.
C. L. STONG, *The Amateur Scientist* in *Scientific American*, vol. 223, n° 3, pp. 221-234, septembre 1970.
J. S. TURNER, *Buoyancy Effects in Fluids*, Cambridge University Press, 1973.
Christiane NORMAND, Yves POMEAU et Manuel G. VELARDE, *Convective Instability : A Physicist's Approach* in *Reviews of Modern Physics*, vol. 49, n° 3, pp. 581-624, juillet 1977.
Jearl WALKER, *The Amateur Scientist* in *Scientific American*, vol. 237, n° 4, pp. 142-150, octobre 1977.

LA CROISSANCE FRACTALE

Leonard SANDER s'est intéressé aux fractales et à la croissance hors équilibre alors qu'il s'adonnait à son passe-temps informatique favori :

le hâchage. Professeur de physique à l'Université du Michigan, il dirige des expériences de physique des solides et de physique statistique.

T. A. WITTEN, Jr., et L. M. SANDER, *Diffusion-Limited Aggregation, A Kinetic Critical Phenomenon* in *Physical Review Letters*, vol. 47, nº 19, pp. 1400-1403, 9 novembre 1981.
Benoît B. MANDELBROT, *The Fractal Geometry of Nature*, W. H. Freeman and Company, 1982.
T. A. WITTEN et L. M. SANDER, *Diffusion-Limited Aggregation* in *Physical Review B*, vol. 27, nº 9, pp. 5686-5697, 1er mai 1983.
T. A. WITTEN et M. E. CATES, *Tenuous Structures from Disorderly Growth Processes* in *Science*, vol. 232, nº 4758, pp. 1607-1612, 27 juin 1986.
Remi JULLIEN, *Les Phénomènes d'agrégation et les agrégats fractals* in *Les Annales des Télécommunications*, tome 41, nº 7-8, pp. 343-372, juillet-août 1986.
R. JULLIEN et R. BOTET, *Aggregation Fractal Aggregates*, Lecture Notes, World Publishing, Singapour, janvier 1987.

LA PHYSIQUE DE LA MATIÈRE HÉTÉROGÈNE

Étienne GUYON est professeur à l'Université Paris Sud et à l'École supérieure de physique et chimie de Paris où il anime une équipe de recherche en hydrodynamique et mécanique physique.

Percolation et matières en grains, Vie académique, Académie des sciences, 1982.
Les Matériaux composites à hautes performances in *Images de la chimie* CNRS, p. 62, 1979-1980.
R. BALIAN, R. MAYNARD et G. TOULOUSE, *La matière mal condensée*, Les Houches, 1978, North-Holland, Amsterdam, 1979.
Macroscopic Properties of Disordered Media, Lecture Notes in *Physics*, nº 154, Springer Verlag, 1982.
Applications de la percolation, Groupe de physique des systèmes désordonnés, *Annales de physique*, 1982.

LA MATIÈRE ULTRADIVISÉE

P. G. de GENNES a travaillé d'abord sur les matériaux magnétiques au Centre d'études nucléaires de Saclay et à l'Université de Berkeley. Puis il a animé, à l'Université d'Orsay, un groupe de recherches sur les supraconducteurs et, plus tard, une fédération de groupes sur les cristaux liquides. Entré en 1971 au Collège de France, il a participé à l'action de recherche STRASACOL (Strasbourg, Saclay, Collège de France) sur la physique des polymères. Il est actuellement directeur de l'École de physique et chimie de la Ville de Paris.

G. NAPPER, *Polymeric Stabilisation of Colloidal Dispersions*, Academic Press, 1983.
P. G. de GENNES, *Scaling Concepts in Polymer Physics*, 2e édition, Cornell University Press, 1985.
J. ISRAELASHVILI, *Intermolecular and Surface Forces*, Academic Press, 1986.

Référence
des illustrations

Couverture : Jean-François Colonna. Pp. 9 à 20 : George Kelvin. Pp. 25 à 31 : Andrew Christie. P. 23 : John Brenneis. P. 35 : Bill Sanderson et James P. Crutchfield. Pp. 37 et 39 : Andrew Christie. P. 41 : J. Crutchfield. P. 43 (haut) : A. Christie. Pp. 43 (bas), 45 et 47 : J. Crutchfield. P. 49 : Harry L. Swinney et Anke Brandstäter, University of Texas at Austin. P. 50 : J. Crutchfield. Pp. 53 à 58 : Jean-Claude Venet. P. 61 : PLS, J. Dubout. P. 62 : Jean-Claude Roux, Reuben Simoyi et Harry L. Swinney. Pp. 65 à 85 : Vincent Croquette et J.-C. Venet. Pp. 89 : LCR Graphics, Inc. Pp. 91 à 101 : Gabor Kiss. Pp. 102 et 103 : LCR Graphics, Inc. Pp. 104 à 114 : G. Kiss. Pp. 117 à 144 : J.-C. Venet. P. 147 : Clemente Simon, Spainfo Ingenieros, S.A. Pp. 149 à 157 : Allan Iselin. P. 159 : H. Linde, Central Institute for Physical Chemistry, Berlin. Pp. 163 et 165 : Allan Iselin. P. 169 : Paul Meaking. Pp. 170, 171 et 173 (haut gauche) : A. Christie. P. 173 (haut droit) : Nancy Hecker et David G. Grier. P. 173 (bas) : A. Christie. P. 175 (haut gauche et bas droit) : D. Grier. P. 175 (haut droit) : Eshel Ben-Jacob. P. 175 (bas gauche) : L. Niemeyer et H. Wiesmann. P. 176 : Leonard M. Sander. Pp. 179 à 191 : J.-C. Venet. P. 195 : Jean-François Colonna, Lactamme (École polytechnique et CCETP). Pp. 196 et 197 : J.-C. Venet. P. 198 : A. Martinet, Laboratoire de physique des solides, Orsay. Pp. 199 et 200 : Jean-Claude Daniel, Rhône-Poulenc, Aubervilliers. Pp. 201 et 202 : J.-C. Venet, d'après P.-G. de Gennes.

Achevé d'imprimer par Maury-Imprimeur S.A. – 45330 Malesherbes
N° d'éditeur : 1878-02 – N° d'imprimeur : J92/40836 O
Dépôt légal : novembre 1992